中等职业学校教材

无 机 化 学

第 二 版

王秀芳　主编

化学工业出版社

教 材 出 版 中 心

·北京·

图书在版编目（CIP）数据

无机化学/王秀芳主编．—2 版．—北京：化学工业出版社，
2005.5（2024.8重印）
中等职业学校教材
ISBN 978-7-5025-5903-8

Ⅰ．无…　Ⅱ．王…　Ⅲ．无机化学-专业学校-教材
Ⅳ．O61

中国版本图书馆 CIP 数据核字（2005）第 048395 号

责任编辑：张双进　陈有华　　　　　　　　　　装帧设计：于　兵
责任校对：陶燕华

出版发行：化学工业出版社（北京市东城区青年湖南街 13 号　邮政编码 100011）
印　　装：河北延风印务有限公司
787mm×1092mm　1/16　印张 18½　彩插 1　字数 459 千字　2024 年 8 月北京第 2 版第 28 次印刷

购书咨询：010-64518888　售后服务：010-64518899
网　　址：http://www.cip.com.cn
凡购买本书，如有缺损质量问题，本社销售中心负责调换。

定　　价：39.00 元

第二版前言

本教材是在全国化工技工学校第二轮《无机化学》教材（王秀芳任主编，编写绪论和第一、二、三、四、五、六、七章，南京化学工业集团公司技工学校朱树清编写第八、九、十章）的基础上编写而成的。编写本教材时，根据我国教育形势的发展，充分考虑到目前技工学校无机化学教学的实际情况，注意了与初中化学教材的衔接，注意结合技工教育的特点，精心选材，避免教材内容偏多、偏深、偏难的现象；注意了由近及远、由浅入深、循序渐进、理论联系实际等原则的贯彻；注意了教材内容的正确性、先进性、科学性、思想性和概念、理论说明的严密性、逻辑性，力求做到层次分明，条理清楚，图文并茂，叙述深入浅出，举例分析问题通俗易懂。为了丰富学生的科学技术知识，书中用小字编排了适量阅读和选学知识内容，使学生开阔眼界，提高文化素质。全书共十章，总计 140 学时左右。教材配有《无机化学练习册》，其内容按教材章节顺序编排，各节配有填空题、判断题、选择题和计算题，每章后还配有自测题。练习册可直接作为作业本与教材配套使用。

本教材是由陕西工业技术学院高级讲师王秀芳编写，由陕西师范大学化学与材料科学学院周鸿顺教授任主审，参加审阅的人员还有陕西工业技术学院高级讲师周士超，南京化学工业（集团）公司技工学校高级讲师朱树清，西安市医药化工技工学校高级讲师杨苗。

编写本书时，参考了中学《化学》课本及许多大学、中专的无机化学教材，在此一并表示感谢。

由于编者水平有限，书中不妥之处在所难免，敬请读者特别是使用本书的师生提出批评和指正。

编者
2005 年 3 月

第一版前言

本书是根据 1993 年 5 月化工部全国化工技工学校无机教材编委会修订的化工技工学校《无机化学教学大纲》（试行稿）编写的。

在编写本教材时，注意了与现行初中化学内容的衔接；注意结合技工教育的特点，精心选材，避免了教学内容偏多、偏深、偏难的现象；注意了由近及远、由浅入深、循序渐进、理论联系实际等原则的贯彻。书中对一些非基本要求的内容，用小字编排，供读者阅读。全书共十章，总计约需 140 学时左右。

本教材配有《无机化学练习册》。该练习册按照本教材的章节顺序编排，各节配有填空题、选择题、判断题和计算题，每章后还配有自测题。练习册可直接作为作业本使用。

书中绪论、第一、二、三、四、五、六、七章由陕西兴平化工技工学校王秀芳编写，第八、九、十章由南京化学工业（集团）公司技工学校朱树青编写。全书由王秀芳统稿。

本书由吉林化工技工学校党信担任主审，参加审阅的人员还有陕西兴平化工技工学校周士超，西安市医药化工技工学校杨苗，太原化工技工学校薛利平，武汉化工技工学校刘常智。

在编写过程中，曾得到化学工业出版社、陕西兴平化工技工学校、吉林化工技工学校、南京化学工业（集团）公司技工学校、太原化工技工学校等的大力支持和帮助，在此一并表示致谢。

由于编审者水平有限，书中错误或不妥之处在所难免，敬请读者特别是使用本书的师生提出批评和指正。

编者
一九九五年八月

目 录

绪　言

一、化学研究的对象和内容

自然科学是以客观存在的物质世界作为考察和研究的对象，以物质的运动作为研究的内容。化学是自然科学中的一门学科，它的研究对象是物质，物质是由分子、原子或离子组成的。

物质的运动有多种形式，例如机械运动、物理运动、生物运动、化学运动等，化学研究的内容仅限于研究物质的化学运动，即化学变化。

在化学变化过程中常伴有物理变化（如光、热、电等）。因此，在研究物质化学变化的同时，必须注意研究相关的物理变化。

由于物质的化学变化是由物质的化学性质决定的，而化学性质又同物质的组成和结构有密切关系，所以物质的组成、结构和性质必然成为化学研究的内容。不仅如此，物质的化学变化还必然同外界条件有关，因此研究物质的化学变化，一定要同时研究变化发生的外界条件。

综上所述，**化学是研究物质的组成、结构、性质及其变化规律和变化过程中能量关系的科学。**

无机化学是化学科学中发展最早的一个分支学科。它是研究除碳元素以外的所有元素及其化合物（无机物）的化学。一氧化碳、二氧化碳、碳酸、碳酸盐、碳化物、氰化物、硫氰化物等碳元素的简单化合物，一般也划入无机化学范围之内。无机化学主要研究无机物的结构、性质、存在、用途和制备方法。

二、化学在国民经济中的作用

化学和国民经济各部门的关系都非常密切，它对我们进行社会主义现代化建设具有重要的作用。在实现农业现代化的过程中，为了促进农产品大幅度的增产，对化肥和农药的品种质量和数量将提出更高的要求，而制造使用化肥和农药，在很大程度上都要依赖化学科学的成就。

在实现工业现代化的过程中，冶金工业需要的大量黑色金属、有色金属和稀有金属，能源中的煤、石油和天然气等的大力开发、提炼和综合利用，轻纺工业需要的合成纤维、合成橡胶、塑料、染料及药物，化学合成工业需要具有最佳性能的酶催化剂，水利和建筑方面需要的各种硅酸盐材料，电子工业需要的高绝缘性材料、高纯物质及特纯试剂，机械工业需要的耐磨、耐腐蚀以及不燃烧的高分子材料等等，都迫切要求化学和化学工业的发展和配合。

在实现国防现代化的过程中，高速飞行需要各种具有特殊性能的金属，核能的利用、导弹的生产、人造卫星的发射，需要许多耐高温、耐辐射的材料及核燃料、高能燃料等，这些材料和产品的生产都要直接用到化学知识。

在实现科学技术现代化的过程中，其他科学的发展，如生物学、医学等，一些近代技术的发展，如导弹、激光、原子能、航空航天等，都要求化学科学和化学工业的协同发展。特种合金、稀有元素、高能燃料等的制取与应用以及当前人类共同关心和着重研究的一些课题（如粮食的增产、保护环境、控制人口、探索生命的奥秘等），使化学与尖端科学事业及现代国防建设密切地联系起来。

随着国民经济的发展，化学在提高人民的物质生活水平、满足人民的精神生活需要、提高人体素质等方面将起着重要的作用。

化学——人类进步的关键[1]

三、化学和化学工业的发展

中国是一个文明古国，很早就有许多发明创造。其中与化学有关的造纸、火药、瓷器等在古代就闻名世界，中国很早就使用了金属和合金。中国劳动人民早在商代就会制造青铜器，春秋晚期就会冶铁，战国初期就会炼钢，还有酿造、制糖、制玻璃、制盐、制革、油漆、染色、制药等化学工业，在中国历史上都有光辉的成就。这些发明创造对世界科学文化的发展做出了重大的贡献。

化学成为一门学科约有三百年历史，虽然时间不长，其发展也经历了古代、近代和现代等不同的时期。化学起源于人类的生产劳动。人类为了生活和生产的需要，在长期的实践中积累了许多有关物质的组成及其变化的知识，并在生产斗争和科学实验中不断发展，逐步形成了今天化学这门学科。化学通常分为无机化学、有机化学、分析化学、物理化学等基础学科。随着化学研究工作的发展，化学知识的广泛应用，以及化学同其他学科的相互影响和渗透，化学科学又进一步划分出了许多分支学科，例如生物化学、环境化学、地球化学、高分子化学、放射化学等。

化学的发展是从无机物的研究开始的。无机化学是一切其他化学的基础。无机化学本身的发展，使它产生了许多分支，例如稀有元素化学、配位化学、无机合成化学、同位素化学等。随着各门自然科学的不断发展，无机化学又同其他学科相互渗透形成了生物无机化学、固体无机化学、金属酶化学等，为无机化学的发展开辟了新途径。当前无机化学和其他化学分支一样，正从基本上是描述性的科学向推理性的科学过渡，从定性向定量过渡，从宏观向微观深入，一个比较完整的、理论的、定量化和微观化的现代无机化学新体系正在迅速地建立起来。

化学工业是利用化学反应改变物质结构、成分、形态等来生产化学产品的工业部门。习惯上将化学工业分为无机化学工业和有机化学工业。无机化学工业主要有酸、碱、盐、肥料、稀有元素、电化学等工业。有机化学工业主要有基本有机合成、塑料、橡胶、合成树脂、化学纤维、溶剂、染料、涂料、制药等工业。其他工业如钢铁工业、炼焦工业、水泥工业等，虽然也应用了化学反应原理，生产了新的物质，但不属于化学工业。近代化学工业开始于无机化学工业。

在半封建半殖民地的旧中国，化学科学得不到发展，化学工业极端落后，大多数化学工业只能拿进口的材料和半成品进行简单的加工，甚至连烧碱等都要从外国进口。解放后，中国的化学工业和其他工业一样发生了巨大的变化，各种主要化工产品如烧碱、纯碱、硫酸、化肥、农药、塑料、合成橡胶、合成纤维、染料和其他化工原料等都得到了大幅度的增产。中国已建立了大庆、胜利、大港等油田，结束了中国依赖"洋油"的历史。随着石油化工生产的突飞猛进，中国五大合成材料（合成纤维、合成橡胶、塑料、涂料、胶黏剂）基地已基本建成，用于火箭、导弹、人造卫星、核工业等所需的特殊材料已能独立生产，中国的化学工业已发展成为一个具有一定规模、行业基本齐全的工业部门。化学科学研究也不断取得了

---

[1] 摘自著名化学家、诺贝尔化学奖获得者西博格教授 1979 年在美国化学会成立 100 周年大会上的讲话。

新的成就，中国科学工作者 1965 年在世界上首次用化学方法合成了具有生物活性的蛋白质——结晶牛胰岛素，1971 年完成了猪胰岛素晶体结构的测定，以后又完成了酵母丙氨酸转移核糖核酸的合成，还人工合成了许多结构复杂的天然有机化合物（如叶绿素、血红素、维生素 B_{12}、一些特效药物等），1990 年 11 月在世界上首次观察到 DNA 的变异结构——三链辫态缠绕结构片断，这些科学研究为人类揭开生命奥秘、控制遗传、征服顽症和造福人类做出了重要贡献。另外，人们在已建立起来的现代物质结构理论的指导下，能够深入地、科学地认识物质的内部奥秘，以及微观粒子的运动规律，这将使对物质的研究深入到了原子、分子水平的微观领域。1993 年，中国科学院北京真空物理实验室的研究人员，在常温下以超真空扫描隧道显微镜（如图 1 所示）为手段，通过用探针拨出硅晶体表面的硅原子的方法，在硅晶体表面形成了一定规整的图形（如图 2 所示），照片中的每一个亮点代表一个硅原子，"中国"这两个汉字的

图 1　扫描隧道显微镜

"笔画"宽度约 2nm❶，这是当时已知的最小汉字。这种在硅晶体表面开展的操纵原子的研究，达到了当时的世界水平。人们用扫描隧道显微镜能够清楚地观察到原子的图像和动态的化学变化，用交叉分子束技术（研究单个分子反应情况的一种技术）可以详细地研究化学反应的微观机理。中国的化学和化学工业有着十分美好的前途。

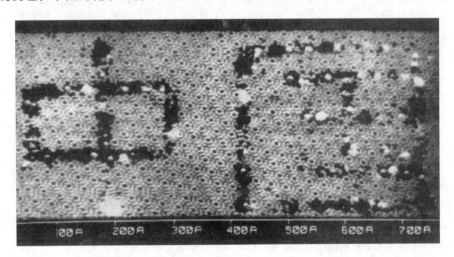

图 2　用硅原子组成的两个汉字——中国（放大约 180 万倍）

四、无机化学的任务与学习方法

无机化学是一门重要的基础理论课。它的任务是使学生在学习初中化学知识的基础上，进一步学习、掌握本专业必需的无机化学基础知识和基本技能，了解它们在实际中的应用，不断提高学生的科学文化水平；对学生进行辩证唯物主义和爱国主义的教育；培养学生分析

---

❶　nm 是长度单位纳米的符号，$1nm = 10^{-9}m$，约相当于头发丝的一万分之一。

问题和解决问题的能力，为后继课程的学习和从事化工生产奠定良好的基础。

要学好无机化学，首先应该正确理解并牢固掌握化学基本概念和基本理论，逐步学会运用所学的基础理论去分析物质的性质、物质的转化及其内在联系，从而更深入地认识物质及其变化规律，并能联系实际加以正确运用。学习重要元素及其化合物知识时，应该与元素周期律和元素周期表紧密联系起来，抓住重点，概括归类，注意触类旁通，达到系统掌握元素化合物知识及化学基本计算技能。化学是一门以实验为基础的科学，所以无机化学实验是学好本课程不可缺少的一个实践环节。因此，在做化学实验时，要善于观察，认真分析实验现象，并运用所学的理论知识解释实验现象。通过实验课加深理解、巩固所学到的基本理论、元素及化合物等化学基础知识，训练基本操作技能，培养分析问题、解决问题的能力。

 阅读　中华人民共和国法定计量单位的组成

1. 国际单位制

国际单位制是 1960 年第 11 届国际计量大会建议并通过的一种单位制。它是国际上公认的、最先进的单位制，其通用符号是 SI。

主单位为独立定义的单位，而十进倍数和分数单位是按它来定义的。在国际单位制中，凡是没有加词头的单位（千克除外），都是主单位，国际上统一称为 SI 单位。SI 单位包括三种类型的单位：SI 基本单位（在一种单位制中基本量的主单位为基本单位）（见附录一）；SI 辅助单位（国际上把既可作为基本单位又可做导出单位的一类单位叫 SI 辅助单位）；SI 导出单位（在选定了基本单位以后，按物理量之间的关系，由基本单位以相乘、除的形式构成的单位都是导出单位）。SI 单位加词头以后，则是 SI 单位的十进倍数或分数单位。例如，质量的 SI 单位是千克，分数、倍数单位是在克前加其他词头构成。例如，兆克（Mg）、克（g）、毫克（mg）、微克（μg）。用于与单位构成倍数和分数单位的词头，国际上称为 SI 词头（附录二）。

国际单位制的组成关系如下：

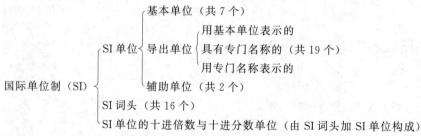

使用 SI 单位所表示的物理量值太大或太小时，可在单位符号之前加上词头，可以使物理量变成适中的数值。一般选用国际单位制的倍数单位或分数单位时，应使数值处在 0.1～1000 之间。

2. 中华人民共和国法定计量单位的组成

由国家以法令形式规定强制使用或允许使用的计量单位称法定计量单位。

中国的法定计量单位（以后简称法定单位）包括：

① 国际单位制（SI）基本单位；

② 国际单位制（SI）辅助单位；

③ 国际单位制（SI）中具有专门名称的导出单位（附录三）；

④ 国家选定的非国际单位制单位；

⑤ 由以上单位构成的组合形式的单位；

⑥ 由词头和以上单位所构成的十进倍数和分数单位。

第一章　物质的量及其应用

"物质的量"是国际单位制（SI）中七个基本物理量之一（见附录一）。科学上采用这个物理量，可以把物质的微粒数与物质的质量、气体的体积、溶液的组成、化学反应中能量的变化等联系起来，对于分析、研究、计算物质化学反应前后的数量、物料平衡、产率等问题带来了很大的方便。因此，学习和掌握"物质的量"及其单位是非常重要的。

第一节　物　质　的　量

一、物质的量及其单位——摩尔

在初中化学里，已学习过自然界里存在的形形色色的物质都是由原子、分子、离子等微观粒子构成的，还学习了一些常见物质之间的化学反应。通过这些知识的学习，认识到物质之间所发生的化学反应，是由肉眼看不到的原子、离子或分子之间按一定的数目关系进行的。例如，氢气能在空气中燃烧生成水，这一反应可用化学方程式表示如下：

$$2H_2 + O_2 \xrightarrow{\text{点燃}} 2H_2O$$

从化学方程式可以看出，每 2 个氢分子和 1 个氧分子反应，能够生成 2 个水分子。要实现这一反应，如果只取 1 个或几个分子进行反应，显然是难于计量或称量的，即使借助精密仪器也很难测出它们的质量和体积。然而，在实际生产和科学实验中，取用的物质不论是单质还是化合物，都是看得见的、可以用称量器具称量的。因此参加反应的不是几个分子、原子或离子，而是这些微粒的集合体。随着生产和科学技术的发展，迫切需要把微观粒子与可称量的物质联系起来。那么，怎样才能将肉眼看不见的难以称量的微观粒子与可称量的宏观物质联系起来呢？1971 年 10 月由 41 个国家参加的第 14 届国际计量大会决定，在国际单位制中，增加第七个物理量，其名称为**"物质的量"**。物质的量用符号 n 来表示，实际上表示含有一定数目微观粒子的集体。"物质的量"是一个物理量的整体名词，所以这四个字不能拆开使用，这正如"长度"这一物理量不能拆成"长"和"度"一样。

人们在日常生活、生产和科学研究中，常常根据需要使用不同的计量单位。例如，用千米、米、厘米、毫米等来计量长度；用年、月、日、时、分、秒等来计量时间；用千克、克等来计量质量。1971 年第 14 届国际计量大会决定，"物质的量"的单位名称为摩尔[1]。摩尔简称摩，符号是 mol。使用摩尔这个单位时必须指明物质的基本单元（粒子集体中的粒子），可以是分子、原子、离子、电子、质子等，或是这些粒子的特定组合。例如，说氢时，若说"1mol 氢"是不行的，因为是氢原子还是氢分子没有指明，应该说 1mol 氢原子或 1mol 氢分子。这样把基本单元指明就清楚了。指明基本单元时，应该用化学式指明基本单元的种类，如 1mol 氢原子可表示为 1mol H，如 1mol 氢分子可表示为 1mol H_2，1mol 钠离子可表示为

---

[1] 也可用摩尔的倍数和分数单位。例如，Mmol（兆摩）、kmol（千摩）、mmol（毫摩）、μmol（微摩）。

1mol Na$^+$，2mol 硫酸可表示为 2mol H$_2$SO$_4$ 等。

科学上应用 0.012kg ^{12}C[1]来衡量碳原子集体，根据实验测定，0.012kg ^{12}C 中所含有的碳原子数约为 6.02×10^{23} 个，凡是在一定量的微观粒子集体中所含有的离子数与 0.012kg ^{12}C 中所含有的碳原子数相同时，就说它的物质的量为 1mol。例如：

1mol O 中约含有 6.02×10^{23} 个 O；

1mol O$_2$ 中约含有 6.02×10^{23} 个 O$_2$；

1mol H$_2$O 中约含有 6.02×10^{23} 个 H$_2$O；

1mol H$_2$SO$_4$ 中约含有 6.02×10^{23} 个 H$_2$SO$_4$；

1mol OH$^-$ 中约含有 6.02×10^{23} 个 OH$^-$；

1mol H$^+$ 中约含有 6.02×10^{23} 个 H$^+$。

1mol 任何微观粒子集体中均约含有 6.02×10^{23} 个粒子，因此采用摩尔这个单位表示巨大数目的粒子时是非常方便的。

1mol 任何微观粒子集体中所含的粒子数叫做阿伏加德罗常数[2]用符号 N_A 表示，单位为 mol^{-1}，通常使用 6.02×10^{23}mol^{-1} 这个近似值。

物质的量（n）、阿伏加德罗常数（N_A）与微观粒子数（N）之间的关系如下：

$$n = \frac{N}{N_A}$$

综上所述，"物质的量"是表示组成物质的基本单元（微观粒子）数目多少的物理量，某物质中所含基本单元数是阿伏加德罗常数的多少倍，则该物质的物质的量就是多少摩尔。例如，3.01×10^{23} 个 H$_2$ 的物质的量为 0.5mol；0.1mol CO$_2$ 约含有 0.1×6.02×10^{23} 个 CO$_2$。

应用摩尔表示物质的量的单位，在科学技术和化学计算等方面带来了很大的方便。例如，从化学方程式中反应物和生成物之间的原子、分子等微粒数的比值，可以知道它们之间物质的量之比。例如：

$$2H_2 \quad + \quad O_2 \quad \xrightarrow{\text{点燃}} \quad 2H_2O$$

化学计量数	2	1	2
微粒数	2×N_A	1×N_A	2×N_A
物质的量	2mol	1mol	2mol

二、摩尔质量

国际上是以 ^{12}C 原子的质量的 1/12 作为标准，其他原子的质量与它相比所得的数值，就是该种原子的相对原子质量。因此，原子的质量比约等于它们的相对原子质量之比。

1mol ^{12}C 的质量是 0.012kg（12g），即 6.02×10^{23} 个 ^{12}C 的质量是 0.012kg（12g）。利用 1mol 任何粒子集体中都含有相同数目的粒子这个关系，可以推知 1mol 任何粒子的质量。例如，1 个 ^{12}C 和 1 个 O 的质量比约为 12∶16，由于 1mol ^{12}C 与 1mol O 所含的原子数目相同，都是 6.02×10^{23} 个，因此 1mol ^{12}C 与 1mol O 的质量比也约为 12∶16。而 1mol ^{12}C 的质量是 12g，所以，1mol O 的质量就是 16g。

由此可以得出，1mol 任何原子的质量，就是以克为单位，数值上等于这种原子的相对原子质量。例如：

---

[1] ^{12}C 就是原子核里有 6 个质子和 6 个中子的碳原子。

[2] 阿伏加德罗（Avogadro，1776～1856）是意大利物理学家。

氢原子的相对原子质量约为 1，则 1mol H 的质量为 1g；

钠原子的相对原子质量约为 23，则 1mol Na 的质量为 23g；

硫原子的相对原子质量约为 32，则 1mol S 的质量为 32g。

同理可以推知，1mol 任何物质的质量，就是以克为单位，数值上等于这种物质的相对分子质量。例如：

氢气的相对分子质量为 2，则 1mol H_2 的质量是 2g；

水的相对分子质量为 18，则 1mol H_2O 的质量是 18g；

硫酸的相对分子质量为 98，则 1mol H_2SO_4 的质量是 98g；

氯化钠的相对分子质量为 58.5，则 1mol NaCl 的质量是 58.5g。

对于离子来说，由于电子的质量很小，当原子失去或得到电子变成离子时，电子的质量可忽略不计，因此可以直接推知 1mol 任何离子的质量。例如：

1mol H^+ 的质量是 1g；

1mol Na^+ 的质量是 23g；

1mol OH^- 的质量是 17g；

1mol SO_4^{2-} 的质量是 96g。

通过上述分析，可以得出，1mol 任何粒子或物质的质量，以克为单位时，在数值上都与该粒子的相对原子质量、相对分子质量或离子式量相等。把单位物质的量的物质所具有的质量叫做摩尔质量。也就是说，物质的摩尔质量是该物质的质量与该物质的物质的量之比。即

$$M = \frac{m}{n}$$

摩尔质量的符号为 M，常用的单位是 g/mol 或 kg/mol。例如：

Fe 的摩尔质量是 58.85g/mol；

N_2 的摩尔质量是 28g/mol；

NaOH 的摩尔质量是 40g/mol；

Cl^- 的摩尔质量是 35.5g/mol；

H_2SO_4 的摩尔质量是 98g/mol。

使用摩尔质量时，也必须指明物质的基本单元。例如，铜的摩尔质量可表示为 $M(Cu)$；氧气的摩尔质量可表示为 $M(O_2)$；NaCl 的摩尔质量可表示为 $M(NaCl)$ 等。

三、有关物质的量的计算

物质的量（n）、物质的质量（m）和摩尔质量（M）之间的关系可用下式表示：

$$物质的量(mol) = \frac{物质的质量(g)}{物质的摩尔质量(g/mol)}$$

$$n(mol) = \frac{m(g)}{M(g/mol)}$$

① 已知物质的质量，求该物质的"物质的量"和基本单元的数目。

【例题 1】 4g 氧气的物质的量是多少？4.9g 硫酸的物质的量是多少？

解 已知氧气的相对分子质量是 32，则氧气的摩尔质量 $M(O_2) = 32g/mol$。

4g 氧气的物质的量 $n(O_2)$ 是：

$$n(O_2) = \frac{m(O_2)}{M(O_2)} = \frac{4g}{32g/mol} = 0.125mol$$

硫酸的相对分子质量是 98，则硫酸的摩尔质量是 98g/mol。

4.9g 硫酸的物质的量 $n(H_2SO_4)$ 是：

$$n(H_2SO_4)=\frac{m(H_2SO_4)}{M(H_2SO_4)}=\frac{4.9g}{98g/mol}=0.05mol$$

答 4g 氧气的物质的量是 0.125mol，4.9g 硫酸的物质的量是 0.05mol。

【例题 2】 试求 90g 水中含多少个水分子？

解 水的相对分子质量是 18，则水的摩尔质量 $M(H_2O)=18g/mol$。

90g 水的物质的量 $n(H_2O)$ 为：

$$n(H_2O)=\frac{m(H_2O)}{M(H_2O)}=\frac{90g}{18g/mol}=5mol$$

5mol 水所含的水分子数为：

$$6.02\times10^{23}mol^{-1}\times5mol=3.01\times10^{24}$$

答 90g 水中含有 3.01×10^{24} 个水分子。

② 已知物质的"物质的量"，求物质的质量。

【例题 3】 1.5mol 铜的质量是多少？

解 铜的相对原子质量是 63.5，则铜的摩尔质量 $M(Cu)=63.5g/mol$。

因为
$$n(Cu)=\frac{m(Cu)}{M(Cu)}$$

所以
$$m=63.5g/mol\times1.5mol=92.25g$$

答 1.5mol 铜的质量等于 92.25g。

【例题 4】 多少克二氧化硫和 22g 二氧化碳含有相同的分子数？

解 因为物质的量相同的各种物质所含微粒（基本单元）的数目都相同，所以，根据题意可列出下列等式：

$$n(SO_2)=n(CO_2)$$

CO_2 的相对分子质量是 44，则 $M(CO_2)=44g/mol$。

$$n(CO_2)=\frac{m(CO_2)}{M(CO_2)}=\frac{22g}{44g/mol}=0.5mol$$

则
$$n(SO_2)=0.5mol$$

因为
$$M(SO_2)=64g/mol$$

所以 二氧化硫的质量为：

$$m(SO_2)=64g/mol\times0.5mol=32g$$

答 32g 二氧化硫和 22g 二氧化碳含有相同的分子数。

第二节 气体摩尔体积

组成物质的基本微粒有分子、原子和离子。由于微粒间作用力的差别，物质的聚集状态也有所不同。在通常的压力（压强）❶ 和温度下，物质的聚集状态主要有气态、液态和固态。气态、液态和固态物质通常称为气体、液体和固体。在化工生产和科学实验中，经常碰到各种各样的气体，例如，氧气、氢气、氮气、二氧化碳等。由于气体的密度很小、质量很轻，因此量度气体的质量不如量度它的体积方便和准确。本节主要学习气体摩尔体积。

---

❶ 在国际单位制中，压力和压强同属一个概念，指垂直作用于物体单位面积上的力。

一、气体摩尔体积

1. 1mol 固体或液体的体积

1mol 各种固体的体积是不相同的；1mol 各种液体的体积也是不相同的。例如，在温度为 20℃时，1mol Fe 的体积是 7.1cm³❶，1mol Al 的体积是 10cm³，1mol Pb 的体积是 18.3cm³（见图 1-1）；1mol H_2O 的体积是 18.0cm³，1mol H_2SO_4 的体积是 54.1cm³（见图 1-2）。

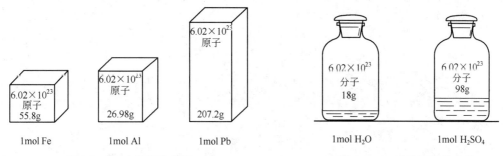

图 1-1 1mol 的几种金属　　　　　图 1-2 1mol 的两种化合物

1mol 各种固体或液体的体积为什么不同，由图 1-3 可以看出，组成固体的微粒，紧密地堆积在一起。它们不能自由移动，只能在一定的位置上做热振动。由图 1-3 还可以看出，在液体中，微粒间存在着较大的空隙。液体微粒间的平均距离比固体微粒间的平均距离大，但接近于固体。总的来说，构成固体或液体的微粒间的距离是很小的，1mol 固体或液体的体积主要决定于原子、分子或离子的大小。构成不同物质的原子、分子或离子的大小是不同的，所以 1mol 各种固体或液体的体积就不相同。温度、压力对固体和液体的体积影响不大。

2. 气体摩尔体积

1mol 各种固体或液体的体积不相同，对于气体来说，情况就不同了。气体的体积是随着温度和压力的变化而改变的。所以要比较气体体积的大小，就必须在同一温度和同一压力下才能进行比较。为了便于研究气体，人们规定温度为 273.15K（0℃）和压力（压强）为 101.325kPa 时的状况叫做**标准状况**。

通过实验测得，在标准状况下，氢气、氧气和二氧化碳的密度分别是 0.0899g/L❷、1.429g/L 和 1.997g/L。又知它们的摩尔质量分别是 2.016g/mol、32.00g/mol 和 44.01g/mol。分别计算 1mol 氢气、氧气和二氧化碳在标准状况下所占的体积。

$$1mol\ H_2\ 的体积 = \frac{2.016g/mol}{0.0899g/L} = 22.4L/mol$$

$$1mol\ O_2\ 的体积 = \frac{32.00g/mol}{1.429g/L} = 22.4L/mol$$

$$1mol\ CO_2\ 的体积 = \frac{44.01g/mol}{1.977g/L} = 22.3L/mol$$

从上述计算可以看出，在标准状况时，1mol 三种气体的体积都约为 22.4L，而且通过许多实验发现和证实，1mol 的任何气体在标准状况下所占的体积都是 22.4L。22.4L 相

---

❶ 体积（容积）的 SI 单位名称是立方米（中文符号为米³，国际符号为 m³），也可使用其倍数和分数单位。它的法定单位还有升（L），是立方分米的专门名称。1m³ = 10³dm³ = 10⁶cm³，1L = 10⁻³m³ = 1dm³，1L = 10³mL。

❷ 密度的 SI 单位名称是千克每立方米（千克/米³，kg/m³），也可使用其倍数和分数单位。密度的法定单位名称还有克每升（克/升，g/L）等。气体常用 g/L 为单位，液体或固体常用 g/cm³ 为单位。1g/L 折合 1kg/m³，1g/cm³ 折合 10³kg/m³。

当于一个边长为 0.282m 的正立方体的体积（见图 1-4）。

单位物质的量的气体所占的体积叫做**气体摩尔体积**，气体摩尔体积的符号为 V_m。即

$$V_m = \frac{V}{n}$$

气体摩尔体积的常用单位有 L/mol 和 m^3/mol。

在标准状况下，气体的摩尔体积约为 22.4L/mol，因此，可以认为 22.4L/mol 是在特定条件下的气体摩尔体积。

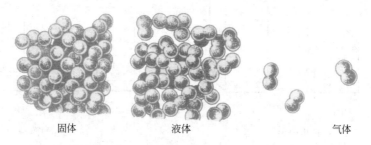

固体   液体   气体

图 1-3   固体、液体与气体的分子间距离比较示意（以碘为例）

为什么 1mol 任何气体在标准状况下的体积都相同。这要从气体的结构去找原因。在通常情况下，一般气体的分子直径约是 4×10^{-10} m，分子之间的

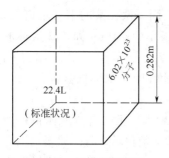

图 1-4   气体摩尔体积

平均距离约是 4×10^{-9} m，即气体分子之间的平均距离约是分子直径的 10 倍左右，可见气体分子之间有着较大的距离，比液体或固体微粒之间的距离大得多（见图 1-3）。在通常情况下，任何一种气体的体积比它在液态或固态时大 1000 倍左右。由此就可以推知，气体体积的大小，主要决定于分子间的平均距离，而不像液体或固体那样，体积主要决定于分子的大小。在标准状况下，不同气体分子间的平均距离几乎是相等的，所以任何气态物质的气体摩尔体积都约是 22.4L/mol。

在使用气体摩尔体积的单位时也应指明物质的基本单元。例如，在标准状况下，氧气的摩尔体积 $V(O_2) = 22.4$L/mol，二氧化碳的摩尔体积 $V(CO_2) = 22.4$L/mol。

3. 阿伏加德罗定律

在一定的温度和压力下，各种气体分子间的平均距离是相等的。在相同的温度和压力下，气体体积的大小只随分子数的多少而变化，相同的体积含有相同的分子数。这已经过生产和科学实验所证明。由此可以得出下面的结论：

在相同的温度和压力（压强）下，相同体积的任何气体都含有相同数目的分子。这就是阿伏加德罗定律。

二、关于气体摩尔体积的计算

① 已知气体的质量，计算气体在标准状况下的体积。

【例题 1】   8g 氧气在标准状况下的体积是多少升？

解   氧气的相对分子质量是 32，则氧气的摩尔质量 $M(O_2) = 32$g/mol。

---

❶ 气体摩尔体积的 SI 单位名称是立方米每摩尔（米³/摩，m^3/mol）、立方分米每摩尔（分米³/摩，dm^3/mol）等。它的法定单位名称还有升每摩尔。

8g 氧气的物质的量 $n(O_2)$ 是：

$$n(O_2)=\frac{m(O_2)}{M(O_2)}=\frac{8g}{32g/mol}=0.25mol$$

0.25mol 氧气的体积是：

$$V(O_2)=22.4L/mol\times 0.25mol=5.6L$$

答 8g 氧气在标准状况下的体积是 5.6L。

② 根据化学方程式计算气体在标准状况下的体积。

【例题 2】 在实验室里用锌与稀盐酸起反应制取氢气，若用 9.75g 的锌与足量的稀盐酸完全反应后，在标准状况下能生成多少升的氢气？

解 设在标准状况下能生成 xL 的氢气。

$$Zn+2HCl=\!\!=\!\!=ZnCl+H_2\uparrow$$

$$\begin{array}{cc} 65g & 22.4L \\ 9.75g & x L \end{array}$$

$$65:9.75=22.4:x$$

$$x=\frac{9.75\times 22.4}{65}=3.36L$$

答 在标准状况下能生成 3.36L 氢气。

③ 已知气体在标准状况下的体积，求气体的质量。

【例题 3】 计算在标准状况下，11.2L 二氧化碳的质量是多少克？

解 11.2L CO_2 的物质的量 $n(CO_2)$ 是：

$$n(CO_2)=\frac{11.2L}{22.4L/mol}=0.5mol$$

CO_2 的相对分子质量为 44，则 $M(CO_2)=44g/mol$。

$$m(CO_2)=44g/mol\times 0.5mol=22g$$

答 在标准状况下 11.2L 二氧化碳的质量是 22g。

④ 已知标准状况下气体的体积和质量，求气体的相对分子质量。

【例题 4】 在标准状况下，0.5L 的容器里所含某气体的质量为 0.625g，计算该气体的相对分子质量。

解 某气体在标准状况时的密度为：

$$\rho=\frac{m}{V}=\frac{0.625g}{0.5L}=1.25g/L$$

某气体的摩尔质量是：

$$M=1.25g/L\times 22.4L/mol=28g/mol$$

则 某气体的相对分子质量等于 28

答 某气体的相对分子质量等于 28。

第三节 物质的量浓度

一定量的溶液中所含溶质的量，叫做溶液的浓度。为了表明溶液中溶质和溶剂之间的量的关系，需要使用表示溶液组成的物理量。在初中学习了溶液中溶质的质量分数（w）就是这样一种物理量。质量分数是以溶质的质量和溶液的质量之比来表示溶液中溶质与溶液的质量关系的。应用这种表示溶液浓度的方法，可以了解和计算一定质量的溶液中所含溶质的质量。但是在生产和科研中使用溶液时，量取它的体积比称取它的质量更为方便。同时当物质起反应时，各物质的物质的量之间存在着一定的关系，而且物质的量的关系要比它们之间的质量关系简单得多。因此，进行有关定量计算时，如果能知道一定体积的溶液中含有溶质的物质的量，将是很方便的。在本节要学习一种常用的表示溶液组成的物理量——物质的量浓度。

一、物质的量浓度

1. 物质的量浓度

以单位体积溶液里所含溶质 B[1] 的物质的量来表示溶液组成的物理量，叫做溶质 B 的物质的量浓度。物质的量浓度的符号为 c_B，常用的单位为 mol/L 或 mol/m^3。

物质的量浓度可用下式表示：

$$物质的量浓度(mol/L) = \frac{溶质的物质的量(mol)}{溶液的体积(L)}$$

$$c_B = \frac{n_B}{V}$$

1L 溶液中含有 1mol 的溶质，这种溶液中溶质的物质的量浓度就是 1mol/L。例如，1L 硫酸溶液中含有 1mol H_2SO_4，溶液中 H_2SO_4 的物质的量浓度就是 1mol/L，该溶液叫做 1mol/L H_2SO_4 溶液。又如，NaCl 的摩尔质量为 58.5g，在 1L NaCl 溶液中含 58.5g NaCl，溶液中 NaCl 的物质的量浓度就是 1mol/L，该溶液叫做 1mol/L NaCl 溶液。

2. 一定物质的量浓度溶液的配制

用固体药品配制一定物质的量浓度的溶液，要用到一种容积精确的仪器——容量瓶。容量瓶是细颈、梨形的平底玻璃瓶，瓶口配有磨口玻璃塞或塑料塞，且须用结实的细绳系在瓶颈上，以防止损坏或丢失。容量瓶有各种不同的规格，常用的有 100mL、250mL、500mL、1000mL 等几种。如图 1-5 所示。

图 1-5　几种常用规格的容量瓶　　　　图 1-6　检查容量瓶是否漏水的方法

容量瓶是用来配制一定体积物质的量浓度溶液的仪器，使用时应根据所配溶液的体积选定相应容积的容量瓶，并要检验是否漏液，检查的方法是向瓶内加入一定量的水，塞好瓶塞。用食指摁住瓶塞，另一只手托住瓶底，把瓶倒立过来，观察瓶塞周围是否有水漏出（如图 1-6 所示）。如果不漏水，将瓶正立，并将瓶塞旋转 180°后塞紧，仍把瓶倒立过来，再检

---

[1]　B 表示各种溶质。

查是否漏水。经检查不漏水的容量瓶才能使用。

在使用容量瓶配制溶液时，如果是固体试剂，应将称好的试剂先放在烧杯里，用适量的蒸馏水溶解后，再转移到容量瓶中。如果是液体试剂，应将所需体积的液体在烧杯中用适量蒸馏水稀释后，再转移到容量瓶中。还应特别注意，在溶解或者稀释时有明显的热量变化，因此，需待溶液的温度恢复到室温后才能向容量瓶中转移。容量瓶使用完毕，应洗净、晾干，并在玻璃磨砂瓶塞与瓶口处垫张纸条，以免瓶塞与瓶口粘连。由于容量瓶是精确计量一定体积溶液的仪器，并且是在20℃时标定的，因此使用时不能加热，也不能注入过热的溶液，更不能用以代替试剂来贮存溶液。

配制 500mL 1mol/L NaCl 溶液，实验步骤如下。

（1）计算 计算配制 500mL 1mol/L NaCl 溶液需称取 NaCl 的质量。

$$m(NaCl)=cVM$$
$$=1mol/L×0.5L×58.5g/mol$$
$$=29.25g$$

（2）称量 用天平称取 NaCl 固体 29.25g，放入烧杯中。

（3）溶解 向盛有 NaCl 固体的烧杯中，加入适量蒸馏水，并用玻璃棒搅拌，使 NaCl 完全溶解。

（4）转移 将烧杯中的溶液沿玻璃棒小心地注入到 500mL 的容量瓶中。应注意不能将溶液洒在容量瓶外，也不能让溶液在刻度线上面沿瓶壁流下。

（5）洗涤 用适量的蒸馏水洗涤烧杯和玻璃棒 2～3 次，将每次洗涤后的溶液都注入容量瓶中。轻轻震荡容量瓶，使其中的溶液充分混合均匀。

（6）定容 缓缓地向容量瓶中注入蒸馏水，直到液面接近刻度 1～2cm 处时，改用胶头滴管滴加蒸馏水至溶液的凹液面最低点正好与刻度线相切。

（7）摇匀 把容量瓶用瓶塞盖好，反复上下颠倒，摇匀。这样配制出的溶液就是 500mL 1mol/L 的 NaCl 溶液，其配制过程如图 1-7 所示。

二、关于物质的量浓度的计算

① 已知溶质的质量和溶液的体积，计算溶液的物质的量浓度。

【例题 1】 在 200mL 的稀盐酸中，溶有 0.73g 氯化氢，计算稀盐酸溶液的物质的量浓度。

解 HCl 的相对分子质量是 36.5，则它的摩尔质量 $M(HCl)=36.5g$。

0.73g HCl 的物质的量 $n(HCl)$ 是：

$$n(HCl)=\frac{m(HCl)}{M(HCl)}=\frac{0.73g}{36.5g/mol}=0.02mol$$

稀盐酸的物质的量浓度 $c(HCl)$ 是：

$$c(HCl)=\frac{n(HCl)}{V[HCl(aq)]}^{❶}=\frac{0.02mol}{0.2L}=0.1mol/L$$

答 稀盐酸的物质的量浓度是 0.1mol/L。

② 已知溶液的物质的量浓度，计算一定体积的溶液中所含溶质的质量。

【例题 2】 配制 250mL 0.1mol/L 的氢氧化钠溶液，需氢氧化钠多少克？

---

❶ （aq）表示某种物质的水溶液，如 NaCl(aq) 表示 NaCl 的水溶液。

解 NaOH 的相对分子质量是 40，则它的摩尔质量 $M(\text{NaOH})=40\text{g/mol}$。

$$n(\text{NaOH})=c(\text{NaOH})V(\text{NaOH})=0.1\text{mol/L}\times0.25\text{L}=0.025\text{mol}$$
$$m(\text{NaOH})=n(\text{NaOH})M(\text{NaOH})=0.025\text{mol}\times40\text{g/mol}=1\text{g}$$

答 配制 250mL 0.1mol/L 氢氧化钠溶液需氢氧化钠 1g。

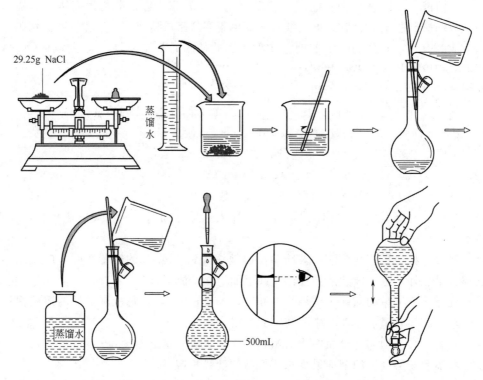

图 1-7　配制 500mL 1mol/L NaCl 溶液过程示意

【例题 3】 配制 500mL 0.1mol/L 硫酸铜溶液，需称取胆矾（$CuSO_4 \cdot 5H_2O$）多少克？

解 配制 500mL 0.1mol/L $CuSO_4$ 溶液需 $CuSO_4$ 的物质的量 $n(CuSO_4)$ 是：

$$n(CuSO_4)=0.1\text{mol/L}\times\frac{500}{1000}\text{L}=0.05\text{mol}$$

1mol 胆矾中含有 1mol $CuSO_4$ 则

$$n(CuSO_4 \cdot 5H_2O)=n(CuSO_4)=0.05\text{mol}$$

0.05mol $CuSO_4 \cdot 5H_2O$ 的质量是：

$$249.5\text{g/mol}\times0.05\text{mol}=12.475\text{g}$$

答 配制 50mL 0.1mol/L 硫酸铜溶液需称取胆矾 12.475g。

③ 物质的量浓度与质量分数的换算。

在实际工作中，如果需要将溶液中溶质的质量分数换算为物质的量浓度，可通过溶液的密度（ρ）、体积（V）、质量分数（w_B）先计算出溶质的质量（m_B）：

$$m_B=\rho V w_B$$

然后，再由 m_B 与溶质的摩尔质量求出溶质的物质的量，进而计算出物质的量浓度。

【例题 4】 市售浓硫酸的 H_2SO_4 的质量分数为 98%，密度为 1.84g/cm³。这种浓硫酸的物质的量浓度是多少？

解 因为物质的量浓度是以 1L（1000mL）溶液中所含溶质的物质的量（mol）来表示

的，所以取 1L 浓硫酸作为计算的基准。浓硫酸的物质的量浓度 $c(H_2SO_4)$ 是：

$$c(H_2SO_4)=\frac{\rho V w_B}{M(H_2SO_4)}=\frac{18.4g/cm^3\times1000cm^3\times98\%}{98g/mol}=18.4mol/L$$

答　这种浓硫酸的物质的量浓度是 18.4mol/L。

若将上述计算归纳为一般形式，则物质的量浓度与质量分数间的换算关系可表示如下：

$$c(B)=\frac{1000\rho w_B}{M(B)\times1L}$$

式中　B——溶质的化学式；

c——溶液中溶质 B 的物质的量浓度，g/mol；

M——溶质 B 的摩尔质量，g/mol；

ρ——溶液的密度，g/cm³；

w_B——溶质 B 的质量分数，%。

④ 已知起反应的两种溶液的物质的量浓度以及其中一种溶液的体积，计算所需另一种溶液的体积。

【例题 5】　完全中和 0.5L 0.1mol/L H_2SO_4 溶液，需要多少升 0.5mol/L NaOH 溶液？

解　　　　　　　　$H_2SO_4+2NaOH\!=\!\!=\!\!=\!Na_2SO_4+2H_2O$
　　　　　　　　　　1mol　　　2mol

0.5L 0.1mol/L H_2SO_4 溶液中含 H_2SO_4 的物质的量 $n(H_2SO_4)$ 是：

$$n(H_2SO_4)=0.5L\times0.1mol/L=0.05mol$$

完全中和 0.05mol H_2SO_4 需 NaOH 的物质的量 $n(NaOH)$ 是：

$$n(NaOH)=0.05mol\times2=0.1mol$$

含 0.1mol 的 0.5mol/L NaOH 溶液的体积是：

$$V[NaOH(aq)]=\frac{0.1mol}{0.5mol/L}=0.2L$$

答　完全中和 0.5L 0.1mol/L H_2SO_4 溶液，需要 0.5mol/L NaOH 溶液 0.2L。

⑤ 有关溶液稀释的计算。

溶液稀释前后溶质的质量不变，即在浓溶液稀释前后溶质的物质的量不变。因此可得出下列关系式：

$$c_1V_1=c_2V_2$$

式中　c_1——稀释前溶液的物质的量浓度；

V_1——稀释前溶液的体积；

c_2——稀释后溶液的物质的量浓度；

V_2——稀释后溶液的体积。

【例题 6】　将 30mL 0.5mol/L NaOH 溶液加水稀释到 500mL，稀释后溶液中 NaOH 的物质的量浓度是多少？

解　已知 $c_1=0.5mol/L$，$V_1=30mL=0.03L$，$V_2=0.5L$。

求稀释后溶液中 NaOH 的物质的量浓度 c_2

根据　　　　　　　　　　　　$c_1V_1=c_2V_2$

则　　　　　　　　　　$0.5mol/L\times0.03L=c_2\times0.5L$

解之得　　　　　　　　　　　　$c_2=0.03mol/L$

答　稀释后 NaOH 溶液中 NaOH 的物质的量浓度是 0.03mol/L。

第四节　化学反应中的能量变化

一、反应热

物质发生化学反应的过程中，总是伴随着能量的变化，通常表现为热量的变化。例如，木炭、氢气、甲烷等物质能在氧气中燃烧，在燃烧的过程中除生成新的物质外，同时还放出大量的热。化学上把反应过程中放出热量的化学反应叫**放热反应**。上面提到的几个反应及酸碱中和等反应都是放热反应。还有许多化学反应在反应过程中要吸收热量，例如，水分解为氢气和氧气、石灰石分解为生石灰和二氧化碳等化学反应，在反应过程中都要吸收热量，是吸热反应。反应过程中吸收热量的化学反应叫做**吸热反应**。

在化学反应过程中放出或吸收的热量，通常叫做**反应热**。反应热用符号 ΔH 表示，单位一般采用 kJ/mol。任何化学反应都有反应热，这是由于在化学反应过程中，需要克服反应物中原子之间的相互作用，这需要吸收能量；当原子重新结合成生成物分子时，又要释放能量。当反应完成时，生成物释放的总能量大于反应物吸收的总能量，这就是放热反应。对于放热反应来说，由于反应后放出的热量使反应本身的能量降低，因此规定放热反应的 ΔH 为"－"。例如，实验测得 1mol C 与 1mol O_2 反应生成 1mol CO_2 时放出 393.5kJ 的热量，该反应的反应热为：

$$\Delta H = -393.5\text{kJ/mol}$$

反之，对于吸热反应，由于反应通过加热、光照等吸收能量，而使反应本身的能量升高，因此规定吸热反应的 ΔH 值为"＋"。例如，1mol C 与 1mol 水蒸气起反应，生成 1mol CO 和 1mol H_2，需要吸收 131.5kJ 的热量，该反应的反应热为：

$$\Delta H = +131.5\text{kJ/mol}$$

综上所述，当：

ΔH 为"－"或 $\Delta H < 0$ 时，为放热反应；

ΔH 为"＋"或 $\Delta H > 0$ 时，为吸热反应。

一般用实验数据来表示反应热，其数据必须通过实验来测得，许多化学反应的反应热可以用一种叫做量热计的测量仪器直接测量（一般是指在压力为 101.325kPa，温度为 25℃的条件下所测得的数据）。

反应热还和物质所具有的能量密切相关。由于各种物质所具有的能量不同，所以有的化学反应会放出能量，而有的化学反应却要吸收能量。如果反应物所具有的总能量大于生成物所具有的总能量，那么在发生化学反应时，反应物转化成生成物就会放出热量，这就是放热反应。反之，如果反应物所具有的总能量小于生成物所具有的总能量，那么在发生化学反应时，反应物就需要吸收热量才能转化为生成物，这就是吸热反应。化学反应过程中的能量变化如图 1-8 所示。

二、热化学方程式

1. 热化学方程式

碳与氧气反应和碳与水蒸气反应的化学方程式如下：

$$C + O_2 \xrightarrow{\text{点燃}} CO_2$$

$$C+H_2O(g) \overset{\text{\textcircled{1}}}{=\!=\!=} CO+H_2$$

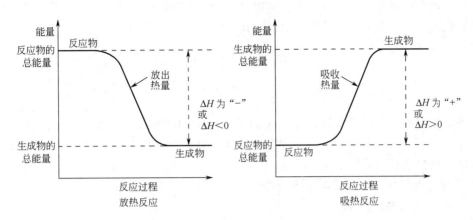

图 1-8 化学反应过程中能量变化示意

化学方程式只表明了反应物分子转化为生成物分子时原子重新结合的情况，即只表现了化学反应中物质的变化，但它不能表明化学反应中的能量变化。如果将上述化学方程式改写为下述形式：

$$C(s)+O_2(g) \overset{\text{点燃}}{=\!=\!=} CO_2(g); \quad \Delta H = -393.5 \text{kJ/mol}$$

$$C(s)+H_2O(g) =\!=\!= CO(g)+H_2(g); \quad \Delta H = +131.5 \text{kJ/mol}$$

这样就能表明 1mol 固态 C 与 1mol 气态 O_2 反应生成 1mol 气态 CO_2，放出 393.5kJ 的热量；1mol 固态 C 与 1mol H_2O 蒸气反应生成 1mol 气态 CO 和 1mol 气态 H_2，吸收 131.5kJ 的热量。**这种表明反应所放出或吸收的热量的化学方程式，叫做热化学方程式。**

热化学方程式不仅表明了化学反应中的物质变化，也表明了化学反应中的能量变化。由热化学方程式可以明显地看出反应过程中需要吸收或放出的热量。

2. 书写热化学方程式的方法

与普通化学方程式相比，书写热化学方程式除了遵循书写化学方程式的要求外还应注意以下几点。

① 要注明反应的温度和压力，因为温度和压力的变化影响反应热的数据，即温度和压力不同时，其 ΔH 也不相同。如果不特别注明，则表示压力为 101.325kPa 和温度为 25℃。

② 要注明物质的聚集状态，因为反应热与物质的聚集状态有关。为了精确起见，注明反应物和生成物的聚集状态，才能确定放出或吸收的热量的多少。例如：

$$H_2(g)+\frac{1}{2}O_2(g) =\!=\!= H_2O(g); \quad \Delta H = -241.8 \text{kJ/mol}$$

$$H_2(g)+\frac{1}{2}O_2(g) =\!=\!= H_2O(l); \quad \Delta H = -285.8 \text{kJ/mol}$$

从上述热化学方程式可明显看出，由 H_2 与 O_2 反应生成液态 H_2O 比生成气态 H_2O 多放出 44kJ 的热量。

---

❶ s:英文 solid 的第一个字母,代表固体。g:英文 gas 的第一个字母,代表气体。l:英文 liquid 的第一个字母,代表液体。

反应热通常是以 1mol 物质在反应过程中所放出或吸收的热量来衡量的。热化学方程式中的化学计量数不表示微粒个数，只表示物质的量，所以它可以是整数，也可以是分数。对于相同物质的反应，当化学计量数不同时，其 ΔH 也不同，例如：

$$2H_2(g) + O_2(g) = 2H_2O(g)；\Delta H = -483.6kJ/mol$$

$$H_2(g) + \frac{1}{2}O_2(g) = H_2O(g)；\Delta H = -241.8kJ/mol$$

显然，对于上述相同物质的反应，前者的 ΔH 是后者的两倍。

③ 在化学方程式后面写下 ΔH 的数值和单位，并注明 ΔH 的"＋"与"－"，化学方程式与 ΔH 用分号"；"隔开。

④ 热化学方程式一般不要写反应条件。

三、化石燃料与新能源

1. 使用化石燃料的利弊

广义地讲，能够发生燃烧反应放出热量的物质都可以称为燃料。各种燃料的化学能在燃烧过程转化为热能，给人类社会提供了巨大的能量，保证了人类社会的不断发展和进步。

煤、石油、天然气是人们目前使用得最多的燃料，它们都是埋在地层下的古代动植物遗体在地壳中经过一系列非常复杂的变化而逐渐形成的。因此，他们被称为化石燃料。这些燃料在地球上的蕴藏量是有限的。而且也都是经过亿万年才能形成的非再生能源，随着人们的不断使用，会越来越少，最终会枯竭。在人类对能源的需求越来越多的今天，如何提高燃烧效率，节约能源是当今世界各国能源研究的前沿课题之一。

煤是中国储量最多的能源，据有关统计，中国煤炭储量足够使用几百年。而且煤是发热量很高的固体燃料，中国煤炭资源相对比较集中，开采成本较低，用煤作燃料合算。因此，中国是世界上少数以煤为主要能源的国家。但是煤作为固体燃料，大量开采时会造成地面塌陷，运输又不方便，燃烧反应速率小，热利用效率低，且燃烧时产生 SO_2 等有毒气体和烟尘，对环境造成严重污染。因此，工业上根据燃料充分燃烧的条件（一是燃烧时要有适当过量的空气，二是燃料与空气要有足够大的接触面），采用粉碎固体燃煤的方法，从而使固体燃煤可以和液体燃料一样，采用"喷雾"式的燃烧工艺，以增大燃料与空气的接触面，提高燃烧效率（如，中国现有的新型煤粉燃烧器，煤的燃烧效率可达 95％ 以上）。另外，可以通过清洁煤技术，如煤的液化和气化，以及实行烟气净化脱硫等，大大减少燃煤对环境造成的污染，提高燃烧的热利用率，也便于输送。

2. 新能源

对中国来说，调整和优化能源结构，降低燃煤在能源结构中的比率，节约油气资源，加强科技投入，加快开发新能源尤为重要和迫切。

根据专家分析，最有希望的新能源是太阳能、燃料电池、风能等。这些新能源的特点是资源丰富，有些可以再生，为再生性能源，在使用时对环境没有污染或很少污染。因此，它们在 21 世纪的能源中会占据越来越重要的地位。

四、有关热化学方程式的计算

从实践和科研的观点来看，利用热化学方程式进行计算都是非常重要的。通过计算，可以知道某个化学反应完成时需要吸收或放出的热量，以便更好地控制反应条件，充分利用能源。

【例题】　在 101.325kPa 时，1mol CH_4 完全燃烧生成液态 H_2O 和 CO_2 气体，同时放出 890.3kJ 的热量，计算 89.6L（标准状况）CH_4 完全燃烧后所产生的热量是多少？

解　1mol CH_4 完全燃烧的热化学方程式为：

$$CH_4(g) + 2O_2(g) = CO_2(g) + 2H_2O(l)；\Delta H = -890.3kJ/mol$$

89.6L CH_4（标准状况）的物质的量为：

$$n(CH_4) = \frac{V(CH_4)}{V_m}$$
$$= \frac{89.6L}{22.4L/mol}$$
$$= 4mol$$

4mol CH_4 完全燃烧放出的热量为：

$$890.3kJ/mol \times 4mol = 3.56 \times 10^3 kJ$$

答　89.6L CH_4（标准状况）完全燃烧后所产生的热量为 $3.56 \times 10^3 kJ$。

第二章 气 体 定 律

气体的基本特征是它的扩散性和压缩性。由于气体的分子很小，分子之间的距离很大，分子间的吸引力十分微弱，所以把气体引入一个容器中，气体分子就立即向各个方向扩散，即使是极少量的气体，也能够均匀地充满一个很大的容器，不管这个容器的形状如何，它的体积与其容器的容积一样大小，而且一种气体能在另一种气体中运动，进行相互扩散，所以不同的气体可以按任意比例相互均匀地混合（起化学反应的除外）形成混合气体。由于气体的密度很小，分子间的空隙很大，还可以把气体压缩到较小的容器中去。

在化工生产中往往要处理各种气体，因此了解它们的性质，掌握它们的变化规律是十分重要的。本章主要学习气体定律。

第一节　理想气体状态方程式

在标准状况下，任何气体的摩尔体积都约为 22.4L/mol。但是在科学研究和化工生产中，技术条件要求的温度、压力往往都不是标准状况下的温度和压力。因此，研究温度和压力对气体体积的影响显得十分重要。联系体积、压力和温度之间关系的方程式称为状态方程式。

一、理想气体状态方程式

对于一定质量的气体来说，如果温度（T）、体积（V）和压力（p）三个量都不改变，就说气体处于一定的状态中。如果三个量中有两个改变了或者三个都改变了，就说气体的状态变了。对于一定质量的气体来说，只有一个量改变而其他两个量都不改变的情况是不会发生的。当一定质量的气体状态发生变化时，这三个物理量的变化是否遵循一定的规律呢？下面先研究三个量中有一个量保持不变时，其他两个量的变化规律。

1. 气体定律

（1）玻意耳定律　在 17 世纪，生产的发展需要改进抽气机的性能，推动了人们对气体性质的研究。1662 年英国科学家玻意耳（1627～1691）经过研究发现：当温度不变时，一定质量气体的体积与压力成反比。这就是**玻意耳定律**，可用下式表示：

$$p_1 : p_2 = V_2 : V_1 \tag{2-1}$$

或
$$p_1 V_1 = p_2 V_2$$

上式中的 V_1 和 V_2 表示始态和终态时气体的体积，p_1 和 p_2 表示始态和终态时的气体压力。

（2）盖·吕萨克定律　在 17 世纪以前，人们已经观察到气体受热膨胀的现象，直到 1802 年，法国科学家盖·吕萨克（1778～1850）经过一系列精确的研究，结果发现：当压力不变时，一定质量气体的体积与热力学温度成正比。这就是**盖·吕萨克定律**，可用下式表示：

$$V_1 : V_2 = T_1 : T_2 \tag{2-2}$$

或
$$\frac{V_1}{T_1} = \frac{V_2}{T_2}$$

在上式中，T_1 和 T_2 表示始态和终态时的热力学温度。

（3）查理定律　法国科学家查理（1746～1823）对气体的压力随温度而变化的关系做了研究，结果发现：当体积不变时，一定质量气体的压力与热力学温度成正比。这就是**查理定律**，可用下式表示：

$$p_1 : p_2 = T_1 : T_2 \tag{2-3}$$

或

$$\frac{p_1}{T_1} = \frac{p_2}{T_2}$$

上述的三个气体定律是各种气体在低压和高温条件下共同遵守的近似规律。

2. 理想气体状态方程式

当一定质量的气体发生状态变化时，如果温度、体积和压力三个量同时发生变化，以上面介绍的气体定律为依据，可推导出联系 p、V、T 三个变量的气体状态方程式。

一定质量的气体，从一种状态（压力、体积、热力学温度分别为 p_1、V_1、T_1）变到另一种状态（压力、体积、热力学温度分别为 p_2、V_2、T_2），这一变化可设想由下列两步完成：

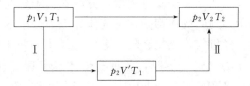

第Ⅰ步，温度保持不变，将压力由 p_1 变到 p_2，则气体的体积由 V_1 变到 V'，根据玻意耳定律：

$$p_1 V_1 = p_2 V' \qquad V' = \frac{p_1 V_1}{p_2}$$

第Ⅱ步，压力保持不变，将温度由 T_1 变到 T_2，则气体的体积由 V' 变到 V_2，根据盖·吕萨克定律：

$$\frac{V'}{V_2} = \frac{T_1}{T_2} \qquad V' = \frac{T_1}{T_2} V_2$$

由第Ⅰ步和第Ⅱ步的两式可得：

$$\frac{p_1 V_1}{p_2} = \frac{T_1}{T_2} V_2$$

整理后可得：

$$\frac{p_1 V_1}{T_1} = \frac{p_2 V_2}{T_2} \tag{2-4}$$

式（2-4）为气体状态方程式的一种形式。由此方程式出发，还可导出联系 p、V、T、n（气体的物质的量）四个变量的气体状态方程式。

如果 $n\,\mathrm{mol}$ 的气体从任一状态（压力、体积、热力学温度分别为 p、V、T）变到标准状态（压力、体积、热力学温度分别为 p_0、V_0、T_0），根据式（2-4）可得：

$$\frac{pV}{T} = \frac{p_0 V_0}{T_0} \tag{2-5}$$

根据阿伏加德罗定律，不管是什么气体，其标准状态下的体积，必为气体摩尔体积 $(V_{m,0})$[❶] 与 n 的乘积：

$$V_0 = nV_{m,0}$$

将其代入式（2-5）则得到：

$$\frac{pV}{T} = \frac{p_0 nV_{m,0}}{T_0} \tag{2-6}$$

在标准状况下，$p_0 = 101.325kPa$，$T_0 = 273.15K$，气体摩尔体积 $V_{m,0} = 22.4L/mol$，由此可见，$\dfrac{p_0 V_{m,0}}{T_0}$ 是一个常数，一般用符号 R 表示。这样式（2-6）可改写为：

$$\frac{pV}{T} = nR$$

或

$$pV = nRT \tag{2-7}$$

R 叫做摩尔气体常数。

式（2-7）也叫做气体状态方程式。

气体状态方程式只适用于分子本身没有体积和分子之间没有引力的气体，这种气体叫做**理想气体**。上述气体状态方程式叫做**理想气体状态方程式**。理想气体是一种设想的气体，在实际中是不存在的。人们所遇到的气体都是实际气体，因为分子本身占有一定的体积，分子与分子之间有相互吸引力。像氢气、氦气、氧气等少数气体，在常温、常压下才接近于理想气体。一般来说，只有在压力趋近于零时，各种气体才具有理想气体的性质。在较高温度（不低于 0℃）和较低压力（不高于 101.325kPa）的情况下，用理想气体状态方程式计算的结果尚能接近实际情况。

二、摩尔气体常数

摩尔气体常数 R 是一个很重要的常数，必须搞清它的单位和数值。根据 $R = \dfrac{p_0 V_{m,0}}{T_0}$ 关系式可以看出，R 的数值和单位是随 p_0 和 $V_{m,0}$ 所采用的单位不同而改变的。

当压力以帕[❷]为单位，体积以 m^3 为单位时，$p_0 = 101325Pa$，$V_{m,0} = 22.4 \times 10^{-3} m^3/mol$，计算可得：

$$R = \frac{p_0 V_{m,0}}{T_0}$$

$$= \frac{101325Pa \times 22.4 \times 10^{-3} m^3/mol}{273.15K}$$

$$= 8.314 Pa \cdot m^3/(K \cdot mol)$$

$$= 8.314 J/(K \cdot mol) [焦/(开 \cdot 摩)]$$

三、有关理想气体状态方程式的计算

【例题 1】 当温度为 15℃，压力为 $2.53 \times 10^5 Pa$ 时，在 $200dm^3$ 容器中能容纳多少摩的 CO_2 气体？

---

❶ 在法定计量单位中，摩尔体积用符号 V_m 表示。理想气体在标准状况（273.15K 和 101.325kPa）下的摩尔体积用 $V_{m,0}$ 表示。

❷ 压力（压强）的 SI 单位名称是帕斯卡（中文符号是帕，国际符号是 Pa），也可使用其倍数和分数单位（如 kPa、mPa 等）。$1Pa = 1N/m^2$（牛顿/米²），$1kPa = 10^3 Pa$。大气压（atm）是应废除的常用压力（压强）单位。$1atm = 1.01325 \times 10^5 Pa$。

解　已知：$V=200dm^3=200\times10^{-3}m^3$，$T=\left(\dfrac{t}{℃}+273.15\right)K$❶$=\left(\dfrac{15℃}{℃}+273.15\right)K\approx$ $288K$，$R=8.314Pa\cdot m^3/(K\cdot mol)$，$p=2.53\times10^5Pa$

根据 $$pV=nRT$$

得 $$n=\frac{pV}{RT}=\frac{2.53\times10^5Pa\times200\times10^{-3}m^3}{8.314Pa\cdot m^3/(K\cdot mol)\times288K}=21.1mol$$

答　在 $200dm^3$ 容器中能容纳 $21.1mol$ CO_2 气体。

【例题2】 $16g$ O_2 在温度为 $278K$ 和压力为 $96.26kPa$ 时，应占有多少立方分米的体积？

解　已知：$m=16g$，$p=96.26kPa$，$R=8.314Pa\cdot m^3/(K\cdot mol)=8.314Pa\times10^3dm^3/$ $(K\cdot mol)=8.314kPa\cdot dm^3/(K\cdot mol)$，$T=278K$，$M=32g/mol$。

$$n=\frac{16g}{32g/mol}=0.5mol$$

当压力以 kPa 为单位时，体积应以 dm^3 为单位，$R=8.314kPa\cdot dm^3/(K\cdot mol)$。根据 $$pV=nRT$$

得 $$V=\frac{nRT}{p}$$

$$=\frac{0.5mol\times8.314kPa\cdot dm^3/(K\cdot mol)\times278K}{96.26kPa}$$

$$=12dm^3$$

答　$16g$ O_2 在温度为 $278K$ 和压力为 $96.26kPa$ 时，应占有 $12dm^3$ 的体积。

【例题3】 当温度为 $360K$，压力为 9.6×10^4Pa 时，$0.4L$ 丙酮蒸气的质量为 $0.744g$，求丙酮的相对分子质量。

解　已知：$T=360K$，$p=9.6\times10^4Pa$，$V=0.4L=0.4\times10^{-3}m^3=4\times10^{-4}m^3$，$R=$ $8.314Pa\cdot m^3/(K\cdot mol)$，$m=0.744g$。

根据 $$pV=nRT=\frac{m}{M}RT$$

得 $$M=\frac{mRT}{pV}$$

$$=\frac{0.744g\times8.314Pa\cdot m^3/(K\cdot mol)\times360K}{9.6\times10^4Pa\times4\times10^{-4}m^3}$$

$$=58g/mol$$

答　丙酮的相对分子质量是 58。

第二节　气体分压定律

在化工生产和科学实验中，遇到的气体常常是气体混合物。人们把含有两种或两种以上成分的气体混合物称为混合气体。例如，空气就是氧气、氮气、二氧化碳、稀有气体等几种气体的混合气体；合成氨的原料气就是氮气和氢气的混合气体。在混合气体（各种气体之间

---

❶　热力学温度（T）的单位名称是开尔文，其中文符号为开，国际符号为 K。摄氏温度（t）的单位摄氏度（国际符号为℃）是具有专门名称的 SI 导出单位。T 和 t 之间的数值关系是：$\dfrac{T}{K}=\dfrac{t}{℃}+273.15$。

没有发生化学反应）中，每一种成分称为"组分"。例如，空气中的氮气、氧气、二氧化碳等都称为空气的组分。混合气体中各组分气体的相对含量，可以用气体的分体积或体积分数来表示，也可以用组分气体的分压来表示。

一、分体积　体积分数　摩尔分数

1. 分体积

所谓**分体积是指某组分气体在与混合气体同温同压下，单独存在时所占有的体积**。用 V_i 来表示。例如，在通常状况❶下，空气中（微量组分不计）4/5 是氮气，1/5 是氧气，把氮气和氧气从 101.325kPa 下的 5L 空气中分离出来后，它们在 101.325kPa 下所占的体积分别为 4L 和 1L。那么，在通常状况下，5L 空气中氮气的分体积就是 4L，氧气的分体积就是 1L。

实验证明，**在恒温恒压下，不发生化学反应的混合气体的总体积（V）等于各组分气体分体积（V_i）之和**。

$$V = V_1 + V_2 + V_3 + \cdots + V_i \tag{2-8}$$

通常所说的气体的体积，是指气体所充满的容器的容积，所以，组分气体所占的体积和混合气体所占的体积相同。这里应该注意，组分气体的分体积与组分气体所占的体积不同。

2. 体积分数

某组分 B 气体的分体积（V_B）与混合气体总体积（V）之比，叫做该组分气体的**体积分数**，常用 φ_B 来表示。即

$$\varphi_B = V_B / V \tag{2-9}$$

例如，在通常状况下的 5L 空气中，氮气和氧气的体积分数分别是：

$$\varphi(N_2) = \frac{4}{5} = 0.8$$

$$\varphi(O_2) = \frac{1}{5} = 0.2$$

3. 摩尔分数（物质的量分数）

某组分 B 气体的物质的量与混合气体的总物质的量之比，称为该组分气体的**摩尔分数或物质的量分数**，常用 x_B 来表示。即

$$x_B = \frac{n_B}{n} \tag{2-10}$$

式中　n_B——组分气体的物质的量；

　　　n——混合气体的总物质的量。

例如，由 1mol 氮气和 3mol 氢气组成的混合气体（不发生化学反应）中，氮气和氢气的摩尔分数是：

$$x(N_2) = \frac{n(N_2)}{n} = \frac{1mol}{1mol + 3mol} = \frac{1}{4} = 0.25$$

$$x(H_2) = \frac{n(H_2)}{n} = \frac{3mol}{1mol + 3mol} = \frac{3}{4} = 0.75$$

在相同温度和压力下，相同体积的各种气体都含有相同数目的分子（即各种气体的物质

---

❶　通常状况一般指的是 20℃（293K）左右和 101.325kPa。

的量相同）。因此同温同压下，气体的物质的量与体积成正比。由此可以得出，组分气体的体积分数等于其摩尔分数，可用下式表示：

$$\frac{V_B}{V} = \frac{n_B}{n} \tag{2-11}$$

二、气体分压定律

气体的压力是大量气体分子不断对容器壁碰撞的结果。混合气体的压力叫总压力，简称总压。混合气体中既然有两种或两种以上的分子存在，那么，每一种气体都对器壁施加压力，则总压力必然是由各组分的分子对器壁碰撞的总结果。也就是说，在总压中每一组分都做出了一份贡献。而每一组分的贡献，即该组分的分子对器壁碰撞产生的压力，称为分压力。

气体的特性是能够均匀地布满它所占有的全部空间。因此，在任何容器内的气体中，只要不发生化学反应，每一组分气体都是均匀地分布在整个容器中，就像单独存在的气体一样，占据与混合气体相同的总体积。每种气体所产生的压力（即分压力）与它单独占有整个容器时所产生的压力相同。由此可以得出：

在一定温度下，某组分气体单独占据与混合气体相同体积时，对容器所产生的压力，叫做该组分气体的分压力，简称分压。

道尔顿由实验发现，混合气体的总压等于各组分气体的分压之和。即：

$$p = p_1 + p_2 + \cdots + p_i \tag{2-12}$$

在通常状况下，可以把混合气体看作是理想气体，则混合气体中的每一种气体都分别遵守理想气体状态方程式。

综上所述，还可以引出下面一个重要推论。

设在容积为 V 的某一容器中盛有 $n\,mol$ 的混合气体，其中含有两种组分气体，它们的物质的量分别为 n_1 和 n_2，分压分别为 p_1 和 p_2。则每种气体的分压等于它在相同温度下占有与混合气体相同体积时的压力，即：

$$p_1 = \frac{n_1 R T}{V} \tag{2-13}$$

$$p_2 = \frac{n_2 R T}{V} \tag{2-14}$$

混合气体的总物质的量（n）为：

$$n = n_1 + n_2$$

由式（2-12）可得混合气体的总压力（p）为：

$$p = p_1 + p_2 = \frac{n_1 R T}{V} + \frac{n_2 R T}{V} = \frac{n_1 + n_2}{V} R T$$

$$p = \frac{n}{V} R T \tag{2-15}$$

由此可见，理想气体状态方程式不仅适用于个别气体，也适用于混合气体。

用式（2-13）和式（2-14）分别除以式（2-15）可得：

$$\frac{p_1}{p} = \frac{n_1}{n} \qquad 或 \qquad p_1 = \frac{n_1}{n} p$$

$$\frac{p_2}{p} = \frac{n_2}{n} \qquad 或 \qquad p_2 = \frac{n_2}{n} p$$

上式中的 $\dfrac{n_1}{n}$ 和 $\dfrac{n_2}{n}$ 为混合气体中各组分的摩尔分数,分别用 x_1 和 x_2 来表示。则

$$p_1 = x_1 p$$
$$p_2 = x_2 p$$

如果用 B 代表混合气体中的组分气体,p_B 代表组分气体的分压,x_B 代表组分气体的摩尔分数,则混合气体中组分气体的分压可用下列通式表示:

$$p_B = x_B p \tag{2-16}$$

上式说明,混合气体中每一组分的分压,等于总压与该组分的摩尔分数的乘积。这就是所引出的重要推论。

由于混合气体中每一组分的摩尔分数等于它的体积分数,即:

$$\frac{n_B}{n} = \frac{V_B}{V}$$

因此混合气体中每一组分的分压,也等于总压与体积分数的乘积。

1807 年,英国化学家道尔顿总结了上述规律,提出混合气体分压定律:**混合气体的总压等于组分气体分压之和;某组分气体分压的大小和它在气体混合物中的摩尔分数(或体积分数)成正比**。式(2-12)和式(2-16)就是分压定律的数学表达式。

用压力表测量混合气体的压力,得到的是总压力。要直接测量组分气体的分压是很困难的,一般在实验中都是通过对混合气体进行气体分析,测得各组分气体的分体积,根据各组分气体的体积分数来计算该组分的分压。

还应该指出,只有理想气体才严格遵守上述定律,因此应避免在低温和高压的条件下,应用气体分压定律。

三、分压定律的应用

在化工生产中,遇到的气体几乎都是混合气体。根据道尔顿分压定律,可以根据混合气体的总压力和体积分数(或摩尔分数)计算组分气体的分压;也可以计算混合气体的总压力。

【例题 1】 将 $1m^3$ 氮气和 $3m^3$ 氢气的混合气体放入密闭容器中,混合气体的总压力为 $1.42 \times 10^6 Pa$ 时,氮气和氢气(若未发生化学反应时)的分压各是多少帕?

解 已知:$p = 1.42 \times 10^6 Pa$,$V(N_2) = 1m^3$,$V(H_2) = 3m^3$。

先求出氮气和氢气的体积分数。

$$x(N_2) = \frac{1}{1+3} = 0.25$$

$$x(H_2) = \frac{3}{1+3} = 0.75$$

根据 $\qquad\qquad p_B = x_B p$

故氮气和氢气的分压为:

$$p(N_2) = 1.42 \times 10^6 Pa \times 0.25 = 3.55 \times 10^5 Pa$$
$$p(H_2) = 1.42 \times 10^6 Pa \times 0.75 = 1.065 \times 10^6 Pa$$

答 氮气的分压为 $3.55 \times 10^5 Pa$,氢气的分压为 $1.065 \times 10^6 Pa$。

【例题 2】 在温度为 298K 时,将 17g 氨气、48g 氧气和 14g 氮气装入一个体积为 $5dm^3$ 的密闭容器中,计算:

① 混合气体中,三种气体的摩尔分数;

②混合气体的总压；

③混合气体中各组分的分压。

解　已知：$T=298K$，$m(NH_3)=17g$，$m(O_2)=48g$，$m(N_2)=14g$，$V=5dm^3=5\times10^{-3}m^3$，$R=8.314Pa\cdot m^3/(K\cdot mol)$。

①氨气（NH_3）、氧气（O_2）、氮气（N_2）的相对分子质量分别为 17、32 和 28，则它们的摩尔质量分别为：$M(NH_3)=17g/mol$，$M(O_2)=32g/mol$，$M(N_2)=28g/mol$。

因为

$$n=\frac{m}{M}$$

所以

$$n(NH_3)=\frac{17g}{17g/mol}=1mol$$

$$n(O_2)=\frac{48g}{32g/mol}=1.5mol$$

$$n(N_2)=\frac{14g}{28g/mol}=0.5mol$$

$$n=1mol+1.5mol+0.5mol=3mol$$

因为

$$x_B=\frac{n_B}{n}$$

所以三种气体的摩尔分数为：

$$x(NH_3)=\frac{n(NH_3)}{n}=\frac{1mol}{3mol}=\frac{1}{3}$$

$$x(O_2)=\frac{n(O_2)}{n}=\frac{1.5mol}{3mol}=\frac{1}{2}$$

$$x(N_2)=\frac{n(N_2)}{n}=\frac{0.5mol}{3mol}=\frac{1}{6}$$

②根据

$$pV=nRT$$

混合气体的总压为：

$$p=\frac{nRT}{V}$$

$$=\frac{3mol\times8.314Pa\cdot m^3/(K\cdot mol)\times298K}{5\times10^{-3}m^3}$$

$$=1.49\times10^6Pa$$

③根据

$$p_B=x_Bp$$

混合气体中各组分的分压分别为：

$$p(NH_3)=x(NH_3)\cdot p=1.49\times10^6Pa\times\frac{1}{3}=4.97\times10^5Pa$$

$$p(O_2)=x(O_2)\cdot p=1.49\times10^6Pa\times\frac{1}{2}=7.45\times10^5Pa$$

$$p(N_2)=x(N_2)\cdot p=1.49\times10^6Pa\times\frac{1}{6}=2.48\times10^5Pa$$

答　在混合气体中，氨气、氧气和氮气的摩尔分数分别是 1/3、1/2 和 1/6；混合气体的总压是 1.49×10^6Pa；氨气、氧气和氮气的分压分别是 4.97×10^5Pa、7.45×10^5Pa 和 2.48×10^5Pa。

第三章 卤 素

在已发现的 112 种元素中，氟（F）、氯（Cl）、溴（Br）、碘（I）、砹（At）五种元素的原子结构相似，这些元素的原子，最外电子层都有 7 个电子，它们都是活泼的非金属元素，具有相似的化学性质，构成一族，称为卤族元素，简称卤素。它们都能和多种金属直接化合生成盐。

本章在重点学习氯气及氯的重要化合物的基础上，学习氟、溴、碘及其重要化合物。然后再对卤族元素的性质加以系统的比较，认识它们的共性。因为砹在自然界里含量很少，又是放射性元素，本章中不做介绍。另外在本章中，还要进一步从实质上分析、认识氧化还原反应。

第一节 氯 气

氯约占地壳总质量的 0.017%。由于氯很活泼，所以在自然界里没有单质氯存在，氯总是呈化合态存在。氯的化合物有氯化钠、氯化钾、氯化镁等。氯化钠主要存在于海水中，海水中约含 2.8% 的氯化钠，还含有少量其他盐类（如氯化镁等）。另外氯还存在于岩盐、井盐和湖盐中。

一、氯气的物理性质

氯元素形成的单质是氯气（Cl_2），氯气分子是由两个氯原子[❶]构成的双原子分子（见图 3-1）。

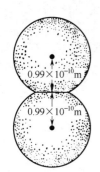

0.99×10⁻¹⁰ m

0.99×10⁻¹⁰ m

图 3-1 氯气分子

在通常状况下，氯气是黄绿色、有强烈刺激性气味的气体，密度为 2.95g/L，是空气的 2.5 倍。氯气很容易液化，在常温时加压到 607.95kPa 或在常压下冷却到 −34.6℃，变为黄色油状液体（即液氯）。将液氯通常贮存在钢瓶中，便于运输和使用。液氯继续冷却到 −101℃ 时，就变成固态氯。

氯气有毒，吸入少量氯气，会使鼻和喉头的黏膜受到强烈的刺激，引起咳嗽和胸部疼痛；吸入大量氯气，会发生严重中毒，能造成肺水肿，甚至窒息死亡。因此，在实验室里闻氯气的时候，必须十分小心，千万不要把鼻子凑到瓶口直接去闻，应该用手轻轻地在瓶口扇动，让极少量的氯气飘进鼻孔。当闻其他气体的气味时，也应采取这种方法。若发生较重的氯气中毒时，可以吸入酒精和乙醚混合蒸气或氨水蒸气来解毒。

氯气能溶解于水，但在水中的溶解度不大，在常温下，1 体积的水能溶解 2 体积的氯气，氯气的水溶液叫做"氯水"，有强烈的氯气的刺激性气味，饱和氯水呈淡黄绿色。

二、氯气的化学性质

氯原子最外电子层上有 7 个电子，在化学反应中容易结合 1 个电子，使最外层达到 8 个电子的稳定结构。因此，氯气是一种化学性质非常活泼的非金属单质，它能与金属、非金属、水、碱等发生化学反应。

[❶] 氯原子很小，它的原子半径（氯分子中两个原子核间距离的一半）是 0.99×10⁻¹⁰ m。

1. 氯气与金属的反应

氯气几乎能与所有的金属直接化合生成氯化物，但有些反应需要加热，当加热时，很多金属还能在氯气中燃烧。

[实验 3-1] 用镊子夹出黄豆大的一块金属钠，用滤纸吸干表面上的煤油，然后放在铺上石棉或细沙的燃烧匙里加热，等钠刚开始燃烧，立即将燃烧匙伸进盛氯气的集气瓶里（见图 3-2），观察发生的现象。

金属钠在氯气中剧烈燃烧，产生黄色火焰，并有白烟生成，这白烟就是氯化钠的颗粒。钠燃烧完毕后，可以看到白色的氯化钠晶体。这个反应的化学方程式是：

$$2Na＋Cl_2 \xrightarrow{\text{点燃}} 2NaCl$$

红热的铁丝也能在氯气中燃烧，生成棕色的氯化铁。

$$2Fe＋3Cl_2 \xrightarrow{\text{点燃}} 2FeCl_3$$

[实验 3-2] 把一束细铜丝在酒精灯火焰上灼烧到红热后，迅速放入充满氯气的集气瓶里（见图 3-3），观察发生的现象。等铜丝燃烧完毕后，将少量的水注入集气瓶里，用毛玻璃片盖住瓶口，振荡，使生成的物质溶解，观察溶液的颜色。

可以看到红热的铜丝在氯气中剧烈燃烧，集气瓶里充满棕黄色的烟，这是氯化铜晶体颗粒。这个反应的化学方程式可表示如下：

$$Cu＋Cl_2 \xrightarrow{\text{点燃}} CuCl_2$$

还可以看到氯化铜溶解在水里，形成绿色的氯化铜溶液。溶液的浓度不同时，颜色略有不同。

图 3-2 钠在氯气里燃烧

图 3-3 铜在氯气里燃烧

图 3-4 氢气在氯气里燃烧

2. 氯气与非金属的反应

氯气能与许多非金属直接化合。

如图 3-4 所示，先在空气中点燃氢气，然后将导管伸入盛有氯气的集气瓶中。可以观察到，纯净的氢气在氯气中安静地燃烧，发出苍白色的火焰，同时放出大量的热，集气瓶口有白雾生成。这是因为氯气能与氢气起反应生成氯化氢气体，它在空气中易与水蒸气结合呈现雾状。这个反应的化学方程式是：

$$H_2＋Cl_2 \xrightarrow{\text{点燃}} 2HCl$$

氯气和氢气在常温下化合非常缓慢，但在强光直接照射氯气和氢气的混合气体时，可迅速化合爆炸，反应后也生成氯化氢气体。

$$H_2 + Cl_2 \xrightarrow{\text{光照}} 2HCl$$

如果点燃氯气和氢气的混合气体时，也能发生剧烈反应并引起爆炸，生成氯化氢。

[**实验 3-3**] 把少量红磷放在燃烧匙里，加热到红磷开始燃烧，立刻插入盛有氯气的集气瓶中，观察发生的现象。

可以看到，点燃的红磷在集气瓶中继续燃烧。氯气与磷剧烈反应，产生白色烟雾，这是生成的三氯化磷和五氯化磷的混合物。

$$2P + 3Cl_2 \xrightarrow{\text{点燃}} 2PCl_3$$
$$\text{三氯化磷}$$

$$PCl_3 + Cl_2 \xrightarrow{\text{点燃}} PCl_5$$
$$\text{五氯化磷}$$

三氯化磷为无色液体，是一种重要的化工原料，许多磷的化合物（如敌百虫等多种农药）都用它来制造。

从以上钠、铜、氢气、磷在氯气中燃烧的反应可以看出，燃烧不一定有氧气参加。任何发热发光的剧烈的化学反应，都可以叫做燃烧。

3. 氯气与水的反应

氯气能溶解于水，溶解的氯气有一部分与水起反应，生成盐酸和次氯酸。

$$Cl_2 + H_2O \Longrightarrow HCl + HClO$$
$$\text{次氯酸}$$

氯水是由水、氯气、盐酸和次氯酸组成的混合物。

[**实验 3-4**] 取一条干燥的有色布条和一条湿润的有色布条，分别放入盛有氯气的集气瓶中，迅速盖好玻璃片，观察发生的现象。

可以看到，湿润的布条褪了色，而干燥的布条却没有褪色。可见潮湿的氯气（或氯水）有漂白作用，而干燥的氯气没有漂白作用。

4. 氯气与碱的反应

在常温下，氯气能与碱溶液起反应，生成金属氯化物、次氯酸盐和水。例如，氯气能与氢氧化钠溶液起反应，生成氯化钠、次氯酸钠和水。

$$Cl_2 + 2NaOH \Longrightarrow NaCl + NaClO + H_2O$$
$$\text{次氯酸钠}$$

所以在工业上常用碱溶液吸收氯气。

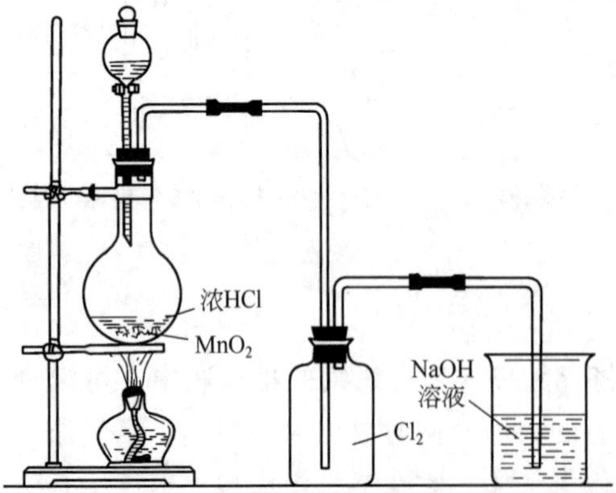

三、氯气的制法和用途

1. 氯气的实验室制法

在实验室里，常用二氧化锰和浓盐酸起反应制取氯气。

图 3-5 实验室制取氯气

$$MnO_2 + 4HCl \xrightarrow{\triangle} MnCl_2 + 2H_2O + Cl_2 \uparrow$$
$$\text{二氧化锰} \qquad\qquad \text{二氧化锰}$$

制取氯气时，首先按图 3-5 把装置连接好，检查气密性，然后在圆底烧瓶里加入少量二氧化锰粉末，从分液漏斗慢慢地注入浓盐酸（密度为 $1.19g/cm^3$）。缓缓加热使氯气均匀地放出。因为氯气的密度比空气大，所以用向上排空气法（瓶口向上排空气法）收集氯气。可以在收集氯气的集气瓶后衬一张白纸，观察集气瓶全部呈现黄绿色时，表示瓶口氯气已经收满，把集气瓶直立桌上，用毛玻璃片盖好，可供有关氯气性质的实验用。

氯气是有毒的气体，因此实验室制取氯气时，多余的氯气要用浓度大的氢氧化钠溶液吸收，以消除氯气对环境的污染。

2. 氯气的工业制法

工业上常用电解饱和食盐水溶液的方法制得氯气。

$$2NaCl + 2H_2O \xrightarrow{\text{电解}} 2NaOH + Cl_2\uparrow + H_2\uparrow$$

3. 氯气的用途

氯气除用于漂白布匹、纸张和饮水消毒外，还用于制造氯化氢、盐酸、化学试剂、有机溶剂（如氯仿等）、漂白粉、农药（如滴滴涕等）、塑料、染料、合成纤维等。因此，氯气是一种重要的化工原料。

第二节　氯的几种化合物

一、氯化氢和盐酸

1. 氯化氢

氯化氢是一种无色而有刺激性气味的气体，密度比空气略大，沸点－85℃，熔点－115℃。它易溶于水，常温下 1 体积水能溶解 450 体积的氯化氢。氯化氢的水溶液叫氢氯酸，俗称盐酸。氯化氢遇到空气中的水蒸气能形成盐酸液滴。因此，氯化氢在潮湿的空气中会产生白雾。

工业上利用氢气能在氯气中安全燃烧的性质，在特制的合成炉里制取氯化氢。

实验室用食盐与浓硫酸起反应来制取氯化氢（见图 3-6）。

[实验 3-5]　按图 3-6 把装置连接好，检查气密性。在干燥的烧瓶中加入少量食盐，通过分液漏斗慢慢地注入浓硫酸，同时加热。把生成的氯化氢气体，用向上排空气法，收集在干燥的集气瓶中。多余的氯化氢用水来吸收。

不加热或稍微加热时，食盐与浓硫酸起反应，生成硫酸氢钠和氯化氢。

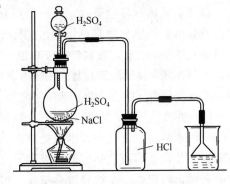

图 3-6　实验室制取氯化氢

$$NaCl + H_2SO_4(浓) = NaHSO_4 + HCl\uparrow$$

在 500～600℃ 的条件下，继续反应，可生成硫酸钠和氯化氢。

$$NaHSO_4 + NaCl \xrightarrow{\triangle} Na_2SO_4 + HCl\uparrow$$

总的化学方程式可表示如下：

$$2NaCl + H_2SO_4(浓) \xrightarrow{\text{强热}} Na_2SO_4 + 2HCl\uparrow$$

用湿润的蓝色石蕊试纸接近瓶口，试纸变红，说明气体已经积满。

从图 3-5 和图 3-6 可以发现，用来吸收多余气体的装置不同。在吸收多余氯化氢的装置里，导管没有直接插入水中。这是因为氯化氢极易溶于水，导管直接插入水时，由于氯化氢的溶解，导管内压力减少，水会倒吸入导管继而倒吸入集气瓶中。在导气管口连接一个小漏斗，使倒扣的漏斗边缘刚刚浸没在烧杯内的水面下，既可以使氯化氢气体被充分吸收，又不会发生倒吸现象。

[**实验 3-6**] 在干燥的圆底烧瓶中充满氯化氢，用带有玻璃导管和滴管（滴管中预先吸入水）的塞子塞紧瓶口。立即倒置烧瓶，把玻璃导管插入盛着紫色石蕊溶液的烧杯中。压缩滴管的胶头，将少量水挤入烧瓶中。烧杯中的溶液立即由玻璃导管喷入烧瓶，形成美丽的喷泉（见图 3-7）。

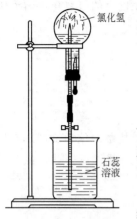
图 3-7　氯化氢在
水里的溶解

这个实验形象地说明了氯化氢极易溶解于水的性质。

2. 盐酸

纯净的盐酸是无色有刺激性气味的液体。工业品的浓盐酸常因含有杂质（主要是氯化铁）而呈黄色。浓盐酸易挥发，在空气里会产生白雾。常用的浓盐酸约含氯化氢 37%（质量分数），密度是 $1.19g/cm^3$。盐酸是强酸，有腐蚀性。

盐酸具有酸的通性，能使紫色石蕊试液（或蓝色石蕊试纸）变红色，能与活泼金属（金属活动顺序中氢以前的金属）、碱性氧化物、碱、盐等物质起反应，在反应中都有金属氯化物生成。

盐酸是一种重要的化工产品，在化学工业上常用来制备各种氯化物（如氯化锌、氯化钡等），在机械工业上用盐酸来清洗钢铁制品表面的铁锈，在锅炉的化学清洗中盐酸是常用的清洗剂。大量的盐酸还用于食品工业（制葡萄糖、味精、酱油等）、印染工业、医药工业和皮革工业，在轧钢、电镀、搪瓷等部门都广泛地使用盐酸。在实验室里盐酸是一种重要的化学试剂。

二、重要的金属氯化物

1. 重要的金属氯化物

金属氯化物（即盐酸盐）在自然界分布很广，在工农业生产和日常生活中有着广泛地应用。重要的金属氯化物有氯化钠、氯化钾、氯化镁、氯化锌等。主要了解氯化钠。

氯化钠俗名食盐，在自然界分布很广。海水、盐湖、盐井中存在着大量溶解状态的食盐，盐矿中存在着丰富的固态食盐。中国有着极为丰富的制取食盐的资源。根据制得食盐的来源不同，把食盐分为海盐、井盐、池盐和岩盐。长芦、山东、两淮等地海盐盐场自古有名，四川自贡市出产井盐最著名，青海、甘肃等地盛产池盐，新疆、湖南、江西等地蕴藏着丰富的盐矿。

用海水晒盐，从盐井汲水煮盐或内陆的咸水湖里结晶析出盐，都是由于日晒风吹，水分的蒸发，使食盐溶液达到饱和，继续蒸发，食盐就不断结晶析出。这样制得的食盐中含有较多的杂质，叫粗盐。粗盐经过再结晶，提纯后就得到精盐。中国食盐的产量和质量，随着制盐工业的发展不断提高。

纯净的食盐是白色晶体，熔点 801℃，沸点 1413℃。纯净的食盐易溶于水，但在空气中不潮解。粗盐因含有氯化镁、氯化钙等杂质易潮解。

食盐是人和高等动物的正常生理活动不可缺少的物质，是食用上不可缺少的调味剂。0.9%（质量分数）的食盐溶液在医疗上可用做生理盐水。食盐是重要的化工原料，用于制取氯气、氢氧化钠、金属钠、纯碱等化工产品。

氯化钾是白色晶体，易溶于水。它除在农业上用作钾肥外，还可以制备金属钾和钾的化合物，制造质量优良的钾玻璃（制化学器皿用）等。

氯化锌也是白色固体，极易溶解于水。木材经氯化锌溶液浸过后，可以防腐。在焊接金属时也用到氯化锌。

2. 盐酸和可溶性金属氯化物的检验

盐酸和可溶性金属氯化物都能与硝酸银溶液反应，生成不溶于稀硝酸的氯化银沉淀。这一反应可用于检验盐酸和可溶性金属氯化物。

[实验3-7] 在分别盛着稀盐酸、氯化钠、氯化钾溶液的三支试管中，各加入几滴硝酸银溶液，观察发生的现象。再分别滴入几点稀硝酸，有无变化？

可以看到，三支试管的溶液中，都出现了白色沉淀。这种白色沉淀是氯化银沉淀，不溶于稀硝酸。

$$HCl + AgNO_3 == AgCl\downarrow + HNO_3$$
$$NaCl + AgNO_3 == AgCl\downarrow + NaNO_3$$
$$KCl + AgNO_3 == AgCl\downarrow + KNO_3$$

由此可见，在一种未知溶液里，加入硝酸银溶液，若能生成不溶于稀硝酸的白色沉淀，就可以初步断定该溶液中含有盐酸或某种金属氯化物。因此在分析化学中常用硝酸银试剂来检验溶液中是否有氯离子（Cl^-）存在。

三、氯的含氧化合物

氯的含氧化合物有次氯酸、次氯酸盐、氯酸（$HClO_3$）、氯酸盐（如氯酸钾 $KClO_3$）、高氯酸（$HClO_4$）、高氯酸盐（如高氯酸钾 $KClO_4$）等，这里主要介绍次氯酸和次氯酸盐。

1. 次氯酸（HClO）

氯水中的一部分氯气缓慢地与水起反应，生成盐酸和次氯酸。

$$\underset{\text{盐酸}\quad\text{次氯酸}}{Cl_2 + H_2O == HCl + HClO}$$

次氯酸是比碳酸还弱的酸，不稳定，容易分解放出氧气。当氯水受日光照射时，次氯酸的分解速度加快。

$$2HClO \xrightarrow{\text{光照}} 2HCl + O_2\uparrow$$

因此，新制的氯水里盐酸的含量很少，而放置长久的氯水里盐酸的含量增加。

氯水宜现用现配制，而且应该贮存在棕色瓶子里。

次氯酸是一种强氧化剂，能杀死水中的病菌（如伤寒菌、赤痢菌等）。所以自来水厂常用氯气（1L 水里约通入 0.002g 氯气）来杀菌消毒。用氯气消毒过的自来水里虽含有微量的盐酸，但因含量很少对人体没有什么害处。次氯酸还能使染料和有机色质被氧化而褪色，可以做漂白剂。可见潮湿的氯气（或氯水）有漂白、杀菌作用，都是因为生成次氯酸的缘故。

2. 次氯酸盐

次氯酸盐比次氯酸稳定，容易保存。工业上就用氯气和消石灰制成漂白粉。这一反应可用化学方程式简单表示如下：

$$\underset{\text{次氯酸钙}\quad\text{氯化钙}}{2Cl_2 + 2Ca(OH)_2 == Ca(ClO)_2 + CaCl_2 + 2H_2O}$$

次氯酸钙和氯化钙的混合物就是漂白粉，它的有效成分是次氯酸钙。次氯酸钙需要在酸性条件下转化成次氯酸，才具有漂白作用。用漂白粉漂白织物时，次氯酸钙与空气里的二氧化碳和水蒸气或稀酸反应，生成次氯酸。

$$Ca(ClO)_2 + CO_2 + H_2O == CaCO_3\downarrow + 2HClO$$
$$Ca(ClO)_2 + 2HCl == CaCl_2 + 2HClO$$

工业上使用漂白粉时，常加入少量稀硫酸，在短时间内可收到良好的漂白效果。

次氯酸钠也有漂白、杀菌作用，常用于印染、制药工业。

四、反应物中有一种过量的计算

在化学反应中，反应物之间是按化学方程式所确定的质量比进行反应的。如果反应中两种反应物的量都已给出，它们的质量比与化学方程式中相应物质的比例不符，即不是恰好完全反应，那么，决定生成物数量的应该是最少的那一种物质。因此，解决这类计算问题，首先要通过计算判断哪一种反应物是过量的（即在反应中有剩余），然后再用不足量的（即完全反应的）那种反应物的量来进行计算。

【例题】 11.7g 氯化钠与 10g 质量分数为 98% 的硫酸完全反应，在微热时能生成多少克氯化氢？

解 10g 质量分数为 98% 的硫酸中含纯硫酸（H_2SO_4）的质量为：

$$10g \times 98\% = 9.8g$$

设 9.8g 纯硫酸能跟 xg 氯化钠完全反应。

$$\begin{array}{cccc} NaCl & + & H_2SO_4(浓) & \Longrightarrow NaHSO_4 + HCl\uparrow \\ 58.5g & & 98g \\ x g & & 9.8g \end{array}$$

$$58.5 : x = 98 : 9.8$$

$$x = \frac{58.5 \times 9.8}{98} = 5.85g$$

根据计算，所需氯化钠的质量小于给出的质量，说明反应物中，氯化钠是过量的。因此，应根据硫酸的质量来计算生成氯化氢的质量。

设能生成 yg 氯化氢：

$$\begin{array}{cccc} NaCl & + & H_2SO_4(浓) & \Longrightarrow NaHSO_4 + HCl\uparrow \\ & & 98g & 36.5g \\ & & 9.8g & y g \end{array}$$

$$98 : 9.8 = 36.5 : y$$

$$y = \frac{9.8 \times 36.5}{98} = 3.65g$$

答 在微热时能生成氯化氢 3.65g。

第三节　氟、溴、碘及其化合物

氟、溴、碘与氯一样，在自然界中均以化合态存在。它们分别占地壳总质量的 0.066%、$2.1 \times 10^{-4}\%$、$4.0 \times 10^{-5}\%$。氟主要存在于萤石（CaF_2）、冰晶石（Na_3AlF_6）和氟磷灰石三种矿物中。海水和动物的血液、齿、骨骼及某些植物体内也含有少量氟（以氟化物的形式存在）。溴以极少量溴化钠、溴化钾、溴化镁等形式，存在于海水中，海水中溴约占 $6.5 \times 10^{-3}\%$，比氯少得多。溴还存在于某些矿水和石油产区的矿井水中。海水中存在微量碘的化合物。海洋中某些生物（如海带、海藻等）能富集碘化合物于自己的组织内，因而干海藻也是碘的重要来源。智利硝石（$NaNO_3$）中因混有碘酸钠（$NaIO_3$）而含碘，目前世界上碘主要来源于智利硝石。人和其他动物的甲状腺及某些油井盐水中也含有少量碘。

一、氟、溴、碘的性质和用途

1. 氟、溴、碘的性质

在常温下，氟（F_2）是一种具有强烈刺激性气味的淡黄色气体，密度比空气略大，沸点 -188.1℃，熔点 -219.6℃。氟对一切生物体有致命的毒性。

在常温下，溴（Br_2）是深红棕色有刺激性臭味的液体，熔点为 $-7.2℃$，沸点为 $58.78℃$。液态溴容易挥发成红棕色溴蒸气，溴蒸气有强烈窒息性恶臭。溴有毒，应密封保存在阴凉处。溴能溶解于水，但在水中的溶解度不大，其水溶液叫做溴水，溴水的颜色有淡黄色、黄色、橙黄色、橙色等，这取决于溶液的组成。因为溴在水中的溶解度不大，所以常在盛溴的试剂瓶里加一些水来防止溴挥发。观察盛溴的试剂瓶，下层深红棕色液体为溴，上层橙色溶液为溴水，在溴水上空的空间充满红棕色的溴蒸气。溴会使皮肤严重灼伤，产生疼痛并造成难治愈的创伤。因此使用溴时要特别小心。若受溴腐蚀致伤，可以先用苯或甘油清洗伤口，再用水洗，严重时立即送医院治疗。

在常温下，碘（I_2）为略带金属光泽的紫黑色晶体，熔点为 $113.5℃$，沸点为 $184.4℃$。碘仅微溶于水。

[实验 3-8] 观察碘的颜色、状态和光泽，然后把少量碘晶体放在烧杯里，并在烧杯上放一个盛着冷水的圆底烧瓶，加热（见图3-8）。观察发生的现象。

可以观察到，碘在常压下加热，不经过溶化就直接变成紫色蒸气，蒸气遇冷，重新凝成固体。这种固态物质不经过转变成液态而直接变成气态的现象，叫做**升华**。利用碘的升华可以除去碘中所混的不挥发性杂质，将碘提纯。碘蒸气有毒。

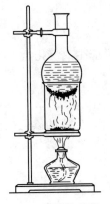

图 3-8　碘的升华

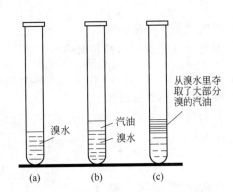

图 3-9　溴在不同溶剂中的溶解

[实验 3-9] 在试管里加入约1/3体积的橙色溴水［见图3-9，（a）］，再向其中注入少量无色汽油（或四氯化碳、苯、酒精等）［见图3-9，（b）］，用力振荡后静置一会儿［见图3-9，（c）］。观察汽油层和水溶液的颜色。

可以看到，上层的汽油层为橙色，下层的水溶液层颜色变得很淡，说明溴在汽油等有机溶剂中的溶解度比在水中的溶解度大得多。因此，汽油层由无色变为橙色❶。

[实验 3-10] 在两支试管中，分别加入水和酒精（各约占1/3试管），再分别加入少量的碘晶体，振荡。比较碘在两种液体中的溶解性。把碘的水溶液倒入另一空试管里，向其中加入少量的无色四氯化碳（或苯、汽油等），振荡后静置一会儿，观察四氯化碳层和水溶液的颜色。

可以看到，在盛水的试管中，加入碘晶体后，溶液微带褐色。在盛酒精的试管里，加入碘晶体后，溶液呈现深褐色。还可以看到，在碘的水溶液中加入四氯化碳以后，水溶液的颜

---

❶　溴溶解在水、乙醚、乙醇（酒精）、氯仿、四氯化碳和二硫化碳中，溶液的颜色由黄色到橙色，由溶液的浓度来决定。

色变淡，四氯化碳层由无色变为美丽的紫色❶，证明其中溶有较多的碘。

以上两个实验表明，溴和碘在水中的溶解度不大，但都易溶于汽油、四氯化碳、苯、酒精等有机溶剂中。医疗上用来消除肿毒的碘酒，就是碘的酒精溶液。

2. 氟、溴、碘的化学性质

氟、溴、碘的原子和氯原子一样，最外电子层上有 7 个电子。它们在化学反应中，容易得到 1 个电子而成为 8 个电子的稳定结构。因而氟（F_2）、溴（Br_2）、碘（I_2）的化学性质与氯气有很大的相似性。

（1）氟、溴、碘与金属的反应　氟、溴、碘都能像氯气一样与金属起反应。氟能与所有的金属化合，在高温下能与大多数金属剧烈反应，许多金属能在氟气中燃烧。溴和碘能与绝大多数金属（金、铂除外）起反应，在常温或不太高的温度下，它们能与较活泼的金属发生反应，其他金属（金、银、铂、铑、铱等贵金属除外）通常能与氯气反应的也能与溴和碘反应，不过需要在较高的温度下，反应才能发生。一般来说，性质越活泼的金属越容易与卤素单质起反应。同一种金属与卤素化合时，所需的反应温度常常是按从氟到碘的顺序依次升高。

（2）氟、溴、碘与非金属的反应　氟、溴、碘能与氢气等非金属起反应。

氟气与氢气的反应不需光照，在低温暗处相遇，就能剧烈化合，并发生爆炸，生成氟化氢。

$$F_2 + H_2 \xrightarrow[\text{暗处}]{\text{低温}} 2HF$$

氟的性质比氯更活泼。

溴与氢气的反应，需要加热到 500℃时才较慢地进行，反应生成溴化氢。

$$Br_2 + H_2 \xrightarrow{\triangle} 2HBr$$

溴的性质不如氯活泼。

碘与氢气的反应，需要在高温下持续加热才能缓慢地进行，生成的碘化氢很不稳定，同时发生分解。

$$I_2 + H_2 \xrightarrow{\text{强热}} 2HI$$

碘的性质比溴更不活泼。

卤素与氢气起反应的难易程度，非常明显地表现出卤素单质的化学活泼性由氟到碘逐渐减弱。

氟、溴、碘也能与硫、磷、碳等非金属起反应。

（3）氟、溴、碘与水的反应　氟、溴、碘都能与水起反应。氟气遇水能发生剧烈的反应，生成氟化氢和氧气。

$$2F_2 + 2H_2O \xrightarrow{\quad\quad} 4HF + O_2\uparrow$$

溴与水的反应比氯气与水的反应困难得多，碘与水的反应更微弱，很难检验出来。

[实验 3-11]　在盛碘水的试管里，滴入 1～2 滴淀粉溶液，观察溶液颜色的变化。

碘遇淀粉变蓝色（单质碘能与淀粉作用生成蓝色物质）。利用碘的这个特性，可以鉴定单质碘（I_2）的存在。分析化学的碘量法就是利用这个特性来指示滴定的终点。

3. 氟、溴、碘的用途

氟用于制备杀虫剂（如氟化钠，能杀灭蝗虫、象鼻虫等）、制冷剂（如二氟二氯甲烷，

---

❶　碘溶解在水、乙醇（酒精）、乙醚中生成棕色的溶液，溶解在氯仿、二硫化碳、苯、四氯化碳等溶剂中，形成紫色的溶液。

即氟利昂-12）、耐高温耐腐蚀的塑料（如聚四氟乙烯塑料）、耐高温的润滑剂等。液态氟可以做火箭燃料的氧化剂。氟在原子能工业中也有重要的应用。

溴主要用于制备染料、药物、感光材料、无机溴化物、溴酸盐等，还用于制造汽油抗震的添加剂及军事上的催泪性毒剂。

碘用于制备碘酒、碘化银、碘仿、碘甘油等。碘在人的新陈代谢过程里起着重要作用，人如果缺少了碘，就会导致甲状腺肿大。为使甲状腺维持正常的功能，在食物中需要少量的以碘酸钾形式存在的碘。

二、氟、溴、碘的几种化合物

1. 氟、溴、碘的氢化物

氟、溴、碘的氢化物是氟化氢、溴化氢和碘化氢。

氟化氢是无色具有强烈刺激性气味的气体，在潮湿的空气中呈现白雾。氟化氢有剧毒。它易溶于水，其水溶液叫做氢氟酸。氢氟酸是一种弱酸，除具有酸的一切通性外，还能与二氧化硅（SiO_2）或硅酸盐反应，生成易挥发的四氟化硅气体。利用氢氟酸的这一特性，可以在玻璃、陶瓷等硅酸盐制品上，刻蚀器皿的标记和花纹。因此，氢氟酸不能贮存的玻璃容器内，通常都将氢氟酸装在铅制的或特种塑料制的瓶中。氢氟酸接触皮肤时，会使皮肤溃烂，造成痛苦而难于痊愈的灼伤，使用时要注意安全，最好戴上橡皮手套、眼镜等。

使浓硫酸与萤石（CaF_2）在铅皿中起反应，就可制得氟化氢。

$$CaF_2 + H_2SO_4 \longrightarrow CaSO_4 + 2HF \uparrow$$

氢氟酸除用于雕刻玻璃外，被广泛用于分析化学上来测定矿物或钢材中二氧化硅的含量，近年来大量用于制备有机氟化物。氟化氢用于制备单质氟、无机氟化物（如氟化钠等）以及制造药品、橡胶、塑料等。

溴化氢和碘化氢都是无色有刺激性气味的气体，易溶于水，在空气中也呈现白雾，其水溶液分别叫氢溴酸和氢碘酸，它们都是强酸。

氟化氢、氯化氢、溴化氢和碘化氢统称卤化氢。

2. 几种金属卤化物

氢氟酸、氢氯酸、氢溴酸和氢碘酸统称为氢卤酸。它们的盐叫做金属卤化物（或氢卤酸盐）。

氟化钙俗称萤石，受紫外线照射或加热后，在黑暗处可发出荧光，由此而得名。它是一种淡绿色的晶体。萤石是制取氟化物（如氟化氢、氟化钠等）的主要原料和冶炼金属的助溶剂。纯净的萤石可用于制造光学仪器。氟化钾和氟化钠可做木材防腐剂、农作物杀虫剂等。

溴化银和碘化银在光的照射下，都能发生分解反应，分解出极小颗粒的黑色的银。例如，

$$2AgBr \xrightarrow{\text{光照}} 2Ag + Br_2$$

溴化银和碘化银的沉淀见光后会逐渐变黑，这种性质叫做感光性。溴化银和碘化银都有感光性。溴化银可用来制备照相用的感光片。碘化银可用于人工降雨。

3. 氢溴酸、氢碘酸及其盐类的检验

氢溴酸及可溶性金属溴化物都能与硝酸银溶液起反应，生成不溶于稀硝酸的淡黄色溴化银沉淀。这一反应可用于检验氢溴酸和可溶性金属溴化物。

$$HBr + AgNO_3 \longrightarrow HNO_3 + AgBr \downarrow \qquad （淡黄色）$$

$$NaBr + AgNO_3 \longrightarrow NaNO_3 + AgBr \downarrow \qquad （淡黄色）$$

氢碘酸及可溶性金属碘化物也都能与硝酸银溶液起反应，生成不溶于稀硝酸的黄色碘化银沉淀，这一反应可用于检验氢碘酸和可溶性金属碘化物。

$$HI+AgNO_3 \stackrel{}{=\!=\!=} HNO_3+AgI\downarrow \qquad （黄色）$$

$$KI+AgNO_3 \stackrel{}{=\!=\!=} KNO_3+AgI\downarrow \qquad （黄色）$$

总之，用硝酸银做试剂可以检验和鉴别氢卤酸及可溶性金属卤化物。根据卤化银沉淀的生成及其呈现的颜色可鉴定溶液中所含的卤素离子。

第四节　氧化还原反应

一、氧化还原反应

在初中化学里，从物质得氧和失氧的角度学习分析过氧化还原反应，可知道物质与氧化合的反应是氧化反应，含氧物里的氧被夺去的反应是还原反应。这两个截然相反的过程是在一个反应中同时发生的。例如，氢气还原氧化铜的反应：

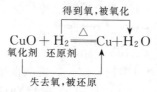

在这个反应中，氢气得到氧发生氧化反应，同时氧化铜失去氧发生还原反应。像这样一种物质被氧化，同时另一种物质被还原的化学反应，叫做氧化还原反应。

现在，从元素化合价升降的角度来分析氢气还原氧化铜的反应。

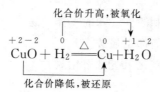

从上面的化学方程式里可以看出，氢气中氢元素的化合价由 0 价变成了水分子中的 +1 价，氢元素的化合价升高了，即氢气被氧化了。同时氧化铜中铜元素的化合价由 +2 价变成了铜单质中的 0 价，铜元素的化合价降低了，即氧化铜被还原了。

从化合价升降的角度来分析大量的氧化还原反应，可以得出以下的认识。

物质所含元素化合价升高的反应就是氧化反应，物质所含元素化合价降低的反应就是还原反应。凡有元素化合价升降的化学反应就是氧化还原反应。

通常从反应前后元素的化合价是否发生变化，就可以判断某化学反应是否属于氧化还原反应。这样就把氧化还原反应的概念，扩展到不一定有氧参加反应的范围。例如，金属钠与氯气的反应：

$$2Na+Cl_2 \stackrel{\triangle}{=\!=\!=} 2NaCl$$

在上述的化学方程式中，钠元素的化合价从 0 价升高到 +1 价，金属钠被氧化。同时氯元素的化合价从 0 价降低到 −1 价，氯气被还原。这个反应尽管没有失氧和得氧的关系，但发生元素化合价的升降，因此也是一个氧化还原反应。

为了进一步认识氧化还原反应的本质，下面再从电子得失的角度来分析钠与氯气的反应。

氯气与金属钠起反应，生成离子化合物氯化钠。在氯化钠中，钠元素的化合价为 +1 价，氯元素的化合价为 −1 价。在离子化合物里，元素化合价的数值，就是这种元素的一个原子得失电子的数目。失去电子的原子带正电荷，这种元素的化合价是正价，得到电子的原子带负电荷，这种元素的化合价是负价。钠原子最外电子层有 1 个电子，当钠与氯气起反应时，钠原子失去最外层的 1 个电子，变成带正电荷的钠离子，因此钠元素的化合价由 0 价升高到 +1 价。氯原子最外电子层有 7 个电子，在反应中得到钠原子失去的 1 个电子，变成带负电荷的氯离子，因此氯元素的化合价从 0 价降低到 −1 价。在这个反应中，发生了电子的转移。在下面的化学方程式中，用"e^-"表示电子，并用箭头表明反应前后同一种元素的原子得到或失去电子的情况（箭号跨过方程式的等号）。

从上面的分析知道，元素化合价升高是由于失去电子，升高的价数就是失去的电子数。元素化合价降低是由于得到电子，降低的价数就是得到的电子数。从得失电子的观点来分析氧化还原反应，可以说：

物质失去电子的化学反应就是氧化反应，物质得到电子的化学反应就是还原反应。

但是，并不是所有的氧化还原反应都有电子的得失。例如，氢气与氯气的反应：

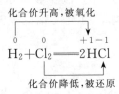

氢气与氯气起反应生成氯化氢，氯化氢是共价化合物。在共价化合物中，化合价数是指一种元素的原子和其他元素的原子形成共用电子对的数目。共用电子对偏离的一方为正价，共用电子对偏向的一方为负价。在上述化学反应里，氯化氢分子中的共用电子对，偏向于氯原子而偏离氢原子，所以，氯元素的化合价为 −1 价，氢元素的化合价为 +1 价。也就是说，在电子转移的过程里，两种元素的原子都没有完全失去电子或得到电子，它们之间只有共用电子对的偏移。这样的反应也属于氧化还原反应。

在氧化还原反应中，元素化合价的升或降，是由于它们的原子失去或得到电子（或共用电子对的偏移）引起的。因此氧化还原反应的本质是电子的转移（得失或偏移）。即，**有电子转移（得失或偏移）的化学反应叫做氧化还原反应。**氧化还原反应中，电子转移（得失或偏移）和化合价升降的关系，可用图 3-10 表示。

二、氧化剂和还原剂

在氧化还原反应中，失去电子（或电子对偏

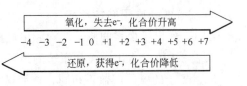

图 3-10　氧化还原反应中电子得失、
化合价变化的关系简图

离）的物质叫做**还原剂**。在反应中它本身被氧化，表现为所含元素化合价升高。还原剂具有还原性。**在氧化还原反应中，得到电子（或电子对偏向）的物质叫做氧化剂**。在反应中它本身被还原，表现为所含元素化合价降低。氧化剂具有氧化性。例如，在氯气与金属钠的反应中，钠单质中的钠原子失去电子，金属钠是失去电子的物质，金属钠是还原剂，在反应中被氧化，表现为钠元素的化合价由 0 价升高到 +1 价；同时氯气中的氯原子得到电子，氯气是得到电子的物质，是氧化剂，在反应中被还原，表现为氯元素的化合价由 0 价降低到 -1 价。在氯气与氢气的反应中，氢气分子中的氢原子在反应中与氯原子形成共用电子对，电子对偏离氢原子，氢气是还原剂，在反应中被氧化，表现为所含氢元素的化合价升高；同时氯气中的氯原子在反应中与氢原子形成共用电子对，电子对偏向氯原子，氯气是氧化剂，在反应中被还原，表现为所含氯元素化合价降低。

物质作为氧化剂和还原剂是相对的，不是绝对的。这是由氧化剂和还原剂的性质及化学反应的条件决定的，是以实验事实为依据的。例如，在活泼金属与盐酸的置换反应中，盐酸是氧化剂。在二氧化锰与浓盐酸的反应中，盐酸是还原剂。不难理解，化合价处于最高值的元素的化合物（如 $HClO_4$ 等）只能做氧化剂；化合价处于最低值的元素的化合物（如 HI 等）只能做还原剂；化合价处于中间值的化合物（如 S 等），既可做氧化剂，也可做还原剂。

对于一个给定的氧化还原反应，氧化反应和还原反应必然同时发生，如果没有还原剂，氧化剂就无从得到电子。如果没有氧化剂，还原剂也不能失去电子。因此氧化和还原是互相对立又是互相依存的一对矛盾，共存于一个氧化还原反应中。

在氧化还原反应的化学方程式中，还可以用箭头表示不同种元素原子间的电子转移情况（箭号不跨过方程式的等号）。这种方法一般表示电子转移的方向和数目，表明多少个电子从还原剂转移给氧化剂。例如，氯气与钠的反应，电子转移的方向和数目可表示如下：

$$
\begin{array}{c}
\overset{\displaystyle 2e^-}{\overbrace{}} \\
2Na + Cl_2 = 2NaCl \\
\text{还原剂} \quad \text{氧化剂}
\end{array}
$$

箭头表示电子转移的方向，由钠原子转移给氯原子。而且表示钠元素的 2 个原子共失去 2 个电子，转移给了氯元素的两个原子。

氧化还原反应是很重要的一类化学反应，在化工生产中的电解、电镀、电冶、金属防腐、化工分析中的氧化还原滴定等方面都有很重要的应用。

第五节 卤 素

一、卤素的原子结构比较

表 3-1 列出了卤素的原子结构和单质的物理性质。

从表 3-1 可以看出，卤素原子的最外电子层的电子数是相同的，都有 7 个电子。

卤素原子的电子层数不相同，按照氟、氯、溴、碘的顺序，随着核电荷数的增加，卤素原子的电子层数递增（见表 3-1）。因此，卤素的原子半径随着电子层数的增多而增大（见图 3-11）。

表 3-1　卤素的原子结构和单质的物理性质

元素名称	元素符号	核电荷数	电子层结构	单质	颜色和状态（常温）	密度（常温）	沸点/℃	熔点/℃
氟	F	9	2 7	F_2	淡黄绿色，气体	1.58g/L	−188	−219
氯	Cl	17	2 8 7	Cl_2	黄绿色，气体	2.95g/L	−34	−101
溴	Br	35	2 8 18 7	Br_2	深红棕色，液体	3.20g/cm³	59	−7
碘	I	53	2 8 18 18 7	I_2	紫黑色，固体	4.93g/cm³	185	114

卤素原子在化学反应中容易获得 1 个电子，形成 −1 价阴离子，阴离子的半径[1]比相应的原子半径大（见图 3-11）。

二、卤素单质物理性质的比较

从表 3-1 可以看出，卤素单质都是双原子分子。在常温下，按照氟、氯、溴、碘的顺序，卤素单质的聚集状态由气态逐渐过渡到固态。它们的颜色逐渐转深，密度逐渐增大，熔点、沸点逐渐升高。这些都表明，随着核电荷数的增加，卤素单质分子之间的吸引力随之增强。

图 3-11　卤素的原子和离子大小示意
（数据表示原子或离子半径，单位是 10^{-10} m）

由于卤素原子的电子层数不同，所以卤素单质的物理性质有较大的差别，并且有明显的规律性。

三、卤素单质化学性质的比较

[实验 3-12]　在一支试管中加入 4mL 0.1mol/L 溴化钠溶液，再加入 1mL 四氯化碳，然后不断滴加新制的饱和氯水，边加边振荡。观察发生的现象。

可以看到，四氯化碳液层变为橙红色，说明有单质溴生成。

[实验 3-13]　向一支盛有 4mL 0.1mol/L 碘化钾溶液的试管中，滴加少量新制的饱和氯水，边滴边振荡，观察溶液颜色的变化，再加 2 滴新配制的淀粉试液，观察发生的现象。

可以看到，溶液变为蓝色。说明有单质碘生成。

[实验 3-14]　向一支盛有 4mL 0.1mol/L 碘化钾溶液的试管中，加 2 滴新配制的淀粉试液，再不断滴加溴水，振荡试管，观察溶液颜色的变化。

可以看到，溶液由无色变成蓝色。说明有单质碘的生成。

综上所述，说明在水溶液中，氯可以把溴或碘从它们的卤化物中置换出来；溴可以把碘

---

❶　离子半径是根据阴、阳离子的核间距离推算出来的，阴离子半径比它的原子半径大，阳离子的半径比它的原子半径小。

从它的卤化物中置换出来。

$$2NaBr+Cl_2 \rightleftharpoons 2NaCl+Br_2$$
$$2KI+Cl_2 \rightleftharpoons 2KCl+I_2$$
$$2KI+Br_2 \rightleftharpoons 2KBr+I_2$$

由此可以证明，在氯、溴、碘三种元素中，氯比溴活泼，溴又比碘活泼。科学实验证明，氟的化学性质更活泼，它可以很容易把氯、溴、碘从它们的固体金属卤化物中置换出来。在特定条件下，氟还能与某些稀有气体起反应。

表 3-2 对卤素单质的化学活泼性进行了详细比较。

表 3-2　卤素单质化学性质的比较

化学性质 单质分子式	与金属的反应	与氢气的反应和氢化物的稳定性	与水的反应	卤素的活泼性比较
F_2	能与所有的金属反应	在低温、暗处就能剧烈反应而爆炸，HF 很稳定	常温下剧烈反应，使水迅速分解，放出氧气	氟最活泼，能把氯、溴、碘从它们的化合物中置换出来
Cl_2	能与所有金属反应，但有些反应需要加热	在强光照射下剧烈反应而爆炸，HCl 稳定	在日光照射下，缓慢放出氧气	氯次之，能把溴、碘从它们的化合物中置换出来
Br_2	在加热条件下，能与金、铂等以外的金属反应	高温条件下缓慢地反应，HBr 较不稳定	反应比氯气与水反应更弱	溴次于氯，能把碘从它的化合物中置换出来
I_2	在加热条件下，能与金、铂等以外的金属反应，但所需温度更高	在高温条件下持续加热，缓慢地反应，HI 很不稳定，同时发生分解	只起很微弱的反应	碘的活泼性次于溴

从表 3-2 可以看出，卤素的化学性质有很多相似的地方，但也有差别，这些都与卤素的原子结构有着密切的关系。

由于卤素原子的最外电子层都有 7 个电子，夺取外来电子的能力很强，所以卤素都是活泼的非金属元素，它们的化学性质呈现出相似性。因此氟、氯、溴、碘及砹构成一个性质相似的元素族，即卤族元素。但是，它们的核电荷数不同，核外电子层数不同，原子的大小也都不同。按照氟、氯、溴、碘的顺序，随着核电荷数的增加，原子半径的增大，外层电子离原子核越来越远，各原子核对外层电子的引力就相应地逐渐减小，原子夺取外来电子的能力逐渐减弱。因此卤素的化学活动性（即非金属性）按照从氟到碘的顺序逐渐减弱，卤素单质之间的化学性质也显示出差异性。

综上所述，卤素原子在化学反应中容易得到电子，卤素单质被还原，是强氧化剂。卤素单质的氧化性（即得到电子的能力）按下列顺序减弱：

$$\underset{\text{氧化性减弱}}{\underrightarrow{F_2 > Cl_2 > Br_2 > I_2}}$$

卤素单质是常用的重要氧化剂。氟是最强的氧化剂。

卤素原子结合外来电子后，成为阴离子，阴离子的半径按氟、氯、溴、碘的顺序依次增大，原子核对外层电子的控制能力相应减弱，所以卤素阴离子失去电子的能力逐渐增强。卤素阴离子在化学反应中容易失去电子，化合价升高，被氧化，可做还原剂，其还原性（即失电子能力）按下列顺序增大：

$$\underset{\text{还原性增强}}{\underrightarrow{F^- < Cl^- < Br^- < I^-}}$$

卤化物（氟化物除外）是常用的重要还原剂。金属氟化物很稳定，不能被氧化剂氧化为单质。

第四章　碱　金　属

锂（Li）、钠（Na）、钾（K）、铷（Rb）、铯（Cs）、钫（Fr）六种元素都是金属元素，它们的氧化物的水化物都是可溶于水的碱，因此把这些元素统称为碱金属元素，它们形成的单质统称为碱金属。本章重点学习钠及其化合物，然后对碱金属元素的性质加以系统的比较，认识它们的通性。

第一节　钠

钠约占地壳总质量的 2.6%。它的性质很活泼，在自然界里不能以游离态存在，只能以化合态存在。钠的化合物在自然界分布很广，主要以氯化钠的形式存在于海水、井盐、岩盐和盐湖中。钠还以硝酸钠、硫酸钠和碳酸钠的形式存在于自然界中。

一、钠的物理性质

[实验 4-1]　从煤油中取出一块钠，放在玻璃片上，用小刀切去一端的外皮，观察新切断面的颜色。并注意观察在光亮的断面上发生的变化。

金属钠很软，能用刀切割。切开外皮后，可以看到，钠是一种具有银白色金属光泽的金属。它是热和电的良导体，密度是 $0.97 g/cm^3$，比水轻，能浮在水面上。钠的熔点为 97.81℃，沸点为 882.9℃。

二、钠的化学性质

钠原子的最外电子层上只有 1 个电子，在化学反应中，极易失去这个电子，形成 +1 价阳离子。因此钠的化学性质非常活泼。

1. 钠与氧气的反应

从 [实验 4-1] 可以看到，新切开的光亮的金属断面很快地变暗。这是因为钠很容易被氧化，在常温下就能与空气里的氧气反应，生成一薄层氧化钠的缘故。

$$4Na + O_2 = 2Na_2O$$

[实验 4-2]　取一小块金属钠，放在燃烧匙内（或石棉网上）加热，观察发生的现象。

钠受热后能在空气中着火燃烧，在纯氧中燃烧得更为剧烈，燃烧时发出黄色的火焰。在反应过程中，可以生成氧化钠，氧化钠不稳定，继续氧化生成比较稳定的过氧化钠。所以钠在空气或纯氧中燃烧生成的是过氧化钠粉末。

$$2Na + O_2 \xrightarrow{\triangle} Na_2O_2$$
过氧化钠

2. 钠与硫等非金属的反应

钠除了与氯气、氧气直接化合外，还能与许多其他非金属直接化合。例如，钠与硫的反应非常剧烈，甚至发生爆炸，生成硫化钠。

$$2Na + S \xrightarrow{\triangle} Na_2S$$
硫化钠

3. 钠与水的反应

[**实验 4-3**] 取 1 只 1L 的烧杯，加入 0.5L 冷水，然后用镊子取绿豆粒大小的一块钠（已切去金属表面的氧化膜），迅速用滤纸吸干金属表面的煤油后投入水中。观察钠与水反应的剧烈程度。反应完成后，在烧杯中滴入几滴酚酞试液，观察溶液颜色的变化。

钠小球
水

图 4-1　钠与水起反应

可以看到，钠投入水中，浮在水面上，立即与水发生剧烈反应，并有气体产生，反应中放出的热立刻使钠熔成了一个闪亮的小球，在水面上向各个方向迅速游动，同时发出嘶嘶声，并逐渐缩小，最后完全消失。滴入酚酞试液后，烧杯里的溶液由无色变为红色，说明有新的物质生成。钠与水起反应生成了氢氧化钠和氢气。

$$2Na+2H_2O === 2NaOH+H_2\uparrow$$

在上述实验中，如果取小于 1L 的烧杯，由于钠与水的反应有时过分剧烈，可能把小球和水液推出烧杯，所以最好用漏斗将烧杯罩起来。如果要检验生成的氢气，可把一支试管套在漏斗上收集（见图 4-1）。

由于钠很容易与空气里的氧或水起反应，所以要使它与空气和水隔绝，妥善保存。大量的钠要密封在钢桶中单独存放，少量的钠通常保存在煤油里。由于钠的密度比煤油大，所以钠沉在煤油下面，可将钠与氧气和水隔绝。在使用金属钠时，要佩戴防护眼镜。遇其着火时，只能用砂土或干粉灭火，绝不能用水灭火。

三、钠的制备和用途

1. 钠的制备

工业上常采用电解熔融的氯化钠来制取金属钠。

$$2NaCl(熔融) \xrightarrow{\text{电解}} 2Na+Cl_2\uparrow$$

2. 钠的用途

钠是一种强还原剂，可用于某些金属的冶炼上，例如，钠可以把钛、锆、铌、钽等金属从它们的熔融卤化物里还原出来。钠和汞的合金（钠汞剂）有缓慢的还原性，可以用于有机合成方面的还原剂。钠和钾的合金（含 50%～80% 的钾）在室温下呈液态，是核反应堆的导热剂。钠还用来制取那些不能由氯化钠直接制取的钠的化合物，如过氧化钠等。钠也应用在电光源上制高压钠灯，发出的黄光射程远，透雾能力强且对道路平面的照度比高压水银灯高几倍。

第二节　钠的化合物

一、钠的氧化物

钠的氧化物有氧化钠和过氧化钠。

1. 氧化钠

氧化钠是白色固体，属于碱性氧化物。氧化钠具有碱性氧化物的通性，它能与酸起反应生成盐和水；与水起剧烈的反应生成氢氧化钠；与酸性氧化物起反应生成盐。例如，

$$Na_2O+H_2SO_4 === Na_2SO_4+H_2O$$
$$Na_2O+H_2O === 2NaOH$$

$$Na_2O + CO_2 \xrightarrow{\quad} Na_2CO_3$$

氧化钠暴露在空气中，能与空气里的二氧化碳反应，所以应密封保存。

2. 过氧化钠

过氧化钠是淡黄色的固体。

[实验 4-4]　在盛有过氧化钠固体的试管中滴入水，用带火星的木条放在试管口，检验是否有氧气放出。

过氧化钠也能与水起反应，生成氢氧化钠和氧气，并放出大量的热❶。

$$2Na_2O_2 + 2H_2O \xrightarrow{\quad} 4NaOH + O_2 \uparrow$$

过氧化钠是一种强氧化剂，具有漂白作用，可用来漂白麦秆、织物、羽毛等。

过氧化钠还能与二氧化碳起反应，生成碳酸钠和氧气。

$$2Na_2O_2 + 2CO_2 \xrightarrow{\quad} 2Na_2CO_3 + O_2 \uparrow$$

利用这一性质，过氧化钠可用在呼吸面具上和潜水艇里吸收二氧化碳和供给氧气。

过氧化钠既能与水起反应又能与二氧化碳起反应，所以必须密封保存在干燥的地方。

二、几种重要的钠盐

重要的钠盐除氯化钠外，还有硫酸钠、碳酸钠和碳酸氢钠等。

1. 硫酸钠（Na_2SO_4）

硫酸钠晶体俗名芒硝，化学式为 $Na_2SO_4 \cdot 10H_2O$。硫酸钠是制造玻璃、硫化钠、造纸（制浆）等的重要原料，也用在制水玻璃、纺织、染色等工业上，在医药上用作缓泻剂。

自然界的硫酸钠主要分布在盐湖和海水里。中国沿海各地及山西、青海、内蒙古等地的咸水湖里盛产芒硝。

2. 碳酸钠和碳酸氢钠

碳酸钠（Na_2CO_3）俗名苏打，工业上叫做纯碱，是白色粉末状物质，易溶于水。碳酸钠晶体含结晶水，化学式是 $Na_2CO_3 \cdot 10H_2O$。碳酸钠晶体在空气里很容易失去结晶水，表面失去光泽而逐渐变暗，并逐渐碎裂成粉末。碳酸钠晶体失去结晶水后叫无水碳酸钠。

碳酸氢钠（$NaHCO_3$）俗名小苏打，是一种细小的白色晶体。碳酸氢钠在水中的溶解度比碳酸钠小。

碳酸钠和碳酸氢钠都能与盐酸起反应放出二氧化碳。

$$Na_2CO_3 + 2HCl \xrightarrow{\quad} 2NaCl + H_2O + CO_2 \uparrow$$
$$NaHCO_3 + HCl \xrightarrow{\quad} NaCl + H_2O + CO_2 \uparrow$$

[实验 4-5]　在盛有碳酸钠和碳酸氢钠的两支试管里，分别加入少量盐酸。比较它们放出二氧化碳的快慢程度。

碳酸氢钠与盐酸的反应要比碳酸钠与盐酸的反应剧烈得多。

碳酸钠很稳定。碳酸氢钠却不很稳定，受热容易分解，放出二氧化碳。

$$2NaHCO_3 \xrightarrow{\triangle} Na_2CO_3 + H_2O + CO_2 \uparrow$$

这个反应可以用来鉴别碳酸钠和碳酸氢钠，也是工业上制备纯碱的重要反应。

碳酸钠广泛地用于玻璃、肥皂、造纸、纺织等工业上，还用于制造其他钠的化合物。在日常生活中，碳酸钠常用作洗涤剂。碳酸氢钠在医疗上是治疗胃酸过多的一种药剂，在纺织

---

❶　用脱脂棉包住约 0.2g Na_2O_2 粉末，放在石棉网上。给脱脂棉上滴加几滴水，反应放出的热能使脱脂棉燃烧，而反应中生成的 O_2 又使脱脂棉的燃烧加剧。

工业上用作羊毛洗涤剂，还大量用作选矿、灭火用药剂等。

碳酸钠有天然产出的，碱性土壤里和某些盐湖里常含有碳酸钠。中国内蒙古自治区一带的盐湖里出产大量的天然碱，通常称为口碱。

第三节　碱金属元素

一、碱金属元素原子结构的比较

表 4-1 列出了碱金属元素的原子结构和单质的物理性质。

表 4-1　碱金属元素的原子结构和单质的物理性质

元素符号	元素名称	核电荷数	电子层结构	颜色和状态	密度/(g/cm³)	熔点/℃	沸点/℃
锂	Li	3	2 1	银白色金属,柔软	0.534	180.5	1347
钠	Na	11	2 8 1	银白色金属,柔软	0.971	97.81	882.9
钾	K	19	2 8 8 1	银白色金属,柔软	0.862	63.65	774
铷	Rb	37	2 8 18 8 1	银白色金属,柔软	1.532	38.89	688
铯	Cs	55	2 8 18 18 8 1	银白色金属,略带金色光泽,柔软	1.879	28.40	678.4

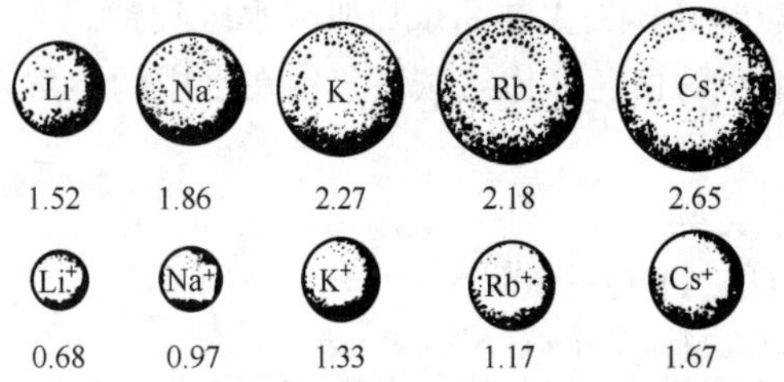

1.52　　1.86　　2.27　　2.18　　2.65

0.68　　0.97　　1.33　　1.17　　1.67

图 4-2　碱金属的原子和离子的大小示意

（数据表示原子和离子半径，单位是 10^{-10} m）

从表 4-1 可以看出，碱金属元素原子的最外电子层的电子数是相同的，都是 1 个电子，次外层都是稀有气体的稳定结构。

碱金属元素的原子，按照锂、钠、钾、铷、铯的顺序，随着核电荷数的增加，电子层数递增（见表 4-1）。因此，碱金属的原子半径[1]随着电子层数的增多而增大（见图 4-2）。

碱金属原子在化学反应中极易失去最外层的 1 个电子，形成正 1 价阳离子，阳离子的半径显著地比相应的原子半径小（见图 4-2）。

二、碱金属物理性质的比较

碱金属除铯略带金色光泽外，其余都呈银白色。它们都是比较柔软、有展性、密度较小的轻金属[2]。它们导热导电的性能都很强。碱金属的熔点较低，铯在气温稍高时就呈液态，它们的熔点、沸点一般随着碱金属原子电子层数的增加而降低（见表 4-1）。

碱金属元素在自然界里都以化合态存在，它们的金属由人工制得。

---

❶　锂、钠、钾等金属元素的原子半径是指固态金属里两个邻近原子核间的距离之半。

❷　密度小于 4.5g/cm³ 的金属，称为轻金属。

三、碱金属化学性质的比较

碱金属元素的原子，在化学反应中都极易失去最外电子层的 1 个电子，因此它们的化学性质都很活泼。

1. 碱金属与非金属的反应

碱金属能与大多数非金属（如氧气、卤素、硫、磷等）起反应，表现出很强的金属性。

碱金属都能与氧气起反应，并生成多种氧化物。在常温时，锂在空气中缓慢氧化生成氧化锂；钠在空气中很快被氧化生成氧化钠；钾在空气中迅速被氧化生成氧化钾；铷和铯在空气中能自燃。锂在空气中燃烧时只生成氧化锂，钠在空气或纯氧中燃烧生成过氧化钠，钾、铷、铯在空气中燃烧时生成比过氧化物更复杂的氧化物。

碱金属与氧气起反应的剧烈程度以及生成过氧化物或更复杂的氧化物的趋势，都按照从锂到铯的顺序逐渐增强。

碱金属燃烧时火焰呈现出不同的颜色。例如，锂燃烧时火焰呈紫红色，钠燃烧时火焰呈黄色，钾燃烧时火焰呈紫色（透过蓝色钴玻璃），铷燃烧时火焰呈紫色。多种金属或它们的化合物在灼烧时能使火焰呈现出特殊的颜色，这在化学上叫做**焰色反应**。碱金属及它们的化合物都能呈现焰色反应。此外，钙、锶、钡等金属及其化合物也能呈现焰色反应（钙为砖红色，锶为洋红色，钡为黄绿色，铜为绿色等）。焰色反应常用在分析化学上鉴别这些金属元素的存在；另外还可制造各色焰火。

2. 碱金属与水的反应

碱金属在常温时都能与水起反应，生成氢氧化物和氢气。

锂与水反应时比较缓慢，不熔化。钠与水能起剧烈的反应。钾与水的反应比钠与水的反应更剧烈，常使生成的氢气燃烧，并发生轻微爆炸。

[实验 4-6]　在 1 只烧杯中，加入一些冷水。用镊子从煤油里取出一块金属钾，放在干燥的玻璃片上，切取绿豆粒大小的一块钾，用滤纸吸干其表面的煤油，投入烧杯的水中，迅速用玻璃片盖好（防止轻微爆炸而飞溅出液体）。观察反应的剧烈程度。反应完成后，向烧杯的溶液中加入几滴酚酞试液。观察溶液颜色的变化。

可以看到，烧杯的溶液中滴入酚酞试液后，溶液的颜色由无色变为红色。钾与水起反应的化学方程式如下：

$$2K + 2H_2O \longrightarrow 2KOH + H_2 \uparrow$$

铷和铯遇水剧烈反应，并发生爆炸。

碱金属的氢氧化物易溶解于水，其水溶液都呈强碱性，都能使无色酚酞试液变红色，且从氢氧化锂到氢氧化铯碱性依次增强。

少量的碱金属常贮存在煤油中。因为锂的密度最小，常浮在煤油上，所以常将锂贮存在液体石蜡中。

碱金属的性质很相似，但又有差异，这些都是它们的原子结构所决定的。

碱金属原子的最外电子层电子数相同，决定了碱金属具有相似的化学性质。因此，锂、钠、钾、铷、铯构成一个性质相似的元素族，即碱金属元素。碱金属元素原子半径的不同，是造成它们性质差异的原因。在碱金属元素中，按照从锂到铯的顺序，随着原子半径的增大，原子核对最外层电子的吸引力逐渐减弱，原子失去电子的能力逐渐增强，因此它们的化学活动性依次增强。

四、几种碱金属的用途和钾肥

1. 几种碱金属的用途

锂用于制取化学工业的催化剂、高强度的玻璃等。还用于制取多种合金，例如，锂与铝、铜等金属制成的低密度合金，能在高温下保持较高的强度。锂和锂合金是一种理想的高能燃料。锂电池是一种高能电池。在原子能工业中，锂是制造氢弹不可缺少的原料。钾的化合物（如硫酸钾、氯化钾等）是重要的化学肥料。铷和铯的原子在普通光照射下，很容易失去最外电子层的1个电子，利用这一特性，把铷或铯镀在银片上制造光电管，当受光照射时，光电管中的电路就接通。铷和铯还用于制造最准确的计时器——铷、铯原子钟。1967年正式规定用铯原子钟所确定的秒为新的国际时间单位。

2. 钾肥

在初中化学里已经学过钾肥的初步知识，知道钾肥能使农作物生长健壮，茎秆粗硬，增强对病虫害和倒伏的抵抗能力，并能促进糖分和淀粉的生成。土壤里钾的含量并不少，但大部分以钾的矿物形式存在，这些矿物难溶于水，不能被农作物吸收利用，只有在长期风化（在土壤里受到空气、水分、酸的作用）过程中，才能转化为可溶性的钾的化合物，使钾在溶液中以离子形式存在，容易被农作物吸收。因此土壤里的钾不能满足农作物生长的需要，人们往往要施用钾肥以补充钾元素。

通常施用的钾肥主要是各种钾盐，例如，硫酸钾、氯化钾、碳酸钾（草木灰的主要成分）等。这些钾盐都是易溶于水而容易被农作物吸收的速效化肥。

施用钾肥时，要防止雨水淋失（钾肥易溶于水）。为了夺取粮食高产，促进农业大丰收，还要因地制宜，注意氮、磷、钾三种肥料的合理配合。

第五章　物质结构　元素周期律

事物发展的根本原因，不是在事物的外部，而是在事物的内部。物质在不同条件下表现出来的性质，不论是物理性质，还是化学性质，都与它们的结构有关。为了更好地学习物质的性质及其变化规律，必须了解其内因，这就需要进一步学习有关物质结构理论的基础知识。

第一节　原　子　结　构

一、原子的组成

原子是由居于原子中心的带正电荷的原子核和核外带负电荷的电子构成的。电子带 1 个单位负电荷，它在核外空间一定范围内绕核作高速运动。由于原子核所带的电量跟核外电子所带的电量相等，而电性相反，所以原子作为一个整体不显电性。原子很小，它的直径约为 10^{-10} m。

原子核比原子更小，它的半径大约是原子半径的万分之一，它的体积只占原子体积的几千亿分之一。假若原子有一座十层大楼那样大，那么原子核却只有一个樱桃那样大。原子核是由质子和中子两种微粒构成。质子带 1 个单位正电荷，中子不带电。因此原子核所带的正电荷数由质子数决定。原子核所带的电荷数，简称核电荷数，用符号 Z 表示。元素的种类是由质子数决定的。不同种类元素的原子核内质子数不相同，核外电子数也不相同。一种元素的原子，可以在化学反应中失去电子或得到电子，但只要它的原子核内的质子数不变，即核电荷数不变，元素就不会由一种元素变成另一种元素。把现在已发现的 112 种元素，按核电荷数由小到大依次递增的顺序排列起来，得到的顺序号称为**原子序数**。这样原子序数在数值上等于核电荷数、核内质子数和核外电子数。即：

原子序数＝核电荷数＝核内质子数＝核外电子数

质子的质量是 1.6726×10^{-27} kg，中子的质量是 1.6748×10^{-27} kg，电子的质量约为 9.110×10^{-31} kg，仅约为质子质量的 1/1836。原子有一定的质量，应该是质子、中子和电子质量的总和。但是与质子和中子相比，电子的质量非常小，所以原子的质量主要集中在原子核上。由于质子和中子的质量很小，当用千克做单位时计算很不方便，因此通常用它们的相对质量。在初中化学里学习过相对原子质量，知道作为相对原子质量标准的碳-12 原子的质量是 1.9927×10^{-26} kg，它的 1/12 是 1.66×10^{-27} kg，质子和中子的质量分别跟 1.66×10^{-27} kg 相比所得的数值，就是质子和中子的相对质量。质子和中子的相对质量分别为 1.007 和 1.008，取近似整数值为 1，这只是一个比值，所以是没有单位的。若忽略电子的质量，将原子核内所有的质子和中子的相对质量取近似整数值加起来，所得的数值，叫做**质量数**。质量数用符号 A 表示，中子数用符号 N 表示。则

质量数(A)＝质子数(Z)＋中子数(N)

在原子中，只要知道质量数、中子数、质子数三个数值中的任意两个，就可以推算出另一个数值来。例如，知道钠原子的质量数为 23，质子数为 11，则

钠原子的中子数（N）＝$A-Z$＝$23-11$＝12

归纳起来，若以 $^A_Z X$ 代表一个质量数为 A、质子数为 Z 的原子，则构成原子的粒子间的关系可以表示如下：

$$原子(^A_Z X)\begin{cases} 原子核\begin{cases} 质子 & Z 个 \\ 中子 & (A-Z)个 \end{cases} \\ 核外电子 & Z 个 \end{cases}$$

二、同位素

在化学上，把具有相同的核电荷数（即质子数）的同一类原子总称为元素。同种元素的原子其质子数相同，科学研究证明，它们的中子数不一定相同。只要核内有相同数目的质子，即使中子数不同的原子，都属于同一种元素。因此，一种元素往往有质子数相同而中子数不相同的几种原子。例如，氢元素的原子都含 1 个质子，但有的氢原子不含中子，有的氢原子含 1 个中子，还有的氢原子含 2 个中子。把不含中子的氢原子叫做氕（音 piē，读撇），即普通氢原子，记为 ^1_1H；含 1 个中子的氢原子叫做氘（音 dāo，读刀），俗称重氢，记为 ^2_1H（或 D）；含 2 个中子的氢原子叫做氚（音 chuān，读川），俗称超重氢，记为 ^3_1H（或 T）。元素符号的左下角记核电荷数，左上角记质量数。人们**把原子里具有相同的质子数和不同的中子数的同一元素的原子互称同位素。**

同位素可分为稳定同位素和放射性同位素两大类。有的同位素是稳定的，称为稳定同位素。有的同位素的原子核不稳定，能自发地放出射线，称为放射性同位素。根据目前所知，几乎所有的元素都有同位素。上述氢元素的三种同位素中，^1_1H 和 ^2_1H 是稳定同位素，是制造氢弹的材料，^3_1H 是放射性同位素。铀元素有 $^{234}_{92}U$、$^{235}_{92}U$、$^{238}_{92}U$ 等多种同位素，$^{235}_{92}U$ 是制造原子弹的材料和核反应堆的燃料。碳元素有 $^{12}_6C$、$^{13}_6C$、$^{14}_6C$ 等几种同位素，$^{12}_6C$ 和 $^{13}_6C$ 是稳定同位素，$^{14}_6C$ 是放射性同位素，而 $^{12}_6C$ 就是把它的质量的 1/12 作为相对原子质量比较标准的那种碳原子（通常也叫碳-12）。

同一元素的各种同位素虽然质量数不同，但它们的化学性质几乎完全相同。自然界的大多数元素都是由几种同位素均匀地混合在一起的。在化学反应中，同种元素的各种同位素都起相同的反应，最后又均匀地混合而共存于该元素生成的各种物质之中。所以，人们通常所说的元素，实际上是该元素各种同位素原子形成的混合体。在天然存在的某种元素里，不论是游离态还是化合态，各种同位素所占的原子百分比一般是不变的。人们平常所说的某种元素的相对原子质量，实际上是按各种天然同位素原子所占的一定分数计算出来的平均值。例如，氯元素是 $^{35}_{17}Cl$ 和 $^{37}_{17}Cl$ 两种同位素的混合物，从下列数据就可计算出氯元素的相对原子质量：

同位素符号	相对原子质量	在自然界里各同位素原子的百分组成
$^{35}_{17}Cl$	34.969	75.77%
$^{37}_{17}Cl$	36.966	24.23%

氯元素的相对原子质量是：

$$34.969 \times 75.77\% + 36.966 \times 24.23\% = 35.453$$

同理，根据同位素的质量数，也可以计算出该元素的近似原子量。

第二节 原子核外电子的排布

在化学反应中，原子核并不发生变化，发生变化的只是原子核外的某些电子。因此，为了认识化学变化的本质，有必要对原子核外电子的运动状态和排布规律做一些初步的探讨。

一、原子核外电子运动的特征

宏观物体❶的运动，例如，火车的行驶，炮弹的发射，汽车在公路上的奔驰，人造卫星围绕地球的运转等，都可以测定或根据一定的数据计算出它们在某一时刻所在的位置，也能描画出它们的运动轨迹。但是，电子是一种质量很小的带负电荷的微粒，它在原子核外很小的空间（直径约为 10^{-10}m）范围内运动，速度很快，约为 1.5×10^8m/s，接近光速的一半。电子是微观粒子，其运动规律与质量大、速度小的宏观物体不同。高速运动着的电子，有时离核近，有时离核远，在瞬刻之间，同一电子可以出现在核外空间的不同位置，所以核外电子的运动没有确定的轨道，不能准确地测定或计算出它在某一时刻所在的位置和速度，也不能描画出它的运动轨迹。在描述核外电子运动时，只能指出它在原子核外空间某处出现机会的多少。通常用小黑点的疏密来表示电子在核外空间单位体积内出现机会的多少。电子在原子核外空间一定范围内出现，好像带负电荷的云雾笼罩在原子核周围，人们形象地称它为电子云。图 5-2（d）就是在通常状况下氢原子的电子云示意图。

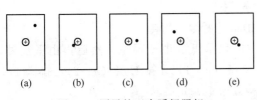

(a)　　　(b)　　　(c)　　　(d)　　　(e)

图 5-1　原子的五次瞬间照相

(a) 5张照片　(b) 20张照　(c) 100张照　(d) 10000张照
叠印　　　　片叠印　　　片叠印　　　　片叠印

图 5-2　将千百万张氢原子瞬间照相叠印的结果

为了便于对电子云的理解，用假想的给氢原子照相的比喻来加以说明。氢原子的核外只有一个高速运动着的电子，为了找到这个电子某一瞬间在核外的确定位置，假想用一架特殊的高速照相机给氢原子照相（这当然是不可能的）。假若给某个氢原子拍 5 张照片，得到如图 5-1 所示的图像。图上⊕表示原子核，小黑点表示某一瞬间电子在那里出现。显然，氢原子的这个电子有时在离核近处出现，有时在离核远处出现，每瞬间电子在核外空间的位置离核远近不同。继续给氢原子拍照，然后对在不同瞬间拍摄的千百万张照片上电子的位置分别进行对比研究，发现电子好像在氢原子核外是做毫无规律的运动，一会儿在这里出现，一会儿在那里出现。但如果把千百万张照片重叠在一起（叠印），就会看到如图 5-2 所示的图像。图像说明，氢原子核外虽然只有 1 个电子，但是这个电子是在核外空间一定范围内高速运动的。在离核近处单位体积的空间中电子出现的机会多，在离核远处单位体积的空间中，电子出现的机会少。人们用统计的方法，可以找出电子经常出现的一些区域，对于氢原子来说，电子是在核外空间的一个球形区域里经常出现。如果用小黑点的多少来表示电子在核外各处出现的机会的多少，小黑点较密的地方就是电子出现机会较多的地方，小黑点较稀的地方就是电子出现机会较少的地方。由图 5-2（d）可以看出，离核越近，小黑点越密；离核越远，小黑点越稀疏。这些密密麻麻的小黑点像一团带负电荷的云雾，笼罩在原子核的周围，所以人们形象地称它为"电子云"。图中小黑点的疏密表示电子在核外空间各处出现机会的多少，不能把每一个小黑点看作一个电子。

人们在描述核外电子运动时，只能指出它在核外空间某处出现机会的多少。电子云是电

---

❶　宏观物体是指质量比原子、分子大得多并且能看得见摸得着的物体。

子在核外空间各处出现机会多少的形象化描述。电子云是一种形象化的比喻，并不是说电子分散成了云雾或电子运动太快，被人们看成了云雾。

二、原子核外电子的排布

含有多个电子的原子中，电子的能量是不相同的。能量低的电子，通常在离核近的区域运动，能量高的电子，通常在离核远的区域运动。根据电子的能量高低和通常运动的区域离核的远近不同，可以把电子看作是在能量不同的电子层上运动的，电子层用 n 表示。把能量最低、离核最近的叫第 1 层，能量稍高、离核稍远的叫第 2 层，由里往外依次类推，叫 3 层、4 层、5 层、6 层、7 层。也可以用字母依次表示为 K、L、M、N、O、P、Q 层。电子层数反映了电子的能量高低和运动区域离核的远近。

电子层数：　　　　 1　2　3　4　5　6　7

常用符号：　　　　 K　L　M　N　O　P　Q

　　　　　　　　　 电子离核由近及远
　　　　　　　　　 电子的能量由低到高

电子层是决定电子能量高低的主要因素。

原子核外电子的分层运动，又叫核外电子的分层排布。

根据实验结果和理论推算，原子核外电子的排布遵循如下规律。

① 在通常情况下，核外电子总是尽先排布在能量最低的电子层里，然后再由里往外，依次排布在能量逐步升高的电子层里，即排满了 K 层（$n=1$）才排 L 层（$n=2$），排满了 L 层才排 M 层（$n=3$）。这样，就能够使原子的结构处于最稳定的状态。

② 各电子层最多容纳的电子数目是 $2n^2$（n 为电子层数）。例如，K 层（$n=1$）为 $2 \times 1^2 = 2$ 个；L 层（$n=2$）为 $2 \times 2^2 = 8$ 个；M 层（$n=3$）为 $2 \times 3^2 = 18$ 个等。

③ 最外电子层电子数目不能超过 8 个（K 层为最外层时不超过 2 个）。

④ 次外层电子数目不能超过 18 个，倒数第 3 层电子数目不超过 32 个。

以上几点是互相联系、不能孤立理解的。例如，当 M 层不是最外层时，最多可排布 18 个电子。又如，N 层为次外层时，就不是最多排布 $2 \times 4^2 = 32$ 个电子，而是最多排布 18 个电子。

表 5-1 和表 5-2 分别列出了核电荷数为 1 到 18 的元素和 6 个稀有气体元素原子的电子层排布情况。

表 5-1　核电荷数 1～18 的元素原子的电子层排布

核电荷数	元素名称	元素符号	各电子层的电子数			
			K	L	M	N
1	氢	H	1			
2	氦	He	2			
3	锂	Li	2	1		
4	铍	Be	2	2		
5	硼	B	2	3		
6	碳	C	2	4		
7	氮	N	2	5		
8	氧	O	2	6		
9	氟	F	2	7		
10	氖	Ne	2	8		

续表

核电荷数	元素名称	元素符号	各电子层的电子数			
			K	L	M	N
11	钠	Na	2	8	1	
12	镁	Mg	2	8	2	
13	铝	Al	2	8	3	
14	硅	Si	2	8	4	
15	磷	P	2	8	5	
16	硫	S	2	8	6	
17	氯	Cl	2	8	7	
18	氩	Ar	2	8	8	

表 5-2　稀有气体元素原子的电子层排布

核电荷数	元素名称	元素符号	各电子层的电子数					
			K	L	M	N	O	P
2	氦	He	2					
10	氖	Ne	2	8				
18	氩	Ar	2	8	8			
36	氪	Kr	2	8	18	8		
54	氙	Xe	2	8	18	18	8	
86	氡	Rn	2	8	18	32	18	8

只要知道原子的核电荷数和电子层排布，就可以画出原子结构示意图。图 5-3 是钠元素和氯元素的原子结构示意图。⊕₁₁ 表示原子核及核内有 11 个质子，弧线表示电子层，弧线上面的数字表示该层的电子数。

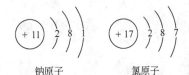

钠原子　　　　氯原子

图 5-3　钠元素和氯元素原子结构示意

第三节　元素周期律

通过学习卤素和碱金属元素的单质及它们的化合物的性质，了解到有些元素的性质相似，而有些又很不相同。一切客观事物本来是相互联系的和具有内部规律的。人们在长期的生产和科学实验中，发现了各种元素之间也存在着相互联系和内部规律。为了认识这种规律性，人们将原子序数 1～18 的元素的原子核外电子排布、原子半径和主要化合价列成表（见表 5-3）来进行讨论。

表 5-3　元素性质随着核外电子周期性的排布而呈周期性的变化

原子序数	1	2	3	4	5	6	7	8	9	10	11	12	13	14	15	16	17	18
元素名称	氢	氦	锂	铍	硼	碳	氮	氧	氟	氖	钠	镁	铝	硅	磷	硫	氯	氩
元素符号	H	He	Li	Be	B	C	N	O	F	Ne	Na	Mg	Al	Si	P	S	Cl	Ar
核外电子层数	1	1	2	2	2	2	2	2	2	2	3	3	3	3	3	3	3	3
最外层电子数	1	2	1	2	3	4	5	6	7	8	1	2	3	4	5	6	7	8
原子半径/ ($\times 10^{-10}$ m)	0.37	1.22	1.52	0.89	0.82	0.77	0.75	0.74	0.71	1.60	1.86	1.60	1.43	1.17	1.10	1.02	0.99	1.91
化合价	+1	0	+1	+2	+3	+4 −4	+5 −3	−2	−1	0	+1	+2	+3	+4 −4	+5 −3	+6 −2	+7 −1	0

一、核外电子排布的周期性

由表 5-3 可以看出，原子序数从 1～2 的元素，即从氢（H）到氦（He），它们的原子核外只有一个电子层，电子由 1 个增加到 2 个，达到稳定结构。

原子序数从 3～10 的元素，即从锂（Li）到氖（Ne），它们的原子核外都有两个电子层，最外层电子由 1 个递增到 8 个，达到稳定结构。

原子序数从 11～18 的元素，即从钠（Na）到氩（Ar），它们的原子核外都有三个电子层，最外层电子也从 1 个递增到 8 个，达到稳定结构。

研究 18 以后的元素，同样可以发现，每隔一定数目的元素，会重复出现原子最外层电子数从 1 个递增到 8 个而达到稳定结构的情况。也就是说，随着原子序数的递增，元素原子的最外层电子排布呈周期性的变化。

二、原子半径的周期性变化

原子半径是元素的重要物理性质之一，它对元素及其化合物的性质有一定的影响。

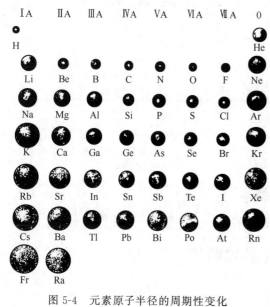

| ⅠA | ⅡA | ⅢA | ⅣA | ⅤA | ⅥA | ⅦA | 0 |

图 5-4 元素原子半径的周期性变化

由表 5-3 可以看出，原子序数由 3～9 的元素，即从碱金属元素锂到卤素氟，随着原子序数的递增，原子半径由 1.52×10^{-10} m 逐渐减小到 0.71×10^{-10} m，即原子半径由大逐渐减小；原子序数从 11～17 的元素，即由碱金属元素钠到卤素氯，随着原子序数的递增，原子半径由 1.86×10^{-10} m 逐渐减小到 0.99×10^{-10} m，原子半径也是由大逐渐减小。如果把所有的元素按原子序数递增的顺序排列起来，将会发现，随着原子序数的递增，元素的原子半径呈周期性的变化[1]，图 5-4 表示碱金属等族元素的原子半径的周期性变化。

三、元素主要化合价的周期性变化

一种元素一定数目的原子与其他元素一定数目的原子化合的性质，叫做这种元素的化合价。元素的化合价是元素的重要性质。化合价有正价和负价。

由表 5-3 可以看出，原子序数从 3～10 的元素，即从锂到氖，元素的最高正化合价从 +1（锂）递增到 +5（氮），从中部的元素开始有负价，负价从 -4（碳）递变到 -1（氟），氟后面是零价的稀有气体元素氖。

原子序数从 11～18 的元素，即从钠到氩，在极大程度上重复着 3 号元素锂到第 10 号元素氖所表现的化合价的变化，即正价从 +1（钠）逐渐递变到 +7（氯），从中部的元素开始有负价，负价从 -4（硅）递变到 -1（氯），氯后面是零价的稀有气体元素氩。

18 号以后的元素的化合价，同样会出现与前面元素相似的变化。也就是说，元素的化合价随着原子序数的递增而呈周期性的变化。

综上所述，可以归纳出这样一条规律：**元素的性质随着元素原子序数（核电荷数）的递**

---

[1] 由于测定稀有气体元素原子半径的根据和其他元素不同，所以稀有气体元素原子半径跟邻近的非金属元素原子半径相比显得特别大。

增而呈周期性的变化。这个规律叫做元素周期律。

元素性质的周期性变化是元素原子的核外电子排布的周期性变化的必然结果。元素周期律的发现，证明了元素之间由量变到质变的客观规律，揭示了自然界各种物质的内在联系。元素周期律反映出各种元素之间是相互联系的和具有内在规律的，它把庞杂的元素知识综合起来，并提高到一个新的理论高度，从而有力地推动了化学科学的迅速发展。

第四节 元素周期表

根据元素周期律，把现在已知的 112 种元素中电子层数目相同的各种元素，按原子序数递增的顺序从左到右排成横行，再把不同横行中最外电子层电子数相同的元素，按电子层数递增的顺序由上到下排成纵行，这样排成的一个表，叫元素周期表。元素周期表是元素周期律的具体表现形式，它反映了元素之间相互联系的规律，是对元素的一种很好的自然分类。

元素周期表有多种形式，目前广泛采用的是长式周期表（元素周期表），下面学习元素周期表的有关知识。

一、元素周期表的结构

1. 周期

具有相同的电子层数而又按照原子序数递增的顺序排列的一系列元素，称为一个周期。元素周期表共有 7 个横行，每个横行为一个周期，共有 7 个周期。各周期的顺序数称为周期序数。周期序数等于该周期元素原子具有的电子层数。

各周期里元素的数目不一定相同，下面列出各周期的元素数目及原子的电子层数。

第 1 周期：从氢到氦，只有两种元素，它们的原子都有 1 个电子层；

第 2 周期：从锂到氖，共有 8 种元素，它们的原子都有两个电子层；

第 3 周期：从钠到氩，共有 8 种元素，它们的原子都有 3 个电子层；

第 4 周期：从钾到氪，共有 18 种元素，它们的原子都有 4 个电子层；

第 5 周期：从铷到氙，共有 18 种元素，它们的原子都有 5 个电子层；

第 6 周期：从铯到氡，共有 32 种元素，它们的原子都有 6 个电子层；

第 7 周期：从钫开始，到目前为止只发现了 26 种元素，它们的原子都有 7 个电子层。

第 6 周期中，从 57 号元素镧（La）到 71 号元素镥（Lu）共有 15 种元素，它们的电子层结构和性质非常相似，总称镧系元素。为了使元素周期表的结构紧凑和体现这些元素的共性，把镧系元素放在周期表的同一格里，并按原子序数递增的顺序另列在表的下方，实际上还是各占一格。第 7 周期 89 号元素锕（Ac）至 103 号元素铹（Lr）共 15 种元素，它们的电子层结构和性质也非常相似，总称为锕系元素。同样也把它们放在周期表的同一格里，并按原子序数递增的顺序另列在元素周期表下方镧系元素的下面。锕系元素中铀后面的元素多数是人工进行核反应❶制得的元素，叫做超铀元素。

人们把含有元素少的第 1、2、3 周期叫短周期，把含元素较多的第 4、5、6 周期叫长周期。第 7 周期由钫（Fr）到 112 号❷元素，还没有填满，叫不完全周期。

---

❶ 某种微粒与原子核相互作用，使原子核的结构发生变化，形成新原子核并放出一个或几个粒子的过程叫核反应。

❷ 1999 年已发现了 114 号、116 号和 118 号三种元素。

除第 1 周期只有两种元素和第 7 周期尚未填满外，其他每周期从左到右，各元素原子最外电子层的电子数都是从 1 个逐渐增加到 8 个。除第 1 周期从氢元素开始，第 7 周期尚未填满外，每周期的元素都是从活泼的金属元素——碱金属元素开始，逐渐过渡到活泼的非金属元素——卤素，最后以稀有气体结束。

2. 族

周期表共有 18 个纵行。人们把纵行叫做族。除第 8、9、10 三个纵行统称为第 Ⅷ 族外，其他 15 个纵行，每个纵行为一族。族又分为主族和副族。由短周期元素和长周期元素共同构成的族叫做主族。周期表左边的两个族和靠右边的五个族都是主族，共有 7 个主族。主族元素在族的序数（习惯用罗马数字表示）后面标上 A 字，如 ⅠA、ⅡA、……、ⅦA。主族名称一般以上面第一个元素取名，称某族，如 ⅣA 族称碳族，ⅤA 族称氮族。也有反映元素性质的习惯名称，如 ⅠA 族称碱金属，ⅦA 族称卤素等。

完全由长周期元素构成的族叫做副族。周期表中间部分是副族。副族元素在族的序数后面标上 B 字，如，ⅢB、……、ⅦB、ⅠB、ⅡB，共有 7 个副族。副族名称一般也以上面第一个元素取名，称某分族，如 ⅠB 族称铜分族等。

元素周期表最右边一个族是稀有气体元素，它们的化学性质非常不活泼，在通常状况下难以发生化学反应，化合价可看作为 0，因而叫做 0 族。

同一主族元素原子的电子层数不同，但最外层电子数相同。例如，碱金属元素的原子最外层都有 1 个电子，卤素原子的最外层都有 7 个电子，它们的周期表中的族序数分别为 ⅠA 和 ⅦA。因此可以得出：主族元素的族序数等于该族元素原子的最外层电子数。

副族元素的情况较为复杂，这里不做讨论。

在元素周期表中的第 4、5、6 周期，从 ⅢB 族开始经过第 Ⅷ 族到 ⅠB 族、ⅡB 族为止共 10 个纵行共 60 多种元素，统称为**过渡元素**。

二、元素的性质和原子结构的关系

1. 原子结构与元素的金属性和非金属性

在化学反应中，金属元素的原子（最外层电子数一般少于 4 个）比较容易失去电子变成阳离子而显正价，非金属元素的原子（最外层电子的数目一般多于 4 个）比较容易得到电子变成阴离子而显负价。从原子结构的角度来看，元素的金属性是指元素的原子失去电子而显正价的能力；元素的非金属性是指元素的原子得到电子而显负价的能力。

在同一周期中，各元素原子的核外电子层数虽然相同，但从左到右，元素的核电荷数依次增多，原子半径逐渐减小，原子核对外层电子的吸引力逐渐增大，原子失去电子的能力逐渐减弱，得到电子的能力逐渐增强（稀有气体除外），因此元素的金属性逐渐减弱，非金属性逐渐增强。稀有气体，在通常情况下不表现出金属性和非金属性。研究同周期元素化学性质的变化情况，可以证实这个结论是正确的。

一般来说，可以从元素的单质跟水或酸起反应置换出氢的难易，或元素最高价氧化物对应的水化物（氧化物直接或间接跟水生成的化合物）——氢氧化物的碱性强弱，来判断元素金属性的强弱；可以从元素最高价氧化物对应的水化物的酸性强弱，或从与氢气直接化合生成气态氢化物的难易及气态氢化物的稳定性，来判断元素非金属性的强弱。下面以第 3 周期元素（钠到氯）的化学性质变化情况为例，来研究同周元素金属性和非金属性的递变。

第 11 号元素钠，它的单质化学性质非常活泼，能与冷水发生剧烈的反应，放出氢气，生成的氢氧化钠是一种强碱。

$$2Na + 2H_2O = 2NaOH + H_2\uparrow$$

第 12 号元素镁，它的单质与水反应的情况如下所述。

[**实验 5-1**] 在盛有少许镁粉的试管中，加 3mL 水后，再滴入 2～3 滴无色酚酞溶液，观察现象。然后加热试管至水沸腾，观察发生的现象。

可以看到，镁不容易与冷水反应，但加热时能与沸水起反应，产生大量气泡，溶液变成红色。

$$Mg + 2H_2O \xrightarrow{\triangle} Mg(OH)_2 + H_2\uparrow$$

镁能从水中置换出氢，说明它是一种活泼金属，但它只能与沸水发生反应，生成的氢氧化镁（中强碱）的碱性也比氢氧化钠弱，说明镁的金属性不如钠强。

第 13 号元素铝，它的金属性比镁强还是比镁弱如下所述。

[**实验 5-2**] 取一小段镁带和一小片铝，用砂纸擦去氧化膜后，分别放入两支试管中，再各加入 2～3mL 浓度为 1mol/L 的盐酸。观察发生的现象。

可以看到，镁和铝都能与盐酸起反应，置换出酸中的氢，生成氢气。

$$Mg + 2HCl = MgCl_2 + H_2\uparrow$$

$$2Al + 6HCl = 2AlCl_3 + 3H_2\uparrow$$

但铝与盐酸的反应不如镁与盐酸的反应剧烈，说明铝的金属性不如镁强。

实验证明，在一定条件下，氧化铝既能与盐酸起反应生成盐和水，又能与氢氧化钠溶液起反应生成盐和水。

$$Al_2O_3 + 6HCl = 2AlCl_3 + 3H_2O$$

$$Al_2O_3 + 2NaOH = 2NaAlO_2 + H_2O$$
偏铝酸钠

像氧化铝这样既能与酸起反应生成盐和水，又能与碱起反应生成盐和水的氧化物叫做两性氧化物。

氧化镁只能与盐酸起反应生成盐和水，而不能与氢氧化钠溶液起反应，所以氧化镁是碱性氧化物。

下面再来研究镁和铝的氢氧化物的性质。

[**实验 5-3**] 在两支试管中分别注入少量 1mol/L 氯化镁溶液和 1mol/L 氯化铝溶液，再分别逐滴加入 3mol/L NaOH 溶液，直到产生大量氢氧化镁和氢氧化铝白色沉淀为止。把每个试管里的沉淀都分盛在两支试管中。然后在盛氢氧化镁沉淀的两支试管中，分别加入 3mol/L H_2SO_4 溶液和 6mol/L NaOH 溶液，观察发生的现象。再向盛氢氧化铝白色胶状沉淀的两支试管中分别加入 3mol/L H_2SO_4 溶液和 6mol/L NaOH 溶液，观察发生的现象。

可以看到，氢氧化镁能溶于硫酸而不溶于氢氧化钠溶液。发生反应的化学方程式如下：

$$MgCl_2 + 2NaOH = Mg(OH)_2\downarrow + 2NaCl$$

$$Mg(OH)_2 + H_2SO_4 = MgSO_4 + 2H_2O$$

还可以看到，盛氢氧化铝的两支试管中，白色絮状沉淀都消失了，这说明氢氧化铝既能与硫酸起反应，又能与氢氧化钠溶液起反应。发生反应的化学方程式如下：

$$AlCl_3 + 3NaOH = Al(OH)_3\downarrow + 3NaCl$$

$$2Al(OH)_3 + 3H_2SO_4 = Al_2(SO_4)_3 + 6H_2O$$

$$H_3AlO_3 + NaOH = NaAlO_2 + 2H_2O$$
铝酸　　　　　　　　偏铝酸钠

$Al(OH)_3$ 与碱发生反应时，它的分子式可写成 H_3AlO_3 的形式。

像氢氧化铝这样既能与酸起反应，又能与碱起反应的氢氧化物，叫做两性氢氧化物。

铝的氧化物和氢氧化物都表现出两性，这说明铝已表现出一定的非金属性。因此，铝的金属性比镁弱。

第 14 号元素硅是非金属元素，它的最高价氧化物二氧化硅（SiO_2）是酸性氧化物，二氧化硅对应的水化物是原硅酸（H_4SiO_4），它是一种很弱的酸。硅只有在高温下才能与氢气起反应生成气态氢化物四氢化硅（SiH_4）。

第 15 号元素磷是非金属元素，它的最高价氧化物是五氧化二磷（P_2O_5），五氧化二磷对应的水化物是磷酸（H_3PO_4），磷酸是中强酸。磷的蒸气能与氢气起反应生成气态氢化物磷化氢（H_3P），虽然相当困难，但比硅与氢气的反应稍容易。这都说明磷比硅的非金属性强。

第 16 号元素硫是比较活泼的非金属元素，它的最高价氧化物是三氧化硫（SO_3），三氧化硫对应的水化物是硫酸（H_2SO_4），硫酸是一种强酸。硫与氢气在加热时能直接化合生成气态氢化物硫化氢（H_2S），H_2S 不很稳定，在较高温度时可分解。因此，硫的非金属性比磷强。

第 17 号元素氯是很活泼的非金属元素，它的最高价氧化物是七氧化二氯（Cl_2O_7），七氧化二氯的对应水化物是高氯酸（$HClO_4$），高氯酸是已知酸中最强的一种酸。氯气与氢气在光照或点燃时就能发生剧烈的反应，甚至爆炸，生成气态氢化物氯化氢，氯化氢十分稳定。显然氯的非金属性比硫更强。

第 18 号元素氩，它的单质是一种稀有气体。

综上所述，可以得出如下结论。

第三周期的元素从左到右，随着核电荷数的递增，金属性逐渐减弱，非金属性逐渐增强。

$$\underrightarrow{\text{Na Mg Al Si P S Cl}}$$
金属性逐渐减弱，非金属性逐渐增强

对其他周期元素化学性质逐一进行研究和比较，也会得到类似的结论。

同一主族元素，从上到下，原子的电子层数逐渐增多，原子半径逐渐增大，核对外层电子的吸引力逐渐减小[1]，元素原子失电子的能力逐渐增强，得电子的能力逐渐减弱，所以元素的金属性逐渐增强，非金属性逐渐减弱。这可以从碱金属元素和卤素的化学性质递变的实例得到证明：碱金属元素的金属性从上到下逐渐增强，卤素的非金属性从上到下逐渐减弱。

副族和第Ⅷ族元素原子的最外电子层都有 1～2 个电子（钯除外），它们都是金属元素，其化学性质的变化规律比较复杂，这里不做讨论。

在元素周期表中，主族元素金属性和非金属性的递变规律如表 5-4 所示。

还可以在周期表上对金属元素和非金属元素进行分区（表 5-4）。如果沿着周期表中硼（B）、硅（Si）、砷（As）、碲（Te）、砹（At）与铝（Al）、锗（Ge）、锑（Sb）、钋（Po）之间画一条虚线，虚线左边是金属元素，右边是非金属元素。表的左下方是金属性最强的元素，右上方是非金属性最强的元素。最右一个纵行是稀有气体元素。由于元素的金属性和非金属性没有严格的界线，所以位于分界线附近的元素，既表现出某些金属性质，又表现出某

---

[1] 核电荷的增加和原子半径的增大，对外层电子都产生影响，但原子半径的影响起主要作用。

些非金属性质。

表 5-4　主族元素金属性和非金属性的递变

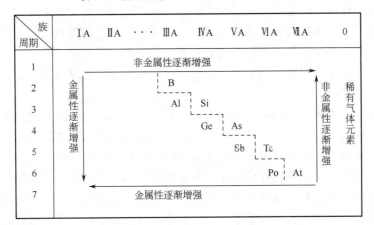

2. 原子结构与化合价

元素的化合价与原子的电子层结构有密切关系，特别是与最外电子层上的电子数目有关。因此，除稀有气体外，元素原子的最外层电子，叫做价电子。有些元素的化合价还与它们原子的次外层或倒数第三层的部分电子有关，这部分电子也叫价电子。价电子的数目决定元素的化合价。

在周期表中，主族元素的化合价是由原子最外层电子数决定的，而它们的最外层电子数，即价电子数，与族的序数相同，所以，主族元素的最高正化合价等于它所在族的序数（氧元素和氟元素除外）。由于非金属元素的最高正化合价，等于原子在化学反应中所失去或偏移的最外层电子数，而它的负化合价则等于原子最外电子层达到 8 个电子稳定结构所需要得到的电子数。所以，非金属元素的最高正化合价和它的负化合价绝对值的和等于 8。例如，第ⅦA 族的氯元素，它的最高正化合价是 +7 价，负化合价是 -1 价，最高正化合价和它的负化合价绝对值的和等于 8。主族元素的最高正化合价和负化合价见表 5-5。

表 5-5　主族元素的最高正化合价和负化合价

主族	ⅠA	ⅡA	ⅢA	ⅣA	ⅤA	ⅥA	ⅦA
最外层电子数	1	2	3	4	5	6	7
最高正化合价	+1	+2	+3	+4	+5	+6	+7
负化合价				-4	-3	-2	-1

副族和第Ⅷ族元素的化合价比较复杂，常有多种可变化合价。它们原子的次外层或倒数第三层上的电子不很稳定，在适当的条件下，和最外层上的电子一样，也可以失去。它们失去电子的最大数目，一般也等于元素所在族的序数（ⅠB 除外），如第ⅦB 族的锰元素，它的最高正化合价是 +7 价。第Ⅷ族中大多数元素的最高正化合价都达不到 +8 价。副族和第Ⅷ族元素都是金属元素，它们的原子不能得到电子，所以没有负化合价。

稀有气体元素原子的最外电子层有 8 个电子（氦因只有一个电子层而有 2 个电子），已达到饱和，形成稳定结构，一般情况下很难失去或得到电子，所以它们的化合价为 0。

三、元素周期表的应用

元素周期表是元素周期律的具体表现形式，它对人们学习化学和研究化学是一个重要的规律和工具。过去门捷列夫❶曾用它预言过新元素，并被后人用实验所证实，进而成为元素周期律正确性的有力论证。此后人们在元素周期表的指导下，对元素的性质进行系统的研究，对物质结构理论的发展起了一定的推动作用。元素周期表为发展物质结构理论提供了客观依据。元素的电子层结构与元素周期表有密切关系，周期表为发展过渡元素结构，镧系和锕系结构理论，甚至为指导新元素的合成，预测新元素的性质都提供了线索。元素周期律和元素周期表，不仅在化学科学方面，而且在物理学、生物学、地球化学、冶金学等自然科学方面都起了重要的作用。

元素周期表对工农业生产的发展也具有一定的指导作用。由于在周期表中位置靠近的元素性质相似，这样就启发人们在周期表中一定的区域内去寻找和制造新物质。人们在长期的生产实践中，发现过渡元素对许多化学反应有良好的催化性能，于是，人们根据周期表揭示的规律，努力在过渡元素中寻找各种优良的催化剂。例如，目前人们已能用铁、铬、铂熔剂做催化剂，使石墨在高温和高压下转化为金刚石，并在石油化工方面，如石油的催化裂化、重整等反应，广泛采用过渡元素做催化剂。人们还在过渡元素中寻找并制取耐高温、耐腐蚀的特种合金材料，周期表中ⅢB到ⅥB族的过渡元素，如钛、钽、钼、钨、铬等具有耐高温、耐腐蚀等特点，是制作特种合金的优良材料，也是制造火箭、导弹、宇宙飞船、飞机、坦克等不可缺少的金属。通常农药中常含有氟、氯、硫、磷、砷等元素，它们都位于周期表的右上角，对这个区域元素的化合物进行研究，有助于高效、低毒、低残留新品种农药的不断出现。人们在金属元素和非金属元素的分界线附近，寻找良好的半导体材料。据研究可知，地球上化学元素的分布情况，与它们在周期表里的位置有密切关系，根据科学实验发现的规律，对探测矿产资源具有一定的指导意义。

第五节　化　学　键

一、化学键

在人们已经发现的 110 多种元素中，只有稀有气体元素的原子在通常情况下能以单个原子的形式存在。其他元素的原子，在通常情况下都不是单独存在的，而是同种原子或与其他原子结合在一起，形成单质或化合物。例如，2 个氢原子可以结合成 1 个氢分子，1 个氢原子和 1 个氯原子可以结合成 1 个氯化氢分子，2 个氢原子和 1 个氧原子可以结合成 1 个水分子等。因此，已发现的 110 多种元素，就能组成几百万种以上形形色色的物质。了解原子之间的互相结合，首先要在原子结构知识的基础上，进一步研究原子在形成分子时的相互作用。

分子是由原子结合而成的，但分子能够稳定存在，说明在分子中原子之间必然存在着相互作用，这种相互作用不仅存在于直接相邻的原子之间，而且也存在于分子内的非直接相邻的原子之间。不过前一种相互作用比较强烈，要破坏它需要消耗比较大的能量，这是原子相互作用而形成分子的主要因素。**化学上把分子中直接相邻的两个或多个原子之间强烈的相互作用，通常叫做化学键。**例如，在水分子中，直接相邻的氢原子与氧原子之间，存在着强烈的相互作用，即氢、氧原子之间构成了化学键；而水分子中，氢原子之间的相互作用比较弱，而且是排斥的，也就是说，氢原子之间并不构成化学键。

---

❶　门捷列夫（Д. И. Менделеев，1834～1907），俄国化学家。

二、化学键的类型

根据原子间相互作用的方式和强度不同，化学键的基本类型主要有离子键、共价键和金属键。金属键将在第十章中介绍，本节主要学习离子键和共价键。

1. 离子键

稀有气体的分子只是由 1 个原子组成，它的化学性质非常稳定，在一般情况下，不与其他物质发生化学反应。这是因为稀有气体元素的原子，最外层上有 8 个电子（氦只有 1 个电子层，有 2 个电子），已经达到饱和状态，在化学反应中难以得失电子，这种结构称做 8 电子稳定结构。其他不具有这种稳定结构的原子，在化学反应中，都有使各自的最外电子层达到 8 个电子稳定结构的趋势。例如，钠加热后能在氯气中燃烧生成氯化钠：

$$\overset{\overset{\displaystyle 2e^-}{\longrightarrow}}{2Na + Cl_2} \xrightarrow{\triangle} 2NaCl$$

钠原子的最外层只有 1 个电子，在化学反应中容易失去这个电子，使次外层变成最外层，达到 8 电子的稳定结构。氯原子的最外层有 7 个电子，在化学反应中容易结合 1 个电子，使最外层达到 8 电子稳定结构。当金属钠和氯起反应时，钠原子最外电子层上的 1 个电子转移到氯原子的最外电子层上，形成了带正电荷的钠离子（Na^+）和带负电荷的氯离子（Cl^-）。带有相反电荷的 Na^+ 和 Cl^- 之间，除了有静电相互吸引外，还存在着原子核之间、电子之间的相互排斥作用。当两种离子接近到一定距离时，两个原子的原子核之间、电子之间的排斥作用，阻碍它们进一步接近，当吸引和排斥作用达到平衡时，阴、阳离子之间就形成了稳定的化学键，即形成了离子化合物氯化钠。

在化学反应中，一般是原子的最外层电子发生变化，因此为了简便起见，可以在元素符号周围用小黑点（或×）来表示原子的最外层电子。这种式子叫做电子式。例如：

$$\underset{\text{氢原子}}{H\cdot} \qquad \underset{\text{钠原子}}{Na\cdot} \qquad \underset{\text{镁原子}}{\cdot Mg\cdot} \qquad \underset{\text{氮原子}}{:\overset{\cdot\cdot}{N}\cdot} \qquad \underset{\text{氧原子}}{:\overset{\cdot\cdot}{O}:} \qquad \underset{\text{氯原子}}{:\overset{\cdot\cdot}{Cl}:}$$

钠原子和氯原子形成氯化钠的过程，可用电子式表示如下：

$$Na\times + \cdot\overset{\cdot\cdot}{\underset{\cdot\cdot}{Cl}}: \longrightarrow Na^+ \left[\overset{\cdot\cdot}{\underset{\cdot\cdot}{\times}}\overset{}{Cl}:\right]^-$$

像氯化钠这样，阴、阳离子间通过静电作用所形成的化学键叫做离子键。

一般来说，活泼金属（如碱金属、镁、钙等）与活泼非金属（如卤素、氧、硫等）化合时，都能形成离子键。**由离子键形成的化合物叫做离子化合物。**如溴化钙就是由离子键形成的离子化合物，其形成过程可用电子式表示如下：

$$:\overset{\cdot\cdot}{\underset{\cdot\cdot}{Br}}\cdot + \times Ca\times + \cdot\overset{\cdot\cdot}{\underset{\cdot\cdot}{Br}}: \longrightarrow \left[:\overset{\cdot\cdot}{\underset{\cdot\cdot}{Br}}\times\right]^- Ca^{2+} \left[\times\overset{\cdot\cdot}{\underset{\cdot\cdot}{Br}}:\right]^-$$

2. 共价键

氢分子是由两个氢原子结合而成的。氢原子只有 1 个电子，在通常情况下，当两个氢原子互相靠近时，就互相作用而生成氢分子。

$$H + H = H_2$$

在形成氢分子的过程中，由于两个氢原子核对电子的吸引作用相等，所以，电子不可能从一个氢原子转移到另一个氢原子，而是两个氢原子各提供 1 个电子，在两个氢原子之间共用，形成共用电子对。这两个共用的电子在两个原子核周围运动，使每个氢原子都具有稀有气体氦原子的稳定结构。当两个氢原子靠近到一定距离时，共用电子对与两个原子核的吸引作用和两个带正电荷的原子核之间存在的排斥作用达到平衡时，就形成了稳定的氢分子。

氢分子的形成可用电子式表示如下：

$$H \cdot + \cdot H \longrightarrow H \vdots H$$

在化学上用一根短线来代表一对共用电子，因此氢分子又可表示为：H—H。这种用短线来代表一对共用电子的图式叫做**结构式**。

像氢分子这样，**原子间通过共用电子对所形成的化学键，叫做共价键**。由共价键形成的分子叫共价型分子。例如，氢气、氮气等都是共价型分子。

氯分子的形成跟氢分子相似，两个氯原子共用一对电子，使每个氯原子都具有氩原子的8电子稳定结构。氮分子的形成与氯分子相似，只是两个氮原子共用3对电子，形成三键。在分子中，原子间由一个共用电子对形成的共价键叫做共价单键；由两个或三个共用电子对形成的共价键叫做共价双键或共价三键。氯分子和氮分子的电子式、结构式可分别表示如下：

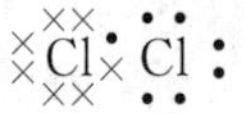

$$\overset{\times\times}{\underset{\times\times}{Cl}} \overset{\times\times}{\underset{\times\times}{Cl}} \qquad\qquad Cl—Cl \qquad 共价单键$$

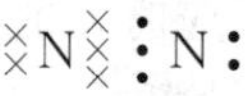

$$\overset{\times}{\underset{\times}{N}} \vdots N \vdots \qquad\qquad N≡N \qquad 共价三键$$

氯化氢是由不同的非金属原子以共价键结合成的分子，其形成过程可以用电子式表示如下：

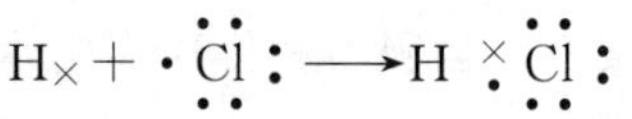

$$H\times + \cdot \overset{\cdot\cdot}{\underset{\cdot\cdot}{Cl}} \vdots \longrightarrow H \times \overset{\cdot\cdot}{\underset{\cdot\cdot}{Cl}} \vdots$$

氯化氢的结构式可表示为：H—Cl

水分子是不同种非金属原子以共价键结合成的分子，它的电子式和结构式可表示如下：

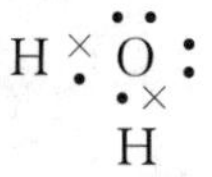

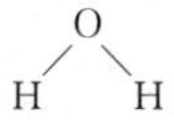

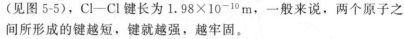

在分子中，两个成键原子的核间距离叫做**键长**。例如，H—H 键长为 0.74×10^{-10} m（见图 5-5），Cl—Cl 键长为 1.98×10^{-10} m，一般来说，两个原子之间所形成的键越短，键就越强，越牢固。

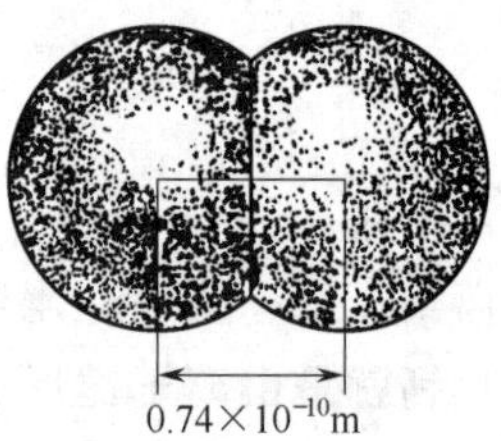

氢原子在形成氢分子的过程中，要放出热量：

$$H + H \longrightarrow H_2 - 436kJ$$

由 2mol 氢原子相互作用生成 1mol H_2 分子时，放出 436kJ 热。上式还可以说明 H_2 分子比 H 原子的能量降低，所以 H_2 分子比 H 原子稳定。

图 5-5　H—H 键的键长

如果要将 1mol H_2 分子拆开，使其分裂为 2mol H 原子，同样也需要吸收 436kJ 的热：

$$H_2 + 436kJ \longrightarrow H + H$$

由上式可知，要拆开 1mol H—H 键，需要吸收 436kJ 的能量，这个能量就是 H—H 键的键能。在 298K（25℃）和 101.325kPa 下，将 1mol 气态分子 AB 中的 A—B 键拆开，使其断裂成两个气态中性原子 A 和 B 需要吸收的能量叫做**键能**。键能是从能量因素来恒量化学键强弱的物理量。键能越大，表示化学键越牢固，含有该键的分子就越稳定。表 5-6 列出了一些共价键的键能数值。

在分子中，键和键之间的夹角叫**键角**。例如，水分子中两个 O—H 键的夹角是 104°30′，二氧化碳分子中两个 C＝O 键成直线，夹角是 180°，甲烷（CH_4）分子中两个 C—H 键间的夹角是 109°28′（图 5-6）。

表 5-6　一些共价键的键能

键	键能/(kJ/mol)	键	键能/(kJ/mol)	键	键能/(kJ/mol)
H—H	435.97	S—S	213.1	S—H	339.6
C—C	347.9	C—H	413.7	H—F	563.17
Cl—Cl	242.67	C—N	413.38	H—Cl	431.79
Br—Br	193.72	N—H	390.78	H—Br	366.1
I—I	152.72	O—H	462.75	H—I	298.74

在共价键中，还有一种特殊的共价键，共用电子对不是由成键的两个原子分别提供，而是由其中一个原子单方面提供与另一个原子共用的。这种由一个原子提供电子对为两个原子共用而形成的共价键叫**配位键**。以铵离子（NH_4^+）的形成过程为例来说明配位键的形成。

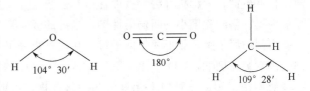

图 5-6　H_2O、CO_2、CH_4 分子中的键角

氨（NH_3）分子的电子式是 H×N×H（下 H），氮原子与 3 个氢原子以共价键结合，在氮原子上还有一对电子没有与其他原子共用，叫孤对电子。当氨分子和氢离子相互作用时，氨分子中的氮原子提供一对电子与氢原子共用，形成了配位键。也就生成了铵离子（NH_4^+）。NH_4^+ 的形成过程可用电子式表示如下：

配位键通常以 A→B 来表示，其中 A 表示提供孤对电子的原子，B 表示接受电子的原子。NH_4^+ 的结构式可表示为：

在铵离子中，虽然有一个 N—H 键跟其他三个 N—H 键的形成过程不同，但是实验测定，它们的键长、键能、键角都是一样的，四个键表现出来的化学性质也完全相同。所以，铵离子的结构式通常就用下式表示：

第六节　非极性分子和极性分子

一、非极性键和极性键

1. 非极性键

氢分子的电子式是 H×H，两个氢原子吸引电子的能力相同，共用电子对不偏向任何一个原子，这两个电子在键的中央出现机会最多，成键的两个氢原子都不显电性。这种**共用电子对没有偏向的共价键，叫做非极性共价键，简称非极性键**。在非金属单质分子中，同种非金属元素原子之间形成的共价键是非极性键。例如，F_2、Cl_2、Br_2、I_2、O_2、N_2、H_2 等分子中的共价键都是非极性键。

2. 极性键

氯化氢分子的电子式是 H⋮Cl，氢原子和氯原子吸引电子的能力不同，氯原子吸引电子的能力比氢原子强，共用电子对必然偏向吸引电子能力强的氯原子一方，使氯原子相对地显负电性，吸引电子的能力较弱的氢原子就相对地显正电性。这种**共用电子对有偏向的共价键叫做极性共价键，简称极性键**。极性键也有强弱之分。一般来说，共用电子对偏向程度大的叫做强极性键；偏向程度小的叫弱极性键。当键的极性强到一定程度时，电子对完全转移到吸引电子能力强的原子上，就形成了离子键。在化合物分子中，不同种非金属原子之间形成的共价键都是极性键。例如，HF、HBr、HI、CH_4、H_2O、NH_3、CO_2 等分子中的共价键都是极性键。

有些由三种或三种以上元素组成的化合物，可能有离子键，也有共价键。例如，在离子化合物 NaOH 中，Na^+ 和 OH^- 之间是以离子键结合的，而 O—H 键则是极性键。

二、非极性分子和极性分子

1. 非极性分子

H_2 分子中的键是非极性键，两个原子核对电子的吸引能力相同，共用电子对不偏向任何一个原子，从整个分子来看，分子里电荷分布是对称的，分子没有显正、负两极，这样的分子叫做**非极性分子**［见图 5-7（c）］。以非极键结合而成的双原子分子都是非极性分子，如 O_2、N_2、Cl_2 等。

(a) 离子型分子　(b) 极性分子　(c) 非极性分子

图 5-7　分子中电荷分布示意

2. 极性分子

在 HCl 分子中，氯原子和氢原子是以极性键结合的，氯原子吸引电子的能力比氢原子强，共用电子对偏向氯原子，使分子中氯原子一端相对地显负电性，氢原子一端相对地显正电性。整个分子的电荷分布不对称，分子就显正、负两个极（通常用"＋"和"－"表示），这样的分子叫做**极性分子**［见图 5-7（b）］。以极性键结合的双原子分子都是极性分子，如 HF、HBr、HI 等。

以极性键结合的多原子分子，可能是极性分子，也可能是非极性分子，这决定于分子中各键的排列。

如果分子中各键的空间排列是对称的，则是非极性分子。例如，CO_2 分子的结构式是 O＝C＝O，是直线型分子，两个氧原子对称地位于碳原子的两侧。CO_2 分子中的 C＝O 键是极性键，因为氧原子吸引电子的能力较碳原子强，共用电子对偏向于氧原子，使氧原子带部分负电荷。但从整个 CO_2 分子来看，由于两个 C＝O 键是对称排列的，两键的极性互相抵消，整个分子没有极性。所以，CO_2 是非极性分子。二硫化碳（CS_2）、甲烷（CH_4）、四氯化碳（CCl_4）、氟化硼（BF_3）等物质的分子，都是具有极性键的多原子分子，分子中各键的空间排列是对称的，因此它们都是非极性分子。

如果分子中各键的空间排列是不对称的，则是极性分子。例如，H_2O 分子不是直线型的，两个 O—H 键之间的夹角约是 $104°30'$。

O—H 键是极性键，氧原子吸引电子的能力较氢原子强，共用电子对偏向于氧原子，氧原子相对地显负电性，氢原子相对地显正电性。由于两个氢原子分布在分子的同一端，因而在整个分子中，两个 O—H 键的极性没有互相抵消，所以，由极性键形成的 H_2O 分子是极性分子。氨（NH_3）、二氧化硫（SO_2）、硫化氢（H_2S）等物质的分子，都是由极性键形成的多原子分子，分子中各键的空间排列是不对称的，键的极性不能互相抵消，因此这些分子都是极性分子。

第七节 晶体的基本类型

在通常情况下，物质的聚集状态有气态、液态和固态。固态物质可分为晶体和非晶体两大类。在初中化学里已经学过，晶体是经过结晶过程而形成的具有规则的几何外型的固体。例如，食盐晶体是立方体，明矾晶体是正八面体等。非晶体则没有一定的几何形状，如玻璃、沥青等。晶体具有固定的熔点，而非晶体没有固定的熔点，只有软化的温度范围，当温度升高时，它慢慢变软，直到最后成为流动的熔融体。绝大多数的固体物质属于晶体。实验证明，在晶体中，构成晶体的微粒（分子、原子或离子）是有规则地排列的，因此，晶体具有整齐的、有规则的几何外型。

构成晶体的微粒有规则地排列在空间的一定点上，这些点按一定规则组成的几何图形叫做晶格（或点阵）。在晶格上排列有微粒的那些点叫做晶格结点。

根据组成晶体的微粒的种类及微粒之间的作用力不同，晶体的基本类型有离子晶体、原子晶体、分子晶体和金属晶体四类。本节主要学习离子晶体、分子晶体和原子晶体（金属晶体将在第十章中介绍）。

一、离子晶体

在晶格结点上，按一定规律排列着阳离子和阴离子，阴、阳离子间通过离子键结合而成的晶体叫做离子晶体。图 5-8 是氯化钠晶体的结构。

在氯化钠晶体中，晶格结点上的微粒是 Na^+ 离子和 Cl^- 离子，它们按一定规律在空间排列着，微粒之间的作用力为离子键，每个 Na^+ 离子同时吸引着 6 个 Cl^- 离子，每个 Cl^- 离子也同时吸引着 6 个 Na^+ 离子，这样交替延伸，就构成了有立方体外型的氯化钠晶体。因此，在氯化钠晶体中，并不存在单个的氯化钠分子，而只存在 Na^+ 离子和 Cl^-

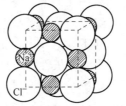
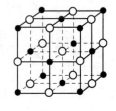

(a) 晶体中离子的排列　　(b) 晶格　●Na^+; ○Cl^-

图 5-8　NaCl 的晶体结构

离子。Na^+ 和 Cl^- 数目的比是 1∶1。所以，严格地说，NaCl 不是表示分子组成的分子式，而是表示氯化钠晶体中 Na^+ 离子和 Cl^- 离子的个数比的化学式。按化学式计算的量，应叫化学式量，而不是相对分子质量。但在一般情况下并不严格区分，习惯上也把 NaCl 叫做氯化钠的分子式，把氯化钠的化学式量也叫做相对分子质量。其他晶体也与此类似。

活泼金属的盐类和活泼金属的氧化物呈固态时都是离子晶体，如氯化钾、氯化铯、碳酸钙、氧化镁等。

在离子晶体中，阴、阳离子间存在较强的离子键，键能比较大，要破坏离子键需要较大的能量。因此，离子晶体一般具有较高的熔点和沸点（见表 5-7），硬度较高，密度较大，难于压缩，难于挥发。

表 5-7　一些离子化合物的熔点和沸点

物质	MgO	CaO	Al$_2$O$_3$	NaCl	KCl	CsCl
熔点/℃	2800	2572	850	801	768	645
沸点/℃	3600	2850	2980	1413	1417	1290

二、分子晶体

1. 分子间作用力

在一定条件下，物质能发生状态的变化。例如，氯气、二氧化碳等物质在通常状况下都是气体，在降低温度、增大压力时能凝结为液体，进一步凝固能变成固体。既然气体能够转变成液体和固体，也就是说，气体分子能缩短彼此间的距离，由无规则运动转变为有规则排列，这反映物质的分子之间存在着一种较弱的作用力，叫做**分子间作用力**。这种力也叫做**范德瓦尔斯力❶**。

分子间作用力和化学键不同。化学键是分子中相邻原子间强烈的相互作用。通常化学键的键能为 120～800kJ/mol。化学键是决定物质化学性质的主要因素。分子间力存在于分子之间，比化学键弱得多，通常约几或几十千焦每摩。例如，HCl 分子中的 H—Cl 键的键能为 431.8kJ/mol，而 HCl 分子之间的作用力只有 21kJ/mol。分子间作用力是决定物质的熔点、沸点、溶解度等物理性质的主要因素。分子间作用力越大，克服分子间引力使物质熔化和气化就需要更多的能量。因此，分子间作用力较大的物质，具有较高的熔点、沸点。

2. 分子晶体

在晶格结点上排列着分子，分子间以微弱的范德瓦尔斯力互相结合的晶体叫做分子晶体。由于范德瓦尔斯力很弱，所以分子晶体熔点、沸点较低，硬度较小。例如，氢的熔点为 −259℃，沸点为 −233℃。分子晶体在通常状况下多数以气态或液态存在。分子晶体是由分子组成的，分子呈电中性，因此分子晶体无论是固态还是熔融时都不导电。

非极性分子和极性分子都可以形成分子晶体。例如，卤素单质、氧气、二氧化碳、二硫化碳、氨、卤化氢及萘等大多数有机物分子都能形成分子晶体。稀有气体形成的晶体里，虽然晶格结点上排列的是原子，但这些原子之间并没有形成化学键，而是以范德瓦尔斯力互相结合，所以这些晶体也属于分子晶体。

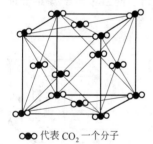

○●○ 代表 CO$_2$ 一个分子

图 5-9　固态二氧化碳的晶体结构示意

图 5-9 是固态二氧化碳（干冰）的晶体结构，在晶格结点上排列着 CO$_2$ 分子，CO$_2$ 分子间以微弱的范德瓦尔斯力互相结合，形成二氧化碳晶体。

三、原子晶体

在初中化学里学习过金刚石和石墨，金刚石是天然物质中硬度最大的物质，石墨是最软的矿物之一。金刚石和石墨都是碳的同素异形体，它们都是由碳元素形成的单质，物理性质

---

❶　范德瓦尔斯（J. D. van der Waals，1837～1923），荷兰物理学家。他首先研究了分子间的作用力，所以这种力即以他的名字命名。

的明显差异是因为它们的晶体结构不同。

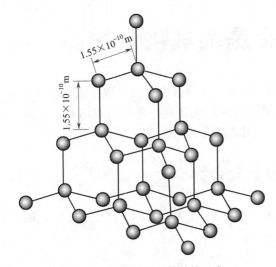

图 5-10 金刚石的晶体结构示意

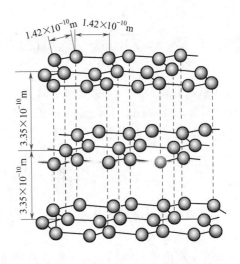

图 5-11 石墨的晶体结构示意

在金刚石晶体中，每个碳原子都被相邻的四个碳原子包围，处于四个碳原子的中心，以共价键与这四个碳原子结合，共价键键长为 1.55×10^{-10} m，键角为 $109°28'$，成为正四面体结构。这些正四面体结构向空间发展，形成无数个正四面体，构成一种坚实的、彼此联结的空间网状结构的晶体（见图 5-10）。**这种在晶格结点上排列着原子，相邻原子间以共价键相结合而形成空间网状结构的晶体，叫做原子晶体。**

石墨晶体（见图 5-11）是层状结构，在同一层中，碳原子排列成六边形，许多六边形排列成平面的网状结构（见图 5-12），每个碳原子都跟其他三个碳原子以共价键相结合，共价键键长 1.42×10^{-10} m。由于同一层上的碳原子之间以较强的共价键结合，所以石墨的熔点很高。石墨层与层间的距离为 3.35×10^{-10} m，相邻的碳原子以微弱的范德瓦尔斯力相结合，片层之间容易滑动，因此石墨质软。像石墨这样的晶体，既不是原子晶体，也不是分子晶体，一般称为过渡型晶体或混合型晶体。

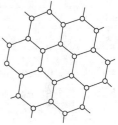

图 5-12 石墨的晶体结构俯视图

第六章　几种非金属及其化合物

元素及其化合物的性质与原子结构有着密切的关系。在学习了物质结构和元素周期律的基础上，学习第ⅥA、ⅤA、ⅣA族的重要非金属元素及其化合物，是对物质结构、元素周期律的具体应用。本章主要学习硫、氮、磷、硅及其重要化合物知识。

第一节　硫及其化合物

元素周期表中第ⅥA族包括氧（O）、硫（S）、硒（Se）、碲（Te）、钋❶（Po）五种元素，统称为氧族元素。

表 6-1 列出了氧族元素的一些重要性质。

表 6-1　氧族元素的一些重要性质

元素名称	元素符号	原子序数	原子最外层电子数	原子半径 $/(\times 10^{-10}\text{m})$	主要化合价	单　质				
						颜色	状态	熔点 /℃	沸点 /℃	密度 $/(\text{g/cm}^3)$
氧	O	8	6	0.66	-2	无色	气体	-218.4	-183	1.43(g/L)
硫	S	16	6	1.04	-2、$+4$、$+6$	黄色	固体	112.8	444.6	2.07
硒	Se	34	6	1.17	-2、$+4$、$+6$	灰色	固体	217	684.9	4.81
碲	Te	52	6	1.37	-2、$+4$、$+6$	银白色	固体	452	1390	6.25

由表 6-1 可以看出，由于氧族元素原子的电子层结构很相似，该族元素的原子最外电子层上都有 6 个电子，所以它们具有相似的性质。在化学反应中，氧族元素的原子都容易结合 2 个电子生成 -2 价的化合物；它们的原子最外层的 6 个或 4 个电子一般也可以发生偏移生成 $+6$ 或 $+4$ 价的化合物，它们的最高正价都是 $+6$ 价。

氧族元素随着原子序数的增大，原子的电子层数递增，原子半径逐渐增大，核对外层电子的引力逐渐减弱，原子获得电子的能力逐渐减弱，失去电子的能力逐渐增强，所以它们的非金属性逐渐减弱，金属性逐渐增强。该族元素从典型的非金属元素过渡到金属元素：氧和硫是典型的非金属元素，硒和碲虽是非金属元素却具有某些金属性，钋是金属元素（该元素为放射性元素）。因此氧族元素的单质的物理性质和化学性质方面也表现出一定的差异性。随着原子序数的增大，氧族元素的单质的熔点、沸点逐渐升高，密度逐渐增大（见表 6-1）。它们与氢气化合生成的气态氢化物的稳定性按 H_2O、H_2S、HSe、H_2Te 的次序逐渐减小，它们的氢化物（H_2O 除外）的水溶液都显酸性。这些元素（氧除外）的同一价态的含氧酸的酸性从上到下逐渐减弱❷。根据氧族元素在周期表里的位置，可以看出氧族元素的非金属性比同周期的卤素弱。

---

❶　钋在地壳里是一种非常稀少的元素，在本节中不介绍它的性质。

❷　对同一元素而言，氧族元素价态高的含氧酸比价态低的含氧酸的酸性强。例如硫酸（H_2SO_4）比亚硫酸（H_2SO_3）的酸性强。

一、硫

硫在自然界分布很广，约占地壳总质量的 0.048%。硫在自然界里有以游离态存在的，也有以化合态存在的。游离态的天然硫（也叫自然硫）存在于火山喷口附近或地壳的岩层里。以化合态存在的硫主要是金属硫化物和硫酸盐。重要的硫化物有硫铁矿（也叫黄铁矿，FeS_2）、黄铜矿（$CuFeS_2$）等，硫酸盐有石膏（$CaSO_4 \cdot 2H_2O$）、芒硝（$Na_2SO_4 \cdot 10H_2O$）等。硫的化合物也常存在于火山喷出的气体中和矿泉水里。煤和石油里也含有少量硫。硫也是组成某些蛋白质分子的成分之一，因此它是动植物生长所需要的一种元素。

1. 硫的物理性质

单质态的硫（俗称硫磺）通常是一种淡黄色的晶体，质脆，容易研成粉末。硫的密度是 $2.07g/cm^3$，约是水的 2 倍。硫的熔点是 $112.8℃$，沸点是 $444.6℃$。它不溶于水，微溶于酒精，易溶于二硫化碳中。

2. 硫的化学性质

硫是一种化学性质比较活泼的非金属单质，它与氧气相似，容易与许多金属和非金属发生反应。

硫能与金、铂、铱以外的各种金属发生反应，生成金属硫化物，并放出热量。

[实验 6-1]　将少许研细混合好的硫粉和铁粉堆在旧的石棉铁丝网上，把一根长约 $0.3m$ 的玻璃棒的一端在酒精灯火焰上烧红后，立即插入硫、铁的混合物中。观察发生的现象。

可以看到，硫粉和铁粉的混合物加热后能发生反应，药品红热，放出的热能使反应继续进行。硫与铁反应生成黑色的硫化亚铁。

$$Fe + S \xrightarrow{\triangle} FeS$$

铜丝能在硫蒸气里燃烧，生成黑色的硫化亚铜。

$$2Cu + S \xrightarrow{\triangle} Cu_2S$$

硫还能与许多非金属发生反应。例如，硫能在空气中燃烧生成二氧化硫（SO_2），硫的蒸气能与氢气直接化合生成硫化氢气体等。

$$S + O_2 \xrightarrow{点燃} SO_2$$

$$S + H_2 \xrightarrow{\triangle} H_2S$$

3. 硫的用途

硫的用途很广。硫在工业上主要用来制造硫酸、黑色火药、火柴等。它在医疗上用来制硫磺软膏，医治某些皮肤病。硫也是生产橡胶和制造某些农药（如石灰硫磺合剂）的原料。

二、硫的化合物

1. 硫化氢和氢硫酸

（1）硫化氢的物理性质　硫化氢是硫的氢化物。它是一种无色有臭鸡蛋气味的气体。它的密度比空气略大。硫化氢能溶解于水，在常温、常压下，1 体积水能溶解 2.6 体积的硫化氢。硫化氢有剧毒，是一种大气污染物，空气中含有微量硫化氢时，就会使人感到头痛、头晕和恶心，吸入较多的硫化氢会使人中毒昏迷，甚至死亡。

（2）硫化氢的化学性质　硫化氢在较高温度时能发生分解，生成氢气和硫。

$$H_2S \xrightarrow{\triangle} H_2 + S$$

硫化氢是一种可燃性气体，在空气中燃烧时，产生淡蓝色火焰。空气充足时，硫化氢能完全燃烧，生成水和二氧化硫。空气不足时，硫化氢燃烧生成水和单质硫。

$$2H_2S+3O_2 \xrightarrow[\text{空气充足}]{\text{燃烧}} 2H_2O+2SO_2$$

$$2H_2S+O_2 \xrightarrow[\text{空气不足}]{\text{燃烧}} 2H_2O+2S$$

硫化氢还能与二氧化硫发生反应。如果在一个集气瓶里，使硫化氢和二氧化硫两种气体充分混合，不久在瓶的内壁上会出现黄色粉末状的硫。

$$SO_2+2H_2S = 2H_2O+3S$$

由此可见，硫化氢具有还原性。硫化氢里的硫是 -2 价，它能够失去电子变成游离态的单质硫（硫为 0 价）或高价硫的化合物。

（3）硫化氢的实验室制法 在实验室里，通常是用硫化亚铁与稀盐酸或稀硫酸起反应来制取硫化氢。

$$FeS+2HCl(\text{稀}) = FeCl_2+H_2S\uparrow$$

$$FeS+H_2SO_4(\text{稀}) = FeSO_4+H_2S\uparrow$$

制备硫化氢气体时不能用浓盐酸、浓硫酸和硝酸。因为浓盐酸是挥发性的酸，会挥发出较多的氯化氢气体，使制得的硫化氢气体不纯。浓硫酸和浓硝酸、稀硝酸都有很强的氧化性，能与具有还原性的硫化氢起反应。

制取硫化氢气体所用的试剂，一种是块状固体（硫化亚铁），另一种是液体（稀酸），反应时又不需要加热，因此，可以用启普发生器来制取硫化氢气体（见图 6-1）。制取或使用硫化氢气体，必须在通风橱中进行。

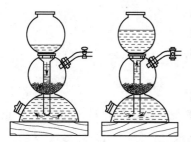

(a) 扭开活塞时的情形 (b) 关闭活塞时的情形

图 6-1 启普发生器

（4）氢硫酸 硫化氢的水溶液叫氢硫酸。它是一种挥发性的酸，受热时易挥发出硫化氢。氢硫酸和硫化氢一样，有较强的还原性，很容易被氧化而析出单质硫。氢硫酸是一种易挥发的弱酸，具有酸的通性。

2. 硫的氧化物

硫的重要氧化物有二氧化硫和三氧化硫。

（1）二氧化硫 二氧化硫是一种无色而具有刺激性气味的气体。它的密度比空气大。二氧化硫的沸点是 $-10℃$，熔点是 $-75.5℃$，容易液化。二氧化硫是极性分子，易溶解于水，在常温、常压下，1 体积水大约能溶解 40 体积的二氧化硫。二氧化硫有毒，对黏膜有强烈的刺激作用，人吸入少量二氧化硫，会使嗓子变哑，呼吸困难甚至失去知觉。它是一种大气污染物，工业上规定：空气中二氧化硫含量不得超过 $0.02mg/L$。

二氧化硫是酸性氧化物，具有酸性氧化物的通性。能与水起反应生成亚硫酸（H_2SO_3），因此二氧化硫又叫做亚硫酐。

$$SO_2+H_2O = H_2SO_3$$

亚硫酸很不稳定，同时又容易分解成水和二氧化硫。

$$H_2SO_3 \underset{\triangle}{\rightleftharpoons} H_2O+SO_2\uparrow$$

通常把向生成物方向（向右的方向）进行的反应叫**正反应**，向反应物方向（向左的方向）进行的反应叫**逆反应**。像这种**在同一条件下，既能向正反应方向进行，同时又能向逆反应方向进行的反应，叫做可逆反应**。在化学方程式里，用两个方向相反的箭头代替等号来表示可逆反应。

$$SO_2 + H_2O \rightleftharpoons H_2SO_3$$

二氧化硫在适当的温度并有催化剂存在的条件下，还可以被氧气氧化而生成三氧化硫。三氧化硫在同样条件下也可以分解生成二氧化硫和氧气，所以这也是一个可逆反应。

$$2SO_2 + O_2 \underset{\triangle}{\overset{催化剂}{\rightleftharpoons}} 2SO_3$$

二氧化硫中的硫为 +4 价，是 S 元素的中间价态。二氧化硫若与氧化性比它强的物质反应时，所含硫元素化合价升高，二氧化硫呈现出还原性，如上述二氧化硫与氧气的反应。二氧化硫若与还原性比它强的物质反应时，所含硫元素化合价降低，二氧化硫就呈现出氧化性，如二氧化硫与硫化氢的反应。

[**实验 6-2**] 把二氧化硫气体通入盛有品红溶液的试管里，观察品红溶液颜色的变化。再把试管加热，观察品红溶液颜色的变化。

可以看到，品红溶液的颜色褪去，把试管加热，品红溶液的颜色复现。用这种方法可以检验二氧化硫。

二氧化硫能漂白某些有色物质。但漂白原理与氯气不同。二氧化硫的漂白作用，实质上是二氧化硫能与某些有色物质化合生成无色物质，这种无色物质不稳定，受热或日光照射容易分解而使有色物质恢复原来的颜色。

二氧化硫主要用于制造硫酸和亚硫酸盐。工业上常用二氧化硫来漂白纸浆、毛、丝、草帽辫等。此外，它还用于杀菌、消毒等。

实验室常用亚硫酸盐与稀硫酸起反应来制取二氧化硫。例如：

$$Na_2SO_3 + H_2SO_3(稀) = Na_2SO_3 + H_2SO_3$$
$$\qquad\qquad\qquad\qquad\qquad \searrow H_2O + SO_2\uparrow$$

（2）三氧化硫　　三氧化硫是一种无色易挥发的晶体，熔点是 17℃，沸点是 45℃。三氧化硫的密度为 2.29g/cm³。

三氧化硫是一种酸性氧化物，具有酸性氧化物的通性。

三氧化硫溶于水立即与水发生剧烈反应，生成硫酸同时放出大量的热。因此三氧化硫是硫酸的酸酐，叫硫酐。

$$SO_3 + H_2O = H_2SO_4$$

三氧化硫还能与碱性氧化物和碱类起反应生成硫酸盐。例如：

$$SO_3 + Na_2O = Na_2SO_4$$
$$SO_3 + 2KOH = K_2SO_4 + H_2O$$

3. 硫酸和硫酸盐

（1）硫酸的物理性质　　纯净的硫酸是一种无色、黏稠、油状的液体，98.3%（质量分数）的浓硫酸的沸点是 338℃。常用浓硫酸的质量分数为 98%，密度是 1.84g/cm³。硫酸是一种难挥发（即高沸点）的强酸。

浓硫酸极易溶解于水，同时放出大量的热。因此，稀释浓硫酸时，千万不能把水倒入浓硫酸中，一定要把浓硫酸沿着器壁慢慢地注入水里，并不断搅拌，使产生的热量迅速地扩散。这样就可以避免事故的发生。

（2）**硫酸的化学性质** 硫酸具有酸的通性。浓硫酸有强烈的吸水性。它能吸收气体中的水蒸气，因此浓硫酸常用作某些贵重仪器、药品以及不与它反应的气体的干燥剂。浓硫酸有强烈的脱水性，能将纸张、木柴、衣服、皮肤等物质中的氢、氧元素按水的组成比（氢原子和氧原子的个数比为 2:1）脱去，使它们炭化而变黑。因此，浓硫酸能严重地破坏动植物组织，有强烈的腐蚀性，使用时要注意安全。

浓硫酸还有很强的氧化性。在常温下，浓硫酸与某些较活泼的金属（如铁、铝等）接触，金属表面立刻被浓硫酸氧化，生成比较复杂的铁的氧化物，这种铁的氧化物不能溶解在浓硫酸里，它在金属表面形成一层致密的氧化物保护膜，阻止内部金属继续与酸反应，这种现象叫做金属的钝化。因此，工业上用铁或铝制容器贮存和运输冷的浓硫酸。但是，在受热的情况下，浓硫酸不仅能与铁、铝等金属起反应，而且能与绝大多数金属起反应。

[**实验 6-3**] 在试管里放一块铜片，注入约 2mL 浓硫酸，然后加热，观察发生的现象。用湿润的蓝色石蕊试纸置于试管口，观察试纸颜色的变化。稍冷后，将试管里的溶液倒入盛有约 3mL 水的另一个试管里，观察稀释后溶液的颜色。

可以看到，加热后铜片与浓硫酸发生反应，有刺激性气味的气体放出，并使湿润的蓝色石蕊试纸变红色，说明这种气体是二氧化硫。稀释后溶液的颜色为蓝色[❶]，说明有硫酸铜生成。浓硫酸与铜起反应的化学方程式如下：

$$2H_2SO_4(浓) + Cu \xrightarrow{\triangle} CuSO_4 + 2H_2O + SO_2 \uparrow$$

在上面的氧化-还原反应中，浓硫酸氧化了铜（铜元素从 0 价升高到 +2 价），而本身被还原成二氧化硫（硫元素从 +6 价降低到 +4 价）。浓硫酸是氧化剂，具有氧化性，铜是还原剂，具有还原性。

当加热时，浓硫酸还能与碳、硫等一些非金属起氧化还原反应。在反应中，浓硫酸把这些非金属氧化，它本身被还原成二氧化硫。例如：

$$2H_2SO_4(浓) + C \xrightarrow{\triangle} CO_2 \uparrow + 2H_2O + 2SO_2 \uparrow$$

在上面的反应里，浓硫酸是氧化剂，碳是还原剂。

（3）**硫酸的用途** 硫酸是化学工业中是最重要的产品之一，又是一种重要的化工原料。在化学肥料工业上用硫酸制造磷酸钙等磷肥和硫酸铵。大量的硫酸用于精炼石油，制造炸药、染料、颜料、农药等。硫酸还用于制备许多有实用价值的硫酸盐（如硫酸亚铁、硫酸铜等）及各种挥发性酸（如盐酸、氢氟酸、硝酸等）。在电镀、搪瓷等工业中以及金属加工中用硫酸做清洗剂，以除去金属表面的氧化物。在工业上和实验室里常用浓硫酸做干燥剂，用来干燥氯气、二氧化碳等气体。在化学实验室里，硫酸也是一种重要的化学试剂。

（4）**硫酸的工业制法——接触法** 接触法是工业上制造硫酸的一种重要方法。

接触法制造硫酸的反应原理是：燃烧硫或黄铁矿制取二氧化硫，使二氧化硫在适当的温度和催化剂的作用下氧化成三氧化硫，再使三氧化硫与水化合生成硫酸。关键的一步反应，是二氧化硫与氧气在催化剂的表面上接触时起反应，二氧化硫被氧化成三氧化硫，故把此法称接触法。

根据接触法制硫酸的反应原理，硫酸的生产过程可分为三个主要阶段，其简单流程图如

---

❶ 因为反应生成的硫酸铜在水溶液中呈蓝色。但有时由于有副产物 Cu_2S 和 CuS 黑色沉淀的掩盖而影响观察，可滴入硝酸使之溶解。

图 6-2 所示。

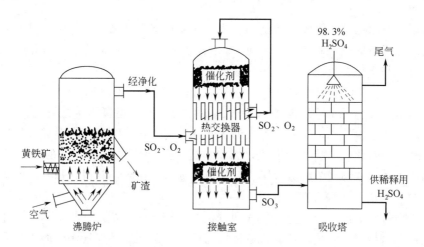

图 6-2　接触法制硫酸的简单流程示意

热交换器是化学工业里广泛应用的热交换设备，它有各种形式。多数热交换器的内部，装有许多平行的管道或蛇管，以扩大传热面，提高换热效果。一种流体在管道里流动，另一种流体在管道外流动。两种流体通过管壁进行热交换，热的流体得到冷却，冷的流体得到加热。

根据使用目的的不同，热交换器可以用作冷却器、加热器、冷凝器和汽化器等，以及在反应过程里调节流体温度、利用余热等。

第一阶段，二氧化硫的制取和净化。中国目前多采用燃烧硫铁矿（又称黄铁矿）的方法制取二氧化硫。

$$4FeS_2 + 11O_2 \xrightarrow{\text{高温}} 2Fe_2O_3 + 8SO_2\uparrow$$

这个反应在沸腾炉里进行。工业上常把黄铁矿粉碎成细小的矿粒，放在一种特制的炉子里燃烧，从炉底通入强大的空气流，把燃烧的矿粒吹得在炉内一定空间里剧烈翻腾，好像"沸腾着的液体"一样，沸腾炉因此而得名。

从沸腾炉出来的气体叫做炉气。炉气中含有二氧化硫、氧气、氮气、水蒸气以及一些杂质（如砷、硒等的化合物）和矿尘（飞散的黄铁矿粉和炉渣等）等。杂质和矿尘都能使催化剂作用减弱或失去作用，这种现象叫做催化剂中毒。水蒸气对生产和设备也会产生不良的影响。因此，在进行催化氧化反应以前，必须除去有害杂质、矿尘和水蒸气，这个过程叫做净化。经过净化后的混合气体主要含有二氧化硫、氧气及无害的氮气。

第二阶段，二氧化硫催化氧化成三氧化硫。把二氧化硫和氧气的混合气体加热到一定温度（400～500℃），在催化剂（五氧化二钒）的作用下，二氧化硫被氧气氧化，生成三氧化硫，同时放出大量的热。这一反应是在接触室（或转化器）里进行的，在适宜的温度下，使97％以上的二氧化硫转化为三氧化硫。热交换器见图 6-3。反应的热化学方程式是：

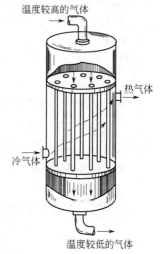

图 6-3　热交换器示意

$$SO_2(g) + \frac{1}{2}O_2(g) \xrightarrow[\triangle]{催化剂} SO_3(g); \quad \Delta H = -98.3 kJ/mol$$

第三阶段，三氧化硫的吸收和硫酸的生成。从接触室出来的气体，主要是三氧化硫和氮气及剩余的未起反应的氧气和少量未反应的二氧化硫。第三阶段的主要设备是吸收塔，在吸收塔中三氧化硫与水化合生成硫酸，同时放出大量的热。

$$SO_3(g) + H_2O(l) \Longrightarrow H_2SO_4(l); \quad \Delta H = -130.3 kJ/mol$$

在吸收塔里，并不用水或稀硫酸来吸收三氧化硫。因为直接用水或稀硫酸吸收三氧化硫，反应中放出的热量使水蒸发，所产生的水蒸气与三氧化硫结合，会形成大量酸雾，吸收速度慢，不利于三氧化硫的吸收。因此，工业上是用质量分数为 93.3% 的浓硫酸来吸收三氧化硫。然后再用水或稀硫酸将吸收了三氧化硫的浓硫酸稀释，制得各种浓度的硫酸。未被浓硫酸吸收的气体从塔顶侧面管道排出。

从吸收塔顶排出的没有起反应的氧气和少量的二氧化硫以及氮气等气体，工业上叫做尾气。如果把尾气直接排入大气，就会造成环境污染。二氧化硫是大气污染的主要有害物质之一，所以在尾气排入大气之前，必须回收（常用氨水加以吸收）、净化处理，这样既防止了二氧化硫对大气的污染，保护了环境，又充分利用了原料。

（5）硫酸盐　硫酸盐一般都是晶体，绝大部分都能溶解于水。硫酸钙、硫酸银和硫酸亚汞微溶于水。硫酸钡和硫酸铅难溶于水。现在介绍几种重要的硫酸盐。

硫酸锌（$ZnSO_4$）是一种白色粉末状物质。含 7 个分子结晶水的硫酸锌（$ZnSO_4 \cdot 7H_2O$）是无色晶体，俗称皓矾。用于制造白色颜料（锌钡白，又名立德粉）。可做木材防腐剂。在铁路施工中，用它的溶液浸泡枕木。可做媒染剂，用于印染工业上使染料牢固附着在纺织纤维上。在医疗上用作收敛剂，能使有机体组织收缩，减少腺体的分泌。

硫酸钡（$BaSO_4$）是一种白色粉末状物质，不溶于水也不溶于酸。利用这种性质及不易被 X 射线透过的性质，医疗上常用硫酸钡做 X 射线透视肠胃的内服药剂，俗称"钡餐"。硫酸钡还可做白色颜料。天然硫酸钡叫做重晶石，是制造其他钡盐的原料。

硫酸亚铁晶体（$FeSO_4 \cdot 7H_2O$），是淡绿色晶体，俗称绿矾。绿矾可做木材防腐剂、染料的媒染剂，可制造蓝黑墨水、普鲁士蓝（一种蓝色颜料，用于制造油漆）。在农药上也用来防治果园中的病虫害。

硫酸钠（Na_2SO_4）大量用在玻璃工业上。硫酸钠晶体（$Na_2SO_4 \cdot 10H_2O$），俗名芒硝，在医药上用作泻药。

硫酸钙和硫酸镁在第十章中介绍。

（6）硫酸和硫酸盐的检验　可利用硫酸钡的不溶性来检验硫酸或硫酸盐。

[实验 6-4]　在分别盛着硫酸、硫酸钠、碳酸钠溶液的三支试管中，各滴入少量氯化钡溶液，都有白色沉淀生成。等沉淀下沉后，倒去上面的溶液，再各滴入少量盐酸或稀硝酸，振荡试管，观察发生的现象。

可以看到，在硫酸和硫酸钠溶液中，加入氯化钡溶液，生成白色沉淀，这是硫酸钡沉淀：

$$BaCl_2 + H_2SO_4 \Longrightarrow BaSO_4 \downarrow + 2HCl$$
$$BaCl_2 + Na_2SO_4 \Longrightarrow BaSO_4 \downarrow + 2NaCl$$

在碳酸钠溶液中，加入氯化钡溶液，也生成白色沉淀，这是碳酸钡沉淀。

$$BaCl_2 + Na_2CO_3 \Longrightarrow BaCO_3 \downarrow + 2NaCl$$

还可以看到，在三个盛有白色沉淀的试管中，分别加入盐酸或稀硝酸，硫酸钡沉淀不溶解，碳酸钡沉淀溶解了。

$$BaCO_3 + 2HCl \Longrightarrow BaCl_2 + H_2O + CO_2 \uparrow$$
$$BaCO_3 + 2HNO_3 \Longrightarrow Ba(NO_3)_2 + H_2O + CO_2 \uparrow$$

许多不溶于水的钡盐（亚硫酸钡、磷酸钡等）也跟碳酸钡一样，能溶于盐酸或稀硝酸。

硫酸钡是一种既不溶于水，也不溶于盐酸（或稀硝酸）的白色沉淀。因此，在实验室里检验溶液中是否含有 SO_4^{2-} 离子时，常常先用盐酸（或稀硝酸）把溶液酸化，以排除 CO_3^{2-}、Ag^+、SO_4^{2-}、PO_4^{3-} 等可能造成的干扰，再加入 $BaCl_2$〔或 $Ba(NO_3)_2$〕溶液，如果有白色沉淀出现，则说明原溶液中有 SO_4^{2-} 存在。

阅读

一、臭氧

1. 物理性质

臭氧的化学式为 O_3，在常温、常压下，是一种具有特殊臭味（臭氧因此而得名）的淡蓝色气体，它的密度比 O_2 的大，比 O_2 易溶于水。液态臭氧呈深蓝色，沸点为 $-112.4℃$。固态臭氧为紫黑色，熔点为 $-250℃$。

2. 化学性质

臭氧的化学性质比氧气活泼。

（1）不稳定性　臭氧不稳定，常温时缓慢分解成氧气，高温时迅速分解，放出热量。

$$2O_3 \Longrightarrow 3O_2$$

（2）强氧化性　臭氧的氧化性比氧气还强，可氧化一些弱还原性物质。例如，一些在空气或 O_2 中不易被氧化的金属（如 Ag、Hg 等），可以与 O_3 发生反应。另外，某些染料受到 O_3 的强烈氧化作用会褪色。

3. 臭氧的存在

① 在空气中高压放电时，（如打雷时）会产生 O_3：

$$3O_2 \xrightarrow{\text{放电}} 2O_3$$

② 高压电动机和复印机在工作时会产生 O_3。因此这些地方要注意通风，保持空气流通。

③ 臭氧层中含少量 O_3。

自然界中的 O_3 有 90% 集中在距地面 $15\sim50km$ 的大气平流层中，这就是人们通常所说的臭氧层，它是由氧气因吸收了太阳的紫外线而生成的。

4. 臭氧的用途

① 臭氧可用于漂白、消毒和杀菌，所以是一种很好的脱色剂和消毒剂。

② 空气中的微量 O_3 能刺激中枢神经，加速血液循环，令人产生爽快和振奋的感觉。但当空气中 O_3 的体积分数超过 10^{-5}% 时，就会对人体、动植物以及其他暴露在空气里的物质造成危害。

③ 臭氧层是人类和生物的保护伞。臭氧层中臭氧的含量虽然很少，却可以吸收来自太阳的大部分紫外线，使地球上的生物免遭其伤害。

近年来，臭氧层遭到氟氯烃（商品名称为氟里昂）等气体的破坏，这已引起人们的普遍关注，并采取各种措施，减少并逐步停止氟氯烃等的生产和使用，保护臭氧层。

二、过氧化氢

氧和氢除可形成水（H_2O）外，还可形成过氧化氢（H_2O_2，其中氧为 -1 价）。

1. 物理性质

过氧化氢是一种无色黏稠的液体，其水溶液俗称双氧水，呈弱酸性。

2. 化学性质

（1）不稳定性　过氧化氢在低温和高纯度时比较稳定，但加热、光照或有杂质等存在时，易发生分解。如果在过氧化氢的水溶液中加入少量二氧化锰，可以极大地促进它的分解，因此实验室常用过氧化氢来制取氧气。

$$2H_2O_2 \xrightarrow{MnO_2} 2H_2O + O_2 \uparrow$$

（2）氧化性　过氧化氢可氧化 SO_2、H_2S、HI、Fe^{2+} 等还原性物质，而自身则被还原成 -2 价的氧并生成 H_2O。

$$H_2O_2 + 2HI == 2H_2O + I_2$$
$$H_2O_2 + SO_2 == H_2SO_4$$

（3）还原性　H_2O_2 遇到较强氧化剂（如 $KMnO_4$、Cl_2 等）时，表现出还原性，其氧化产物为 O_2。如：

$$H_2O_2 + Cl_2 == 2HCl + O_2 \uparrow$$

3. 用途

① 做消毒杀菌剂。市售双氧水中 H_2O_2 的质量分数一般为 30%。医疗上广泛使用 H_2O_2 的质量分数为 3% 或更小的稀双氧水作为消毒杀菌剂。

② 做氧化剂、漂白剂、消毒剂、脱氧剂等。如工业上用 10% 的双氧水漂白毛、丝以及羽毛等。

③ 做火电燃料及生产过氧化物的原料。

三、关于多步反应的计算

化工生产，往往要经过多步（两步或两步以上）的反应，才能得到产品。有关多步反应的计算，常为结合生产实际的计算。如果按生产过程中各步化学反应逐步进行计算，既繁琐又容易发生错误。因此，关于多步反应的计算问题，不必按照生产步骤逐步进行计算，应根据生产过程中所发生的化学反应，先写出化学方程式，然后找出第一步反应的反应物和最后一步反应的生成物之间量的关系，即原料和产品之间量的关系，列出关系式。根据关系式一步进行计算，就是最简便的计算。

在进行多步反应的计算时，一般的解题步骤为：

① 写出各步反应的化学方程式；

② 根据化学方程式找出可以作为中介的物质（由原料到产品的中间物质）并确定最初反应物、中介物质、最终生成物之间的量的关系；

③ 确定最初反应物和最终生成物之间的量的关系；

④ 根据所确定的最初反应物和最终生成物之间的量的关系和已知条件进行计算。

【例题 6-1】　用 CO 还原 $5.0g$ 某赤铁矿石（主要成分为 Fe_2O_3，杂质不参加反应）样品，生成的 CO_2 再与过量的石灰水反应，得到 $6.8g$ 沉淀。求赤铁矿石中 Fe_2O_3 的质量分数。

解
$$Fe_2O_3 + 3CO \xrightarrow{高温} 2Fe + 3CO_2$$
$$CO_2 + Ca(OH)_2 == CaCO_3 \downarrow + H_2O$$
$$Fe_2O_3 \longrightarrow 3CaCO_3$$

$$\begin{array}{cc} 160 & 3\times100 \\ m(Fe_2O_3) & 6.8g \end{array}$$

$$m(Fe_2O_3) = \frac{160\times6.8g}{3\times100} = 3.6g$$

$$w(Fe_2O_3)=\frac{3.6g}{5.0g}\times100\%=72\%$$

答　该赤铁矿石中 Fe_2O_3 的质量分数为 72%。

【例题 6-2】　某硫酸厂用接触法制造硫酸（假设在制备过程中无任何损耗），计算生产 49t 纯硫酸（H_2SO_4），需要多少吨 FeS_2？

解　设需 $FeS_2 x t$

$$4FeS_2+11O_2\xrightarrow{\text{高温}}2Fe_2O_3+8SO_2\uparrow$$

$$2SO_2+O_2\xrightarrow[\triangle]{\text{催化剂}}2SO_3$$

$$SO_3+H_2O=\!=\!=H_2SO_4$$

从化学方程式可知，硫铁矿的主要成分 FeS_2 中所含的硫，在反应后全部生成硫酸（理论上），按照 FeS_2 与 H_2SO_4 的关系列出关系式：$FeS_2\rightarrow2SO_2\rightarrow2SO_3\rightarrow2H_2SO_4$

根据关系式进行计算。

$$FeS_2\longrightarrow2H_2SO_4$$

$$120\qquad\qquad 2\times98$$

$$xt\qquad\qquad 49t$$

$$120:x=2\times98:49$$

$$x=\frac{120\times49}{2\times98}=30t$$

答　需 FeS_2 30t。

四、有关物质的纯度、原料利用率和产品产率的计算

化学方程式表示出了化学反应前后反应物和生产物的质和量的关系。因此，在化工生产和科学实验中，可以根据化学方程式来进行一系列的计算。化学方程式所表示的物质之间量的关系是纯物质之间量的关系。因此根据化学方程式所计算出的量是理论计算量。但是在实际生产中，原料或产品往往是不纯物质，或者在生产过程中原料或产品难免有损耗，或者由于种种原因原料并不是完全参加反应。由于各种因素的影响，造成了实际耗用原料量总是高于理论计算量，使产品量不能按理论计算量获得，产品的实际产量总是低于理论产量。因此，必须根据实际情况进行计算。在结合实际的计算中，需要搞清以下几个关系：

$$\text{物质的纯度}=\frac{\text{纯物质的质量}}{\text{不纯物质的质量}}\times100\%$$

$$\text{原料利用率}=\frac{\text{理论消耗量}}{\text{实际消耗量}}\times100\%$$

$$\text{原料损耗率}=1-\text{原料利用率}$$

$$\text{产品产率}=\frac{\text{实际产量}}{\text{理论产量}}\times100\%$$

【例题 6-3】　某硫酸厂以硫铁矿为原料，用接触法制造硫酸。已知硫铁矿含 FeS_2 的质量分数为 70%，硫铁矿的利用率为 90%，计算生产 49t 纯硫酸（理论量），需要硫铁矿多少吨？

解　根据接触法制硫酸的各步反应，可得出关系式：$FeS_2\longrightarrow2H_2SO_4$

设制造 49t 纯硫酸需硫铁矿 xt，则硫铁矿的理论用量为 $x\cdot90\%t$，FeS_2 的理论用量为 $x\cdot90\%\times70\%t$。

$$FeS_2 \longrightarrow 2H_2SO_4$$

$$120 \qquad\qquad 2\times98$$

$$x\cdot90\%\times70\%t \qquad 49t$$

$$120:x\cdot90\%\times70\%=2\times98:49$$

$$x=\frac{120\times49}{90\%\times70\%\times2\times98}=47.61t$$

答　需要 47.61t 硫铁矿。

【例题 6-4】　工业上煅烧石灰石生产生石灰，已知石灰石含 $CaCO_3$ 94%，生石灰的产率是 96.2%。计算煅烧 5t 石灰石（假如利用率为 100%），石灰厂能实际得到生石灰多少吨？

解　设石灰厂能得到生石灰的理论产量为 xt

$$CaCO_3 \xrightarrow{\triangle} CaO+CO_2\uparrow$$

$$100 \qquad\qquad 56$$

$$(5\times94\%)t \qquad xt$$

$$100:(5\times94\%)=56:x$$

$$x=\frac{5\times94\%\times56}{100}=2.632t$$

因为 $\qquad\qquad$ 产品产率 $=\dfrac{\text{实际产量}}{\text{理论产量}}\times100\%$

所以 $\qquad\qquad$ 实际得到的生石灰的质量 $=2.632\times96.2\%=2.53t$

答　石灰厂能实际得到生石灰 2.53t。

第二节　氮、磷及其化合物

元素周期表里第ⅤA族元素包括氮（N）、磷（P）、砷（As）、锑（Sb）、铋（Bi）五种元素，统称为氮族元素。

表 6-2 列出了氮族元素的一些重要性质。

表 6-2　氮族元素的一些重要性质

元素名称	元素符号	原子序数	原子最外层电子数	原子半径 /($\times10^{-10}$ m)	主要化合价	单质			
						颜色和状态	熔点/℃	沸点/℃	密度 /(g/cm³)
氮	N	7	5	0.75	$-3,+1,+2,$ $+3,+4,+5$	无色气体	-209.9	-195.8	1.25(g/L)
磷	P	15	5	1.10	$-3,+3,+5$	白磷:白色或黄色固体 红磷:红棕色固体	44.1 (白磷)	280 (白磷)	1.82(白磷) 2.34(红磷)
砷	As	33	5	1.21	$-3,+3,+5$	灰砷:灰色固体	817 (2.8×10^6Pa) (灰砷)	613 (升华) (灰砷)	5.727 (灰砷)
锑	Sb	51	5	1.41	$+3,+5$	银白色金属	630.7	1750	6.684
铋	Bi	83	5	1.52	$+3,+5$	银白色或微显红色金属	271.3	1560	9.8

由表 6-2 可以看出，氮族元素原子最外电子层都有 5 个电子，所以，它们的最高正化合价都是 +5 价，负化合价是 −3 价。氮族元素随着原子序数的增大，原子核外电子层数的递增，原子半径逐渐增大，元素原子获得电子的能力逐渐减弱，失去电子的能力逐渐增强，所以，它们的非金属性逐渐减弱，金属性逐渐增强。氮和磷明显地表现出非金属性，砷虽然是非金属，但已表现出一些金属性，而锑和铋则表现出明显的金属性。

氮族元素的非金属性比同周期的氧族和卤素弱。

本节主要学习氮、磷及其化合物。

一、氮及其化合物

氮是一种重要的非金属元素，它约占地壳总质量的 0.03%。自然界中氮主要以单质（N_2）状态存在于空气中，约占空气总体积的 78% 或总质量的 75%。氮也以化合态形式存在于无机物和有机物中。除了土壤中含有一些铵盐、硝酸盐外，氮的无机化合物在自然界是很少的，智利的硝石矿（$NaNO_3$）是世界上少有的含氮矿藏。氮普遍存在于有机体内，它是构成蛋白质和核酸（形成生命的重要物质）的不可缺少的元素。

1. 氮气

（1）氮气的物理性质　氮气是一种无色、无气味的气体，比空气略轻，在标准状况下，氮气的密度是 1.2506g/L。氮气的沸点 −210℃，熔点 −196℃。氮气难溶于水，在通常状况下，1 体积水中大约可溶解 0.02 体积的氮气。

（2）氮气的化学性质　氮气（N_2）分子的电子式和结构式是：

$$:N⋮⋮N: \qquad\qquad N≡N$$

氮气分子是由二个氮原子共用三对电子结合而成的。分子中有三个共价键。它的键能很大（946kJ/mol），比其他双原子分子的键能大（如氧分子的键能是 493kJ/mol，氯分子的键能是 247kJ/mol，氢分子的键能是 436kJ/mol），因此，氮原子间结合很牢固，不容易分离，即使加热到 3000℃ 时氮分子也不分解，说明氮分子的结构很稳定。在通常情况下，氮气的性质很不活泼，很难与其他物质发生化学反应。但在一定条件下（如高温、放电等），氮分子获得足够的能量，也能与某些金属和非金属发生化学反应。

氮气在高温时，能与镁、钙、锶、钡等金属直接化合生成金属氮化物。例如，镁在空气中燃烧时，除与氧气起反应生成氧化镁外，还能与氮气化合生成微量的氮化镁（Mg_3N_2）。

$$3Mg + N_2 \xrightarrow{\text{点燃}} Mg_3N_2$$

在高温、高压并有催化剂存在的条件下，氮气能与氢气直接化合生成氨（NH_3）。

$$N_2 + 3H_2 \underset{\text{催化剂}}{\overset{\text{高温、高压}}{\rightleftharpoons}} 2NH_3$$

在放电条件下，氮气与氧气能直接化合生成无色的一氧化氮（NO）

$$N_2 + O_2 \xrightarrow{\text{放电}} 2NO$$

一氧化氮不溶于水。在常温下，它很容易与空气中的氧气反应，生成红棕色并有刺激性气味的二氧化氮（NO_2）气体。

$$2NO + O_2 = 2NO_2$$

因此，在雷雨时，大气中常有少量的 NO_2 产生。

二氧化氮有毒，是易溶于水的酸性氧化物。它溶于水后生成硝酸和一氧化氮。

$$3NO_2 + H_2O \xrightarrow{\hspace{1cm}} 2HNO_3 + NO$$

二氧化氮在常温时还可以互相化合，生成无色的四氧化二氮（N_2O_4）气体。

$$2NO_2 \xrightleftharpoons{\hspace{1cm}} N_2O_4$$
$$\text{红棕色} \qquad\qquad \text{无色}$$

氮与氧在不同条件下化合能生成不同的氧化物。一氧化氮和二氧化氮是氮的两种重要氧化物。除此而外，氮的氧化物还有一氧化二氮（N_2O）、三氧化二氮（N_2O_3）、四氧化二氮（N_2O_4）、五氧化二氮（N_2O_5）等，氮在 N_2O、NO、N_2O_3、NO_2、N_2O_5 这五种氧化物里，其化合价分别是 +1、+2、+3、+4、+5 价，氮的最高化合价是 +5 价。

（3）氮气的制法和用途　工业上制取氮气，通常是以空气为原料，采用液态空气分馏的方法。先将空气净化（除去空气中的粉尘、二氧化碳等杂质），经加压和低温冷却将空气液化，利用液态空气中液态氮的沸点比液态氧的沸点低的性质，使氮气先蒸发出来，这样制得的氮气纯度是 99.5%。如果需要非常纯净的氮气，可将这样制得的氮气再通过赤热的铜，将其中所含的少量氧气除去。

通常在高压下将氮气液化，装入钢瓶中备用。

大量的氮气在工业上主要用于合成氨、制造硝酸等，它们是制造氮肥、炸药的原料。由于氮气的化学性质很不活泼，可用来代替稀有气体做焊接金属时的保护气。氮气或氮气和氩的混合气体用来填充白炽灯泡，使灯泡经久耐用。可在低氧高氮的环境中，利用氮气保护粮食、水果等农副产品。液态氮可做冷冻剂在工业和医疗方面也有一定的用途。

（4）氮的固定　在放电条件下，氮气能和空气中的氧直接化合生成一氧化氮。在高温、高压和催化剂存在下，氮气和氢气可直接化合生成氨。这种将空气中游离的氮转变为氮的化合物的过程，叫做氮的固定，简称为固氮。

氮元素是农作物体内蛋白质、核酸和叶绿素的重要成分，植物在生长过程中，必须吸取含氮养料。例如，施用氮肥能使作物的茎、叶生长茂盛，叶色浓绿。所以氮元素是农作物需要的一种重要营养元素。空气中含有大量的氮气，但绝大多数植物只能吸收氮的化合物做养料，而不能直接从空气中吸取游离态的氮作为养料，因此，必须把空气中游离态的氮转变为氮的化合物。也就是说，必须进行氮的固定，氮元素才能被农作物吸收。为此就需要制造氮肥，氮肥的生产就是将空气中的氮固定，供植物吸收生长。合成氨是常用的人工固氮方法。

有些植物（如蚕豆、大豆等豆科植物、苜蓿等）的根部有根瘤菌，能把空气中的氮气变成氨作为养料吸收，这就是自然界中的生物固氮。所以这些植物可以不施或少施氮肥。

人工固氮既消耗能量，产量也很有限。有人估算过，全世界靠化学工业每年的固氮量，只能达到生物固氮的四十分之一左右。因此，人们长期以来盼望能用化学方法模拟固氮菌实现在常温常压下固氮。为达到这一目的，目前国内外正在进行化学模拟生物固氮的研究，这是当前一个重要的科学研究课题。

2. 氮的化合物

（1）氨和铵盐　氨和铵盐是氮的重要化合物。

在自然界中，氨是动物体，特别是蛋白质腐败的产物。

氨的物理性质：氨是一种具有强烈刺激性气味的无色气体。在标准状况下，氨的密度是 0.771g/L，比同体积的空气轻。

氨分子是极性分子，水分子也是极性分子，所以氨极易溶解于水❶，在常温常压下，1 体积水大约可溶解 700 体积的氨。氨的水溶液叫做氨水。氨水的密度小于 $1g/cm^3$，氨含量越高，氨水的密度越小。一般商品浓氨水的密度为 $0.90g/cm^3$，质量分数约为 28%。

氨很容易液化，在常压下冷却到 $-33.5℃$ 或在常温下加压到 $7×10^5 \sim 8×10^5 Pa$，氨气就凝结为无色的液体，同时放出大量的热。液态氨气化时要吸收大量的热，能使它周围物质的温度急剧降低，因此，氨常用作制冷剂。

氨的化学性质：氨能与水、酸和氧气发生化学反应。

氨溶解于水中，大部分与水结合成一水合氨（$NH_3·H_2O$）❷，少量的一水合氨可电离成铵离子（NH_4^+）和氢氧根离子（OH^-）。因此，氨水显弱碱性，具有碱类的通性，如能使无色酚酞试液变红色，使石蕊试液变蓝色等。氨在水中的反应可用下式表示：

$$NH_3 + H_2O \Longleftrightarrow NH_3·H_2O \Longleftrightarrow NH_4^+ + OH^-$$

一水合氨（$NH_3·H_2O$）很不稳定，受热时易分解而生成氨和水。

$$NH_3·H_2O \xrightarrow{\triangle} NH_3\uparrow + H_2O$$

氨能与酸直接化合生成铵盐。

[**实验 6-5**]　拿两根玻璃棒，一根在浓氨水里蘸一下，另一根在浓盐酸里蘸一下，使两根玻璃棒接近（不要接触），观察发生的现象（见图 6-4）。

可以看到，有大量的白烟产生，这烟是氨水中挥发出来的 NH_3 与浓盐酸挥发出来的 HCl 化合所生成的微小氯化铵晶体。

$$NH_3 + HCl \Longrightarrow NH_4Cl$$

氨同样能与其他的酸化合生成铵盐。例如，把氨通入硝酸或硫酸中，就生成硝酸铵或硫酸铵。

$$NH_3 + HNO_3 \Longrightarrow NH_4NO_3$$

$$2NH_3 + H_2SO_4 \Longrightarrow (NH_4)_2SO_4$$

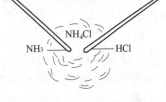

图 6-4　氨与氯化氢反应

氨不能在空气中燃烧，但能在纯氧中燃烧生成氮气和水蒸气。

$$4NH_3 + 3O_2 \xrightarrow{燃烧} 2N_2\uparrow + 6H_2O$$

在催化剂（如铂、氧化铁等）存在的条件下，氨能与空气中的氧在高温下起反应生成一氧化氮和水。

$$4NH_3 + 5O_2 \xrightarrow[\triangle]{催化剂} 4NO + 6H_2O$$

上述这个反应叫做氨的催化氧化（或接触氧化），它是工业上制造硝酸的主要反应。

氨的制法：工业上在高温、高压和催化剂存在的条件下，使氮气和氢气直接化合生成氨。

---

❶　人们从大量实验事实总结出了"相似相溶"的经验理论，认为溶质能溶解在与它结构相似的溶剂中。例如，油脂的分子属于非极性分子，汽油等有机溶剂的分子也属于非极性分子，这两类物质的分子结构相似，因此可以互溶。在日常生活中，人们用汽油来清洗衣物染上的油污，就是这个道理；水是极性分子，大多数无机物也是极性的，因此，它们一般能溶解于水。

❷　在低温下氨水可析出一水合氨（$NH_3·H_2O$），以及氨水为弱碱（$K_b = 1.8×10^{-5}$）都表明在氨水中不存在离子型的氢氧化铵（NH_4OH）。

$$N_2 + 3H_2 \underset{\text{催化剂}}{\overset{\text{高温、高压}}{\rightleftharpoons}} 2NH_3$$

在实验室里常用加热铵盐（如氯化铵等）和碱的混合物来制取氨气（制气装置与制氧气的装置相同）（见图6-5）。

$$2NH_4Cl + Ca(OH)_2 \overset{\triangle}{=\!=\!=} CaCl_2 + 2NH_3\uparrow + 2H_2O$$

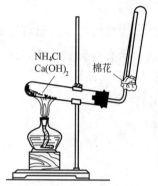

NH₄Cl Ca(OH)₂ 棉花

图 6-5 氨的制取

在图6-5中，产生氨气的试管口向下略微倾斜，是为了防止生成的水蒸气在试管口凝结后，倒流到试管底部的受热部位，使试管受热不均匀而破裂。由于氨比空气略轻，所以采取向下排气集气法收集氨。实验室要制取干燥的氨，通常使制得的氨通过碱石灰❶以吸收其中的水蒸气。氨能使湿润的红色石蕊试纸变蓝色，用此法来检验氨。

氨的用途：氨是一种重要的化工产品。它是制造氮肥、硝酸、铵盐、纯碱等的重要原料，也是有机合成工业（如合成纤维、塑料、染料、尿素等）常用的一种原料。氨还用作冷冻机和制冰机中的制冷剂。

铵盐：氨气或氨水与酸起反应生成铵盐。铵盐是由铵离子（NH_4^+）和酸根离子组成的化合物。铵盐都是晶体，都易溶解于水。

固态铵盐受热极易分解。

[**实验6-6**] 将盛有少量氯化铵晶体的试管放在酒精灯火焰上加热（见图6-6），观察发生的现象。

可以看到，试管底部的氯化铵晶体逐渐减少，直至消失；试管上部壁上有细小的白色晶体析出。这是因为氯化铵受热分解，生成氨和氯化氢气体，所以试管底部的氯化铵晶体逐渐减少直到消失。生成的氯化氢和氨上升到试管上部内壁，遇冷时，又重新结合成氯化铵，所以试管上部壁上出现细小的白色晶体。

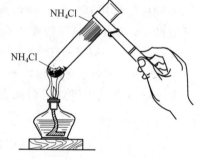

NH₄Cl

NH₄Cl

图 6-6 氯化铵受热分解

$$NH_4Cl \overset{\triangle}{=\!=\!=} NH_3\uparrow + HCl\uparrow$$

$$NH_3 + HCl \overset{\triangle}{=\!=\!=} NH_4Cl$$

其他铵盐受热分解时，它们的分解产物因酸根性质不同而异。碳酸氢铵和碳酸铵稍受热就发生分解生成氨、二氧化碳和水。硫酸铵、磷酸铵等，受热易分解，只逸出氨。例如：

$$NH_4HCO_3 \overset{\triangle}{=\!=\!=} NH_3\uparrow + H_2O + CO_2\uparrow$$

$$(NH_4)_2SO_4 \overset{\triangle}{=\!=\!=} NH_3\uparrow + NH_4HSO_4$$

$$(NH_4)_3PO_4 \overset{\triangle}{=\!=\!=} 3NH_3\uparrow + H_3PO_4$$

铵盐具有盐的通性。它能与碱、酸、盐发生反应。例如：

$$(NH_4)_2SO_4 + 2NaOH \overset{\triangle}{=\!=\!=} Na_2SO_4 + 2NH_3\uparrow + 2H_2O$$

实验室里利用铵盐能与碱起反应的性质来制取氨，同时也可以利用这个性质来检验铵盐

---

❶ 在 NaOH 浓溶液中加入 CaO，加热，制成白色固体，就是碱石灰，它是 H_2O 和 CO_2 的吸收剂。

（或检验 NH_4^+ 的存在）。

铵盐在工农业生产上有着重要的用途。铵盐中的碳酸氢铵、硫酸铵、磷酸铵、硝酸铵等是重要的氮肥。硝酸铵中加入可燃性物质，如铝粉、碳粉等，可用来制造炸药，用来开矿、筑路等。氯化铵常用于印染业和制干电池的原料，也用作焊接金属时除锈的焊药。

（2）硝酸和硝酸盐　硝酸和硝酸盐也是氮的重要化合物。

硝酸的物理性质：纯硝酸是无色、易挥发、有刺激性气味的液体，密度是 1.5027 g/cm^3，沸点为 83℃，熔点为 -42℃。硝酸极易溶解于水，它能以任意比例与水混溶，常用的浓硝酸质量分数大约是 69%。质量分数在 86% 以上的硝酸，在空气里由于硝酸的挥发而产生白烟，通常称为发烟硝酸。这是因为浓硝酸挥发出的硝酸蒸气遇到空气里的水蒸气，能生成极微小的硝酸液滴的缘故。在纯硝酸中溶有过量的二氧化氮，便形成红色发烟硝酸，它有极强的氧化性，可做火箭燃烧的氧化剂。

硝酸的化学性质：硝酸是一种强酸，它除了具有酸的通性外，还具有它本身的特性。

硝酸不稳定，易分解。纯净的硝酸或浓硝酸在常温下见光就会分解，生成二氧化氮、氧气和水，受热时分解得更快。

$$4HNO_3 \xrightarrow[\text{或光照}]{\triangle} 4NO_2\uparrow + O_2\uparrow + 2H_2O$$

硝酸越浓、温度越高，就越容易分解。分解出的二氧化氮溶解于硝酸中，使硝酸呈黄色。为了防止硝酸分解，必须将它盛在棕色瓶中，贮放在黑暗而且温度低的地方。

硝酸是一种很强的氧化剂，浓硝酸、稀硝酸都具有很强的氧化性，几乎能与所有的金属（金、铂等少数金属除外）或非金属发生氧化还原反应。

[实验 6-7]　在两支放有铜片的试管里，分别加入少量浓硝酸和稀硝酸，观察发生的现象。

可以看到，浓硝酸和稀硝酸都能与铜起反应。浓硝酸与铜的反应剧烈，有红棕色的二氧化氮气体产生；稀硝酸和铜的反应较缓慢，有无色的一氧化氮气体产生，在试管口变为红棕色。以上反应的化学方程式可表示如下：

$$Cu + 4HNO_3(\text{浓}) =\!=\!= Cu(NO_3)_2 + 2NO_2\uparrow + 2H_2O$$
$$3Cu + 8HNO_3(\text{稀}) =\!=\!= 3Cu(NO_3)_2 + 2NO\uparrow + 4H_2O$$

硝酸分子中的氮原子为 +5 价，是氮的最高化合价。从上述两个反应可以看出，硝酸与铜反应时，硝酸中 +5 价的氮得到电子，被还原成较低价的氮的化合物，没有氢气生成。

除金、铂等少数金属以外，硝酸能与所有金属起反应生成硝酸盐，都不放出氢气。反应中的还原产物因硝酸的浓度和金属的活泼性不同而不相同，这个问题比较复杂，这里不做讨论。

有些金属如铝、铁、铬、镍等在冷的浓硝酸中会发生钝化现象。这是因为浓硝酸能将它们的表面氧化成一层薄而致密的氧化物薄膜，阻止了内部金属与硝酸进一步反应的缘故。所以，可以用铝槽车装运浓硝酸。

浓硝酸与浓盐酸的混合物（物质的量之比为 1∶3）❶ 叫做王水。它的氧化能力更强，能使一些不溶于硝酸的金属，如金、铂等溶解。

硝酸还能氧化许多非金属单质（如碳、硫、磷等）。例如：

---

❶　一般配制王水，常以浓硝酸与浓盐酸的体积比为 1∶3 进行估算。

$$C+4HNO_3(\text{浓}) = 2H_2O+4NO_2\uparrow+CO_2\uparrow$$

有些有机物也能被硝酸氧化。例如：松节油遇浓硝酸则燃烧，纸张、织物等纤维制品遇到它就会被氧化而破坏；许多有色物质会被它氧化而褪色。硝酸能灼伤皮肤，使用时要格外小心。

硝酸的制法：由于硝酸有挥发性，所以，在实验室里可用硝酸盐与浓硫酸共热来制备少量硝酸。

$$NaNO_3+H_2SO_4(\text{浓}) \xrightarrow{\triangle} NaHSO_4+HNO_3\uparrow$$

工业上是用氨的催化氧化法来生产硝酸，其生产过程大致可以分为两个阶段，下面是其生产原理。

第一阶段，氨的氧化。把氨和净化后的空气按一定比例混合，通入氧化炉。氧化炉的中部有多层水平的铂铑合金网作为催化剂，在 800℃ 的高温下，氨与氧在网上进行反应，生成一氧化氮和水蒸气，同时放出大量的热。

$$4NH_3+5O_2 \xrightarrow{\text{催化剂}} 4NO+6H_2O$$

第二阶段，硝酸的生成。从氧化炉出来的气体温度很高，经过热交换器和余热锅炉等冷却设备冷却，再被空气中的氧氧化成二氧化氮。

$$2NO+O_2 = 2NO_2$$

二氧化氮在吸收塔内被水吸收，即得硝酸。

$$3NO_2+H_2O = 2HNO_3+NO$$

在吸收反应中，只有 2/3 的二氧化氮转化成硝酸，而 1/3 的二氧化氮转化成一氧化氮。为了充分利用一氧化氮，常在吸收反应进行过程中补充一些空气，使生成的一氧化氮再氧化为二氧化氮，然后用水或稀硝酸吸收。经过这样多次的氧化和吸收，二氧化氮能够尽可能多的转化为硝酸。这样制得的硝酸质量分数一般为 50% 左右。用硝酸镁或浓硫酸做吸水剂，将稀硝酸蒸馏浓缩，就可以得到质量分数为 96% 以上的浓硝酸。

从吸收塔出来的尾气中，还含有少量未被吸收的一氧化氮和二氧化氮，常用碱液吸收处理，防止一氧化氮和二氧化氮对大气的污染。

硝酸是一种重要的化工产品。它是制造染料、炸药、塑料、硝酸盐和许多产品的重要原料。硝酸也是一种重要的化学试剂。

多数硝酸盐是无色晶体。所有的硝酸盐都极易溶于水。

硝酸盐性质不稳定，加热易分解放出氧气，在反应中所含氮元素的化合价降低，所以，在高温时硝酸盐是强氧化剂。硝酸盐受热分解的产物和成盐金属的活泼顺序有关。在金属活动性顺序表里，镁以前的活泼金属的硝酸盐，受热分解放出氧气，并生成亚硝酸盐。例如，

$$2NaNO_3 \xrightarrow{\triangle} 2NaNO_2+O_2\uparrow$$

亚硝酸钠是一种无色或淡黄色晶体，有咸味。外观类似食盐，是一种工业用盐。如果误食亚硝酸钠或含有过量亚硝酸钠的食物，就会中毒，表现为口唇、指甲、皮肤发紫，头晕、呕吐、腹泻等症状，严重时可使人因缺氧而死亡。腐烂的蔬菜中就含有亚硝酸钠，不能食用。

 阅读

亚硝酸盐（如 $NaNO_2$、KNO_2 等）用于印染、漂白等行业，广泛用作防锈剂，也是建筑上常用的一种混凝土掺加剂。

在一些食品（如香肠、腊肉等）中，常加入少量亚硝酸盐作为防腐剂和增色剂，能起到防腐且使肉的

色泽鲜艳的作用。但国家对食品中亚硝酸盐的含量有严格的限制，因为亚硝酸盐是一种潜在的致癌物质，过量或长期食用对人身体会造成危害。

长时间加热沸腾或反复加热沸腾的水，由于水分的不断蒸发，使水中硝酸盐含量增大，饮用后部分硝酸盐在人体内能被还原成亚硝酸盐，对人体也会造成危害。

活泼性界于镁和铜之间的金属的硝酸盐，加热分解生成金属氧化物，放出二氧化氮和氧气。例如：

$$2Cu(NO_3)_2 \xrightarrow{\triangle} 2CuO + 4NO_2\uparrow + O_2\uparrow$$

活泼性在铜以后的金属的硝酸盐，加热分解生成金属单质，放出二氧化氮和氧气。例如：

$$2AgNO_3 \xrightarrow{\triangle} 2Ag + 2NO_2\uparrow + O_2\uparrow$$

硝酸盐用于制造烟火、弹药、炸药（如黑火药）。也用于染料、制药、玻璃、电镀等工业。

二、磷及其化合物

磷占地壳总质量的 0.118%。由于磷容易被氧化，所以在自然界中没有游离态的磷存在。磷主要以磷酸盐的形式存在于磷矿中。自然界中重要的磷矿石有磷灰石和纤核磷灰石，它们的主要成分是磷酸钙 $[Ca_3(PO_4)_2]$，但在磷灰石中还含有 CaF_2 和 $CaCl_2$。此外，磷还存在于细胞、蛋白质、动物的骨骼及牙齿中。

1. 磷

白磷和红磷都是由磷元素形成的单质。把一种元素形成几种单质的现象叫做同素异形现象。由同一种元素形成的多种单质，叫做这种元素的同素异形体。磷有多种同素异形体，最常见的是白磷和红磷。

（1）磷的物理性质　纯净的白磷是一种无色透明的蜡状固体，遇光有极少量的白磷变为红磷，因此白磷微显黄色。所以又叫黄磷。它不溶于水，但易溶于二硫化碳。白磷有剧毒，误食 0.1g 就能把人致死。白磷的熔点为 44.1℃，沸点为 280℃，密度为 1.820g/cm³。

红磷是红棕色粉末状的固体，无毒，不溶于水，也不溶于二硫化碳中。

白磷和红磷可以互相转变，把白磷隔绝空气加热到 260℃，就会转变成红磷。红磷加热到 416℃ 时就升华，它的蒸气冷却后变成白磷。同素异形体之间的相互转化属于化学变化。

（2）磷的化学性质　磷的化学性质活泼，白磷比红磷更活泼。磷容易与氧、卤素及许多金属起反应。

[**实验 6-8**]　把一块铁片水平地夹在铁架台上，将少量的白磷和红磷隔开相当的距离分放在铁片上（见图 6-7），然后在红磷下面加热，观察哪一种磷先着火燃烧。

可以看到，白磷远比红磷容易燃烧。这是因为白磷的着火点（40℃）比红磷的着火点（240℃）低很多的缘故。白磷受到轻微的摩擦或加热到 40℃，就会发生燃烧现象。因此白磷必须贮存在密闭容器里，少量的白磷可以保存在水中以隔绝空气。白磷和红磷的着火点虽然不同，但在空气中燃烧后都生成五氧化二磷。

$$4P + 5O_2 \xrightarrow{燃烧} 2P_2O_5$$

白磷在空气中，即使在常温下，也会缓慢地氧化，部分

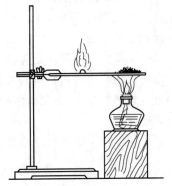

图 6-7　白磷和红磷的着火点的比较

反应产生的能量以光的形式放出，所以在暗处可以看到白磷发光，称为"磷光"。白磷在空气中缓慢氧化，当表面上积聚的热量达到它的着火点时，便可发生自燃。

[**实验 6-9**] 在试管中注入 3mL 二硫化碳，在水中切取一小块白磷，加入试管中，振荡，观察白磷的溶解情况，待白磷溶解后，在铁架台的铁夹上，夹上一长条滤纸，用滴管小心地向滤纸条上滴入该溶液，使整个滤纸条润湿，为了防止磷的二硫化碳溶液掉在桌子上，可在下面放一蒸发皿，观察滤纸的变化。

可以看到，白磷在二硫化碳中逐渐溶解。还可以看到，放在空气中的滤纸条很快变干，变干部分有白烟产生；稍等片刻，滤纸燃烧，这是白磷发生氧化反应放出的热量，达到它的着火点，白磷自燃，从而引起滤纸的燃烧。

白磷是危险药品，保存和使用时要注意安全，谨防着火和灼伤。

白磷和红磷在性质上的差别，主要是由它们不同的结构决定的。

磷能和一些金属反应，生成金属磷化物。例如，

$$3Zn + 2P = Zn_3P_2$$
$$\text{磷化锌}$$

磷化锌是一种有效的杀鼠剂。

磷还能与卤素等非金属反应，生成 +3 价和 +5 价的化合物。例如，磷在不充足的氯气中燃烧生成三氯化磷；在过量的氯气中燃烧生成五氯化磷。

$$2P + 3Cl_2 \xrightarrow[\text{氯气不足}]{\text{点燃}} 2PCl_3$$

$$2P + 5Cl_2 \xrightarrow[\text{氯气充足}]{\text{点燃}} 2PCl_5$$

（3）磷的用途　白磷用于制造高纯度的磷酸。红磷主要用于制农药、安全火柴等。此外，在军事上还用磷来制造烟幕弹和燃烧弹等。

2. 磷的化合物

（1）磷的氧化物　磷的氧化物中最重要的是五氧化二磷（P_2O_5）。它是白色雪花状晶体，极易与水化合发生剧烈反应，同时放出大量的热，随着反应条件的不同，可生成偏磷酸●（HPO_3）或磷酸（H_3PO_4）：

$$P_2O_5 + H_2O \xrightarrow{\text{冷水}} 2HPO_3$$

$$P_2O_5 + 3H_2O \xrightarrow{\text{热水}} 2H_3PO_4$$

五氧化二磷有强烈的吸水性，极易吸收空气中的水分，甚至能从其他化合物（如硫酸、硝酸、有机物等）中按 H_2O 分子中氢、氧原子比夺取水。因此，五氧化二磷是一种很强的干燥剂和脱水剂。

（2）磷酸　纯磷酸是无色透明的晶体，熔点 42℃，具有吸湿性，极易溶于水，和水能以任何比例混溶。通常用的磷酸是一种无色黏稠的浓溶液，质量分数为 83%～98%。磷酸无毒（偏磷酸有毒），比硝酸稳定，不易分解。它是一种不易挥发的中等强酸，具有酸类的一切通性。

工业上用磷酸钙与硫酸起反应来制取磷酸：

$$Ca_3(PO_4)_2 + 3H_2SO_4 \xrightarrow{\triangle} 2H_3PO_4 + 3CaSO_4 \downarrow$$

● 从一分子磷酸脱去一分子水而成的酸，称为偏磷酸。

滤去微溶的硫酸钙沉淀，所得滤液就是磷酸溶液。

（3）磷酸盐 磷酸盐可分为磷酸盐（正盐）、磷酸二氢盐和磷酸氢盐（都是酸式盐）三种类型。例如，

磷酸盐：Na_3PO_4、$Ca_3(PO_4)_2$、$(NH_4)_3PO_4$ 等。

磷酸二氢盐：NaH_2PO_4、$Ca(H_2PO_4)_2$、$NH_4H_2PO_4$ 等。

磷酸氢盐：Na_2HPO_4、$CaHPO_4$、$(NH_4)_2HPO_4$ 等。

所有的磷酸二氢盐都易溶于水。磷酸氢盐和磷酸盐，除钾、钠和铵盐外，几乎都不溶于水。农作物所能直接吸收利用的只是可溶性磷酸盐。因此，化学工业制造磷肥的目的，就是加工磷矿石，使难溶于水的磷矿石转化为较易溶于水（或弱酸）的酸式磷酸盐。例如，使磷酸钙转化为磷酸二氢钙，以利于农作物吸收。常用的磷肥是过磷酸钙，它是由磷灰石和适量的硫酸反应而制得的。

$$Ca_3(PO_4)_2 + 2H_2SO_4 \xrightarrow{\triangle} Ca(H_2PO_4)_2 + 2CaSO_4$$

过磷酸钙（简称普钙）是磷酸二氢钙和硫酸钙的混合物，它的有效成分是磷酸二氢钙。

如果用磷酸代替硫酸与磷矿粉起反应可以制得重过磷酸钙（简称重钙）。

$$Ca_3(PO_4)_2 + 4H_3PO_4 == 3Ca(H_2PO_4)_2$$

重钙不含硫酸钙，所以肥效比普钙高。普钙和重钙最好和农家肥料混合后施用。

在磷酸盐溶液中加入硝酸银溶液，有黄色沉淀产生，再加入稀硝酸，黄色沉淀溶解。用此法可以检验可溶性磷酸盐。例如，

$$Na_3PO_4 + 3AgNO_3 == 3NaNO_3 + Ag_3PO_4 \downarrow$$

$$Ag_3PO_4 + 3HNO_3 == 3AgNO_3 + H_3PO_4 \downarrow$$

由于可溶性磷酸盐在溶液中可电离出磷酸根离子（PO_4^{3-}），所以上述方法可用于在中性或微碱性溶液中检验磷酸根离子的存在。

三、环境保护

环境是指周围事物的境况。大气、水、土地、矿藏、森林、草原、生物、名胜古迹、风景游览区、自然保护区、生活居住区等构成了人类生存的环境。

环境污染主要包括大气污染、水污染、土壤污染、食品污染。此外还包括固体废弃物、放射性、噪声等污染。

氮的氧化物、二氧化硫、二氧化碳是大气污染物的重要成分。

NO 和 NO_2 在空气里会形成黄色或褐色烟雾，有很大的毒性。NO 能与人体中的血红蛋白作用而引起中毒。NO_2 和 SO_2 能刺激人的呼吸器官，可导致呼吸道和肺部病变，引起气管炎、肺气肿等病症，浓度大时则会使人中毒死亡。NO_2 是光化学烟雾的引发剂之一。当日光照射 NO_2、O_2 和未燃烧完全的碳氢化合物时，它们能进行光化学反应，生成一系列致癌物质。这些物质达到一定浓度时，再与大气中的 SO_2 和水所形成的酸雾结合起来，形成危害很大的光化学烟雾，会使受害者突然晕倒，呼吸困难，眼、喉、腰部疼痛，还会促使人体衰老。SO_2 和氮的氧化物还能伤害植物叶片，浓度高时会使植物枯死。大气中的 SO_2 在适当的条件下会缓慢氧化形成 SO_3，SO_3 和 NO_2 遇水则会形成硫酸和硝酸，这些强酸随雨、雪、雹、雾降落到地面，便形成酸雨、酸雪、酸雾等，统称酸雨。酸雨不仅使河湖水质酸化，毒害鱼类和水生生物，而且会使土壤酸化，危害森林和农作物生长，还会腐蚀建筑物、金属制品、名胜古迹等。

CO_2 是无毒气体，但大气中较高浓度的 CO_2 能形成温室效应❶，使地球表面的平均温度升高，造成全球气候有变暖的趋势。这将对人类的生存环境和社会经济发生重大影响。例如，随着气温升高，巨大的冰川和地球南北极的冰雪将会部分融化，海平面上升，大陆上的洪水区域增大，而且还会影响降雨量和通常的气候条件，影响人类的耕种和生活。

除硫酸厂、硝酸厂的尾气中含有 SO_2 和 NO、NO_2 外，大量的 SO_2、CO_2 及氮的氧化物来自煤、石油等燃料的燃烧。另外，粉尘、煤烟、碳氢化合物、氯氟烃等也是污染大气的有害物质。

环境保护就是合理地利用自然环境，防治环境污染和生态破坏，为人类创造清洁舒适的生活环境和劳动环境，保护人民健康，促进经济发展。预防和消除环境污染，主要应从消除污染源着手，改革生产工艺，开展资源综合利用，尽量不使用有毒原料等。

消除大气污染的主要方法是减少污染物的排放，如硫酸厂、冶炼厂、硝酸厂等的尾气在排放前应进行回收处理。改变燃料的结构、成分和燃烧条件，来抑制氮的氧化物的生成，并对城市机动车的排气加以限制。减少能大量产生 CO_2 的化石燃料的使用量，并大力植树造林，绿化环境来调节大气中 CO_2 的正常含量，调节气温，控制大气中高浓度 CO_2 形成的温室效应等。

第三节 硅及其化合物

元素周期表中第ⅣA族包括碳（C）、硅（Si）、锗（Ge）、锡（Sn）、铅（Pb）五种元素，统称为碳族元素。

表 6-3 列出了碳族元素的一些重要性质。

表 6-3 碳族元素的一些重要性质

元素名称	元素符号	原子序数	原子最外层电子数	原子半径 /($\times 10^{-10}$ m)	主要化合价	单 质		
						颜色和状态（常温）	熔点/℃	沸点/℃	密度/(g/cm³)
碳	C	6	4	0.77	+2,+4	金刚石:无色固体 石墨:灰黑色固体	3550 3652～3697 （升华）	4827 4827	3.51① 2.25②
硅	Si	14	4	1.17	+2,+4	晶体硅:灰黑色固体	1410	2355	2.32～2.34
锗	Ge	32	4	1.22	+2,+4	银灰色固体	937.4	2830	5.35
锡	Sn	50	4	1.41	+2,+4	银白色固体	231.9	2260	7.28
铅	Pb	82	4	1.75	+2,+4	蓝白色固体	327.5	1740	11.34

① 金刚石；② 石墨。

碳族元素在元素周期表里处于容易失去电子的主族元素和容易获得电子的主族元素的中间位置，它们的原子的最外电子层上都有 4 个电子，在化学反应中不容易失去电子而形成阳离子，也不容易结合电子而形成阴离子，故一般不能形成离子化合物，而容易和其他原子通过共用电子对形成共价化合物。碳族元素的最高正化合价为 +4 价。在化合物中，它们除常显 +4

---

❶ 日光能透过温室的玻璃，使室内地面温度升高；地面放出的红外线长波辐射却很少能穿透玻璃，被温室中的空气吸收，使温室中的温度高于周围的温度。人们把这种现象称为温室效应。日光能透过大气中的 CO_2，使地面温度增高，地面放出的红外辐射很少能透过 CO_2，而是大部分被 CO_2 吸收，使近地面大气增温，CO_2 起到温室中玻璃的作用。

价外，还有＋2价。碳、硅、锗、锡的＋4价化合物是稳定的，而铅的＋2价化合物是稳定的。

碳族元素随着原子序数和电子层数的增加，原子半径增大，它们的一些重要性质呈规律性的变化（见表6-3）。它们从上到下由非金属性向金属性递变的趋势比氮族元素更为明显。在碳族元素中，碳是明显的非金属；硅虽然外貌像金属，但在化学反应中更多地显非金属性，通常被认为是非金属；锗的性质界于金属和非金属之间，但其金属性比非金属性强；锡和铅都是金属。

本节主要学习硅及其重要化合物。

一、硅

硅在地壳中的含量很大，约占地壳总质量的 26.3％，在所有元素中居第二位，仅次于氧。游离态的硅在自然界里不存在，化合态的硅几乎全部是二氧化硅和硅酸盐，它们广泛地存在于地壳的各种矿物和岩石里。硅是构成矿物和岩石的主要元素。

1. 硅的物理性质

硅有无定形硅和晶体硅两种同素异形体。晶体硅是灰黑色、有金属光泽、硬而脆的固体，具有和金刚石相似的正四面体结构，是原子晶体，所以它的硬度较大，熔点和沸点较高（见表6-3）。硅的导电性能界于金属和绝缘体之间，具有半导体的性质。

无定形硅是一种灰黑色的粉末。

2. 硅的化学性质

硅的化学性质不活泼。在常温下，硅能与氟气、氢氟酸和强碱溶液起反应，和其他物质如氧气、氯气、硝酸、硫酸等均不发生反应。但在高温条件下，硅也能与一些非金属起反应。例如，把硅研细后，加强热，它就燃烧生成二氧化硅，同时放出大量的热。

$$Si + O_2 \xrightarrow{\triangle} SiO_2$$

在高温下硅才能与氢气起反应。硅的氢化物常用间接的方法制得。

3. 硅的制法和用途

工业上硅是在电炉里用碳还原二氧化硅而制得的。

$$SiO_2 + 2C \xrightarrow{高温} Si + 2CO \uparrow$$

这样制得的硅是含有少量杂质的粗硅，经提纯后，就可得高纯度的硅。

硅是良好的半导体材料，高纯度的硅在电子工业上可用来制造半导体器件，如整流器、晶体管和集成电路等。硅还可以用来制造合金。硅铁可以用作炼钢时的脱氧剂。含硅 4％ 的钢有导磁性，可用来制造变压器的铁芯。含硅 15％ 左右的钢有耐酸性，可用来制造耐酸设备。有机硅化合物耐高温、耐腐蚀、有弹性，是特殊的润滑和密封材料，用于尖端科学和国防工业。

 阅读　集成电路

集成电路应用于计算机，使得计算机在运行速度、功能、体积、成本等方面得到了大幅度的改善。科学的发展，促使计算机迅速升级换代，这就需要提高超大规模集成电路的集成度，同时也要求作为集成电路芯片材料的硅片的直径不断增大，中国目前已有多条直径 8in（1in＝0.0254m）的硅片生产线投入使用，已能大量生产较大直径的硅片。在集成电路生产上，目前世界上最大的计算机中央处理器（CPU）制造公司——美国的英特尔公司，已经广泛采用 90nm 的生产工艺，其生产的最新奔腾 4 中央处理器在仅有 112mm^2 的核心面积上集成的晶体管数目达到了创纪录的 1.25 亿个。

二、硅的重要化合物

1. 二氧化硅（SiO₂）

（1）二氧化硅的物理性质　二氧化硅是一种坚硬难熔的固体。它广泛地分布于自然界里，构成多种矿物和岩石，通常称为硅石，从地面往下 16km 几乎有 65％ 为二氧化硅的矿石。天然的二氧化硅分为晶体和无定形两大类。

石英是天然存在的二氧化硅晶体。无色透明的纯石英叫做水晶。有色（含微量杂质）而透明的石英依颜色的不同，分别称为紫水晶、墨晶、茶晶、玛瑙、碧玉等。普通的砂粒是细小的石英颗粒，常因含有铁的氧化物而带黄色，叫做黄砂。较纯的砂近于白色，称为石英。

硅藻土是自然界中存在的一种无定形二氧化硅。它是死去的硅藻及其他微小生物的遗体经沉积胶结而形成的多孔、质轻、松软的固体物质，表面积很大，吸附能力很强。

二氧化硅晶体和二氧化碳晶体在物理性质上有很大差别，这是由它们的结构决定的。二

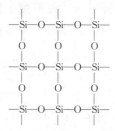

图 6-8　二氧化硅晶体
平面示意

氧化碳是由分子组成的物质，固态时形成的是分子晶体（干冰），分子间以微弱的范德瓦尔斯力相结合。所以，二氧化碳在通常状况下是气体，干冰的熔点很低。二氧化硅不是由单个的"SiO₂"分子所组成的分子晶体，它是由硅原子和氧原子通过共价键结合而成的具有空间网状结构的原子晶体（见图 6-8）在二氧化硅晶体里不存在"SiO₂"分子，而是每个硅原子以 4 个共价键跟 4 个氧原子相结合，同时每个氧原子以两个共价键跟两个硅原子相结合，其中硅原子和氧原子的个数比为 1∶2。因此"SiO₂"应是二氧化硅晶体的化学式，习惯上也叫分子式。由于二氧化硅晶体里 Si—O 键的键能很高（369kJ/mol），并形成了一种立体网状的原子晶体，所以，要使它熔融，即要破坏二氧化硅的晶体，必须消耗较多的能量。因此，二氧化硅的熔点很高，硬度很大。

（2）二氧化硅的化学性质　由于二氧化硅晶体里 Si—O 键的键能很高，因而它的化学性质很稳定，不能与酸（除氢氟酸外）发生反应。

二氧化硅是酸性氧化物，但不溶于水，不能与水起反应生成相应的硅酸。它能与碱性氧化物和强碱起反应生成硅酸盐。例如，

$$SiO_2 + CaO \xrightarrow{\text{高温}} CaSiO_3$$

$$SiO_2 + 2NaOH == Na_2SiO_3 + H_2O$$

玻璃的成分里含有二氧化硅，因而它能被碱溶液腐蚀，故实验室里长期存放碱溶液的试剂瓶不能用玻璃塞，而必须用橡皮塞，否则反应生成的硅酸钠会使玻璃塞与瓶口黏结在一起。

二氧化硅在高温下还能与某些盐类起反应。例如，

$$SiO_2 + Na_2CO_3 \xrightarrow{\text{高温}} Na_2SiO_3 + CO_2 \uparrow$$

$$SiO_2 + CaCO_3 \xrightarrow{\text{高温}} CaSiO_3 + CO_2 \uparrow$$

（3）二氧化硅的用途　二氧化硅的用途很广。水晶可用于制造电子工业的重要部件、光学仪器、石英钟表、工艺品等。较纯净的石英，可用来制造石英玻璃。石英玻璃的热膨胀系数小，可以耐受温度的剧变，灼热后立即投入水中也不至于破裂，耐酸性能好（HF 除外），

可用于制造耐高温的化学仪器。又因石英玻璃能透过紫外线，可用于制造医学和矿井中用的水银石英灯和其他光学仪器。二氧化硅是制造光导纤维的重要原料，光导纤维用在光导通讯上。石英砂常用作制玻璃的原料、耐火材料等。普通的沙子是建筑上不可缺少的材料。硅藻土是工业上常用的吸附剂，用于液体的过滤和脱色，用作催化剂的载体❶，还是建筑工程上用的绝热隔声材料。

SiO_2 有着重要的用途，但有时也会对人体造成危害。人如果长期吸入含有 SiO_2 的粉尘，就会患肺尘埃沉着病（旧称矽肺，因为硅旧称为矽而得名）。长期在 SiO_2 粉尘含量高的地方（如采矿、翻砂、喷砂、制陶瓷、制耐火材料等场所）工作的人易患此种职业病。因此在这些场所应采取严格的劳动保护措施，采用多种技术和设备控制工作场所的粉尘含量，来保证工作人员的身体健康。

2. 硅酸（H_2SiO_3）

硅酸是成分较为复杂的白色固体，通常用化学式 H_2SiO_3 来表示。二氧化硅即为此酸的酸酐，但二氧化硅不溶于水，所以不能用二氧化硅与水直接反应来制得硅酸，而只能用相应的可溶性硅酸盐与酸起反应来制得。例如，在稀盐酸中逐滴加入硅酸钠溶液，能得到白色胶状沉淀，这种白色胶状沉淀叫做原硅酸。通常用 H_4SiO_4 来表示它的组成。原硅酸是一种几乎不溶于水的弱酸，很不稳定。把原硅酸在空气里干燥，失去一部分水后，变成白色粉末，这种白色粉末状物质就是硅酸（H_2SiO_3）。

硅酸不溶于水，是一种弱酸，它的酸性比碳酸还弱。从溶液中析出的胶状硅酸沉淀中含有大量的水，经加热脱去大部分水而变成一种白色稍透明的网状多孔物质，工业上把这种固体叫做硅胶。硅胶具有很强的吸附能力，所以常用作干燥剂、吸附剂、催化剂的载体等。

3. 硅酸盐

各种硅酸（如原硅酸、硅酸等）所对应的盐，统称硅酸盐。硅酸盐种类很多，结构也很复杂，它是构成地壳岩石的主要成分（地壳的 95% 为硅酸盐矿），也是陨石和月球岩石的主要成分。

硅酸盐的组成复杂，常用二氧化硅和金属氧化物的形式来表示硅酸盐的组成。例如，

硅酸钠　Na_2SiO_3（$NaO \cdot SiO_2$）

镁橄榄石　Mg_2SiO_4（$2MgO \cdot SiO_2$）

高岭石　$Al_2Si_2O_5(OH)_4$（$Al_2O_3 \cdot 2SiO_2 \cdot 2H_2O$）

石棉　$CaMg_3(SiO_3)_4$（$CaO \cdot 3MgO \cdot 4SiO_2$）

除了碱金属的硅酸盐能溶于水外，其他硅酸盐都难溶于水。在可溶性硅酸盐中，最常见的是硅酸钠，它的水溶液俗名水玻璃，又称泡花碱。水玻璃是无色黏稠的液体，有一定的黏结力，是一种矿物胶，可用作黏结剂。如用来黏结碎云母片，做电热器中的耐热云母板以及建筑地基的加固等。水玻璃既不能燃烧又不受腐蚀，常用作木材、织物等的防火、防腐处理，浸过水玻璃的木材、织物具有耐火性质，把水玻璃涂在蛋壳上，可使鸡蛋保鲜。

三、硅酸盐工业简述

以含硅物质为原料，经过加工制成硅酸盐产品的工业叫做硅酸盐工业。例如，制造水泥、玻璃、陶瓷、砖瓦、耐火材料等产品的工业都是硅酸盐工业。它在国民经济中和人民生

---

❶ 在工业上，为了增加催化剂的有效面积，一般使催化剂附着在一些不活泼的多孔物质上，这种物质称为催化剂载体。

活中都占有重要的地位。下面主要介绍水泥和玻璃。

1. 水泥

制造水泥的主要原料是石灰石、黏土和其他辅助原料。生产水泥时，将原料按一定比率混合，然后送进球磨机中进行粉碎、磨细制成生料。把生料装入水泥窑中煅烧，高温下窑内生料发生复杂的物理、化学变化，冷却后成为硬块，叫做熟料。再加入适量的石膏（调节水泥的硬化速度），放入球磨机中磨成细粉，就制得了水泥，这种水泥叫做普通硅酸盐水泥。它的主要化学成分如下：

硅酸三钙　　$3CaO \cdot SiO_2$

硅酸二钙　　$2CaO \cdot SiO_2$

铝酸三钙　　$3CaO \cdot Al_2O_3$

水泥实际上是硅酸三钙、硅酸二钙及铝酸三钙等成分的混合物。水泥的组成和结晶形态的不同直接影响到它的各种主要性能。

水泥的重要性质就是具有水硬性。水泥与水拌和后发生反应，生成不同的水合物，同时放出一定的热量。经过一些时间后，生成的水合物逐步转化为胶状物，胶状物逐渐变稠，开始失去流动性和塑性，水泥开始凝聚，最后，部分胶状物转变为晶体，使胶状物和晶体交错地结合起来，成为强度很大的固体，这个过程叫做水泥的硬化。不论在空气中还是在水中都能硬化，硬化后对砖、瓦、砂石和钢筋有很强的黏着力，不受水浸，非常坚固。所以，它不仅是一般的建筑材料，而且是水下工程必不可少的建筑材料。

在硅酸盐水泥熟料里，掺入适当比率的混合材料，制成各种水泥，例如，在硅酸盐水泥熟料里加入一定量的高炉矿渣（主要成分为 $CaSiO_3$）制得矿渣硅酸盐水泥，在水泥熟料里掺入一定量的沸石岩制成沸石岩水泥等。这样能改善水泥的性能，扩大水泥的使用范围。

水泥、沙子和碎石按一定比率的混合物硬化后，叫做混凝土，常用于建筑桥梁、厂房等巨大建筑物。由于水泥的热膨胀冷收缩性能和铁几乎一样，所以用混凝土建造建筑物时常用钢筋做结构，能使建筑物更加坚固。这种以钢筋为骨干的混凝土叫做钢筋混凝土，是非常坚固的建筑材料。另外，水泥、沙子和水的混合物叫做水泥沙浆，在建筑上用作黏结剂，能把砖、石等黏结起来。

2. 玻璃

玻璃是一种透明的非晶体物质，称为玻璃态物质。它没有固定的熔点，只有软化的温度范围。玻璃的种类很多，有普通玻璃（钠玻璃）、钾玻璃、铅玻璃、硼酸盐玻璃（硅硼玻璃）等等。

制造普通玻璃的主要原料是纯碱（Na_2CO_3）、石灰石（$CaCO_3$）和石英（SiO_2）。生产玻璃时，将原料粉碎，按一定比例混合以后，放入玻璃熔炉里，加强热，原料熔融后发生了比较复杂的物理、化学变化，其主要反应如下：

$$Na_2CO_3 + SiO_2 \xrightarrow{\text{高温}} Na_2SiO_3 + CO_2 \uparrow$$

$$CaCO_3 + SiO_2 \xrightarrow{\text{高温}} CaSiO_3 + CO_2 \uparrow$$

生成的 Na_2SiO_3、$CaSiO_3$ 和过量的 SiO_2 形成的共熔体是黏稠的液体，冷却后即得普通玻璃。玻璃在某一温度范围内，随着温度的升高而逐渐软化变成黏稠的液体，在软化状态时，可以制成各种形状的制品。

如果用碳酸钾（K_2CO_3）代替碳酸钠，就可制得比较能耐高温的钾玻璃，可用于制作普通化学仪器。

如果用氧化铅（PbO）代替碳酸钙（$CaCO_3$）就可制得折光率较强的铅玻璃，常用于制作光学仪器等。

如果在玻璃的原料里加硼砂（$Na_2B_4O_7 \cdot 10H_2O$），就可制得硼酸盐玻璃（硅硼玻璃）。这种玻璃的膨胀系数小，能够耐骤冷、骤热，化学稳定性好，能耐酸碱的腐蚀，可用于制造高级化学仪器。

熔制玻璃时，在原料里加入某些金属氧化物，金属氧化物均匀地分散到玻璃态的物质里，使玻璃呈现出特征颜色，制得有色玻璃。例如，加入氧化钴（Co_2O_3）玻璃呈蓝色，加入氧化亚铜（Cu_2O）呈红色，加入二氧化锰呈紫色，加入二氧化锡（SnO_2）和氟化钙（CaF_2）呈乳白色。普通玻璃常带浅绿色，这是原料中混有二价铁的化合物的缘故。

将普通玻璃放入电炉里加热，使它软化，然后急剧冷却，可制得钢化玻璃。钢化玻璃具有坚韧的性能，它的机械强度比普通玻璃大 $4 \sim 6$ 倍，不易破碎，若破碎也没有尖锐的棱角，不易伤人。钢化玻璃可用来制作汽车、火车的窗玻璃及化工设备。

把玻璃熔体压过极细的孔，即制得玻璃纤维。它不导电，不传声，不燃烧，不易被腐蚀，同时还具有很大抗张能力，因此可作隔声、隔热、电气绝缘材料等。

3. 陶瓷

制造陶瓷器的主要原料是黏土。手工制造陶瓷器的过程，一般是把黏土、长石（$K_2Al_2Si_6O_6$）和石英研成细粉，按适当比例混合，用水调和均匀，做成制品的坯型，干燥后入窑烧结，在高温（1200℃）下煅烧（发生复杂的物理化学变化）成素瓷（表面较粗糙，且有不同程度渗透性）。素瓷经上釉，再入窑加热到 1400℃ 左右，控制适当保温时间，冷却后就得到传统陶瓷制品。随着科学技术的发展，生产陶瓷已实现了工业自动化。在中国的一些大型陶瓷厂，能够利用先进的陶瓷生产线，生产出非常优良的陶瓷产品。陶瓷的组成复杂，以氧化物为主。

陶瓷的种类很多，根据原料和烧制温度的不同，可分为土器（如砖、瓦等）、陶器、炻器（介于陶器和瓷器之间的一种陶瓷制品，如水缸、砂锅等）、瓷器等。

陶瓷具有抗氧化、抗酸、碱腐蚀、耐高温、绝缘、易成型等优点，广泛应用于生活和生产中，如建筑中的砖、瓦，电器中的绝缘瓷，化学实验中的坩埚、蒸发皿，日常生活的部分餐具等都是陶瓷制品。

陶瓷在中国有悠久的历史，我们的祖先在新石器时代已能制造陶器，到唐宋时期，制造水平已很高（如唐朝的"三彩"、宋朝的"钧瓷"闻名于世，流传至今）。陶瓷制品一直为人们所喜爱。中国从地下挖掘出的古代陶瓷器，历经数千年仍保持其本色，不但成为人们欣赏的艺术珍品，而且对后人研究历史也有很大的帮助。中国陶都宜兴的陶器和景德镇的瓷器（达到美如玉、薄如纸的境界）在世界上享有声誉。

 ## 阅读　新型无机非金属材料

人类很早就利用元素及其化合物作为材料。迄今为止，人类发现的材料已达十万余种。通常将材料按化学组成分为金属材料、无机非金属材料、高分子材料及复合材料等几大类。

在琳琅满目的各种材料中，无机非金属材料是一类非常重要的材料。它是指由金属以外的所有无机物制成的材料，分为传统无机非金属材料（硅酸盐材料，如水泥、玻璃、陶瓷等）和新型无机非金属材料（如超硬耐高温材料、半导体材料、发光材料等）。前者有许多优点，但也有质脆、经不起冲击等缺点，后者继承了传统材料的优点，并克服其缺点，具有更加优异的特性（耐高温、强度高，具有电学特征、光学特征和生物功能）。

下面简单介绍高温结构陶瓷和光导纤维两种新型无机非金属材料。

一、高温结构陶瓷

1. 氮化硅陶瓷

氮化硅陶瓷耐高温，强度高（在 1200℃ 左右，仍具有很高的强度），用来制造汽轮机叶片、轴承、永久性模具、机械密封环等机械构件。

目前，常用的普通柴油机是用金属制作的，因其在高温时易损坏，必须用水来冷却，热能损失严重。氮化硅陶瓷的机械强度高，热膨胀系数低，导热性好，抵抗化学药品和熔融金属腐蚀的能力很强，如果用它制造发动机部件的受热面，不仅可以提高柴油机质量，节省燃料，而且能够提高热效率。中国及美国、日本等国家都已研制出了这种柴油机。

2. 氧化铝陶瓷

氧化铝陶瓷又称人造刚玉，具有熔点很高、硬度大的优点，可用作高级耐火材料（如坩埚、高温炉管等）、球磨机、高压钠灯的灯管等。

生物陶瓷是用于制造人体"骨骼、肌肉"系统，用于修复或替换人体器官或组织的一种陶瓷材料。生物陶瓷性能特殊，它必须和人体组织有相容性，即用生物陶瓷制成的人体代用"零件"，在植入人体后，对人体无毒，绝不能引起人体组织的发炎和不适应，弥补了不锈钢植入人体内三五年后出现腐蚀斑的缺陷。氧化铝陶瓷制成的假牙与天然牙齿十分接近，它还可以做各种人工关节。

氧化锆陶瓷的强度、断裂韧性和耐磨性比氧化铝陶瓷好，它可以用于制造牙根、骨和股关节等。

二、光导纤维

光导纤维简称光纤，是一种能高质量传导光的纤维。光导纤维主要用作远距离通信的光缆，它的特点是工作频率高、频带宽、通信容量大。在实际使用时，常把千百根光纤组合在一起并加以增强处理，制成光缆，这样既增强了光导纤维的强度，又增大了通讯容量。光缆有质量轻、体积小、结构紧密、绝缘性能好、寿命长、输送距离长、保密性好、成本低等优点。一根由 24 根光纤组成的光缆，可以传送相当于 6000 条电话线路的信息，而且可以同时传送 7 万人次的通话。用光缆代替通讯电缆，每公里可节省铜 1.1t、铅 2～3t。光纤通讯与数字技术及计算机结合起来，可以用于光电控制系统、扫描、成像等设备上。

光导纤维除了可以用于通讯外，还用于医疗、信息处理、传能传像、遥测遥控、照明等许多方面。例如，可将光导纤维内窥镜导入心脏，测量心脏中的血压、体温等。在能量传输和信息传输方面，光导纤维也得到了广泛的应用。

第七章 化学反应速率和化学平衡

许多化学反应需要在一定的条件下才能进行，一个反应的进行需要这样或那样的条件。对化学反应的研究，涉及两个方面的问题：一个是反应进行的快慢，即化学反应速率问题；另一个是反应进行的程度，即有多少反应物可以转化为生成物，这就是化学平衡问题。学习这两个问题，无论是对理论研究还是对生产实践都有重要的意义。因此，本章我们主要学习化学反应速率和化学平衡的一些初步知识。

第一节 化学反应速率

一、化学反应速率

1. 化学反应速率

在自然界里，化学反应成千上万，种类繁多。各种化学反应进行的快慢差别很大。有的反应进行得很快，例如，火药的爆炸，反应在万分之一秒内就能完成；在溶液中进行的酸碱中和反应，照片底片的感光等反应几乎瞬间完成。有些反应进行得很慢，例如，许多有机物之间的反应，往往需要几小时或数日才能完成；而金属的腐蚀、橡胶和塑料的老化、染料的褪色等则经数月甚至几年才显示出变化；至于岩石的风化、煤和石油的形成则需要经过几十万以致亿万年才能完成。可见不同的化学反应，在一定条件下反应进行的快慢不同。即使是相同的化学反应，条件不同时，反应进行的快慢也会不相同。化学反应进行的快慢，必须有一个速率的标准才能判别。

由于化学反应是在一定的空间和时间内完成的，在反应过程中，反应物和生成物都在随时间而变化。因此，化学反应速率可定义为：**在化学反应过程中，单位时间、单位体积内反应物或生成物数量的变化。**它是衡量化学反应快慢的物理量。

在生产和科学实验中，人们总是希望能加快一些有利的反应，抑制一些不利的反应。因此，学习有关化学反应速率的知识是很必要的。

2. 化学反应速率的表示方法

怎样来衡量化学反应速率的大小，通常对于某些反应，可以通过观察反应物的消失速率和生成物的出现速率来作出对这个反应速率的定性判断。例如，把一条镁带放入一个盛稀盐酸的烧杯里，在镁带（反应物）迅速消失的同时，会很快地放出氢气（生成物）；当把铁块放入同浓度盐酸中时，铁块以较缓慢的速率消失，同时也较缓慢地放出氢气。显然，第一个反应的速率比第二个反应大得多。

怎样定量地较准确地表示化学反应的速率呢？

化学反应速率与两个因素有关，一个是时间，一个是反应物或生成物的浓度。反应物的浓度随着反应的不断进行而减少，生成物的浓度则不断增加。因此，化学反应速率，通常是用单位时间内反应物浓度的减少或生成物浓度的增加来表示的。浓度单位常用 mol/L 表示。时间单位则是根据具体反应的快慢用 s（秒）、min（分）或 h（小时）表示。因此，反应速率的单位为 mol/(L·s)；mol/(L·min) 或 mol/(L·h)。

在化学反应中，反应物的减少与生成物的增加是按化学方程式表示的定量关系进行的。例如：

$$N_2 + 3H_2 \rightleftharpoons 2NH_3$$

化学方程式的定量关系表明，N_2 与 H_2 是按 $1:3$（物质的量之比）的定量关系进行化学反应的；N_2 与 NH_3 是按 $1:2$（物质的量之比）的定量关系进行转化的。根据这些定量关系可以明显地看出，每生成 1mol 的 NH_3，需要消耗 1/2mol 的 N_2 和 3/2mol 的 H_2。因此，在同一反应中，由于用不同物质的浓度变化来表示反应速率，其数值可能是不同的。例如，在一定条件下，氮和氢在密闭的容器中合成氨的反应，各物质的浓度变化如下：

$$N_2 \quad + \quad 3H_2 \rightleftharpoons 2NH_3$$

	N_2	$3H_2$	$2NH_3$
起始浓度/(mol/L)	1.0	3.0	0
2s 后浓度/(mol/L)	0.8	2.4	0.4

这个反应的反应速率 v；

用氮气的浓度变化表示时，则

$$v(N_2) = \frac{1.0 - 0.8}{2} = 0.1 \text{mol/(L·s)}$$

用氢气的浓度变化表示时，则

$$v(H_2) = \frac{3.0 - 2.4}{2} = 0.3 \text{mol/(L·s)}$$

用氨气的浓度变化表示时，则

$$v(NH_3) = \frac{0.4 - 0}{2} = 0.2 \text{mol/(L·s)}$$

反应速率可选用化学方程式中任一物质浓度的变化来表示。同一个反应选用不同物质的浓度变化来表示的反应速率，其数值虽然不同，但它们的比值等于化学方程式中各相应物质化学计量数之比。因此，用任一物质在单位时间内浓度的变化来表示该反应的速率，其意义是相同的。所以用具体数值表示某一反应的速率时，必须指明用哪一种物质的浓度变化做标准。通常可以在反应速率符号 "v" 的后面用小括号注明该物质的分子式以表示之。

在化学反应进行的过程中，各物质的浓度都在随时间而改变，所以对同一反应用同一物质浓度变化所表示的反应速率，在不同时刻其数值也不相同。上述合成氨的化学反应速率，实际上是指一定时间间隔以内的平均速率。化学反应在不同时间间隔范围内的平均反应速率是不同的。一般用粗略的平均速率描述反应速率时，还应指明是哪一段时间内的反应速率。

二、影响化学反应速率的因素

在同一条件下，不同的化学反应具有不同的反应速率。化学反应速率的快慢，首先决定于反应物本身的性质，这是内因。但对某一给定的化学反应来说，外部条件对化学反应速率也有一定的影响。例如，在常温时氮与氢的化合几乎察觉不出，在高温高压并采用催化剂的条件下，反应才以显著的速率进行。影响化学反应速率的主要因素有浓度、温度和催化剂，而对于气体反应来说，压力（压强）也是一个重要因素。

1. 浓度对化学反应速率的影响

木炭在氧气里燃烧比在空气里更旺，发出白光，并放出热量；硫在空气里燃烧产生微弱的淡蓝色火焰，而在氧气里燃烧得更旺，产生明亮的蓝紫色火焰，显然木炭与氧气的反应和硫与氧气的反应，在纯氧中比在空气中剧烈，反应速率快。这是因为纯氧中氧气分子的浓度比空气中氧分子浓度大的缘故。下面做一个实验来证明浓度对反应速率的影响。

[**实验7-1**] 在一个试管中加入 0.1mol/L 硫代硫酸钠（$Na_2S_2O_3$）溶液 10mL，在另一个试管中加入 5mL 0.1mol/L 硫代硫酸钠溶液和 5mL 蒸馏水；再取两支试管，分别加入 0.1mol/L 硫酸 10mL，并同时分别倒入上面两个盛硫代硫酸钠溶液的试管里。观察出现浑浊现象的先后。

可以看到，盛浓度大的硫代硫酸钠溶液的试管中，首先出现浑浊现象；盛浓度较小的硫代硫酸钠溶液的试管中，后出现浑浊现象。说明反应物浓度大的，反应速率快。

硫代硫酸钠和稀硫酸反应的化学方程式可表示如下：

$$Na_2S_2O_3 + H_2SO_4（稀）\!=\!=\!Na_2SO_4 + SO_2\uparrow + S\downarrow + H_2O$$

反应生成的硫不溶于水，能使溶液变浑浊，反应的快慢可借反应生成硫所需时间的长短来度量。浓度大的硫代硫酸钠溶液与稀硫酸起反应，反应速率快，先析出硫，所以先出现浑浊现象；浓度小的硫代硫酸钠溶液与稀硫酸起反应，反应速率慢，后析出硫，故后出现浑浊现象。

大量实验证明，当其他条件不变时，增加反应物的浓度，可以增大（或加快）反应速率；减小反应物的浓度，可以减小（或减慢）反应速率。

2. 压力（压强）对化学反应速率的影响

有气体参加的反应，压力对反应速率有很大影响。因为当温度不变时，增大压力，气体体积就缩小，单位体积内的气体分子数目增多，即气体的浓度增大，反应速率也就随之增大。相反，减小压力，当温度恒定时，气体的体积增大，单位体积内的气体分子数目减少，即气体的浓度减小，反应速率减小。因此，对于有气体参加的化学反应，压力的增大或减小就等于浓度的增大或减小，压力对反应速率的影响与浓度对反应速率的影响实质上是相同的。也就是说，在其他条件不变的情况下，对于有气体参加的化学反应，增大压力，就可以增大反应速率；反之，减小压力，就可以减小反应速率。

固体和液体难于压缩，压力发生变化时，对它们的体积影响非常小，因而对它们的浓度改变很小。因此，如果参加反应的物质是固体、液体或溶液时，可以认为压力的改变不影响它们的反应速率。

3. 温度对化学反应速率的影响

温度对反应速率的影响特别显著。例如，在常温下，煤在空气中甚至在纯氧里也不能燃烧，但在高温时则会剧烈燃烧。氢气和氧气化合生成水的反应，在常温下进行得极慢，以致经过几年时间也觉察不出有明显的反应发生，但如果温度升高到 600℃时，它们立即起反应并可发生猛烈的爆炸。物质在溶液中进行的化学反应也有类似的情况。

[**实验7-2**] 在两个试管中，分别加入 0.1mol/L 硫代硫酸钠溶液 10mL；在另外两个试管中，分别加入 0.1mol/L 硫酸溶液 10mL。然后将四支试管分成两组，使每组的两支试管一支盛硫代硫酸钠溶液，另一支盛硫酸溶液。将一组试管插入热水里，另一组试管插入冷水里。过一会儿，分别将每组中两支试管里的溶液同时混合，并仔细观察热水和冷水中盛混合溶液的试管里出现浑浊现象的情况。

可以看到，插在热水中盛混合溶液的试管里先出现浑浊现象，插在冷水中盛混合溶液的试管里后出现浑浊现象。这是因为前者温度高反应速率快，首先析出硫，所以先出现浑浊现象；后者温度低，反应速率慢，后析出硫，后出现浑浊现象。

由此可见，当其他条件不变时，升高温度，化学反应速率增大；降低温度，化学反应速率减小。经过大量实验测得，温度每升高 10℃，反应速率通常增加到原来的 2～4 倍。

4. 催化剂对化学反应速率的影响

由氯酸钾加热分解制备氧气，加入少量的二氧化锰，不需加热到高温就有氧气放出，二氧化锰加快了反应速率，但反应后二氧化锰的质量、性质并没有发生改变。现在再观察下面的实验现象，来研究催化剂与反应速率的关系。

[实验7-3]　在分别盛有3mL 5%（质量分数）过氧化氢（H_2O_2）溶液的两支试管中，分别加入3～4滴合成洗涤剂（产生泡沫以示有气体产生）。然后在其中一支试管中加入少量二氧化锰，观察两个试管中的反应现象。

可以看到，在加入二氧化锰的试管中，很快有气泡产生，而在未加二氧化锰的试管中，气泡产生得慢。这是因为二氧化锰加快了过氧化氢（H_2O_2）的分解速率，使氧气产生得快的缘故。二氧化锰的组成、质量和性质在反应前后没有发生变化，它是这个反应的催化剂。

$$2H_2O_2 \xrightarrow{MnO_2} 2H_2O + O_2 \uparrow$$

许多化学反应，都会由于少量某物质的存在而使反应速率显著地改变，这种现象称为催化作用。这种在化学反应里能改变其他物质的化学反应速率，而本身的质量和化学性质在化学反应前后都没有改变的物质，叫做催化剂。有催化剂参加的反应，叫做催化反应。催化剂在反应前后的化学性质保持不变，但物理性质则可能有变化。如外观的改变、晶型的消失、沉淀硬结等。

催化剂分为正催化剂和负催化剂两类。能加快化学反应速率的催化剂称为正催化剂。能减慢化学反应速率的催化剂称为负催化剂（或阻化剂）。例如，在橡胶或塑料制品中，为了防止老化而加入的防老化剂，就是一种负催化剂。但是一般所说的催化剂都是指正催化剂。以后提到催化剂，如果未加说明，都指正催化剂。

催化剂具有选择性。对某一反应是良好的催化剂，对其他反应就不一定有催化作用，每一反应都有它独特的催化剂。不同的反应要用不同的催化剂。例如，二氧化硫氧化成三氧化硫，用五氧化二钒做催化剂；合成氨用铁做催化剂等。催化剂的选择性还与反应条件有关。一种反应的催化剂是在一定的温度范围内发生催化作用的，催化剂发生催化作用的温度叫催化剂的活性温度。

此外，有一些物质本身并没有催化作用，但由于它的存在，能使催化剂的催化作用增强，这种物质叫助催化剂（或活化剂），例如，氧化铝、氧化钾是合成氨的铁催化剂的助催化剂，可大大提高铁的催化活性（即催化能力），还可延长其使用期。相反的，另有一些物质，即使是很少量的，当混入催化剂中或被催化剂表面吸附时，就会急剧降低甚至破坏催化剂的催化能力。这种作用叫做催化剂中毒。例如，氮气、氢气混合气体中，若含极少量硫化氢、一氧化碳、氧气等会使合成氨的铁催化剂失去活性。因此，为了防止催化剂中毒，需要对原料进行一系列的净化过程。

由于催化剂能大大加快反应速率，有的甚至可以提高千万倍，因此，催化剂在现代化学和化工生产中占有极为重要的地位。据统计，目前化学工业中约有85%的化学反应需要使用催化剂，尤其在当前大型化工生产、石油化学工业生产中，很多反应还必须靠使用性能优良的催化剂来实现。一些本来进行得很慢，没有工业生产价值的反应，由于采用了有效催化剂而实现了工业化，例如，硫酸工业中制取三氧化硫的反应，只要加入少量的催化剂五氧化二钒（V_2O_5），可使反应速率提高1亿六千多万倍。催化剂的使用，促进了硫酸工业、氮肥工业，以及合成橡胶、合成纤维、塑料等工业的发展。在化工生产中，往往一种新型催化剂的出现，能引起生产的巨大变革，所以国内外很多人都在从事催化剂的研究工作。催化剂的选择性，在生物酶催化作用中更为突出，一种酶只能催化一类化学反应，甚至一种化学反应。目前关于酶催化剂（生物催化剂）的研究，取得了很大的进展，现已发现酶催化的高效能，是一般催化剂所不能比拟的，有的酶催化剂比非酶催化剂提高反应速率达十几万倍，模拟固氮菌（固氮酶）的功能固定氮，使合成氨在常温常压条件下得以实现，这方面的研究获得成功，将对化学合成工业发生巨大的影响。现在化工生产中都是使用金属化合物催化剂，反应温度都较高，有些催化剂对人体还有很大的毒性，如果今后能用酶催化剂代替金属催化剂，一定会使化工生产出现一个崭新的局面。

影响化学反应速率的因素很多，除了浓度、压力（有气体参加的反应）、温度、催化剂以外，还有光、超声波、激光、放射线、电磁波、反应物颗粒的大小、扩散速率、溶剂等。例如，煤块的燃烧远不如煤粉燃烧得快等等。

选学　　反应的活化能

不同的化学反应具有不同的反应速率，同一化学反应，在浓度、压力、温度、催化剂等外界条件不同时，反应速率也不相同。这主要是由于活化分子和反应的活化能不同而引起的。

1. 活化分子和活化能

发生化学反应的先决条件是反应物的分子（或离子）必须互相接触，互相碰撞，否则就不能发生化学反应。以气体为例，由于分子运动的速度很快，任何气体分子间的碰撞次数都是非常多的。在通常情况下，1L 气体中，气体分子在每秒钟内两两相互碰撞的总次数可高达 10^{32} 以上。如果有关的气体分子间一经碰撞就发生反应，那么一切气体反应将在瞬间完成。然而事实并非如此。在气体之间发生的化学反应，反应物分子间不断地发生碰撞，但大多数碰撞并不引起化学反应的发生，分子间碰撞以后又立即分开而进行其他的碰撞。

化学反应的过程，就是反应物分子中的原子重新组合为生成物分子的过程，也是反应物分子中化学键的断裂，生成物分子中化学键的形成过程。因此，反应物分子必须有足够的能量，碰撞时才能使化学键削弱或断裂，生成新物质。所以只有极少数具有足够能量的分子间的碰撞才能发生化学反应。人们把这种能够发生化学反应的碰撞叫做有效碰撞。能够发生有效碰撞的分子叫做活化分子。

在一定温度下，气体分子具有一定的平均能量，但并不是所有的分子都具有相等的能量（动能），实际上是少数分子具有的能量比平均能量高，也有少数分子具有的能量比平均能量低，但多数分子具有的能量接近平均能量。对某一反应来说，那些具有比平均能量高的分子，才能发生有效碰撞，它们是活化分子。活化分子具有的最低能量与分子平均能量的差，叫做活化能。活化能是一般分子（具有平均能量的分子）变为活化分子所需要吸收的最低能量，单位为 kJ/mol。如图 7-1 所示。

在图 7-1 中，纵坐标表示反应体系分子的能量，横坐标表示反应过程。凡是能量等于或大于 E_1 的分子都是活化分子。具有平均能量的反应物分子，需要吸收 E_1 的能量，才能变成活化分子，能量 E_1 就是该反应的活化能。

不同化学反应的活化能是不同的。对某一具体反应来说，其活化能为一定值。一般化学反应的活化能约在 42～420kJ/mol，多数是 63～250kJ/mol。

化学反应速率与活化能的大小有密切关系，如果反应的活化能越低，则在一定温度下，活化分子数越多，有效碰撞次数也就越多，反应速率就越快。如果反应的活化能越高，反应速率也就越慢。一般情况下，反应的活化能若低于 42kJ/mol 时，反应在瞬间就可完成，如酸碱中和反应等；反应的活化能高于 125.6kJ/mol 时，反应就非常缓慢，如合成氨反应的活化能约为

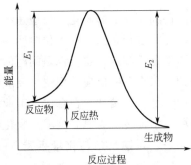

图 7-1　反应过程中能量变化示意

176kJ/mol。

2. 活化分子与反应速率的关系

综上所述，加快反应速率的关键，就是增加反应物活化分子的数目和降低反应的活化能。

对于一定的反应，当其他条件一定时，在反应物分子的总数中，活化分子的数目与单位体积内反应物分子的总数成正比，也就是和反应物的浓度成正比。当反应物浓度增大时，单位体积内反应物分子总数增多，活化分子的数目当然也相应地增加，因而单位时间、单位体积内有效碰撞的次数增多，反应速率增大。

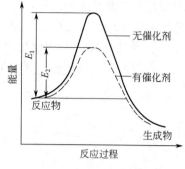

图 7-2　催化剂与活化能的关系示意

在浓度一定时，升高温度，反应的活化能一般不发生变化，但分子运动的速率会加快，使单位时间内反应物分子间的碰撞次数增加，反应也会相应地加快，但这不是增大反应速率的主要原因。主要原因是温度升高时，有更多的反应物分子获得了能量变成了活化分子，因而增加了反应物分子中活化分子的数目，单位时间、单位体积内有效碰撞次数增多，反应速率也就增大。

催化剂与活化能的关系如图 7-2 所示。图中实线曲线表示无催化剂时反应物变成生成物的过程，E_1 为不用催化剂时反应的活化能；虚线曲线表示使用催化剂时反应物变成生成物的过程，E_2 是有催化剂存在时该反应的活化能。显然，使用催化剂能使反应的活化能降低。

催化剂能够增大反应速率的原因，是由于它参与了化学反应，改变了反应历程，降低了反应的活化能，使原来一些能量较低的分子也变成了活化分子，大大增加了单位体积内反应物分子中活化分子的数目，成千成万倍地增大了化学反应速率。例如，接触法制硫酸的过程中，二氧化硫氧化成三氧化硫的反应：

$$2SO_2 + O_2 =\!\!=\!\!= 2SO_3$$

如果使用五氧化二钒（V_2O_5）做催化剂，能使一步进行的反应分两步进行反应：

$$SO_2 + V_2O_5 =\!\!=\!\!= SO_3 + V_2O_4$$

$$V_2O_4 + SO_2 + O_2 =\!\!=\!\!= SO_3 + V_2O_5$$

实验测得，这样将会使反应的活化能降低到原来的二分之一左右。由此可见，催化剂并不是不参与化学反应，只是反应前与反应后的组成和质量未改变罢了。催化剂的存在改变了反应的历程，使活化能大大降低，因此使该反应的反应速率提高一亿六千多万倍。

第二节　化学平衡

前面研究了影响化学反应速率的一些重要因素，运用这些规律，固然可使化学反应以适宜的速率进行，力争在单位时间内获得较高的产量，但在化学研究和化工生产中，只考虑反应速率是不够的，这仅仅是问题的一个方面。对化工生产来说，产量和原料的消耗是密切相关的，只有那些反应速率快、反应物又能最大限度地转化为产物的反应，才能保证生产达到高产、低耗。例如，在合成氨工业中除了要求氮和氢尽可能快地转变为氨外，还要使氮和氢尽可能多地转变为氨。这就涉及化学反应的另一个问题——化学平衡。

一、可逆反应与化学平衡

1. 可逆反应和不可逆反应

在一定条件下，不同的化学反应进行的程度是不同的。

有些反应几乎能进行到底（反应进行后，反应物的量减小到测不出的程度），例如，在二氧化锰做催化剂的条件下，氯酸钾受热分解的反应：

$$2KClO_3 \xrightarrow[\triangle]{MnO_2} 2KCl + 3O_2\uparrow$$

该反应向左进行的趋势很小，在目前条件下，还不能使氧气和氯化钾反应生成氯酸钾。可以认为，该反应几乎是完全向右进行，即氯酸钾分解全部变成氯化钾和氧气。**像这种几乎只能向一个方向进行"到底"的反应，叫做不可逆反应。**

绝大多数的化学反应都是可逆反应。例如，

$$N_2 + 3H_2 \xrightarrow[催化剂]{高温、高压} 2NH_3$$

$$2SO_2 + O_2 \xrightarrow[\triangle]{催化剂} 2SO_3$$

可逆反应一般都不能进行到底，即反应物不能全部转化为生成物。

2. 化学平衡

可逆反应在密闭容器中进行时，任何一个方向的反应都不能进行到底。以合成氨为例，用可逆反应中正反应和逆反应的反应速率的变化来说明。

在 $600℃$ 和 $2.026 \times 10^7 Pa$ 时把 $1:3$（体积比）的氮气和氢气的混合气体，通入一个装有催化剂的密闭容器里进行反应。当混合气体中含氨 9.2%（体积分数）、未反应的氮气和氢气为 90.8%（体积分数）时，如果反应条件不改变，无论怎样延长时间，容器内反应物氮气、氢气和生成物氨气在混合气体中的浓度都保持不变。反应好像"停顿"了一样。这是因为，当反应开始的时候，容器内只有氮气和氢气，此时它们的浓度最大，因而正反应速率最大；而氨气的浓度为 0，因而逆反应速率也为 0，即不存在逆反应。然而，一旦生成了氨，逆反应便立即发生。随着反应的进行，反应物氮气和氢气的浓度逐渐减小，正反应速率也随之逐渐减慢；生成物氨气的浓度逐渐增大，逆反应速率也随之逐渐加快。如果外界条件不发生变化，化学反应进行到一定程度时，就会出现正反应速率和逆反应速率相等（见图7-3），即单位时间内，正反应生

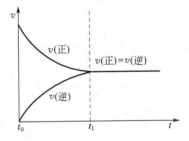

图 7-3 正、逆反应速率与化学平衡的关系

成氨的分子数，等于逆反应分解为氮气和氢气的氨分子数。此时容器内反应物和生成物的浓度不再发生变化，反应物和生成物的混合物（简称反应混合物）就处于化学平衡状态。实验证明，如果反应是从 $NH_3(g)$ 的分解反应开始，以相同的条件进行反应，最后结果与前者相同。

人们把这种**在一定条件下进行的可逆反应，正反应速率和逆反应速率相等，反应物和生成物的浓度都不再随时间而变化的状态，叫做化学平衡状态，简称化学平衡。**

只有在一定条件下，密闭容器中进行的可逆反应，才能建立化学平衡。

必须指出，可逆反应在一定条件下达到化学平衡状态时，反应并没有停止，正、逆反应都仍在继续进行，只是它们的反应速率相等，但不等于 0，反应混合物中各组分的浓度保持不变。因此，化学平衡是一种动态平衡。

化学平衡是有条件的平衡。当外界条件改变时，正、逆反应速率发生变化，原有平衡就会被破坏，直到在新的条件下达到新的动态平衡。

二、化学平衡常数

1. 浓度平衡常数

在一定条件下，任何可逆反应达到平衡时，各物质的浓度都不随时间而改变，反应物和生成物的浓度都达到相对稳定。在平衡状态下各物质的浓度叫平衡浓度，平衡浓度一定是该条件下反应物转变为生成物的最高浓度，找出平衡混合物（达到平衡时的反应混合物）中各物质浓度之间的关系，具有实际意义。以合成氨生产中，一氧化碳的变换反应，即一氧化碳和水蒸气在高温时进行反应生成二氧化碳和氢气为例，找出平衡时各物质浓度之间的定量关系。

经实验测定，分别在四个密闭容器中进行的下列反应：

$$CO(g) + H_2O(g) \underset{\text{高温}}{\overset{\text{催化剂}}{\rightleftharpoons}} CO_2(g) + H_2(g)$$

在800℃时各物质的平衡浓度如表7-1所示。用符号 c 表示某物质的物质的量浓度，用平衡混合物中各生成物浓度的幂[1]的乘积作为分子，把各反应物浓度的幂的乘积作为分母，求其比值，把求得的数值也列入表7-1中。

表7-1　CO 变换反应中各物质平衡浓度的关系

起始浓度/(mol/L)				平衡浓度/(mol/L)				平衡浓度关系
$c(CO)$	$c(H_2O)$	$c(CO_2)$	$c(H_2)$	$c(CO)$	$c(H_2O)$	$c(CO_2)$	$c(H_2)$	$\dfrac{c(CO_2)c(H_2)}{c(CO)c(H_2O)}$
1	3	0	0	0.25	2.25	0.75	0.75	1.0
0.25	3	0.75	0.75	0.21	2.96	0.79	0.79	1.0
1	5	0	0	0.167	4.167	0.833	0.833	1.0
0	0	2	1	0.67	0.67	1.33	0.33	1.0

从表7-1所列的实验数据可知，在一定温度下，可逆反应无论从正反应开始，或是从逆反应开始，又无论反应物起始浓度的大小如何，最后都能达到平衡。这时生成物浓度的幂的乘积 $[c(CO_2)c(H_2)]$ 和反应物浓度的幂的乘积 $[c(CO)c(H_2O)]$ 的比值是一个常数，这个常数叫做该反应的**化学平衡常数**（简称平衡常数）。用符号 K_c 表示。

$$K_c = \frac{c(CO_2)c(H_2)}{c(CO)c(H_2O)}$$

在这里 K_c 是以各物质的平衡浓度来表示的，所以它又称为**浓度平衡常数**。

对于一般的可逆反应

$$aA + bB \rightleftharpoons dD + eE$$

式中，A、B 分别代表反应物；D、E 分别代表生成物；a、b、d、e 分别代表化学方程式中相应物质分子式前面的化学计量数。当在一定温度下，可逆反应达到平衡时，同样可以用实验得出：

---

[1]　这里的系数是指化学方程式中各相应物质分子式前面的化学计量数。

$$K_c = \frac{\left[c(\mathrm{D})\right]^d \left[c(\mathrm{E})\right]^e}{\left[c(\mathrm{A})\right]^a \left[c(\mathrm{B})\right]^b}$$

式中，$c(\mathrm{A})$、$c(\mathrm{B})$、$c(\mathrm{D})$、$c(\mathrm{E})$ 分别为反应达到平衡时各物质的浓度，即平衡浓度，单位为 mol/L。K_c 为该温度下反应的浓度平衡常数。该式为化学平衡常数表达式的一般形式。它表明：**在一定温度下，可逆反应达到平衡时，生成物平衡浓度的幂的乘积与反应物平衡浓度的幂的乘积之比是一个常数**。这就是可逆反应达到平衡时，各物质浓度之间的定量关系。

2. 压力平衡常数

由理想气体状态方程式　$pV = nRT$

可得

$$p = \frac{n}{V}RT$$

可见，温度一定时，理想气体的浓度 (n/V) 与压力成正比，在气体混合物中，则每种气体的浓度与它的分压成正比。因此，对于有气体参加的可逆反应，也可以用各气体的平衡分压代替各物质平衡浓度来表示它的平衡常数。用分压表示的平衡常数，叫**压力平衡常数**。压力平衡常数用符号 K_p 表示。例如，下列可逆反应：

$$\mathrm{CO(g)} + \mathrm{H_2O(g)} \Longleftrightarrow \mathrm{CO_2(g)} + \mathrm{H_2(g)}$$

压力平衡常数表达式为

$$K_p = \frac{p(\mathrm{CO_2})\,p(\mathrm{H_2})}{p(\mathrm{CO})\,p(\mathrm{H_2O})}$$

式中 $p(\mathrm{CO_2})$、$p(\mathrm{H_2})$、$p(\mathrm{CO})$、$p(\mathrm{H_2O})$ 分别为可逆反应到达平衡时 $\mathrm{CO_2}$、$\mathrm{H_2}$、CO、$\mathrm{H_2O(g)}$ 的平衡分压。

对于气体物质参加的一般反应：

$$a\mathrm{A(g)} + b\mathrm{B(g)} \Longleftrightarrow d\mathrm{D(g)} + e\mathrm{E(g)}$$

在一定温度达到平衡时，其压力平衡常数表达式为：

$$K_p = \frac{\left[p(\mathrm{D})\right]^d \left[p(\mathrm{E})\right]^e}{\left[p(\mathrm{A})\right]^a \left[p(\mathrm{B})\right]^b}$$

式中　$p(\mathrm{A})$、$p(\mathrm{B})$——分别代表气态反应物 A、B 的平衡分压；

　　　$p(\mathrm{D})$、$p(\mathrm{E})$——分别代表气态生成物 D、E 的平衡分压；

　　　a、b、d、e——分别代表化学方程式中反应物和生成物气体的化学计量数。

对于气体物质参加的化学反应，其化学平衡常数既可以用浓度平衡常数 K_c 表示，也可以用压力平衡常数 K_p 表示。

同一化学反应中压力平衡常数 K_p 和浓度平衡常数 K_c 之间有一定的关系，对于上述气体物质参加的一般反应，在一定温度 (T) 时，这种关系可推导如下：

若 A、B、D、E 都是理想气体，根据理想气体状态方程式和分压定律，则有下列关系式：

$$p_\mathrm{A} = \frac{n_\mathrm{A}}{V}RT = c(\mathrm{A}) \cdot RT$$

$$p_\mathrm{B} = \frac{n_\mathrm{B}}{V}RT = c(\mathrm{B}) \cdot RT$$

$$p_D = \frac{n_D}{V}RT = c(D) \cdot RT$$

$$p_E = \frac{n_E}{V}RT = c(E) \cdot RT$$

将上述四式代入压力平衡常数 K_p 的关系式：

$$K_p = \frac{[p(D)]^d [p(E)]^e}{[p(A)]^a \{p(B)\}^b}$$

$$= \frac{[c(D)]^d (RT)^d [c(E)]^e (RT)^e}{[c(A)]^a (RT)^a [c(B)]^b (RT)^b}$$

$$= \frac{[c(D)]^d [c(E)]^e}{[c(A)]^a [c(B)]^b} (RT)^{(d+e)-(a+b)}$$

令 $(d+e)-(a+b)=\Delta n$

即 Δn 为化学方程式中气态生成物化学计量数总和减去气态反应物化学计量数总和所得之差值。

则 $$K_p = K_c (RT)^{\Delta n}$$

由上式可知，当 $\Delta n = 0$ 时，$K_p = K_c$。

下面举例说明达到平衡状态的每个可逆反应在同温度时 K_p 和 K_c 的关系。

① $$CO + H_2O(气) \Longleftrightarrow CO_2 + H_2$$
$$\Delta n = (1+1)-(1+1)=0$$
$$K_p = K_c(RT)^{\Delta n} = K_c(RT)^0 = K_c$$

② $$2SO_2 + O_2 \Longleftrightarrow 2SO_3(气)$$
$$\Delta n = 2-(2+1)=-1$$
$$K_p = K_c(RT)^{\Delta n} = K_c(RT)^{-1}$$

③ $$CaCO_3(s) \Longleftrightarrow CaO(s) + CO_2(g)$$
$$\Delta n = 1-0=1$$
$$K_p = K_c(RT)^{\Delta n} = K_c RT$$

在一定温度下，每个可逆反应都有一定的平衡常数。由于平衡常数表达式是以产物平衡浓度的幂的乘积或平衡分压的幂的乘积为分子，而以反应物平衡浓度的幂的乘积或平衡分压的幂的乘积为分母，所以平衡常数数值的大小能很好地表示化学反应进行的程度，K 值越大，在平衡混合物中产物越多，反应进行的程度越大，达到平衡时正反应进行得越完全；K 值越小，反应物转化为生成物的程度就越小，反应就不完全。

3. 应用平衡常数时应注意的几个问题

在具体应用平衡常数的概念时，必须注意下面几个问题。

① 平衡常数与浓度（或压力）无关，但随着温度的改变而改变。在一定温度下，对指定的可逆反应来说，K_c 和 K_p 是一个常数。

② 平衡常数 K_c 或 K_p 中的浓度或分压，一定是反应达到平衡时各物质的浓度或分压。

③ 对有固体或纯液体参加的反应，它们的浓度不写入平衡常数表达式中。例如，

$$Fe_3O_4(s) + 4H_2(g) \Longleftrightarrow 3Fe(s) + 4H_2O(g)$$

$$K_c = \frac{[c(H_2O)]^4}{[c(H_2)]^4}$$

$$K_p = \frac{[p(H_2O)]^4}{[p(H_2)]^4}$$

④ 平衡常数的数值与化学方程式书写的方式有关。对同一化学反应，在同样的条件下达到平衡，由于化学方程式的写法不同，则平衡常数的数值也不相同。例如，氮气和氢气合成氨的反应，如果化学方程式写成：

$$N_2 + 3H_2 \rightleftharpoons 2NH_3$$

则

$$K_c = \frac{[c(NH_3)]^2}{c(N_2) \cdot [c(H_2)]^3}$$

$$K_p = \frac{[p(NH_3)]^2}{p(N_2) \cdot [p(H_2)]^3}$$

当化学方程式写成：

$$\frac{1}{2}N_2 + \frac{3}{2}H_2 \rightleftharpoons NH_3$$

则

$$K' = \frac{c(NH_3)}{[c(N_2)]^{\frac{1}{2}} \cdot [c(H_2)]^{\frac{3}{2}}} = \sqrt{K_c}$$

$$K'_p = \frac{p(NH_3)}{[p(N_2)]^{\frac{1}{2}} \cdot [p(H_2)]^{\frac{3}{2}}}$$

因此，在进行有关计算时，要注意使用与反应方程式对应的平衡常数的数值。

三、有关化学平衡的计算

① 已知平衡浓度，求平衡常数和反应物的起始浓度。

【例题 1】　氮气和氢气在密闭容器中合成氨的反应：$N_2 + 3H_2 \rightleftharpoons 2NH_3$，在 400℃ 时达到平衡，测得各物质的平衡浓度为：$c(N_2) = 3\,mol/L$，$c(H_2) = 9\,mol/L$，$c(NH_3) = 4\,mol/L$。求在该温度下合成氨反应的平衡常数 K_c 及 N_2 和 H_2 的起始浓度。

解

$$K_c = \frac{[c(NH_3)]^2}{c(N_2) \cdot [c(H_2)]^3} = \frac{4^2}{3 \times 9^2} = 7.32 \times 10^{-3}$$

设生成 4mol 的 NH_3 消耗 N_2 为 x mol，消耗 H_2 为 $y$mol。

$$
\begin{array}{cccc}
N_2 & + & 3H_2 \rightleftharpoons & 2NH_3 \\
1mol & & 3mol & 2mol \\
x\,mol & & y\,mol & 4mol
\end{array}
$$

$$1 : x = 2 : 4$$

$$x = \frac{1 \times 4}{2} = 2 \ (mol)$$

$$3 : y = 2 : 4$$

$$y = \frac{3 \times 4}{2} = 6 \ (mol)$$

N_2 的消耗浓度为 2mol/L，H_2 的消耗浓度为 6mol/L（设溶液的体积为 1L）。

因为对可逆反应来说，

平衡浓度＝物质的起始浓度－消耗浓度

所以　　　　物质的起始浓度＝平衡浓度＋消耗浓度

故　　　　　N_2 的起始浓度＝3＋2＝5（mol/L）

　　　　　　H_2 的起始浓度＝9＋6＝15（mol/L）

答　合成氨反应的平衡常数 K_c 为 7.32×10^{-3}，N_2 和 H_2 的起始浓度分别为 5mol/L 和 15mol/L。

② 已知平衡常数，求平衡浓度。

【例题2】 已知 $800℃$ 时，可逆反应：$CO+H_2O(g) \rightleftharpoons CO_2+H_2$ 的平衡常数 $K_c=1.0$，CO 和 H_2O（g）的起始浓度分别为 $0.2mol/L$ 和 $0.8mol/L$，求四种物质的平衡浓度。

解 设平衡时：$c(H_2)=c(CO_2)=x mol/L$，则 $c(CO)=(0.2-x)mol/L$，$c(H_2O)=(0.8-x)mol/L$，

$$CO \quad + \quad H_2O(g) \rightleftharpoons CO_2+H_2$$

起始浓度/(mol/L)	0.2	0.8	0	0
平衡浓度/(mol/L)	0.2-x	0.8-x	x	x

根据

$$K_c=\frac{c(CO_2) \cdot c(H_2)}{c(CO) \cdot c(H_2O)}$$

将上述平衡浓度代入平衡常数表达式，则

$$K_c=\frac{c(CO_2) \cdot c(H_2)}{c(CO) \cdot c(H_2O)}=\frac{x \cdot x}{(0.2-x)(0.8-x)}=1.0$$

即

$$\frac{x \cdot x}{(0.2-x)(0.8-x)}=1.0$$

解方程得

$$x=0.16 \ (mol/L)$$

因此四种物质的平衡浓度为：

$$c(CO_2)=c(H_2)=0.16 \ (mol/L)$$
$$c(CO)=0.2-0.16=0.04 \ (mol/L)$$
$$c(H_2O)=0.8-0.16=0.64 \ (mol/L)$$

答 CO_2、H_2、CO 和 $H_2O(g)$ 的平衡浓度分别为 $0.16mol/L$、$0.16mol/L$、$0.04mol/L$ 和 $0.64mol/L$。

③ 已知平衡常数和反应物的起始浓度，求各物质的平衡浓度和某反应物的平衡转化率。

平衡转化率是指平衡时已转化了的某反应物的量（或物质的量浓度）与转化前该反应物总量（或起始浓度）之比。一般表示为：

$$平衡转化率=\frac{已转化了的某反应物的量}{该反应物的总量}×100\%$$

$$=\frac{起始浓度-平衡浓度}{起始浓度}×100\%$$

【例题3】 合成氨生产中 CO 的变换反应：$CO+H_2O(g) \rightleftharpoons CO_2+H_2$，在 $800℃$ 时平衡常数 $K_c=1.0$，若反应开始时，CO 和 H_2O（g）的浓度分别为 $1mol/L$ 和 $3mol/L$，求平衡时各物质的浓度和 CO 转化为 CO_2 的平衡转化率。

解 设平衡时 $c(H_2)=c(CO_2)=x mol/L$，

则

$$c(CO)=(1-x)mol/L, \quad c(H_2O)=(3-x)mol/L$$

$$CO \quad + \quad H_2O(g) \rightleftharpoons CO_2+H_2$$

起始浓度/(mol/L)	1	3	0	0
平衡浓度/(mol/L)	1-x	3-x	x	x

将上述平衡浓度代入平衡常数表达式，则

$$K_c=\frac{c(CO_2)c(H_2)}{c(CO)c(H_2O)}=\frac{x \cdot x}{(1-x)(3-x)}=1.0$$

即

$$\frac{x^2}{(1-x)(3-x)}=1.0$$

解方程得
$$x = 0.75 \ (\text{mol/L})$$
平衡时
$$c(\text{CO}_2) = c(\text{H}_2) = 0.75 \ (\text{mol/L})$$
$$c(\text{CO}) = 1 - x = 1 - 0.75 = 0.25 \ (\text{mol/L})$$
$$c(\text{H}_2\text{O}) = 3 - x = 3 - 0.75 = 2.25 \ (\text{mol/L})$$

$$\text{CO 的转化率} = \frac{\text{起始浓度} - \text{平衡浓度}}{\text{起始浓度}} \times 100\%$$

$$= \frac{1 - 0.25}{1} \times 100\% = 75\%$$

答　CO_2、H_2、CO、$\text{H}_2\text{O(g)}$ 的平衡浓度分别为 0.75mol/L、0.75mol/L、0.25mol/L、2.25mol/L，CO 的平衡转化率为 75%。

④ 已知反应物的起始浓度和某反应物的转化率，求各物质的平衡浓度（或气体的平衡分压）及平衡常数。

【例题 4】　在 35℃ 及 101.325kPa 下，反应：$\text{N}_2\text{O}_4\text{(g)} \Longleftrightarrow 2\text{NO}_2\text{(g)}$ 达到平衡时，实验测得 N_2O_4 的转化率为 27.0%，求各气体的平衡分压及该反应的分压平衡常数。

解　设反应开始时 N_2O_4 的物质的量为 $x$mol，则

$$\text{N}_2\text{O}_4\text{(g)} \Longleftrightarrow 2\text{NO}_2\text{(g)}$$

起始时物质的量/mol　　　x　　　　　　　0

平衡时物质的量/mol　　$x - 0.270x$　　　$2 \times 0.270x$

平衡时混合气体的总的物质的量为：
$$n = x - 0.270x + 2 \times 0.270x = 1.27x$$

平衡时各气体的分压为：
$$p(\text{N}_2\text{O}_4) = p \times \frac{x - 0.270x}{1.27x} = 101.325 \times \frac{1 - 0.270}{1.270} = 58.2 \ (\text{kPa})$$

$$p(\text{NO}_2) = p \times \frac{2 \times 0.270x}{1.27x} = 101.325 \times \frac{0.540}{1.27} = 43.1 \ (\text{kPa})$$

分压平衡常数为：
$$K_p = \frac{[p(\text{NO}_2)]^2}{p(\text{N}_2\text{O}_4)} = \frac{43.1^2}{58.2} = 31.9$$

答　N_2O_4 和 NO_2 的平衡分压分别是 58.2kPa 和 43.1kPa，该反应的分压平衡常数为 31.9。

第三节　影响化学平衡的因素

在一定条件下，当可逆反应达到平衡状态以后，反应物浓度和产物的浓度不再随时间而改变，如果条件不变，则平衡可以保持。一切平衡都是相对的、暂时的，是在一定条件下建立的。化学平衡和其他平衡一样，也只有在一定条件下，才能维持暂时的平衡状态。一旦条件改变，对正、逆反应速率发生不同程度的影响，使正、逆反应速率不再相等，原有的平衡状态就遭到破坏，反应物和生成物的浓度就发生变化，可逆反应从暂时的平衡变为不平衡，直到在新的条件下又建立新的暂时的平衡。在新的平衡状态中，反应物和生成物的浓度与原来的平衡状态已经不相同了。

如果一个可逆反应达到平衡状态以后，**因为反应条件（浓度、压力、温度等）的改变，旧的平衡被破坏，引起平衡混合物中各组成物质含量随之改变，从而达到新平衡状态的过**

程，叫做化学平衡的移动。

研究化学平衡，就是要做平衡的转化工作，在化工生产中控制影响化学平衡的因素，使平衡向着有利于生产需要的方向转化，使所需要的化学反应进行得更完全，以达到增加产品产率的目的。影响化学平衡的主要因素有浓度、总压力和温度，下面分别加以讨论。

一、浓度对化学平衡的影响

在一定温度下，反应速率随着反应物浓度的增减而增减。对已达到化学平衡的可逆反应来说，其正反应速率和逆反应速率相等，平衡混合物中各物质的浓度皆已恒定，那么，当一个化学反应达到平衡时，其他条件不变，只要改变任何一种反应物或生成物的浓度，就会改变正、逆反应速率，使正反应速率和逆反应速率不再相等，平衡遭到破坏，从而引起平衡的移动。下面通过实验和计算来分析和研究浓度对化学平衡的影响。

[**实 验 7-4**] 向一个小烧杯中注入 10mL 0.01mol/L 氯化铁溶液，再注入 10mL 0.01mol/L 硫氰化钾（KSCN）溶液，混合后溶液立即变成红色。将所得的红色溶液平均分到三支试管里，在第一支试管里加入少量 1mol/L 氯化铁溶液，在第二支试管里加入少量 1mol/L 硫氰化钾溶液，第三支试管里的溶液留做比较。观察三支试管里溶液颜色的变化。

氯化铁溶液和硫氰化钾溶液混合后，发生下列反应：

$$FeCl_3 + 3KSCN \Longrightarrow Fe(SCN)_3 + 3KCl$$
$$红色$$

从上面的实验可以看到，在平衡混合物里加入氯化铁和硫氰化钾溶液的时候，两支试管里溶液的红色都加深了，表明硫氰化铁的浓度增大了[❶]。这说明增大任何一种反应物的浓度，都促使化学平衡向正反应的方向移动，生成了更多的硫氰化铁。

其他实验也可以证明，在达到化学平衡状态的可逆反应里，减小任何一种生成物的浓度，可使平衡向正反应方向移动；增大生成物的浓度或减小任何一种反应物的浓度，平衡会向逆反应方向移动。

由此可见，**在其他条件不变的情况下，增大反应物浓度或减少生成物的浓度，可以使化学平衡向着正反应方向移动；增大生成物浓度或减少反应物的浓度，可以使化学平衡向着逆反应方向移动。**

浓度对化学平衡的影响，还可以通过计算加以说明。

【**例题**】 在上节的例题 3 中，其他条件都保持不变，将水蒸气的起始浓度增加到原来的 2 倍，即由 3mol/L 增加到 6mol/L，求 CO 转化为 CO_2 的平衡转化率。

解 设平衡时 CO 的消耗浓度为 $x$mol/L。根据题意得到以下数据：

$$CO + H_2O(g) \Longrightarrow CO_2 + H_2$$

起始浓度/(mol/L)	1	6	0	0
平衡浓度/(mol/L)	$1-x$	$6-x$	x	x

$$K_c = \frac{c(CO_2)c(H_2)}{c(CO)c(H_2O)} = \frac{x \cdot x}{(1-x)(6-x)} = 1.0$$

即

$$\frac{x^2}{(1-x)(6-x)} = 1.0$$

$$x = 0.857 \quad (mol/L)$$

---

❶ 实际上是 $[FeSCN]^{2+}$ 的颜色。

$$CO\ 的转化率 = \frac{消耗浓度}{起始浓度} \times 100\% = \frac{0.857}{1} \times 100\% = 85.7\%$$

答　CO 的平衡转化率为 85.7%。

由上面的计算结果与上节例题 3 计算结果相比可知，CO 的起始浓度仍为 1mol/L，温度不变时将水蒸气的起始浓度由 3mol/L 增加到 6mol/L 后，CO 的平衡转化率由 75% 提高到 85.7%。说明了增加反应物的浓度，平衡向生成物的方向移动，提高了 CO 的转化率。显然，计算结果和实验以及理论分析的结论完全一致。

在化工生产中，常利用浓度对化学平衡影响的规律，采取有效措施，来提高某一反应物的转化率，常根据具体情况采用下列措施。

① 在可逆反应中，为了充分利用原料，常常用过量的另一反应物和它反应，以提高其转化率。例如，在合成氨工业上 CO 的变换反应中：

$$CO + H_2O(g) \Longleftrightarrow CO_2 + H_2$$

为了除去有害气体 CO，采取加入过量水蒸气的办法，来提高 CO 的转化率。

同样，工业上制备硫酸时，在 SO_2 氧化成 SO_3 的反应中：

$$2SO_2 + O_2 \Longleftrightarrow 2SO_3$$

就是用过量的氧（空气中的氧）来提高成本较高的 SO_2 的转化率。按化学方程式中 SO_2 和 O_2 物质的量之比是 $1:0.5$，实际上工业上采用的比值是 $1:1.6$。工业上往往采取加入过量的廉价原料，而使较贵重的原料得到充分利用。

② 不断将生成物从反应中分离出来，使平衡不断地向生成产物的方向移动，甚至使反应进行到底。例如，煅烧石灰石制造生石灰的反应：

$$CaCO_3(s) \Longleftrightarrow CaO(s) + CO_2 \uparrow$$

在煅烧石灰石制造生石灰的过程中，由于生成的 CO_2 气体不断从窑炉中排出，这个反应实际上可进行到底。

又如，许多在溶液中进行的可逆反应，由于生成了易挥发的物质从溶液中逸出，或者生成了难溶物质从溶液中析出，或者生成了难电离的物质，使生成物浓度不断降低，反应可趋于完全。

还应注意，在一定温度下，物质的浓度改变，化学平衡发生移动，但平衡常数不变。

增加平衡混合物中固体及纯液体的量，并不改变固体及纯液体的浓度，因此，增加固体或纯液体物质的量，不会使化学平衡发生移动。

二、压力（压强）对化学平衡的影响

通常所说的压力，是指总压力。

对于没有气体参加的可逆反应，压力对平衡几乎没有影响。因为压力对固体和液体的体积影响很小，可以忽略不计。

由于压力对气体的体积影响非常大，所以压力对化学平衡的影响，主要是对有气体物质参加的反应而言的。处于平衡状态的反应混合物里，只要有气体存在，那么，在一定温度下，增大（或减小）压力时，使气体的体积减小（或增大），这样就增加（或减小）了单位体积内气体的分子数，即增加（或减小）了单位体积气体的物质的量，也就是增加（或减小）了气体的浓度，这样就会影响化学平衡的正、逆反应速率。但是，由于气体反应的类型不同，所以改变总压，对平衡的影响也是不一样的。

对于反应物气体分子总数与生成物气体分子总数不相等的可逆反应，总压力的改变，对平衡有很大的影响。因为在一定温度下，如果改变压力，无论是气态反应物还是气态生成物的浓度，都要随压力成比例的变化，由于反应前后气体总分子数不同，气体总分子数多的一方，浓度较大，其反应速率受压力的影响较大，这就会使正反应速率和逆反应速率不再相等，平衡被破坏，从而引起平衡的移动，直到建立新的平衡。下面通过实验来说明。

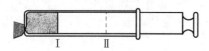

图 7-4　压力对化学平衡的影响

[**实验 7-5**]　在注射器（50mL 或更大些的）内吸入约 20mL 二氧化氮和四氧化二氮的混合气体（混合气体可用铜片与浓硝酸反应制得，因为生成的二氧化氮中部分转化为四氧化二氮），使注射器的活塞达到Ⅰ处。将注射器的细管端用橡皮塞加以封闭（见图 7-4）。然后把注射器的活塞反复从Ⅰ往外拉到Ⅱ及从Ⅱ往里压到Ⅰ，观察管内混合气体颜色的变化。

在一定条件下，二氧化氮和四氧化二氮的混合气体处于平衡状态：

$$2NO_2(g) \rightleftharpoons N_2O_4(g)$$

红棕色　　　　　无色

从实验 7-5 可以看到，当把注射器的活塞往外拉到Ⅱ处，管内空间容积增大，混合气体的体积增大，压力减小，浓度也减小，则首先会看到混合气体的颜色略为变浅（因减压后混合气体的浓度减小），接着又逐渐变深。这说明平衡向逆反应方向移动，生成了更多的二氧化氮，因此颜色变深。当把注射器的活塞往里压到Ⅰ处，管内空间容积减小，混合气体的体积减小，压力增大，浓度也增大，开始时混合气体的颜色先略为变深（因加压后混合气体的浓度增大），随之又逐渐变浅。这说明平衡向正反应方向移动，生成了更多的四氧化二氮，因此，混合气体的颜色变浅。

由此可见，**当温度不变时，增大压力，会使化学平衡向着气体分子数减少的方向移动；减小压力，会使平衡向着气体分子数增加的方向移动。**

对于反应物气体分子总数与生成物气体分子总数相等的可逆反应，例如，

$$N_2(g) + O_2(g) \xrightarrow{高温} 2NO(g)$$

在一定温度下达到平衡时，正反应速率和逆反应速率相等。当平衡混合物的总压力增大（或减小）一倍时，因各气体的平衡浓度同时增大（或减小）一倍，仍然能保持正反应速率和逆反应速率相等，所以不会使平衡遭到破坏，因此，不能使平衡移动。

由此可见，在有气体参加的可逆反应中，如果反应物气体的总分子数和生成物气体的总分子数相等，当温度不变时，增加或降低总压力，对平衡没有影响。因为在这种情况下，压力改变将同等程度地改变了正反应速率和逆反应速率。所以，改变压力只能改变达到平衡的时间，而不能使平衡移动。

三、温度对化学平衡的影响

化学反应总是伴随着热量的变化，有的反应吸热，有的反应放热。对于一个可逆反应来说，如果正反应是放热反应，则逆反应必然是吸热反应；相反，如果正反应是吸热反应，其逆反应一定是放热反应。而且放出的热量和吸收的热量是相等的。例如，

$$2NO_2(g) \rightleftharpoons N_2O_4(g); \Delta H < 0$$

红棕色　　　　　无色

在二氧化氮生成四氧化二氮的反应里，正反应是放热反应，逆反应是吸热反应。

在吸热或放热的可逆反应中，反应混合物达到平衡状态以后，温度改变时，吸热反应和放热反应的速率会发生不同的变化，因而使正逆反应速率不再相等，使平衡被破坏，从而引

起平衡的移动。

[**实验 7-6**]　将已达到平衡状态的二氧化氮和四氧化二氮的混合气体，充满在两个连通的圆底烧瓶里。然后用夹子夹住橡皮管，把一个圆底烧瓶浸入冰水（或冷水）中，把另一个圆底烧瓶浸入热水中（见图 7-5）。观察瓶内混合气体颜色的变化。

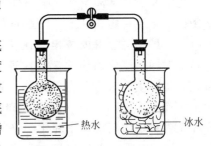

可以看到，浸入冰水或冷水（降低温度）中的圆底烧瓶内，混合气体的红棕色变浅了，说明二氧化氮浓度减小，四氧化二氮的浓度增加，平衡向正反应方向（放热反应的方向）移动，浸入热水（升高温度）中的圆底烧瓶内，混合气体的颜色变深，说明二氧化氮的浓度增加，四氧化二氮的浓度减小，平衡向逆反应方向（吸热反应的方向）移动。

图 7-5　温度对化学平衡的影响

由此可见，**在其他条件不变的情况下，升高温度，会使化学平衡向着吸热反应的方向移动；降低温度，会使化学平衡向着放热反应的方向移动。**

温度对化学平衡的影响，与浓度、压力对化学平衡的影响不同。浓度或压力虽然影响可逆反应的平衡，可使平衡发生移动但不能改变平衡常数，而温度的变化却改变了平衡常数，从而使平衡发生移动。

综合以上影响平衡移动的因素，可以得出一个结论：**如果改变影响平衡的一个条件（如浓度、压力或温度等），平衡就向能够减弱这种改变的方向移动**。这一条规律是在 1887 年由勒沙特列❶总结得出的，称为勒沙特列原理，又称平衡移动原理。

根据此原理：当增加反应物浓度时，平衡就向能减小反应物浓度的方向（即向生成物方向）移动。这是力求减弱条件改变的结果。同理，在减小生成物的浓度时，平衡就向能增加生成物浓度的方向移动。

当增加压力（有气体参加的反应）时，平衡就向能减小压力（即气体分子数目减小）的方向移动。当降低压力时，平衡就向能增大压力（即气体分子数目增加）的方向移动。

当升高温度时，平衡就向能降低温度（即吸热）的方向移动。当降低温度时，平衡就向能升高温度（即放热）的方向移动。

平衡移动原理是一条普遍的规律，适用于一切动态平衡（包括物理平衡，如水和它的蒸汽之间所建立的平衡等）。但必须注意，它不适应于未达到平衡的体系。在化工生产和科学实验中，常常应用平衡移动原理选择适宜的反应条件，使反应向着所需要的方向进行，以提高产品的产率和产量。

四、催化剂与化学平衡

催化剂只能影响化学反应的速率，而且对化学反应速率的影响是很敏感的。但是催化剂以同等程度影响可逆反应的正、逆反应速率，也就是说，在可逆反应里，能加快正反应的速率，又能同等程度地加快逆反应的速率。因此，催化剂不能改变达到平衡状态时反应混合物的组成，不能使平衡发生移动，不能改变平衡常数，而只能加速平衡的到达，或者说缩短到达平衡的时间。

---

❶　勒沙特列（H. L. Le Chatelier，1850～1936），法国化学家。

第四节　化学反应速率和化学平衡原理在化工生产中的应用

化学反应速率涉及在一定条件下的反应进行的快慢，但不涉及反应进行的程度；化学平衡则决定在一定条件下反应进行的程度，即反应的产率是多少，但不涉及达平衡所需的时间，即反应速率的快慢。在化工生产实践中的要求是既能提高产率，又能缩短平衡到达的时间，既要加快化学反应速率，又要使反应进行得比较完全。这样才能既提高产量，又提高生产效率，也就是降低成本，更多、更快地生产出质量好的产品来。然而在化工生产实际中，化学反应速率和化学平衡以及外界条件对它们的影响是错综复杂的，外界条件对化学反应速率和化学平衡的影响，往往是互相矛盾的，而且还必须顾及到设备、技术等问题。要解决生产问题，必须把影响化学反应速率和影响化学平衡的各种因素联系起来综合考虑，抓住关键，同时还要与生产中的具体技术问题结合起来考虑，才能确定适宜的工艺条件。

一、化学反应速率和化学平衡原理的应用举例

应用化学反应速率和化学平衡原理选择合成氨的适宜条件，下面对这个问题来进行简单的讨论。

工业生产上以氮气和氢气为原料合成氨，其化学方程式如下：

$$N_2(g) + 3H_2(g) \rightleftharpoons 2NH_3(g)；\Delta H < 0（正反应为放热反应）$$

合成氨的反应是一个放热的、气体总分子数减小的可逆反应。为了提高氨的产量，首先应该考虑到单位时间内氨的生成数量多，即反应速率快。另一方面必须考虑到平衡时混合气体中氨的含量高，即化学平衡向生成氨的方向移动。下面把影响反应速率的因素（浓度、压力、温度、催化剂）和影响化学平衡的因素（浓度、压力、温度）及设备、技术等问题联系起来综合分析，选择适宜的生产条件。

1. 浓度

增大反应物浓度，既可以使反应速率加快，又可以使平衡向正反应方向移动，增加平衡混合物中氨的含量。所以在合成氨实际生产中，需要将生成的氨及时从混合气体中分离出来，并且不断地向循环气中补充氮气和氢气。

2. 压力

合成氨是一个气体总分子数减小的反应，因此在温度一定时，增大压力，不但能增大反应速率，而且也有利于平衡向生成氨的方向移动，这样反应速率快，氨的产率也高。所以，提高压力，有利于氨的合成。但是压力越大，需要的动力越大，对材料的强度和设备的要求越高，生产成本增大。因此，必须采用适当的压力，一般合成氨厂采用的压力约是20～50MPa。

3. 温度

升高温度能加快化学反应速率，使反应较快地趋向平衡，但由于合成氨反应是可逆放热反应，当压力一定时，升高温度，会使平衡向逆反应方向（氨分解的方向）移动，氨的平衡浓度会降低。可见温度对反应速率和化学平衡的影响是互相矛盾的。为了提高氨的平衡浓度，从反应的理想条件来看，氨的合成反应，在较低的温度下进行有利，可使更多的氮气、氢气转化成氨，即氨的产率可以提高。但是温度太低，反应速率又太慢，到达平衡需要很长时间，单位时间内的产量就会很低，这在工业上是很不经济的。为了能处理好反应速率和反

应进行程度之间的矛盾，氨的合成必须采用合适的催化剂提高化学反应速率才具有工业意义。因此合成氨反应的适宜温度，必须维持在催化剂的活性温度范围内。在实际生产中，综合各种影响因素，经过试验及生产实践得出，氨合成操作温度控制在 470～520℃较为合适。

4. 催化剂

氮气和氢气是极不容易化合的，即使在高温、高压下化合也十分缓慢。为了解决反应速率和反应进行程度间的矛盾，使反应在较低温度下，就能获得较快的反应速率，从而加速平衡的到达，得到很高的转化率，所以采用催化剂。可以做合成氨催化剂的物质很多，如铁、铂、锰、钨和铀等。但由于以铁为主体的催化剂具有原料来源广，价格低廉，在低温下有较好的活性，抗毒能力强，使用寿命长等优点，因此目前国内外广泛使用铁催化剂。在工业上比较普遍地使用合成氨的催化剂，主要是以铁为主体的多成分催化剂。

二、选择合理生产条件的一般原则

在化工生产和科学实验中，化学反应速率和化学平衡是两个非常重要并且彼此密切相关的问题。在生产实际中，应当反复实践，综合分析，采取有利的工艺条件，以达到多、快、好、省地进行生产的目的。为了选择合理的生产条件，可参考下列几项原则。

① 对于任何一个可逆反应，如果增大反应物浓度，既能使反应速率加快，又能提高转化率，在生产中常使一种价廉易得的原料适当过量，以提高另一种原料的转化率。例如，接触法制硫酸中二氧化硫氧化成三氧化硫的反应，一般采取通入过量的氧气 $[n(SO_2):n(O_2)=1:6]$ 来提高二氧化硫的转化率。在一氧化碳转化为二氧化碳的变换反应中，通入过量的水蒸气以提高一氧化碳的转化率。但是，当使一种原料过量时应该配比适当，否则会引起设备利用率降低或产品不易分离、提纯等不良后果。

② 对反应后气体体积缩小（分子数减少）的气体反应，增大压力不但能加快化学反应速率，同时可使平衡向生成物方向移动，提高产率。但必须考虑设备的耐压能力和安全防护等。

③ 对吸热反应，升高温度既能加快化学反应速率，又能提高转化率。但要考虑温度过高，反应物或产物的过热分解以及燃料的合理消耗。

对于放热反应，升高温度能使化学反应速率加快，但使转化率降低。选择合理的催化剂来解决这个矛盾，使用催化剂可以提高反应速率而不致影响化学平衡，而且和分段控制温度结合起来，力争达到一个较高的转化率。但使用催化剂时必须注意催化剂的活性温度，防止催化剂"中毒"，提高其使用寿命。

④ 对相同的反应物，同时存在几个副反应的可逆反应，而实际上只需要其中一个反应发生时，首先必须选择合适的有选择性的催化剂，保证主反应的进行，遏制副反应的发生，然后再考虑其他条件。

根据以上原则，工业上用接触法制硫酸的过程中，SO_2 氧化成 SO_3 的反应是一个放热反应，需选定 400～500℃作为操作温度，选用 V_2O_5 等做催化剂，因为在这种条件下，反应速率和 SO_2 的平衡转化率（93.5％～99.2％）都比较理想。SO_2 的接触氧化也是一个总体缩小的气体反应。表 7-2 列出了压力对 SO_2 平衡转化率影响的一系列实验数据。

表 7-2　压力对 SO$_2$ 平衡转化率的影响

[原料气成分：$\varphi(SO_2)=7\%$，$\varphi(O_2)=11\%$，$\varphi(N_2)=82\%$]

温度/℃	压力/MPa			
	0.1	0.5	1	10
	转化率/%			
400	99.2	99.6	99.7	99.9
500	93.5	96.9	97.8	99.3
600	73.7	85.8	89.5	96.4

　　由表 7-2 可看出，增大气体压力，能相应提高 SO$_2$ 的平衡转化率，但提高得并不多。考虑到压力对设备的要求高，增大投资和能量消耗，而且常压下在 400～500℃时，SO$_2$ 的平衡转化率已经很高，所以制硫酸的工厂通常采用常压操作，并不加压。

第八章　电解质溶液

许多化学反应是在水溶液中进行的，参与反应的无机物主要是酸、碱和盐类。它们在溶液中都能发生不同程度的电离。其反应实质上是离子反应。本章主要应用化学平衡和平衡移动原理，讨论水溶液中弱电解质的电离平衡、盐的水解、难溶电解质的沉淀-溶解平衡等内容。

第一节　强电解质和弱电解质

凡是在水溶液里或熔化状态下能够导电的化合物叫做电解质，在上述情况下不能导电的化合物叫非电解质。

酸、碱、盐都是电解质。甘油、酒精、蔗糖及大多数有机化合物都是非电解质。

一、强电解质和弱电解质

酸、碱、盐和水溶液都能导电。但是相同体积、相同浓度而不同种类的电解质溶液，在相同的条件下，它们的导电能力是否相同呢。

[**实验 8-1**]　按图 8-1 的装置把仪器连接好，然后在五个烧杯中分别倒入等体积的浓度为 0.5mol/L 的盐酸、乙酸、氯化钠、氢氧化钠、氨的水溶液，连接电源。观察，比较灯泡发光的亮度。

实验结果表明：与乙酸溶液和氨水中的电极相连接的灯泡亮度小；与盐酸、氯化钠溶液、氢氧化钠溶液中的电极相连接的灯泡亮度大。可见，同体积、同浓度不同种类的电解质溶液在相同条件下的导电能力是不同的。

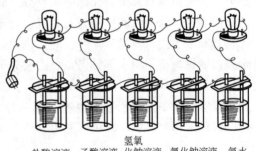

盐酸溶液　乙酸溶液　氢氧化钠溶液　氯化钠溶液　氨水

图 8-1　比较电解质溶液的导电能力

这是因为电解质在溶液中都能够电离出自由移动的离子。而溶液导电性的强弱跟溶液里能自由移动的离子的数目有关。而离子数目的多少又取决于电解质的电离程度。所以电解质溶液导电能力的差别，说明了不同种类电解质电离的程度是不同的。因此根据电离程度的大小可以把电解质分为强电解质和弱电解质。

盐酸、氯化钠溶液、氢氧化钠溶液导电能力强，是由于 HCl、NaCl、NaOH 在水中，可以完全电离成离子。**在水溶液中或熔化状态下能完全电离的电解质称为强电解质。**

乙酸溶液、氨水溶液导电能力弱，是由于 HAc❶、$NH_3 \cdot H_2O$ 在水中，只有一小部分电离成离子，大部分仍以分子状态存在，**在水溶液中仅能部分电离的电解质称为弱电解质。**

电解质的强弱与其分子结构有关。离子化合物和具有强极性共价键的化合物在水溶液中能全部电离为离子，没有分子存在。常用的强酸、强碱以及大多数盐类都属于此种情况，所

---

❶　HAc 为乙酸 CH_3COOH 的简写。

以都是强电解质。

离子化合物是由阴、阳离子构成的，没有中性原子。例如在氯化钠晶体中，就只存在着 Na^+ 离子和 Cl^- 离子，当氯化钠晶体放入水中时，受水分子的作用，二种离子逐渐脱离晶体表面而进入溶液，成为能够自由移动的水合钠离子和水合氯离子。在任何离子化合物在水溶液里，它们的阴、阳离子都如同 Cl^- 和 Na^+ 一样受水分子的作用，成为水合阴离子和水合阳离子。

为了简便，通常仍用普通离子的符号来表示水合离子。例如：

$$NaCl \Longrightarrow Na^+ + Cl^-$$

$$NaOH \Longrightarrow Na^+ + OH^-$$

具有强极性键的共价化合物是以分子状态存在的。例如，在液态的氯化氢里只有氯化氢分子，没有离子存在。氯化氢分子中，氢原子与氯原子相互形成的共价键是极性键，氢、氯原子之间的共用电子对偏向氯原子一方。当氯化氢分子溶解于水时，受水分子的作用，共用电子对进一步向氯原子靠近，最后共用电子对完全转移给氯原子，使它成为水合氯离子，而氢原子则转变为水合氢离子。以致溶液里没有氯化氢分子存在。其他的强酸，如硫酸、硝酸等也与氯化氢一样，它们的水溶液里只有水合氢离子和水合酸根离子存在。

为了简便，也常把水合离子用普通离子的符号来表示。例如：

$$HCl \Longrightarrow H^+ + Cl^-$$

$$H_2SO_4 \Longrightarrow 2H^+ + SO_4^{2-}$$

但是，具有弱极性键的共价化合物，它们溶解于水时，虽然同样受水分子的作用，却只有部分的分子电离成离子，大部分仍以分子状态存在于溶液中。在溶液中已电离的离子，由于离子的运动，又会互相碰撞并互相吸引，重新结合成分子。因此，这种具有弱极性键的共价化合物在水中的电离过程是可逆的。例如，乙酸溶液中只有小部分的 HAc 分子电离成氢离子和乙酸根离子，而大部分仍是以乙酸分子的状态存在。所以，这种溶液中能自由移动的离子数目很少，致使溶液的导电能力很弱。其他的弱酸（如碳酸、氢氟酸等）和弱碱（如氨水等）在水溶液中也与乙酸的电离过程一样，在它们的溶液中既有离子存在，又有分子存在，所以都是弱电解质。常用可逆的电离方程式表示。例如，乙酸和氨水的电离方程式可以表示如下：

$$HAc \Longrightarrow H^+ + Ac^-$$

$$NH_3 \cdot H_2O \Longrightarrow NH_4^+ + OH^-$$

二、弱电解质的电离平衡

根据浓度影响化学反应速度的理论，可以进一步讨论在溶液中乙酸的电离过程。乙酸的电离方程式为：

$$HAc \Longrightarrow H^+ + Ac^-$$

开始时由于 HAc 分子的浓度相对较大，电离成离子的速率最大。随着电离的进行，HAc 分子的浓度逐渐减小，电离成离子的速率逐渐减小；H^+ 和 Ac^- 的浓度逐渐增大，离子结合成 HAc 分子的速率逐渐增大（开始时为 0）。当两种速率相等时，单位时间内发生电离的 HAc 分子的数目等于离子结合成 HAc 分子的数目时，溶液中 HAc 分子、H^+ 离子和 Ac^- 离子的浓度都不再改变，即电离过程达到平衡状态。

在一定的条件下（如温度、浓度），当弱电解质的分子电离成离子的速率与离子重新结合成分子的速率相等时，电离过程就达到了平衡状态，称为电离平衡。

电离平衡与化学平衡一样，也是动态平衡。平衡时两个相反过程的速率相等，溶液里离子的浓度和分子的浓度都保持不变。当外界条件（浓度、温度）发生变化时，平衡就向能够使这种变化减弱的方向移动。

第二节　电离度和电离常数

一、电离度

不同的弱电解质在水溶液里的电离程度是不同的。有的电离程度大，有的电离程度小。这种电离程度的大小，可用电离度来表示。

当弱电解质在溶液里达到电离平衡时，已经电离的电解质分子数占原来总分子数（包括已电离的和未电离的）**的百分数，称为电离度。**电离度用符号 α 来表示。

$$\alpha = \frac{已电离的电解质分子数}{溶液中原有电解质的分子总数} \times 100\%$$

例如，25℃时，0.1mol/L 的乙酸溶液里，每 10000 个乙酸分子里有 134 个电离成离子。它的电离度是：

$$\alpha = \frac{134}{10000} \times 100\% = 1.34\%$$

不同的弱电解质，其电离度不同（见表 8-1），因此电离度可以定量地表示弱电解质的相对强弱。在温度相同、溶液浓度相同时，电解质的电离度愈小，该电解质愈弱；反之，电解质愈强。

表 8-1　某些弱电解质的电离度（25℃　0.1mol/L）

电　解　质	分　子　式	电离度/%	电　解　质	分　子　式	电离度/%
氢氟酸	HF	8.5	氢硫酸	H_2S	0.07[①]
乙酸	CH_3COOH	1.34	氢氰酸	HCN	0.01
碳酸	H_2CO_3	0.17[①]	氨水	$NH_3 \cdot H_2O$	1.34

① 由于多元弱酸是分步电离的，各步电离的电离度并不相同，多元弱酸的电离程度主要决定于一级电离的电离度，表 8-1 中二元弱酸的电离度皆指一级电离度。

电解质电离度的大小，主要取决于电解质的本性。同时也与电解质溶液的浓度和温度有关。

表 8-2 列出了不同浓度的乙酸溶液中 HAc 的电离度。实验证明，在相同的温度下溶液愈稀，电离度愈大。所以弱电解质的电离度随溶液的浓度降低而增大。这是因为溶液浓度愈低，单位体积内离子数目就愈少，离子相互碰撞结合成分子的机会也就愈少，电离度也就愈大。因此在提到某电解质的电离度时，必须指明溶液的浓度。

表 8-2　不同浓度乙酸溶液中 HAc 的电离度（25℃）

溶液浓度/(mol/L)	0.2	0.1	0.01	0.005	0.001
电离度/%	0.934	1.34	4.19	5.85	12.4

温度对电解质的电离度也有影响，当电解质分子电离成离子时，一般需要吸收热量，所以温度升高，平衡一般就向电离的方向移动，从而使电解质电离度增大。因此，讲一种弱电

解质的电离度时，还应当指出该电解质溶液的温度。如不注明温度通常指 25℃。

二、电离常数

前面已经谈到弱电解质在水溶液中，存在着分子与离子之间的电离平衡。且电离平衡服从化学平衡的一般规律。

在一定的温度下，当电离达到平衡时，各种离子浓度的乘积，与溶液中未电离分子浓度的比值是一个常数。这个常数叫做电离平衡常数，简称为电离常数。用 K_i 表示。 以乙酸为例，乙酸在水溶液里的电离方程式是：

$$HAc \rightleftharpoons H^+ + Ac^-$$

平衡时，溶液里各离子浓度的乘积，与未电离分子的浓度的比值关系，可用下式表示：

$$K_i = \frac{c(Ac^-)c(H^+)}{c(HAc)}$$

式中，$c(H^+)$、$c(Ac^-)$、$c(HAc)$ 分别表示平衡时，溶液中氢离子、乙酸根离子和未电离的乙酸分子的物质的量浓度。

又例如氨水的电离方程式是

$$NH_3 \cdot H_2O \rightleftharpoons NH_4^+ + OH^-$$

它的电离常数为

$$K_i = \frac{c(NH_4^+)c(OH^-)}{c(NH_3 \cdot H_2O)}$$

习惯上，弱酸的电离常数又常用 K_a 表示，弱碱的电离常数又常用 K_b 表示。

以上两例所说是一元弱酸、弱碱的电离常数。下面要讨论多元弱酸、弱碱的电离常数。

多元弱酸是指弱酸的一个分子能电离出一个以上的 H^+ 离子的酸，如 H_2S、H_2CO_3、H_3PO_4 等，多元弱酸的电离情况和一元弱酸的电离一样，只是酸中的氢离子是一个一个地电离出来的，也就是它的电离是分步进行的。每一步电离都建立这一步的电离平衡，也有相应的电离常数。例如氢硫酸在水中分两步电离。

第一步　$H_2S \rightleftharpoons H^+ + HS^-$ （叫做硫氢离子）

$$K_1 = \frac{c(H^+)c(HS^-)}{c(H_2S)} \qquad K_1 = 5.7 \times 10^{-8} \ (25℃)$$

第二步　$HS^- \rightleftharpoons H^+ + S^{2-}$

$$K_2 = \frac{c(H^+)c(S^{2-})}{c(HS^-)} \qquad K_2 = 7.1 \times 10^{-15} \ (25℃)$$

K_1、K_2 分别是第一步和第二步的电离常数。由于 $K_1 \gg K_2$，说明第二步电离比第一步电离要困难得多。

磷酸在水中的电离，也有类似的情况。

第一步　$H_3PO_4 \rightleftharpoons H^+ + H_2PO_4^-$ 　　$K_1 = 7.6 \times 10^{-3}$

第二步　$H_2PO_4^- \rightleftharpoons H^+ + HPO_4^{2-}$ 　　$K_2 = 6.3 \times 10^{-8}$

第三步　$HPO_4^{2-} \rightleftharpoons H^+ + PO_4^{3-}$ 　　$K_3 = 4.35 \times 10^{-13}$

同样可以看出，$K_1 > K_2 > K_3$。K_1 比 K_2 约大 10^5 倍，K_2 比 K_3 约大 10^5 倍。说明第二步电离比第一步电离困难，第三步电离比第二步电离又困难得多。

可见多元弱酸溶液中的 H^+ 主要由第一步电离所决定。

多元弱碱的电离与多元弱酸的电离情况是相似的。

几种常见弱电解质的电离常数见表 8-3。

表 8-3　常见的几种弱电解质的电离常数（25℃）

电 解 质	分 子 式	电 离 常 数
甲　酸	HCOOH	1.77×10^{-4}
乙　酸	CH_3COOH	1.8×10^{-5}
碳　酸	H_2CO_3	$K_1 = 4.2 \times 10^{-7}, K_2 = 5.6 \times 10^{-11}$
氢氰酸	HCN	6.2×10^{-10}
氢氟酸	HF	6.6×10^{-4}
亚硝酸	HNO_2	5.1×10^{-4}
磷　酸	H_3PO_4	$K_1 = 7.6 \times 10^{-3}, K_2 = 6.30 \times 10^{-8}, K_3 = 4.35 \times 10^{-13}$
氢硫酸	H_2S	$K_1 = 5.7 \times 10^{-8}, K_2 = 7.10 \times 10^{-15}$
亚硫酸	H_2SO_3	$K_1 = 1.26 \times 10^{-2}, K_2 = 6.3 \times 10^{-8}$
氨　水	$NH_3 \cdot H_2O$	1.8×10^{-5}

在一定温度下，各种弱电解质都有其确定的电离常数。电离常数值愈大，表明离子浓度愈大，弱电解质的电离能力也愈强。所以从电离常数值的大小可以看出弱电解质的相对强弱。例如，乙酸和氢氰酸都是弱酸，已知 25℃ 时 0.1mol/L 乙酸溶液中乙酸的 K_a 值是 1.8×10^{-5}，而 0.1mol/L 氢氰酸溶液中 HCN 的 K_a 值是 6.2×10^{-10}。所以氢氰酸是比乙酸更弱的酸。

由于电离常数基本不随浓度改变，电离度的大小则与浓度有关。因此，用电离常数比用电离度更能方便地表示弱电解质的相对强弱，不需在指定浓度下进行比较。

电离常数随温度的变化而变化。但温度对电离常数的影响并不显著，一般不影响到数量级的改变。因此，在室温范围内，可以不考虑温度对电离常数的影响。

三、电离度和电离常数的关系及计算

电离度与电离常数既有联系又有区别。它们的相同点是都能表示弱电解质电离程度的大小，都可以比较弱电解质的相对强弱程度。它们的区别在于电离常数是化学平衡常数的一种具体形式，电离常数基本不受浓度的影响，是弱电解质的特征常数；电离度是转化率的一种具体形式，电离度随浓度的减少而增大。将电离度引入到电离平衡式中，则可导出电离常数和电离度的定量关系。以乙酸电离为例做如下推导。

设乙酸的起始浓度为 c mol/L，乙酸的电离度为 α，那么溶液中每有 $c\alpha$ mol/L 的乙酸电离，就有 $c\alpha$ mol/L H^+ 离子和 $c\alpha$ mol/L Ac^- 离子生成，即 $c(H^+) = c(Ac^-) = c\alpha$。乙酸的电离方程式是：

$$HAc \rightleftharpoons H^+ + Ac^-$$

起始浓度/(mol/L)	c	0	0
平衡浓度/(mol/L)	$c - c\alpha$	$c\alpha$	$c\alpha$

$$K_a = \frac{c(H^+)c(Ac^-)}{c(HAc)} = \frac{c\alpha \cdot c\alpha}{c - c\alpha} = \frac{c\alpha^2}{1 - \alpha}$$

当 K_a 很小（$K_a < 10^{-4}$）时，α 值也很小，可近似地认为 $1 - \alpha \approx 1$。于是

$$K_a = \frac{c\alpha^2}{1 - \alpha} \approx c\alpha_2 \quad 或 \quad \alpha = \sqrt{\frac{K_a}{c}}$$

这个公式表明了弱电解质溶液的起始浓度、电离度和电离常数三者之间的关系，称为稀释定律。它的意义是：**在一定的温度下，同一弱电解质的电离度与其溶液浓度的平方根成反比，与电离常数的平方根成正比。**也就是说，溶液愈稀，电离度愈大；电离常数愈大，电离

度也愈大。

上面已经知道电离度跟电离常数的关系，下面进行一些简单的计算。

【例题 1】 求在 25℃时，0.1mol/L HAc 溶液中的氢离子浓度。

解 已知 $c_{酸}=0.1mol/L$，$K_a=1.8\times10^{-5}$

$$\alpha=\sqrt{\frac{K_a}{c_{酸}}}=\sqrt{\frac{1.8\times10^{-5}}{0.1}}=1.34\times10^{-2}$$

$$c(H^+)=c_{酸}\cdot\alpha=0.1mol/L\times1.34\times10^{-2}=1.34\times10^{-3}mol/L$$

答 0.1mol/L HAc 溶液中氢离子浓度为 $1.34\times10^{-3}mol/L$。

上例中将 $\alpha=\sqrt{\dfrac{K_a}{c_{酸}}}$ 代入 $c(H^+)=c_{酸}\cdot\alpha$ 中，则可得到一元弱酸中 $c(H^+)$ 的近似计算公式：

$$c(H^+)=c_{酸}\cdot\alpha\sqrt{\frac{K_a}{c_{酸}}}=\sqrt{K_a c_{酸}}$$

【例题 2】 求在 25℃时，0.2mol/L $NH_3\cdot H_2O$ 溶液中的氢氧根离子浓度。

解 已知 $c_{碱}=0.2mol/L$，$K_b=1.8\times10^{-5}$

$$\alpha=\sqrt{\frac{K_b}{c_{碱}}}=\sqrt{\frac{1.8\times10^{-5}}{0.2}}=9.5\times10^{-3}$$

$$c(OH^-)=c_{碱}\cdot\alpha=0.2mol/L\times9.5\times10^{-3}=1.9\times10^{-3}mol/L$$

答 0.2mol/L $NH_3\cdot H_2O$ 溶液中氢氧根离子浓度为 $1.9\times10^{-3}mol/L$。

用与推算一元弱酸中 $c(H^+)$ 相似的方法可以推导出一元弱碱溶液中 $c(OH^-)$ 的近似计算公式。

即：
$$c(OH^-)=\sqrt{K_b\cdot c_{碱}}$$

【例题 3】 在 25℃时，0.01mol/L 氨水的电离度是 4.19%，求氨水的电离常数。

解 已知 $c_{碱}=0.01mol/L$，$\alpha=4.19\%$

$$K_b=c_{碱}\,\alpha^2$$

$$K_b=0.01\times(0.0419)^2=1.76\times10^{-5}$$

答 氨水的电离常数是 1.76×10^{-5}。

第三节　水的电离和溶液的 pH

电解质溶液的酸、碱性与水的电离有密切的关系，为了从本质上来认识溶液的酸碱性，必须研究水的电离情况。

一、水的电离

用精密仪器可测出水有微弱导电能力，说明水是一种极弱的电解质，它只能微弱地电离生成 H_3O^+（水合氢离子）和 OH^-，可简写为：

$$H_2O \Longleftrightarrow H^+ + OH^-$$

一定温度下，电离达到平衡时：

$$K_i=\frac{c(H^+)c(OH^-)}{c(H_2O)}$$

或
$$c(H^+)\cdot c(OH^-)=K_i\cdot c(H_2O)$$

在 25℃时，由导电性实验测得，纯水中 H^+ 和 OH^- 的浓度各等于 $10^{-7}mol/L$。这说明水的电离度很小，在含有 55.5mol 水分子的 1L 水中，仅有 10^{-7} mol 的水分子电离，它的已电离部分可以忽略不计，则未电离的 $c(H_2O)$ 可视为一个常数（55.5mol/L）。$c(H_2O) \cdot K_i$ 仍为常数，用 K_W 表示。即

$$c(H^+) \cdot c(OH^-) = K_W$$

K_W 是水中 H^+ 和 OH^- 浓度的乘积。我们把 K_W 叫做**水的离子积常数**，简称为**水的离子积**。25℃时，水中 H^+ 和 OH^- 的浓度都是 1×10^{-7} mol/L。所以

$$K_W = c(H^+) \cdot c(OH^-) = 1 \times 10^{-7} \times 1 \times 10^{-7} = 10^{-14}$$

因为水的电离过程是一个吸热过程。所以当温度升高时，水的电离度增加，离子积也必然随着增大。100℃时 K_W 的值是 1×10^{-12} 与 1×10^{-14} 相比约增大 100 倍。但在常温范围内一般都以 $K_W = 1 \times 10^{-14}$ 进行计算。

二、溶液的酸碱性和 pH

水的电离平衡，不仅存在于纯水中，而且也存在于酸性（或碱性）的稀溶液里。在常温下溶液中 H^+ 离子和 OH^- 离子浓度的乘积始终等于水的离子积 1×10^{-14}。水的离子积公式表明了 $c(H^+)$ 和 $c(OH^-)$ 的依存关系。即在酸性溶液里并不是没有 OH^-，只是含有的 H^+ 多一些；在碱性溶液里也不是没有 H^+，只是含有的 OH^- 多一些。如已知溶液中 $c(H^+)$，就可计算出 $c(OH^-)$；已知溶液中的 $c(OH^-)$，也可计算出 $c(H^+)$。例如，在纯水中加入盐酸，使其 $c(H^+)$ 达到 0.1mol/L，该溶液的 OH^- 浓度为：

$$c(OH^-) = \frac{K_W}{c(H^+)} = \frac{10^{-14}}{0.1} = 10^{-13} \text{mol/L}$$

根据 $c(H^+)$ 与 $c(OH^-)$ 的相对大小，并可确定溶液的酸碱性。常温下，溶液的酸碱性跟 $c(H^+)$ 和 $c(OH^-)$ 的关系可表示如下：

中性溶液　　　$c(H^+) = c(OH^-) = 1 \times 10^{-7}$ mol/L

酸性溶液　　　$c(H^+) > c(OH^-)$，$c(H^+) > 1 \times 10^{-7}$ mol/L

碱性溶液　　　$c(H^+) < c(OH^-)$，$c(H^+) < 1 \times 10^{-7}$ mol/L

$c(H^+)$ 越大，溶液的酸性越强，$c(H^+)$ 越小，溶液的酸性越弱。但常遇到一些 H^+ 离子浓度很小的溶液，如 $c(H^+)$ 等于 1.33×10^{-3} mol/L，1×10^{-13} mol/L 等。这样的一些数值，在使用和计算时都很不方便。为此，化学上常采用 pH 来表示溶液的酸碱性。**溶液中 H^+ 浓度的负对数叫做 pH**。即

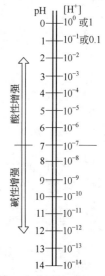

图 8-2　$c(H^+)$ 和 pH 的对照关系的示意

$$pH = -\lg c(H^+)$$

例如，纯水的 $c(H^+) = 1 \times 10^{-7}$ mol/L，它的 pH 是：

$$pH = -\lg 10^{-7} = -(-7) = 7$$

又如，$c(H^+) = 10^{-4}$ mol/L 的酸性溶液，它的 pH 是

$$pH = -\lg 10^{-4} = 4$$

$c(H^+) = 10^{-10}$ mol/L 的碱性溶液，它的 pH 是：

$$pH = -\lg 10^{-10} = 10$$

所以，在中性溶液里 pH 等于 7；在酸性溶液里 pH 小于 7；在碱性溶液里 pH 大于 7。

pH 愈小，$c(H^+)$ 愈大，溶液酸性愈强；pH 愈大，溶液碱性愈强。$c(H^+)$ 与 pH 和溶液酸碱性的对应关系可以用图 8-2 来表示。

溶液中：

当 $c(H^+)=1mol/L$ 时，pH=0，若 $c(H^+)>1mol/L$ 时，pH<0，如 2mol/L 的 HCl 溶液，pH=-0.3；

当 $c(OH^-)=1mol/L$ 时，pH=14，若 $c(OH^-)>1mol/L$ 时，pH>14，如 10mol/L 的 NaOH 溶液，pH=15。

所以，当溶液中 H^+ 或 OH^- 浓度大于 1mol/L 时，不用 pH 而直接用氢离子或氢氧根离子浓度来表示。一般 pH 的常用范围是 0~14。

溶液中 OH^- 浓度的负对数叫做 pOH。即

$$pOH=-\lg c(OH^-)$$

常温下，水溶液中 $c(H^+)\cdot c(OH^-)=1\times10^{-14}$，若等式两边均取负对数，则

$$-\lg c(H^+)+[-\lg c(OH^-)]=-\lg10^{-14}$$

即

$$pH+pOH=14$$

$$pH=14-pOH$$

三、关于 pH 的计算

【例题 1】 计算 0.01mol/L HCl 溶液的 pH。

解 盐酸是强电解质，在水溶液中全部电离为 H^+ 和 Cl^-，因此溶液中 $c(H^+)=0.01mol/L$。由水电离出的 H^+ 离子的量与 0.01mol/L 相比，可忽略不计。所以此溶液的 pH 为

$$pH=\lg c(H^+)=-\lg0.01$$
$$=-\lg10^{-2}=2$$

答 0.01mol/L HCl 溶液的 pH 为 2。

【例题 2】 计算 0.1mol/L NaOH 溶液的 pH。

解 NaOH 是强电解质，在水溶液中全部电离为 Na^+ 和 OH^-，与例题 1 一样忽略水电离出的 OH^- 离子

因为

$$c(OH^-)=0.1mol/L=1\times10^{-1}mol/L$$

所以

$$c(H^+)=\frac{K_w}{c(OH^-)}=\frac{1\times10^{-14}}{1\times10^{-1}}=1\times10^{-13}mol/L$$

$$pH=-\lg c(H^+)=-\lg(1\times10^{-13})=13$$

另解

$$pOH=-\lg c(OH^-)=-\lg0.1=1$$

因为

$$pH=14-pOH$$

所以

$$pH=14-1=13$$

答 0.1mol/L NaOH 溶液的 pH 为 13。

【例题 3】 已知 $K_{HAc}=1.8\times10^{-5}$，计算 0.1mol/L HAc 溶液的 pH。

解 HAc 是弱电解质，需根据 $c(H^+)=\sqrt{K_a\cdot c_{酸}}$ 先计算 0.1mol/L 乙酸溶液的 $c(H^+)$。

$$c(H^+)=\sqrt{1.8\times10^{-5}\times0.1}$$
$$=1.34\times10^{-3}mol/L$$

然后计算 pH，得

$$pH=-\lg c(H^+)=-\lg(1.34\times10^{-3})=2.87$$

答　0.1mol/L HAc 溶液的 pH 为 2.87。

【例题 4】　已知 $K_{NH_3 \cdot H_2O} = 1.8 \times 10^{-5}$，计算 0.1mol/L 氨水溶液的 pH。

解　同例题 3，需根据 $c(OH^-) = \sqrt{K_b \cdot c_{碱}}$ 先计算 0.1mol/L 氨水溶液的 $c(OH^-)$。

$$c(OH^-) = \sqrt{1.8 \times 10^{-5} \times 0.1} = 1.34 \times 10^{-3} \, mol/L$$

$$c(H^+) = \frac{10^{-14}}{1.34 \times 10^{-3}} = 7.46 \times 10^{-12} \, mol/L$$

$$pH = -lg(7.46 \times 10^{-12}) = 11.13$$

答　0.1mol/L 氨水溶液的 pH 为 11.13。

选学　已知某溶液的 pH 为 4.35，求其氢离子浓度。

解　因为 $pH = -lg c(H^+)$

所以　　$lg c(H^+) = -4.35 = -5 + 0.65$

查反对数表，得

$$c(H^+) = 4.47 \times 10^{-5} \, mol/L$$

答　该溶液的氢离子浓度为 $4.47 \times 10^{-5} mol/L$。

四、酸碱指示剂

酸碱指示剂是一种借助于自身颜色变化来指示溶液 pH 的物质。酸碱指示剂一般是弱有机酸或弱有机碱。它们在不同的 pH 溶液中能显示不同的颜色。因此可以根据它们在某溶液中显示的颜色来判断溶液的 pH。把指示剂发生颜色变化的 pH 范围叫做指示剂的**变色范围**。

各种指示剂的变色范围是由实验测定的。图 8-3 给出了常用指示剂的变色范围。即甲基橙为 3.1～4.4；酚酞为 8.0～10.0；石蕊为 5.0～8.0。

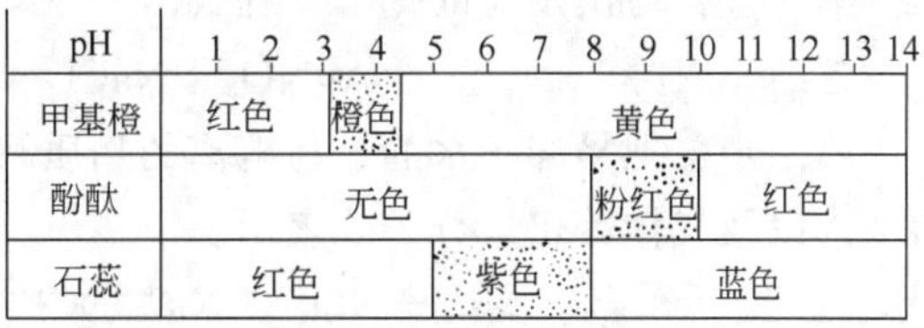

pH	1 2 3 4 5 6 7 8 9 10 11 12 13 14
甲基橙	红色　橙色　　　　黄色
酚酞	无色　　　　粉红色　红色
石蕊	红色　　紫色　　蓝色

图 8-3　甲基橙、酚酞和石蕊的变色范围（区域）

在生产实践和科学研究中，测定和控制溶液的 pH 非常重要。通常用酸碱指示剂或 pH 试纸粗略地测定溶液的 pH。pH 试纸是由多种指示剂的混合溶液浸透试纸后，经晾干而制成的。使用时，将待测的溶液滴在 pH 试纸上，试纸上显示出的颜色与标准比色卡相比较，就可以知道该溶液的 pH。测定溶液 pH 最精确的方法是用 pH 计（酸度计）。

第四节　离子反应　离子方程式

一、离子反应和离子方程式

无机化学反应大多在水溶液中进行，水溶液中的溶质大都是电解质。由于电解质在水溶液中全部或部分地电离为离子，因此，电解质在水溶液中的反应，实质上是离子之间的反应，这样的反应属于**离子反应**。

绝大部分离子反应是离子间的复分解反应。这类离子反应发生的条件就是复分解反应发生的条件。例如，硫酸钠溶液中加入氯化钡溶液时，生成氯化钠和白色的硫酸钡沉淀。反应的化学方程式为：

$$BaCl_2 + Na_2SO_4 =\!\!=\!\!= 2NaCl + BaSO_4 \downarrow$$

若把易溶的，易电离的物质写成离子的形式，把难溶的物质、难电离的物质或气体用分子式来表示，可改写成下式：

$$Ba^{2+} + 2Cl^- + 2Na^+ + SO_4^{2-} === 2Na^+ + 2Cl^- + BaBO_4 \downarrow$$

从上式可以看出，反应前后 Na^+ 和 Cl^- 都没有参加反应，可以从化学方程式中删去，得到

$$Ba^{2+} + SO_4^{2-} === BaSO_4 \downarrow$$

这种用实际参加反应的离子的符号来表示离子反应的式子，叫做离子方程式。

又如在硫酸钾溶液中加入硝酸钡溶液，生成硝酸钾和白色的硫酸钡沉淀。反应的化学方程式为：

$$Ba(NO_3)_2 + K_2SO_4 === 2KNO_3 + BaSO_4 \downarrow$$

将上式中硝酸钡、硫酸钾、硝酸钾写成离子形式，并删去未参加反应的 K^+、NO_3^-。

$$Ba^{2+} + 2NO_3^- + 2K^+ + SO_4^{2-} === 2K^+ + 2NO_3^- + BaSO_4 \downarrow$$

$$Ba^{2+} + SO_4^{2-} === BaSO_4 \downarrow$$

于是得到与前一反应相同的离子方程式。这就是说，只要是可溶性的钡盐与可溶性的硫酸盐之间的反应，都可以用上述这个离子方程式来表示。因为在这种情况下，都会发生同样的化学反应：Ba^{2+} 与 SO_4^{2-} 结合生成 $BaSO_4$ 沉淀的反应。

由此可见，离子方程式与一般化学方程式不同。离子方程式不仅表示一定物质间的某个反应，而且表示了所有同一类型的离子反应。所以，离子方程式更能说明化学反应的本质。

下面以氯化钠溶液与硝酸银溶液的反应为例，说明书写离子方程式的步骤。

第一步：写出反应的化学方程式。

$$AgNO_3 + NaCl === AgCl \downarrow + NaNO_3$$

第二步：把易溶于水的、易电离的物质写成离子形式，难溶的物质或难电离的物质（例如水）以及气体等仍以分子式表示。

$$Ag^+ + NO_3^- + Na^+ + Cl^- === AgCl \downarrow + Na^+ + NO_3^-$$

第三步：删去方程式两边不参加反应的离子。

$$Ag^+ + Cl^- === AgCl \downarrow$$

第四步：检查离子方程式两边各元素的原子个数和离子电荷总数是否相等。

书写离子方程式时，必须要熟知电解质的强弱和物质的溶解性。

二、离子反应发生的条件

复分解反应，实质上是两种电解质在溶液中相互交换离子的反应。发生这类离子反应需以下条件。

1. 生成难溶性物质

例如硫酸铜溶液与氢硫酸的反应。

$$CuSO_4 + H_2S === CuS \downarrow + H_2SO_4$$

离子方程式是：　　　　　　　$Cu^{2+} + H_2S === CuS \downarrow + 2H^+$

溶液中的 Cu^{2+} 和 S^{2-} 生成了 CuS 沉淀，所以反应向右进行。

2. 生在难电离的物质（如水、弱酸、弱碱 $NH_3 \cdot H_2O$ 等）

例如硫酸与氢氧化钠溶液的反应。

$$H_2SO_4 + 2NaOH === Na_2SO_4 + 2H_2O$$

离子方程式是：　　　　　　　$H^+ + OH^- === H_2O$

酸里的 H^+ 与碱里的 OH^- 结合生成难电离的水，使反应向右进行。这个离子方程式也

说明了强碱和强酸反应的实质是 H^+ 与 OH^- 结合成水的反应。

又如乙酸钠溶液和盐酸的反应。

$$NaAc + HCl = HAc + NaCl$$

离子方程式是：
$$Ac^- + H^+ = HAc$$

乙酸钠里的 Ac^- 和酸电离出的 H^+ 结合生成难电离的弱酸 HAc，使反应向右进行。

3. 生成挥发性的物质

例如碳酸钠溶液与盐酸的反应。

$$Na_2CO_3 + 2HCl = 2NaCl + H_2O + CO_2 \uparrow$$

离子方程式是：
$$CO_3^{2-} + 2H^+ = H_2O + CO_2 \uparrow$$

溶液中的 CO_3^{2-} 与 H^+ 结合而生成 H_2CO_3，H_2CO_3 不稳定，分解成水和二氧化碳气体，使反应向右进行。

凡具备上述三个条件之一，这类离子反应就能发生。否则就不能发生。例如把氯化钠溶液与硝酸钾溶液混合，溶液里存在的 Na^+、Cl^-、K^+、NO_3^- 四种离子，不能相互结合生成难溶的物质或难电离的物质或挥发性物质，即不能发生离子反应。

离子反应除上面讲的以离子互换形式进行的复分解反应外，还有其他类型的反应，例如有离子参加的置换反应等。

【例题 1】　锌和稀盐酸反应为：

$$Zn + 2HCl = ZnCl_2 + H_2 \uparrow$$

离子方程式是：
$$Zn + 2H^+ = Zn^{2+} + H_2 \uparrow$$

【例题 2】　氯水和碘化钾溶液的反应为：

$$Cl_2 + 2KI = 2KCl + I_2$$

离子方程式是：
$$Cl_2 + 2I^- = 2Cl^- + I_2$$

【例题 3】　铁和硫酸铜溶液的反应为：

$$Fe + CuSO_4 = FeSO_4 + Cu \downarrow$$

离子方程式是：
$$Fe + Cu^{2+} = Cu \downarrow + Fe^{2+}$$

只有在溶液中进行的离子反应才能用离子方程式表示。

第五节　盐类的水解

一、盐类的水解

前面已学过水溶液的酸碱性，主要取决于溶液中 $c(H^+)$ 和 $c(OH^-)$ 的相对大小。但是，NaCl，NaAc 和 NH_4Cl 这类正盐的组成上既不含 H^+，也不含 OH^-，在溶液中只能电离出组成它的阴离子和阳离子，那么，它们的水溶液是否一定都显中性呢？

[实验 8-2]　在三个盛有纯水的试管中，分别放入少量 NaCl、NaAc、NH_4Cl 的晶体，振荡试管使之溶解。然后各滴入石蕊试液 2～3 滴（也可以用 pH 试纸检验溶液的酸碱性），观察溶液的颜色。

实验结果表明：NaCl 的水溶液显中性，NaAc 的水溶液显碱性，NH_4Cl 的水溶液显酸性。这就是说正盐溶液并不都是中性的。

水能微弱地电离出 H^+ 和 OH^-，二者的浓度相等，并且处于动态平衡状态。

现以［实验 8-2］中所用的乙酸钠为例，分析盐类在水溶液中发生的变化。

乙酸钠是易溶的强电解质，在水溶液中能全部电离为 Na^+ 和 Ac^-。在它的水溶液里，并存着下列几种电离：

$$NaAc \Longrightarrow Ac^- + Na^+$$

$$+$$

$$H_2O \Longrightarrow H^+ + OH^-$$

$$\Downarrow$$

$$HAc$$

当四种离子相遇时，由于 Ac^- 与 H_2O 电离出的 H^+ 结合而生成了弱电解质 HAc 分子，使 $c(H^+)$ 减少，从而破坏了 H_2O 的电离平衡。随着溶液中 H^+ 浓度的减少，水的电离平衡向右移动，溶液中 OH^- 浓度不断增大，直至建立新的平衡。结果，溶液里 OH^- 浓度大于 H^+ 浓度，从而使溶液显碱性。上述反应可用化学方程式和离子方程式表示如下：

$$NaAc + H_2O \Longrightarrow HAc + NaOH$$

$$Ac^- + H_2O \Longrightarrow HAc + OH^-$$

在溶液中盐的离子跟水所电离出来的 H^+ 或 OH^- 结合生成弱电解质的反应，叫做盐类的水解。

盐类的水解与生成这种盐的酸和碱的强弱有着密切的关系。下面依照形成盐的酸和碱的强弱不同，分别讨论它们的水解情况。

1. 强碱和弱酸所生成盐的水解

上面所讨论的乙酸钠就是由强碱（氢氧化钠）和弱酸（乙酸）所生成的盐，这种盐水解后使溶液显碱性。

碳酸钠也是由强碱（氢氧化钠）和弱酸（碳酸）所生成的盐，它水解后，溶液也显碱性。由于碳酸是二元酸，所以碳酸钠的水解要分两步进行。

第一步是 CO_3^{2-} 发生水解。

$$Na_2CO_3 \Longrightarrow 2Na^+ + CO_3^{2-}$$

$$+$$

$$H_2O \Longrightarrow OH^- + H^+$$

$$\Downarrow$$

$$HCO_3^-$$

离子方程式是： $$CO_3^{2-} + H_2O \Longrightarrow HCO_3^- + OH^-$$

第二步是生成的 HCO_3^- 进一步发生水解。

离子方程式是： $$HCO_3^- + H_2O \Longrightarrow H_2CO_3 + OH^-$$

由此可见，溶液里的 CO_3^{2-} 与由水分子电离出来的 H^+ 结合生成 HCO_3^-，HCO_3^- 又与 H^+ 结合成生 H_2CO_3，二步水解都使溶液的 $c(OH^-)$ 增大，结果 $c(OH^-) > c(H^+)$，所以溶液显碱性。

但是，Na_2CO_3 第二步水解的程度很小，平衡时溶液中 H_2CO_3 分子浓度很小，不会分解出 CO_2 气体。

强碱弱酸盐的水解，从实质上看是弱酸根阴离子和水作用生成弱酸。

其他如碳酸钾、硫化钠、磷酸钠等盐的水解都属于这种类型。

2. 强酸和弱碱所生成盐的水解

[实验 8-2] 中所用的氯化铵就是由强酸（盐酸）和弱碱（氨水）所生成的盐。水解过程如下：

$$NH_4Cl \Longrightarrow NH_4^+ + Cl^-$$

$$H_2O \Longrightarrow OH^- + H^+$$

$$NH_3 \cdot H_2O$$

因为溶液中的 NH_4^+ 能与水电离出的 OH^- 结合成难电离的 $NH_3 \cdot H_2O$ 使 $c(OH^-)$ 减小，打破了水的电离平衡。随着 $c(OH^-)$ 的减小，水的电离平衡向右移动，溶液中 $c(H^+)$ 不断增大，直至建立新的平衡。结果 $c(H^+) > c(OH^-)$，从而使溶液显酸性。这一反应也可以用离子方程式来表示：

$$NH_4^+ + H_2O \Longrightarrow NH_3 \cdot H_2O + H^+$$

由此可见，强酸弱碱盐的水解，实质上是弱碱中阳离子和水作用生成弱碱。

其他如硝酸铜、硫酸铵、氯化锌等盐的水解都属于这种类型。

3. 弱酸和弱碱所生成盐的水解

乙酸铵是弱酸（乙酸）和弱碱（氨水）所生成的盐，在水溶液中也会起水解反应。其水解过程如下：

$$NH_4Ac \Longrightarrow NH_4^+ + Ac^-$$

$$H_2O \Longrightarrow OH^- + H^+$$

$$NH_3 \cdot H_2O \qquad HAc$$

由于乙酸铵电离出的 NH_4^+ 和 Ac^- 能分别与水电离出的 OH^- 和 H^+ 结合成难电离的 $NH_3 \cdot H_2O$ 和 HAc，破坏了水的电离平衡，从而使水的电离强烈地向右移动。水溶液的酸碱性取决于水解生成的弱酸和弱碱的电离常数的相对大小。如果是弱酸的电离常数大，那么溶液显酸性；如果是弱碱的电离常数大，那么溶液显碱性；如果两者的电离常数相等，那么溶液显中性。例如乙酸和氨水的电离常数基本相等，所以乙酸铵的水溶液显中性。

这一水解反应的离子方程式表示如下：

$$Ac^- + NH_4^+ + H_2O \Longrightarrow HAc + NH_3 \cdot H_2O$$

又如 NH_4CN 是弱碱（氨水）与弱酸（氢氰酸）所生成的盐。由于氨水的电离常数（25℃时为 1.8×10^{-5}）大于氢氰酸的电离常数（25℃时为 6.2×10^{-10}），所以当 NH_4CN 水解时溶液显碱性。

再如 $HCOONH_4$ 是弱酸（甲酸）与弱碱（氨水）所生成的盐，由于甲酸的电离常数（25℃时为 1.77×10^{-4}）大于氨水的电离常数（25℃时为 1.8×10^{-5}），所以当 $HCOONH_4$ 水解时溶液显酸性。

综上所述，弱酸弱碱盐的水解，实质上是弱酸的阴离子和弱碱的阳离子分别和水作用生成弱酸和弱碱。

4. 强酸和强碱所生成盐不水解

［实验 8-2］中所用的氯化钠是由强酸（盐酸）和强碱（氢氧化钠）所生成的盐，它溶于水时，无论是 Na^+ 或 Cl^- 均不能与水电离出的 OH^- 或 H^+ 结合成弱电解质，$c(H^+)$ 和 $c(OH^-)$ 不发生变化，水的电离平衡不受影响，所以氯化钠不发生水解，水溶液仍为中性。

其他强酸强碱的盐如氯化钾、硫酸钠、硝酸钠等盐都属于这种类型。

从盐类的水解产物可以看出，水解后生成的酸和碱，正好是中和反应生成盐时的酸和碱。因此，水解反应是中和反应的逆反应。

$$酸 + 碱 \underset{水解}{\overset{中和}{\rightleftharpoons}} 盐 + 水$$

二、盐类水解的应用

盐类水解程度的大小首先与盐的组成有关。生成盐的弱酸或弱碱愈弱，盐的水解程度愈大。其次，也受温度、浓度等外界因素的影响。

由于中和反应是放热反应，所以水解必然是吸热反应。因此，升高温度能促进盐类的水解。

由于水解的结果将生成 H^+ 或 OH^- 离子，所以当增大或减小生成物（H^+ 或 OH^-）的浓度时，可使平衡向左或向右移动，可以抑制或促进水解反应的进行。

稀释溶液时相当于加入了水解反应物 H_2O 而使平衡向水解的方向进行。

在化工生产和科学实验中，有时需要防止水解的产生，有时要利用水解。

例如，在实验室配制 $SnCl_2$ 溶液时，为了防止水解反应，常用盐酸溶液而不用蒸馏水配制。这是因为：

$$SnCl_2 + H_2O \rightleftharpoons Sn(OH)Cl\downarrow + HCl$$

使用盐酸，可使水解平衡向左移动，减少 $SnCl_2$ 的水解不致有 $Sn(OH)Cl$ 沉淀析出。

又如配制 Na_2S 溶液时，由于 Na_2S 能发生下列水解：

$$S^{2-} + H_2O \rightleftharpoons HS^- + OH^-$$

$$HS^{2-} + H_2O \rightleftharpoons H_2S\uparrow + OH^-$$

水解中生成的 H_2S 会逐渐挥发，使溶液失效。为防止水解，可加入强碱，从而起到抑制水解的作用。

水解反应也有对生产、生活有利的一面。例如应用明矾 $KAl(SO_4)_2 \cdot 12H_2O$ 做净水剂。明矾在水中水解生成的 $Al(OH)_3$ 溶胶能吸附水中的悬浮杂质，从而使水澄清。

泡沫灭火器的原理就是利用 $Al_2(SO_4)_3$ 和 $NaHCO_3$ 的水解反应。泡沫灭火器中分别装有上述两种物质的饱和溶液（加有少量发泡剂），它们的水解反应如下：

$$Al^{3+} + 3H_2O \rightleftharpoons Al(OH)_3 + \boxed{\begin{matrix} 3H^+ \\ OH^- \end{matrix}} \longrightarrow H_2O$$

$$HCO_3^- + H_2O \rightleftharpoons H_2CO_3 + $$

$$\longrightarrow H_2O + CO_2\uparrow$$

灭火时，两种溶液混合，H^+ 和 OH^- 结合成难电离的 H_2O，从而使两种盐的水解反应不断向右进行，产生的大量 CO_2 气体同发泡剂形成泡沫，从灭火器中喷射出覆盖在燃烧物表面，在隔绝空气的条件下把火熄灭。

无机盐提纯时为了除去少量混入的铁盐杂质，常用升高温度的方法，促进水解，在沸水中甚至能生成 $Fe(OH)_3$ 沉淀。

$$Fe^{3+}+3H_2O \underset{}{\overset{\triangle}{\rightleftharpoons}} Fe(OH)_3+3H^+$$

经过滤，则可除去产品中的 Fe^{3+} 离子。

总之，利用平衡移动原理，控制水解的条件，则可达到防止或是利用水解的目的。

第六节　同离子效应　缓冲溶液

一、同离子效应

弱电解质的电离平衡和化学平衡一样，是有条件的、暂时的动态平衡。当外界条件如温度、浓度改变时，电离平衡也会发生移动。温度对电离平衡的影响较小，而离子浓度对电离平衡影响极为显著。现在，着重讨论离子浓度的改变对电离平衡的影响。

[实验 8-3]　在一支试管中，加入 10mL 0.1mol/L 氨水和二滴酚酞指示剂。然后，将溶液分为两份，一份加入少量固体 NH_4Ac，振荡使其溶解，对比两支试管中溶液的颜色。

氨水使酚酞显红色，当加入 NH_4Ac 后，由于 NH_4Ac 完全电离，溶液中 $c(NH_4)$ 增大，使 $NH_3 \cdot H_2O$ 的电离平衡向左移动，于是氨水的电离度就减小了，溶液中 $c(OH^-)$ 必然减小、溶液的颜色变浅。

$$NH_3 \cdot H_2O \rightleftharpoons NH_4^+ + OH^-$$

$$NH_4Ac \rightleftharpoons NH_4^+ + Ac^-$$

这种在弱电解质溶液中，加入含有与弱电解质具有相同离子的强电解质后，使弱电解质的电离度降低的现象叫做同离子效应。

二、缓冲溶液

在工农业生产、科学研究和许多天然体系中，都需要使溶液的 pH 保持在一定范围内，才能使反应和活动正常进行。例如，加碱沉淀分离 Fe^{3+} 和 Mg^{2+}，为了使 Fe^{3+} 完全变成 $Fe(OH)_3$ 沉淀，而 Mg^{2+} 仍留在溶液中，必须控制溶液的 pH 在 5～10 之间。人体血液的 pH 为 7.35～7.45，若 pH 大于 7.45，表现为碱中毒；若 pH 小于 7.35，则表现为酸中毒。若血液 pH 大于 7.8 或小于 7.0 就会导致人的死亡。

那么溶液的 pH 如何控制呢，下面做一个实验。

[实验 8-4]　取 4 支试管编好号，在编号为 1、2 的两支试管中各加入 0.1mol/L HAc 和 0.1mol/L NaAc 的混合溶液 5mL（两种溶液需等体积混合），在编号为 3、4 的两支试管中各加入 5mL 蒸馏水，分别用 pH 试纸测定混合溶液和水的 pH。然后在 1、3 试管中各滴加 5 滴 0.1mol/L 的 HCl 溶液，在 2、4 试管中各滴加 5 滴 0.1mol/L 的 NaOH 溶液，再用 pH 试纸分别测定 4 支试管内溶液的 pH，比较各试管内溶液 pH 的变化。

实验结果表明：在装有蒸馏水的 3 号试管中加入少量 HCl 溶液，pH 会明显降低，在装有蒸馏水的 4 号试管中加入少量 NaOH 溶液，pH 会明显升高。而在装有同样数量的 HAc 和 NaAc 混合溶液的 1、2 号试管中，无论加入少量的盐酸或 NaOH 溶液，溶液的 pH 都几乎不变。说明蒸馏水没有抗酸、抗碱的能力，而 HAc 和 NaAc 的混合溶液具有抗酸和抗碱的能力。

把能抵抗外来的少量酸或碱，而保持溶液 pH 相对稳定的作用，叫做缓冲作用。具有缓冲作用的溶液称为缓冲溶液。

选学　缓冲溶液为什么能够保持其 pH 相对稳定呢？现以 HAc-NaAc 缓冲溶液为例来说明缓冲作用的

原理。

在 HAc-NaAc 缓冲溶液中，存在着下列电离：

$$HAc \Longrightarrow H^+ + Ac^-$$

$$NaAc \Longrightarrow Na^+ + Ac^-$$

由于 NaAc 是强电解质，完全电离，使得溶液中 $c(Ac^-)$ 较大；同时由于 $c(Ac^-)$ 的同离子效应，使得 HAc 电离度减小，所以 $c(HAc)$ 也相对较大。此溶液中弱酸 $c(HAc)$ 和弱酸根（Ac^-）离子的浓度都较大，这是弱酸-弱酸盐缓冲溶液的特点。

当向溶液中加入少量强酸时，溶液中的 Ac^- 和外来的 H^+ 结合成 HAc 分子，使 HAc 的电离平衡向左移动，当建立新的平衡时，$c(HAc)$ 仅略有增大，$c(Ac^-)$ 仅略有减小，而 $c(H^+)$ 几乎没有增大，所以溶液的 pH 基本保持不变。在这里 Ac^- 起了抵抗 $c(H^+)$ 增大的作用，故 Ac^- 为抗酸成分。

当向溶液中加入少量强碱时，溶液中的 HAc 电离出的 H^+ 和外来的 OH^- 结合成 H_2O 分子，H^+ 被消耗，促使 HAc 的电离平衡向右移动，当建立新的平衡时，溶液中 $c(HAc)$ 略有减小，$c(HAc)$ 略有增大，而 $c(H^+)$ 几乎没有减小，所以溶液的 pH 基本保持不变，在这里 HAc 起了抵抗 $c(OH^-)$ 增大的作用，故 HAc 为抗碱成分。

由此可见，HAc-NaAc 缓冲溶液具有抗酸和抗碱的双重能力，即具有缓冲作用。

其他类型缓冲溶液的作用原理，也与上述作用原理基本相似。如在由弱碱、弱碱盐组成的缓冲溶液中，弱碱是抗酸成分，弱碱盐是抗碱成分。

必须指出，当外加的酸或碱的量过大时，缓冲溶液的抗酸成分或抗碱成分将被耗尽，缓冲溶液就会失去缓冲作用，因此，缓冲溶液的缓冲作用是有一定限度的。

通常缓冲溶液必须同时含有两种成分时才具有缓冲作用，这两种成分中的一种能够抵抗外加的酸，另一种能够抵抗外加的碱。而且两种成分之间存在着化学平衡。通常把这两种成分称为**缓冲对**。根据缓冲对的组成不同，缓冲溶液一般有以下三种类型。

1. 弱酸及其对应的盐

例如乙酸和乙酸钠，碳酸和碳酸氢钠。其中的弱酸为抗碱成分，对应的盐为抗酸成分。

$$\underset{\text{抗碱成分}}{\qquad} \underset{\text{抗酸成分}}{\qquad}$$

$$HAc \text{———} NaAc$$

$$H_2CO_3 \text{———} NaHCO_3$$

2. 弱碱及其对应的盐

例如一水合氨和氯化铵。其中的弱碱为抗酸成分，对应的盐为抗碱成分。

$$\underset{\text{抗酸成分}}{\qquad} \underset{\text{抗碱成分}}{\qquad}$$

$$NH_3 \cdot H_2O \text{———} NH_4Cl$$

3. 多元弱酸的酸式盐及其对应的次级盐

例如碳酸氢钠和碳酸钠，磷酸二氢钠和磷酸氢二钠。其中的酸式盐为抗碱成分，次级盐为抗酸成分

$$\underset{\text{抗碱成分}}{\qquad} \underset{\text{抗酸成分}}{\qquad}$$

$$NaHCO_3 \text{———} Na_2CO_3$$

$$NaH_2PO_4 \text{———} Na_2HPO_4$$

选学

第七节　沉　淀　反　应

许多化学反应都是在水溶液中进行的，有的生成物在水溶液中以沉淀析出，把有沉淀生成的反应叫沉淀反应。

在化工生产和科学实验中，经常要利用沉淀反应来制备、分离和提纯物质。而在很多情况下，又需要

防止沉淀的生成或促进沉淀溶解。本节就这方面的基本原理及规律作简要的讨论。

一、溶度积

实验证明任何难溶的电解质，在水溶液中总是或多或少地溶解的，绝对不溶解的物质是不存在的。因此，任何难溶物质在水中都有一个溶解与沉淀之间的平衡关系。现以固体 $AgCl$ 在水中的溶解为例，

$$AgCl(s) \underset{沉淀}{\overset{溶解}{\rightleftharpoons}} Ag^+ + Cl^-$$

在水分子的作用下，$AgCl$ 将有小部分形成水合离子，离开固体表面扩散到水溶液中，这个过程叫做溶解。与此同时，已溶解的 Ag^+ 和 Cl^- 离子在溶液中不断运动，若碰到未溶解的 $AgCl$ 固体时，会重新回到固体表面上去，这个过程叫做沉淀。在一定的温度下，当溶解速率等于沉淀速率时，未溶解的固体和溶液中的离子之间，便建立了难溶电解质的沉淀-溶解平衡。

沉淀-溶解平衡也是一个动态平衡，平衡时的溶液是饱和溶液。与电离平衡一样，亦服从化学平衡定律。其平衡常数表达式为：

$$K = \frac{c(Ag^+)c(Cl^-)}{c(AgCl)}$$

由于在一定温度下 K 是常数，固体 $AgCl$ 的浓度也看作常数，这两项的乘积可以用 K_{sp} 表示，这样平衡表达式可写成：

$$K_{sp} = c(Ag^+)c(Cl^-)$$

式中，$c(Ag^+)$、$c(Cl^-)$ 分别代表饱和溶液中的离子浓度，mol/L。K_{sp} 叫做难溶电解质的溶度积常数，简称为溶度积。

对一些能电离出两个或多个相同离子的难溶电解质来说，如 $Mg(OH)_2$ 和 $Ca_3(PO_4)_2$ 等，在它们的溶度积关系式中，离子的浓度应以其在电离方程式中的相应化学计量数为指数。例如，

$$Mg(OH)_2(s) \rightleftharpoons Mg^{2+} + 2OH^-$$

则

$$K_{sp} = c(Mg^{2+}) \cdot [c(OH^-)]^2$$

又如

$$Ca_3(PO_4)_2(s) \rightleftharpoons 3Ca^{2+} + 2PO_4^{3-}$$

则

$$K_{sp} = [c(Ca^{2+})]^3 \cdot [c(PO_4^{3-})]^2$$

溶度积的一般关系式为：

$$A_mB_n(s) \rightleftharpoons mA^{n+} + nB^{m-}$$

$$K_{sp} = [c(A^{n+})]^m \cdot [c(B^{m-})]^n$$

一定温度下，在难溶电解质的饱和溶液中，相应离子浓度化学计量数次方之积为一常数，叫溶度积常数。

与其他平衡常数一样，K_{sp} 也随着温度的改变而改变。一般地说，难溶电解质的 K_{sp} 随温度升高而增大。但温度对 K_{sp} 的影响一般不大。常温下，难溶电解质的溶度积常数见附录六。

溶度积常数值的大小与物质的溶解性有关，它反映了难溶电解质的溶解能力，电解质越难溶，K_{sp} 越小。

二、溶度积与溶解度的相互换算

溶度积和溶解度虽是两个不同的概念，但它们都可以用来表示一定温度下难溶电解质的溶解性，二者之间有一定的定量关系，可以进行相互换算。由溶解度可以求溶度积，也可由溶度积求溶解度。

由于组成难溶电解质的正、负离子的化合比不同，所以难溶电解质的类型也不同。有 AB 型的，如 $AgCl$、$BaSO_4$ 等；也有 AB_2 型或 A_2B 型的，如 CaF_2、Ag_2CrO_4 等。不同类型的难溶电解质，溶度积与溶解度的换算关系不同。

1. AB 型

以 $AgCl$、$BaSO_4$ 为例。

【例题 1】　在 25℃时，$AgCl$ 的 $K_{sp} = 1.8 \times 10^{-10}$，计算该温度下 $AgCl$ 的溶解度 （mol/L）❶

---

❶　溶解度的单位有 g/100g 水，g/L 及 mol/L。

解 设 AgCl 的溶解度为 $x\text{mol/L}$

在 AgCl 饱和溶液中 $c(\text{Ag}^+) = c(\text{Cl}^-) = x\ \text{mol/L}$

$$\text{AgCl(s)} \Longrightarrow \underset{x}{\text{Ag}^+} + \underset{x}{\text{Cl}^-}$$

所以

$$K_{\text{sp AgCl}} = c(\text{Ag}^+)c(\text{Cl}^-) = x^2 = 1.8 \times 10^{-10}$$

$$x = \sqrt{1.8 \times 10^{-10}} = 1.34 \times 10^{-5}\ (\text{mol/L})$$

答 25℃时，AgCl 在水中的溶解为 $1.34 \times 10^{-5}\text{mol/L}$。

【例题 2】 在 25℃时，BaSO_4 的溶解度为 $1.04 \times 10^{-5}\text{mol/L}$，求 BaSO_4 的 K_{sp}。

解 在 BaSO_4 的饱和溶液中

$$\text{BaSO}_4(\text{s}) \Longrightarrow \text{Ba}^{2+} + \text{SO}_4^{2-}$$

每溶解 1mol 的 BaSO_4，就能电离出 1mol 的 Ba^{2+} 和 SO_4^{2-} 离子

所以

$$c(\text{Ba}^{2+}) = c(\text{SO}_4^{2-}) = 1.04 \times 10^{-5}\text{mol/L}$$

$$K_{\text{sp BaSO}_4} = c(\text{Ba}^{2+})c(\text{SO}_4^{2-}) = (1.04 \times 10^{-5})^2 = 1.08 \times 10^{-10}$$

答 25℃时，BaSO_4 的溶度积为 1.08×10^{-10}。

2. A_2B 型或 AB_2 型

以 Ag_2CrO_4、Mg(OH)_2 为例。

【例题 3】 在 25℃时，Ag_2CrO_4 的 $K_{\text{sp}} = 1.1 \times 10^{-12}$，计算该温度下 Ag_2CrO_4 的溶解度（mol/L）。

解 设 Ag_2CrO_4 的溶解度为 $x\text{mol/L}$

在 Ag_2CrO_4 的饱和溶液中，$c(\text{Ag}^+) = 2x\text{mol/L}$ 而 $c(\text{CrO}_4^{2-}) = x\text{mol/L}$

$$\text{Ag}_2\text{CrO}_4(\text{s}) \Longrightarrow \underset{2x}{2\text{Ag}^+} + \underset{x}{\text{CrO}_4^{2-}}$$

所以

$$K_{\text{sp Ag}_2\text{CrO}_4} = [c(\text{Ag}^+)]^2 \cdot c(\text{CrO}_4^{2-}) = (2x)^2 \cdot x = 4x^3$$

$$4x^3 = 1.1 \times 10^{-12}$$

$$x = 6.5 \times 10^{-5}\ (\text{mol/L})$$

答 25℃时，Ag_2CrO_4 的溶解为 $6.5 \times 10^{-5}\text{mol/L}$。

【例题 4】 在 25℃时，Mg(OH)_2 的溶解度为 $1.44 \times 10^{-4}\text{mol/L}$，求 Mg(OH)_2 的 K_{sp}。

解 在 Mg(OH)_2 的饱和溶液中

$$\text{Mg(OH)}_2(\text{s}) \Longrightarrow \text{Mg}^{2+} + 2\text{OH}^-$$

$$c(\text{Mg}^{2+}) = 1.44 \times 10^{-4}\text{mol/L}, \quad c(\text{OH}^-) = 2 \times 1.44 \times 10^{-4}\text{mol/L}$$

所以

$$K_{\text{sp Mg(OH)}_2} = c(\text{Mg}^{2+}) \cdot [c(\text{OH}^-)]^2$$

$$= 1.44 \times 10^{-4} \times (2 \times 1.44 \times 10^{-4})^2 = 1.2 \times 10^{-11}$$

答 25℃时，Mg(OH)_2 的溶度积为 1.2×10^{-11}。

通过上面的计算可以看出，溶液积的大小与溶解度有关。对于同一类型的难溶电解质，如 AgCl、AgBr等，可以由溶度积比较溶解度的大小。溶度积越大，溶解度也越大。但对不同类型的电解质，则不能直接由它们的溶度积来比较溶解度的大小，必须通过具体的计算确定。

三、沉淀的生成和溶解

难溶电解质在达到沉淀-溶解平衡时，溶液中离子浓度化学计量数次方之积等于该电解质的溶度积。但这个平衡是一个动态平衡，是有条件的、暂时的，如果外界条件发生变化，平衡就会被破坏，离子浓度化学计量数次方之积不再等于溶度积。这就可能使溶液中离子转化为固体，即为沉淀的生成，或者使固体转化为溶液中的离子，即为沉淀的溶解。所以，根据溶度积常数可以判断沉淀、溶解反应进行的方向。

在某一难溶电解质溶液中，其离子浓度化学计量数次方之积称为离子积，用符号 Q 表示。例如，Mg(OH)_2 溶液的离子积 $Q_i = c(\text{Mg}^{2+}) \cdot [c(\text{OH}^-)]^2$。$Q_i$ 的表达式和 K_{sp} 的表达式相同，但是两者的概念是有区别的。K_{sp} 表示难溶电解质沉淀-溶解平衡时，即饱和溶液中离子浓度化学计量数次方之积，对某一难溶电解质，在一定温度下，K_{sp} 为一常数，而 Q_i 则表示任何情况下离子浓度化学计量数次方之积，其数

值不定。K_{sp} 仅是 Q_i 的一个特例。

在任何给定的溶液中，离子积 Q_i 可能有以下三种情况。

① $Q_i = K_{sp}$ 是饱和溶液，达动态平衡。

② $Q_i < K_{sp}$ 是不饱和溶液，无沉淀生成，若原来有沉淀，沉淀将溶解，直至饱和为止。

③ $Q_i > K_{sp}$ 为过饱和溶液，有沉淀析出，直至饱和。

以上规则称为溶度积规则，利用这一规则可以在一定温度下，控制难溶电解质溶液中离子的浓度，使之生成沉淀或使沉淀溶解。

根据溶度积规则，沉淀生成的条件是，必须使其离子积 Q_i 大于溶度积 K_{sp}，这就要增大离子浓度，一般采用加入沉淀剂的方法使沉淀析出。

在 $BaCl_2$ 溶液中加入 Na_2SO_4 溶液，当 $c(Ba^{2+}) \cdot c(SO_4^{2-}) > K_{sp\,BaSO_4}$ 时，$BaSO_4$ 沉淀就析出。Na_2SO_4 就是沉淀剂。

【例题 5】 在 2.0×10^{-3} mol/L 的 $BaCl_2$ 溶液中，加入等体积的 2.0×10^{-3} mol/L Na_2SO_4 溶液，有无沉淀 $BaSO_4$ 生成？（$K_{sp\,BaSO_4} = 1.1 \times 10^{-10}$）

解　两种溶液等体积混合，体积增加一倍，浓度降至原来的一半，即

$$c(BaCl_2) = c(Ba^{2+}) = \frac{2.0 \times 10^{-3}}{2} \text{mol/L} = 1.0 \times 10^{-3} \text{mol/L}$$

$$c(Na_2SO_4) = c(SO_4^{2-}) = \frac{2.0 \times 10^{-3}}{2} \text{mol/L} = 1.0 \times 10^{-3} \text{mol/L}$$

混合溶液中 $BaSO_4$ 的离子积

$$Q_i = c(Ba^{2+}) \cdot c(SO_4^{2-})$$
$$= 1.0 \times 10^{-3} \times 1.0 \times 10^{-3} = 1.0 \times 10^{-6}$$

已知 $K_{sp\,BaSO_4} = 1.1 \times 10^{-10}$

因为　　　　　　　　　　　　$1.0 \times 10^{-6} > 1.1 \times 10^{-10}$ 即 $Q_i > K_{sp}$

所以　　　　　　　　　　　　　　有 $BaSO_4 \downarrow$ 生成

答　有白色的 $BaSO_4$ 沉淀生成。

【例题 6】 在 2.0×10^{-3} mol/L 的 $AgNO_3$ 溶液中，加入等体积的 2.0×10^{-3} mol/L 的 Na_2SO_4 溶液，有无 Ag_2SO_4 沉淀生成？（$K_{sp\,Ag_2SO_4} = 1.4 \times 10^{-5}$）

解　两种溶液等体积混合，浓度减半，即

$$c(AgNO_3) = c(Ag^+) = \frac{2.0 \times 10^{-3}}{2} \text{mol/L} = 1.0 \times 10^{-3} \text{mol/L}$$

$$c(Na_2SO_4) = c(SO_4^{2-}) = \frac{2.0 \times 10^{-3}}{2} \text{mol/L} = 1.0 \times 10^{-3} \text{mol/L}$$

混合溶液中 Ag_2SO_4 的离子积

$$Q_i = [c(Ag^+)]^2 \cdot c(SO_4^{2-})$$
$$= (1.0 \times 10^{-3})^2 \times 1.0 \times 10^{-3} = 1.0 \times 10^{-9}$$

已知 $K_{sp\,Ag_2SO_4} = 1.4 \times 10^{-5}$

因为　　　　　　　　　　　　$1.0 \times 10^{-9} < 1.4 \times 10^{-5}$ 即 $Q_i < K_{sp}$

所以　　　　　　　　　　　　　无 Ag_2SO_4 沉淀生成

答　不能生成 Ag_2SO_4 沉淀。

通过以上二例的比较，可以看出，沉淀剂用量的多少，关系到沉淀能否析出。在生产中，可通过计算找出合适的沉淀剂的用量，从而保证沉淀的析出。

根据溶度积规则，要使沉淀溶解，必须减小溶液中难溶电解质的某一离子浓度，使其离子积 Q_i 小于它的 K_{sp} 值，则沉淀将会溶解，常用的方法是加入适当离子与溶液中某一种离子结合生成弱电解质。

例如，$Mg(OH)_2$ 能溶于盐酸，反应如下：

$$\xrightarrow{\quad \text{平衡移动方向} \quad}$$

$$Mg(OH)_2(s) \rightleftharpoons Mg^{2+} + 2OH^-$$

$$2HCl \Longrightarrow 2Cl^- + \begin{array}{c} + \\ 2H^+ \end{array}$$

$$\Updownarrow$$

$$2H_2O$$

因为 $Mg(OH)_2$ 固体电离出来的 OH^- 与酸提供的 H^+ 结合生成弱电解质 H_2O，降低了溶液中的 $c(OH^-)$，使 $c(Mg^{2+})c(OH^-) < K_{sp\,Mg(OH)_2}$，于是平衡向沉淀溶解的方向移动，只要加入足量的酸，$Mg(OH)_2$ 将全部溶解。

另外也可通过氧化-还原反应等方法使沉淀溶解。

例如在 CuS 沉淀中加入 HNO_3

$$3CuS + 8HNO_3 \Longrightarrow 3Cu(NO_3)_2 + 3S\downarrow + 2NO\uparrow + 4H_2O$$

由于 S^{2-} 被氧化为游离态的硫，使溶液中 $c(S^{2-})$ 大为降低，致使 $c(S^{2-})c(Cu^{2+}) < K_{sp\,CuS}$，结果 CuS 就溶解了。

四、沉淀反应的某些应用

在无机制备，提纯的工艺中，常根据各物质溶度积的不同，利用生成沉淀以达到分离出某种离子的目的。在分离时应采用哪种沉淀形式，则要根据溶液的成分和离子的含量而定。其中以生成难溶氢氧化物和硫化物较为常见。

根据氢氧化物的溶度积不同，控制溶液的 pH，使某种离子生成氢氧化物沉淀，以达到分离的目的。如生产 $Co(OH)_2$ 时，除去杂质 Fe^{3+}，就是采用控制溶液的 pH，使 Fe^{3+} 以 $Fe(OH)_3$ 形式沉淀出来，从而达到除铁的目的。

也经常根据某些难溶金属硫化物的溶度积不同、控制溶液中的 S^{2-} 浓度，使其生成难溶硫化物沉淀达到除去杂质的目的。尽管许多金属硫化物的溶度积都比较小，但它们的溶度积之间往往有较大的差别。例如，以 MnO_2 为原料制得的 $MnCl_2$ 溶液中常含有 Cu^{2+}、Pb^{2+}、Cd^{2+} 等金属离子，可利用硫化物溶度积的不同，在溶液中添加 MnS，使其转化成更难溶的 CuS、PbS、CoS 沉淀，过滤除去沉淀（除含上述三者外还有过量的 MnS）后，经蒸发、结晶，即可得到纯净的 $MnCl_2$。

第九章 氧化还原反应和电化学

化学反应从本质上可以分为两类：一类如复分解和部分化合、分解反应等，均不涉及元素化合价的改变，属于非氧化还原反应；另一类如置换反应等，在化学反应过程中伴随着元素化合价的改变，属于氧化还原反应。本章主要应用氧化还原反应的基本概念讨论氧化还原反应方程式的配平，原电池原理，电极电位及其应用，同时阐明电解和金属腐蚀的原理。

第一节 氧化还原反应方程式的配平

对于一些比较简单的氧化还原反应方程式，如氧气的制备、次氯酸的分解等，反应物和生成物的化学计量数都是较小的整数，不难通过观察来配平。但是对于一些比较复杂的氧化还原反应方程式，如硝酸跟金属或非金属反应的化学方程式等，很难用观察的方法配平，必须采用一定的方法和步骤来配平。

氧化还原反应的实质是参加反应的原子间电子的得失（或偏移）。配平这类化学方程式的关键是使反应中氧化剂和还原剂得、失（或偏移）的电子数相等，或氧化剂和还原剂化合价的降低和升高的总值相等。同时每一种元素的原子数目在反应前后相等。配平方法除可根据质量守恒定律来配平外，还有化合价升降法和离子-电子法。这里只介绍化合价升降法。

利用化合价升降法配平氧化还原反应方程式应按以下步骤进行。

① 根据实验结果或反应物的性质及反应条件，正确地写出反应物和生成物的化学式，并按物质的实际存在形式，调整化学式前面的化学计量数。

② 标出化合价有变化的元素的化合价。确定氧化剂和还原剂，并标明它们化合价的降低或升高的数值。

③ 求出化合价变化值的最小公倍数，使化合价升高和降低的总数相等，再分别除以化合价降低值和升高值，将其商值作为氧化剂、还原剂及相应产物的化学计量数。

④ 用观察法配平化合价未发生变化的元素的原子数，确定其相应物质的化学计量数。配平后把单线改成等号。

现通过以下几个氧化还原反应方程式的配平，来学习掌握这种配平方法。

【例题 1】 配平硫和稀硝酸反应的化学方程式。

解 按步骤①，写出反应物和生成物的化学式。

$$S + HNO_3 \longrightarrow SO_2 \uparrow + NO \uparrow + H_2O$$

按步骤②，标出反应前后化合价发生变化的元素的化合价及其变化值。

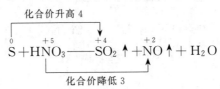

按步骤③，求变化值的最小公倍数，并调整物质的化学计量数，使化合价的升高和降低的总数相等。

$$\overset{0}{3S}+4\overset{+5}{HNO_3}\longrightarrow 3\overset{+4}{SO_2}\uparrow+4\overset{+2}{NO}\uparrow+H_2O$$

化合价升高 4×3

化合价降低 3×4

按步骤④，用观察法配平其他物质的化学计量数，配平后把单线改成等号。

$$3S+4HNO_3=\!=\!=3SO_2\uparrow+4NO\uparrow+2H_2O$$

【例题 2】 配平氧化铁和一氧化碳在高温下反应的化学方程式。

解 按步骤①，得到：

$$Fe_2O_3+CO\xrightarrow{\text{高温}}2Fe+CO_2\uparrow$$

根据一个 Fe_2O_3 分子里有 2 个 Fe 原子，反应后至少生成 2 个 Fe 原子的实际存在形式，配平前需调整化学计量数，即在 Fe 前加化学计量数 2。

按步骤②，得到：

化合价升高 2

$$\overset{+3}{Fe_2O_3}+\overset{+2}{CO}\longrightarrow 2\overset{0}{Fe}+\overset{+4}{CO_2}\uparrow$$

化合价降低 6

按步骤③，得到（以 Fe_2O_3 为基准）：

化合价升高 2×3

$$\overset{+3}{Fe_2O_3}+3\overset{+2}{CO}\longrightarrow 2\overset{0}{Fe}+3\overset{+4}{CO_2}\uparrow$$

化合价降低 6×1

按步骤④，核对反应前后化合价未变化元素的原子数，则得

$$Fe_2O_3+3CO=\!=\!=2Fe+3CO_2\uparrow$$

对于只有部分反应物参加的氧化还原反应，可以先根据化合价升降法确定氧化剂或还原剂的化学计量数，然后再把未参加氧化还原反应的原子（或原子团）数加到有关氧化剂或还原剂的化学计量数上。

【例题 3】 配平铜和稀硝酸的反应的化学方程式

解 按步骤①，得到：

$$Cu+HNO_3（稀）\longrightarrow Cu(NO_3)_2+NO\uparrow+H_2O$$

按步骤②，得到：

化合价升高 2

$$\overset{0}{Cu}+\overset{+5}{HNO_3}（稀）\longrightarrow \overset{+2}{Cu}(NO_3)_2+\overset{+2}{NO}\uparrow+H_2O$$

化合价降低 3

按步骤③，得到：

$$\overset{\text{化合价升高}2\times3}{\overset{0}{3Cu}+\overset{+5}{2HNO_3}(稀)\longrightarrow\overset{+2}{3Cu(NO_3)_2}+\overset{+2}{2NO}\uparrow+H_2O}$$

化合价降低 3×2

按步骤④，可以看出上述反应里，有 2 个 NO_3^- 还原成 NO，还有 6 个 NO_3^- 没有参加氧化还原反应，所以 HNO_3 的化学计量数应为 8，H_2O 的化学计量数应为 4。

$$3Cu+8HNO_3(稀)\longrightarrow 3Cu(NO_3)_2+2NO\uparrow+4H_2O$$

对于某些氧化剂和还原剂为同一物质的氧化还原反应，可以采用逆向配平的方法，即先确定生成物的化学计量数，然后再确定反应物的化学计量数。例如：

【例题 4】　配平氯气通入热的浓氢氧化钠溶液反应的化学方程式。

解　按步骤①，得到：

$$Cl_2+NaOH\longrightarrow NaCl+NaClO_3+H_2O$$

按步骤②，得到：

化合价升高 5

$$\overset{0}{Cl_2}+NaOH\longrightarrow\overset{-1}{NaCl}+\overset{+5}{NaClO_3}+H_2O$$

化合价降低 1

按步骤③，得到：

化合价升高 5×1

$$3\overset{0}{Cl_2}+NaOH\longrightarrow 5\overset{-1}{NaCl}+\overset{+5}{NaClO_3}+H_2O$$

化合价降低 1×5

上述反应中，Cl_2 分子中的一个 Cl 从 0 价升到 +5 价，另一个 Cl 从 0 价降到 -1 价。依据反应前后化合价升高和降低的总数必然相等的原则，可先确定 $NaClO_3$ 的化学计量数为 1，NaCl 的化学计量数为 5，然后再确定 Cl_2 的化学计量数为 3。

按步骤④，则得：

$$3Cl_2+6NaOH\xrightarrow{\triangle}5NaCl+NaClO_3+3H_2O$$

此反应为歧化反应。所谓歧化反应，就是同一种物质分子内同一种元素同一价态的原子（或离子）发生电子转移的氧化还原反应。上述反应中，Cl_2 既是氧化剂，又是还原剂。

同一种物质的分子内，同种元素（不同价态）或不同种元素的原子（或离子）之间发生电子转移的氧化还原反应，称为自身氧化还原反应。如 $KClO_3$ 分解制 O_2 的反应（用逆向配平方法，化合价升高值以 O_2 为基准，化合价降低以 $\overset{-1}{Cl}$ 为基准计算）：

化合价升高 4×3

$$2K\overset{+5-2}{ClO_3}\xrightarrow[\triangle]{MnO_2}2K\overset{-1}{Cl}+3\overset{0}{O_2}\uparrow$$

化合价降低 6×2

此反应中，$KClO_3$ 既是氧化剂，又是还原剂。

判断一个氧化还原反应方程式是否配平的标志，主要是反应前后化合价升降的总数是否相等。当氧化还原反应方程式用离子方程式表示时，还应该特别注意使反应前后阴、阳离子所带的电荷数相等。例如：

【例题 5】 配平铜屑与 $FeCl_3$ 溶液起反应的离子方程式。

解 用化合价升降法配平：

$$\underset{\text{化合价降低 }1\times 2}{\overset{\text{化合价升高 }2\times 1}{Cu+Fe^{3+}\longrightarrow Cu^{2+}+Fe^{2+}}}$$

即在 Fe^{3+} 和 Fe^{2+} 前应加化学计量数 2。配平后的离子方程式为：

$$Cu+2Fe^{3+}=\!=\!=Cu^{2+}+2Fe^{2+}$$

第二节 原电池和电极电位

一、原电池

1. 原电池原理

氧化还原反应在溶液中进行时，可以发生电子在离子（或分子）之间的传递。如锌片放入硫酸铜溶液中，即发生如下的氧化还原反应。

$$\overset{2e^-}{Zn+Cu^{2+}=\!=\!=Zn^{2+}+Cu}$$

反应中，电子由锌片直接转移给溶液中的 Cu^{2+}，电子的流动是无秩序的，不会形成电子的定向流动。

如果能设计一种装置，使电子的转移变为电子的定向移动，即电子有秩序地由一处流动到另一处，那么通过这种装置，就能使氧化还原反应的化学能转变为电能。

[**实验 9-1**] 如图 9-1 所示，在盛有 1mol/L $ZnSO_4$ 溶液的烧杯中，插入锌片；在盛有 1mol/L $CuSO_4$ 溶液的烧杯中，插入铜片。用盐桥将两个烧杯中的溶液沟通，所谓盐桥就是一个装满 KCl 饱和溶液和琼脂胶冻的 U 形玻璃管，再用导线连接锌片和铜片，中间串联一个灵敏电流计。观察电流计的指针是否偏转。

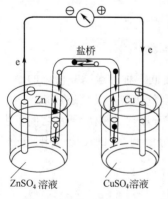

图 9-1 铜锌原电池装置

这时可以看到电流计的指针立即向一方偏转，说明导线中有电流通过。根据指针偏转的方向可以判定电子以锌片流向铜片。同时，锌片开始溶解，而铜片上有铜沉积上去。

上述现象，可做如下分析。

锌片插入溶液后，锌原子失去原子，变成 Zn^{2+} 进入溶液，锌片上发生了氧化反应。

$$Zn-2e^-=\!=\!=Zn^{2+}$$

聚集在锌片上的电子通过外电路流向铜片，电子进行有规则的流动，从而产生了电流。$CuSO_4$ 溶液中的 Cu^{2+} 从铜片上获得电子，析出金属铜，在铜片上发生了还原反应。

$$Cu^{2+}+2e^-=\!=\!=Cu$$

随着反应的进行，$ZnSO_4$ 溶液中 Zn^{2+} 增多，正电荷过剩；同时，$CuSO_4$ 溶液中因 Cu^{2+} 不断变为 Cu 而析出，使得 SO_4^{2-} 相对增多，负电荷过剩，这将影响电子从锌片流向铜片，从而阻碍反应的继续进行。盐桥的作用在于其中 Cl^- 离子向 $ZnSO_4$ 溶液扩散，K^+ 离子以同样速度向 $CuSO_4$ 溶液扩散，分别中和两溶液中过剩的正、负电荷，使得两种溶液一直保持电中性，因而反应得以继续进行。

这种借助于氧化还原反应将化学能直接转变为电能的装置，叫做原电池。上述的原电池称为铜锌原电池。

2. 原电池的电极及电极反应式

原电池是由两个半电池构成的。如图 9 1 所示的铜锌原电池就是由锌和锌盐溶液组成的锌半电池，铜和铜盐溶液组成的铜半电池构成的。它是在 1836 年英国科学家丹尼尔（1790～1845 年）制成的，也叫丹尼尔电池。

组成半电池的导体称为**电极**。在原电池中发生氧化反应，流出电子的电极定为负极；发生还原反应，流入电子的电极定为正极。所以铜锌原电池中，锌电极是负极，铜电极是正极。分别在负极和正极上进行的氧化和还原反应，叫做电极反应，或叫原电池的半反应，两个半电池的反应合起来构成原电池的总反应，也称为电池反应。

例如铜锌原电池的电极反应为：

负极 $\qquad\qquad\qquad\qquad Zn-2e^-\!=\!=\!=\!Zn^{2+}$

正极 $\qquad\qquad\qquad\qquad Cu^{2+}+2e^-\!=\!=\!=\!Cu$

总反应（电池反应）式为

$$Zn+Cu^{2+}\!=\!=\!=\!Zn^{2+}+Cu$$

原电池的装置可用符号表示。如铜锌原电池可表示为：

$$(-)Zn\,|\,ZnSO_4(c_1)\,\|\,CuSO_4(c_2)\,|\,Cu(+)$$

其中，"$|$"表示两相之间的界面，如金属和溶液的界面，"$\|$"表示盐桥，c_1、c_2 分别表示 $ZnSO_4$ 和 $CuSO_4$ 溶液的浓度，$(-)$ 和 $(+)$ 分别表示电池的负极和正极，习惯上把负极写在左边，正极写在右边。

从理论上讲，任何一个能自发进行的氧化还原反应都能组成一个原电池。

3. 电对（选学）

在原电池中，每个半电池都是由两种价态的物质所组成。一种是可做还原剂的低价态物质，称为还原态物质，如锌半电池中的 Zn 和铜半电池中的 Cu；另一种是与之对应的作为氧化剂的高价态物质，称为氧化态物质，如上述两个半电池中的 Zn^{2+} 和 Cu^{2+}。还原态物质和它相对应的氧化态物质构成**氧化还原电对**，简称电对。电对可以用符号表示，通常把氧化态写在斜线的上方，还原态写在斜线的下方，例如锌半电池和铜半电池的电对可分别写成 Zn^{2+}/Zn 和 Cu^{2+}/Cu。

金属与其离子可以组成电对，非金属分子与其离子也可以组成电对，如 Cl_2/Cl^-、H^+/H_2 等。

同一种元素的不同化合价离子，如 Sn^{4+}/Sn^{2+}、Fe^{3+}/Fe^{2+} 或含有同一种元素的不同化合价离子（分子），如 MnO_4^-/Mn^{2+}、O_2/OH^- 等均可组成电对。

二、电极电位（选学）

1. 电极电位

铜锌原电池中，把两个电极用导线连接起来就有电流产生，说明两个电极之间存在电位差，这如同有水位差时，水就会自然流动一样。电位差的存在，表明构成原电池的两个电极各自具有不同的电位，这个电位是在金属和它的盐溶液接触处所产生的，把它叫做**电极电位**。一般用符号 φ 表示，单位是伏特（V）。

用电位计所测得的正极与负极之间的电位差，就是原电池的电动势。一般用符号 E 表示，单位是伏

特。原电池的电动势的计算规定电池的正极电位 φ_+ 减去负极的电位 φ_-，即

$$E=\varphi_+-\varphi_-$$

电极电位值是表示构成电极的电对，在氧化还原反应中争夺电子能力大小的一个量度，因此不必知道它们的绝对数值，只要知道它们之间相对大小的数值就可以判断它们在氧化还原反应中争夺电子能力的强弱。例如，铜电极的电极电位为 $+0.337V$，而锌电极的电极电位为 $-0.763V$，显然铜电极比锌电极在氧化还原反应时，争夺电子能力大，所以在铜锌原电池中，电子是从锌极流向铜极。

2. 标准电极电位

电极电位的绝对值目前尚无法测出，只能用比较的方法测定其相对值。正如人们测定山峰相对高度用海平面的高度为零作为比较标准一样，测定电极电位也要有个标准电极做比较。目前采用的标准电极是氢电极，称为标准氢电极。标准氢电极的结构如图 9-2 所示。将 1 片由铂丝连接的镀有蓬松铂黑的铂片，浸入氢离子浓度为 $1mol/L$ ❶的硫酸溶液中，在 25℃ 时，从玻璃管上部侧口不断通入 $101.325kPa$ 的纯氢气流，使铂片表面吸附氢气达到饱和，被氢气饱和的铂片，就成为氢电极。被铂黑吸附的氢气与溶液中的氢离子建立了如下的平衡：

$$2H^++2e^-\rightleftharpoons H_2$$

这样铂片上吸附的氢气与酸溶液之间产生的电位，叫做标准氢电极的电极电位，并规定它为零。

用标准氢电极与其他各种标准状态下的电极组成原电池，测得这些电池的电动势，就是各种电极的**标准电极电位**。所谓标准状态是指气体的压力为 $101.325kPa$，温度为 25℃，组成电极的离子浓度为 $1mol/L$。之所以要规定标准状态是因为电极电位的大小，除决定于物质的本性外，还受浓度、温度等外因的影响，而只有在相同条件下进行比较所得的结果才是客观有效的。

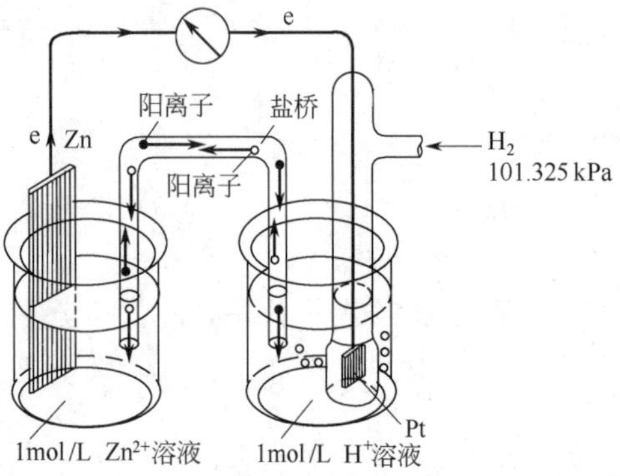

标准电极电位用符号 $\varphi^\ominus$ 表示，以区别于非标准状态下的电极电位 φ。例如欲测定锌电极的标准电极电位时，只要将标准氢电极和锌电极组成原电池，见图 9-2。

经测定，该原电池的标准电动势为 $0.763V$，电子由锌电极流向标准氢电极，所以氢电极为正极，锌电极为负极。前已学过 $E=\varphi_+-\varphi_-$。因为此例中的电极都是标准电极，故以上公式可写成 $E^\ominus=\varphi_+^\ominus-\varphi_-^\ominus$。代入有关数据，可计算出锌电极的标准电极电位。

$$E^\ominus=\varphi_{H^+/H_2}^\ominus-\varphi_{Zn^{2+}/Zn}^\ominus=0.763V$$

因为

$$\varphi_{H^+/H_2}^\ominus=0$$

所以

$$\varphi_{Zn^{2+}/Zn}^\ominus=0-0.763V=-0.763V$$

图 9-2 标准氢电极和锌电极组成原电池

用类似的方法❷可以测得其他各种氧化还原电对的标准电极电位值。将标准电极电位按照由小到大的顺序排列而成的表叫标准电极电位表（附录七）。

使用标准电极电位表时应注意以下几个问题。

① 附录七和表 9-1 所列的标准电极电位是还原电位，它表示元素或离子得到电子而还原的趋势。有些书刊上用的是氧化电位，它表示元素或离子失去电子而氧化的趋势。目前，国际上这两种表示方法都在使用，二者在数值上相同，符号相反，查表时应注意。

② 电极电位的数值往往与溶液的酸碱性有关。表中凡前面有※符号的电极反应在碱性溶液中进行，其余都在酸性溶液中进行。

③ 标准电极电位的正、负，不因电极反应的书写方向不同而改变，如锌电极的电极电位不管是按 $Zn^{2+}+2e^-\rightleftharpoons Zn$ 还是按 $Zn\rightleftharpoons Zn^{2+}+2e^-$ 方向进行，电对 Zn^{2+}/Zn 的 $\varphi^\ominus$ 值不变。

---

❶ 稀溶液中物质的量浓度和质量摩尔浓度相差很少，其差可忽略不计，故用物质的量浓度或质量摩尔浓度均可。

❷ 若欲测铜电极的标准电极电位时，则将标准氢电极作负极，铜电极作正极，组成原电池。

前面已经指出，电极电位值的大小，不但取决于物质的本性，而且也和溶液中离子的浓度、温度等外因有关。而标准电极电位是在标准状态下测得的，当外界条件如浓度、温度、压力、介质的酸度发生变化时，电极电位值必将发生变化，关于非标准状态下的电极电位值可通过计算求得，本节就不予以讨论了。

3. 电极电位的应用

电极电位的应用非常广泛，下面主要介绍二个方面。

（1）判断氧化剂、还原剂的相对强弱　电极电位值的大小，反映了物质得失电子的难易，即反映了氧化、还原能力的强弱。

电极电位值越小，表示该电对的还原态物质越易失去电子，是越强的还原剂；电极电位值越大，表示该电对的氧化态物质越易获得电子，是越强的氧化剂。

表 9-1　标准电极电位与氧化剂、还原剂的相对强弱的关系

氧化态$+ne^-\rightleftharpoons$还原态			$\varphi^\ominus$/V
氧化态的氧化能力增强	$Li^+ + e^- \rightleftharpoons Li$	还原态的还原能力增强	-3.045
	$K^+ + e^- \rightleftharpoons K$		-2.925
	$Zn^{2+} + 2e^- \rightleftharpoons Zn$		-0.763
	$Fe^{2+} + 2e^- \rightleftharpoons Fe$		-0.44
	$Ni^{2+} + 2e^- \rightleftharpoons Ni$		-0.23
	$2H^+ + 2e^- \rightleftharpoons H_2$		0.00
	$Cu^{2+} + 2e^- \rightleftharpoons Cu$		0.337
	$I_2 + 2e^- \rightleftharpoons 2I^-$		0.535
	$Fe^{3+} + e^- \rightleftharpoons Fe^{2+}$		0.77
	$Br_2（液）+ 2e^- \rightleftharpoons 2Br^-$		1.065
	$Cl_2 + 2e^- \rightleftharpoons Cl^-$		1.36
	$F_2 + 2e^- \rightleftharpoons 2F^-$		2.86

在表 9-1 的左边，氧化态物质获得电子的能力（即氧化能力），自上而下依次增强；右边，还原态物质失去电子的能力（即还原能力），自下而上依次增强。可见，最强的还原剂在表的右上角是 Li，最强的氧化剂在表的左下角是 F_2，而相应的 Li^+ 是最弱的氧化剂，F^- 则是最弱的还原剂。

【例题 1】　在 Cu^{2+}/Cu 和 I_2/I^- 两电对中，哪个是较强的氧化剂？哪个是较强的还原剂？

解　从表 9-1 查出：

$$\varphi^\ominus_{Cu^{2+}/Cu} = 0.337V,\quad \varphi^\ominus_{I_2/I^-} = 0.535V$$

比较二者的 $\varphi^\ominus$，$\varphi^\ominus_{Cu^{2+}/Cu}$ 较小，因为 $\varphi^\ominus$ 值小的电对中的还原态物质是较强的还原剂，所以 Cu 比 I^- 易失去电子，Cu 是比 I^- 较强的还原剂；$\varphi^\ominus_{I_2/I^-}$ 较大，因为 $\varphi^\ominus$ 值大的电对中的氧化态物质是较强的氧化剂，所以 I_2 是比 Cu^{2+} 较强的氧化剂。

【例题 2】　列出 Cl_2/Cl^-、Fe^{2+}/Fe、Ag^+/Ag 三电对中，氧化态物质氧化能力大小的顺序。

解　从附录七查出：$\varphi^\ominus_{Cl_2/Cl^-} = 1.36V$

$$\varphi^\ominus_{Fe^{2+}/Fe} = -0.44V,\quad \varphi^\ominus_{Ag^+/Ag} = 0.799V$$

比较三者的 $\varphi^\ominus$，$\varphi^\ominus_{Cl_2/Cl^-}$ 最大，$\varphi^\ominus_{Ag^+/Ag}$ 次之，$\varphi^\ominus_{Fe^{2+}/Fe}$ 最小。因为 $\varphi^\ominus$ 值越大，氧化态物质的氧化能力越强，所以三电对中氧化态物质氧化能力由大到小的顺序为：Cl_2、Ag^+、Fe^{2+}。

（2）判断氧化还原反应进行的方向　通过铜锌原电池的讨论知道，电位低的锌电极是负极，电位高的铜电极是正极，电池的标准电动势 $E^\ominus = \varphi_+ - \varphi_-$，代入电极电位值得：

$$E^\ominus = 0.337 - (-0.763) = 1.10V > 0$$

此反应中，电子能自动地从锌电极流向铜电极，说明电池反应 $Cu^{2+} + Zn \rightleftharpoons Cu + Zn^{2+}$ 能自发地向正方向进行。由此可见，氧化还原反应自发进行的条件，是由两个氧化还原电对组成的原电池的标准电动势大于零，或者说是作为氧化剂电对的电极电位要比还原剂电对的电极电位大。具体判断步骤如下。

① 按给定的反应方向，根据元素化合价的变化情况，确定氧化剂和还原剂。

② 分别查出氧化剂电对和还原剂电对的标准电极电位。

③ 以氧化剂的电对为正极，还原剂的电对为负极，组成原电池，并计算其标准电动势 $E^{\ominus}$

$$E^{\ominus} = \varphi^{\ominus}_+ - \varphi^{\ominus}_-$$

若 $E^{\ominus} > 0$，则反应自发正向（从左向右）进行；

若 $E^{\ominus} < 0$，则反应自发逆向（从右向左）进行。

【例题 3】 判断在标准状态下，反应 $2Fe^{3+} + Cu \Longrightarrow 2Fe^{3+} + Cu^{2+}$ 自发进行的方向。

解 ① 从给定的反应方向及化合价的变化可判断出，Fe^{3+} 是氧化剂，Cu 是还原剂。

② 查表可知氧化剂电对 $\varphi^{\ominus}_{Fe^{3+}/Fe^{2+}} = 0.77V$，做正极，还原剂电对 $\varphi^{\ominus}_{Cu^{2+}/Cu} = 0.337V$，做负极。

③ 该反应的标准电动势则为

$$E^{\ominus} = \varphi^{\ominus}_{Fe^{3+}/Fe^{2+}} - \varphi^{\ominus}_{Cu^{2+}/Cu} = 0.77V - 0.337V = 0.433V$$

因为 $\qquad\qquad\qquad\qquad\qquad E^{\ominus} < 0$

所以 此反应能自发地正向（从左到右）进行。

【例题 4】 判断在标准状态下，反应 $Fe^{2+} + Cu \Longrightarrow Fe + Cu^{2+}$ 自发进行的方向。

解 ① 从给定的反应方向及化合价的变化可判断出，Fe^{3+} 是氧化剂，Cu 是还原剂。

② 查表可知氧化剂电对 $\varphi^{\ominus}_{Fe^{3+}/Fe} = -0.44V$，做正极，还原剂电对 $\varphi^{\ominus}_{Cu^{2+}/Cu} = 0.337V$，做负极。

③ 该反应的标准电动势则为

$$E^{\ominus} = \varphi^{\ominus}_{Fe^{3+}/Fe} - \varphi^{\ominus}_{Cu^{2+}/Cu} = -0.44V - 0.337V = -0.777V$$

因为 $\qquad\qquad\qquad\qquad\qquad E^{\ominus} < 0$

所以 此反应能自发地逆向（从右到左）进行。

与例 3 的反应比较，可见 Fe^{3+} 能将 Cu 氧化为 Cu^{2+}，而 Fe^{3+} 则不能。制造印刷电路时利用 $FeCl_3$ 做氧化剂来刻蚀铜箔，而不能选用 $FeCl_2$ 来刻蚀铜箔，就是这个道理。

以上两例所讨论的都是在标准状态下进行的反应，可以直接用标准电极电位来判断反应的方向。如果不是标准状态，电极电位值将随之改变，反应方向有可能逆转，这里也不做讨论。

第三节 电 解

本节将讨论如何使电能转变为化学能，以及电解原理的重要应用。

一、电解的原理

在一些电解质溶液中，通入直流电，在电极上会发生氧化还原反应，而使电解质分解。现在以 $CuCl_2$ 溶液为例，说明直流电通过电解质溶液时，电能如何转变为化学能？电解质将发生怎样的变化？

[**实验 9-2**] 如图 9-3 的装置，将两根石墨棒做电极，分别插入盛有 $CuCl_2$ 溶液的 U 形管的两端，接通直流电源。与直流电源正极相连的石墨电极叫做阳极，与直流电源负极相连的石墨电极叫做阴极。将湿润的淀粉碘化钾试纸放在阳极碳棒附近，检验放出的气体，观察管内发生的现象。

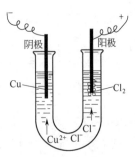

图 9-3　$CuCl_2$ 溶液电解实验装置示意

从实验可以看出，通电后不久，在阴极碳棒上有铜析出，在阳极碳棒上有气泡放出，从它的气味和它能使湿润的淀粉碘化钾试纸变蓝的特征，可以断定放出的气体是氯气。

通电时，为什么氯化铜分解成铜和氯气呢？

氯化铜属于强电解质，它在水溶液中全部电离为 Cu^{2+} 和 Cl^-

$$CuCl_2 \Longrightarrow Cu^{2+} + 2Cl^-$$

通电前，Cu^{2+} 和 Cl^- 在溶液中做无规则的自由移动，通电后，在电场的作用下，自由移动的离子改做定向移动。根据异性相吸的原理，带负电的氯离子向阳极移动，带正电的铜离子向阴极移动，如图 9-4 所示。在阳极，氯离子失去电子被氧化成氯原子，然后两两结合成氯分子，从阳极放出。在阴极，铜离子获得电子被还原成铜原子，

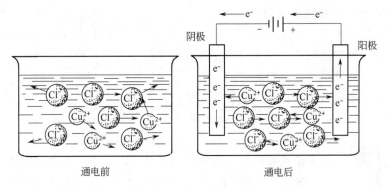

图 9-4　通电前后溶液中离子移动示意

覆盖在阴极表面。在两个电极上发生的反应可表示如下：

阳极：　　　　　　　$2Cl^- - 2e^- \Longrightarrow Cl_2 \uparrow$　（氧化反应）

阴极：　　　　　　　$Cu^{2+} + 2e^- \Longrightarrow Cu$　　（还原反应）

这种使电流通过电解质溶液而在阴阳两极引起氧化还原反应的过程叫做电解。这种借助于电流引起氧化还原反应的装置，也就是把电能转变为化学能的装置，叫做电解池或电解槽。

通电时，电子从电源的负极沿导线流入电解池的阴极，另一方面，电子又从电解池的阳极流出，沿导线回到电源的正极。这样，在阴极上电子过剩，在阳极上电子缺少，电解质溶液中的阳离子移向阴极，在阴极上得到电子发生还原反应；阴离子移向阳极，在阳极上失去电子发生氧化反应。

氯化铜水溶液电解时，发生反应的总化学方程式如下：

$$CuCl_2 \xrightarrow{\text{电解}} Cu + Cl_2 \uparrow$$
$$\text{阴极}\quad\text{阳极}$$

在上面叙述氯化铜溶液电解的过程中，没有提到溶液中的 H^+ 和 OH^- 是否发生了变化。由于水的电离，溶液中实际存在着少量的 H^+ 和 OH^-，也就是说氯化铜溶液中存在着 Cu^{2+}、Cl^-、H^+ 和 OH^- 四种离子。电解时，Cu^{2+} 和 H^+ 都移向阴极，但 Cu^{2+} 比 H^+ 易得电子，所以 Cu^{2+} 在阴极上得到电子而析出金属铜。OH^- 和 Cl^- 都移向阳极，在该电解的条件下，Cl^- 比 OH^- 易失去电子，所以 Cl^- 在阳极上失去电子，生成氯气。

电解时，阳离子得到电子或阴离子失去电子的过程叫离子的放电。

电解时，究竟何种离子先放电，不仅与电解质的性质（即标准电极电位值）有关，而且与溶液中的离子浓度、温度及电极材料等因素有关。

当电解池的电极是本身不参加化学反应的惰性电极（如石墨、铂）时，阴离子在阴极的放电顺序和金属的活泼性有关（一般与金属活动性顺序相反），电解活泼金属（电极电位表 Al 及 Al 以前的金属）盐溶液时，H^+ 放电生成 H_2，电解不活泼金属及 Zn、Fe、Ni 等金属的盐溶液时，相应的金属离子放电，析出金属；阴离子在阳极的放电顺序，情况比较复杂，本书不做详细讨论，但一般顺序为 $S^{2-} > I^- > Br^- > Cl^- > OH^- > NO_3^- > SO_4^{2-}$。

如果由非惰性材料，如锌、镍、铜等金属做阳极时，则应首先考虑阳极的溶解，即阳极金属本身将参加电解反应。

二、电解的应用

电解在工业上的应用主要有以下几个方面。

1. 电解食盐水制取氯气和烧碱

用电解的方法制取化工产品的工业，如电解饱和食盐水制取氯气和烧碱，电解水制取氢气和氧气，以及用电解法制取一些无机盐和有机化合物等工业，都属于电化学工业。电化学工业的主要工艺过程都是应用电解原理。

现在来仔细观察电解饱和食盐水溶液的实验。

[**实验 9-3**]　按图 9-5 装置在 U 形管里倒入饱和食盐水，插入一根碳棒做阳极，一根铁棒做阴极。同时在两边管中滴入几滴酚酞试液。把湿润的 KI 淀粉试纸放在阳极附近。接通直流电源后，注意管内发生的现象。

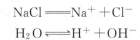

图 9-5　饱和食盐水电解实验装置

由实验可观察到，两极都有气体放出，阳极产生的气体有刺激性气味，能使湿润的淀粉碘化钾试纸变蓝，证明是氯气。阴极放出的气体是氢气，同时可以看到阴极附近溶液变红色，说明溶液里有碱性物质生成。

出现上述现象的原因是因为通电前，食盐水溶液中有 Na^+、H^+、Cl^-、OH^- 四种离子。

$$NaCl \xrightarrow{\quad} Na^+ + Cl^-$$
$$H_2O \xrightleftharpoons{\quad} H^+ + OH^-$$

通电后，这些自由移动的离子，在电场的作用下，改做定向移动。带正电的 Na^+ 和 H^+ 移向阴极，带负电的 Cl^- 和 OH^- 移向阳极（见图 9-5）。

在阴极，可能放电的离子是 H^+ 和 Na^+，因为 H^+ 比 Na^+ 容易获得电子，所以 H^+ 不断从阴极上获得电子，被还原为氢原子，氢原子再两两结合成氢分子，从阴极放出，电极反应式为：

阴极：　　　　　$2H^+ + 2e^- \xrightarrow{\quad} H_2\uparrow$　　（还原反应）

由于 H^+ 在阴极不断得到电子而生成氢气放出破坏了附近水的电离平衡，水分子继续电离成 H^+ 和 OH^-，H^+ 又不断得电子，结果溶液里 OH^- 的浓度相对地增大，而在阴极附近形成氢氧化钠的溶液，使酚酞试液变红。

在阳极，可能放电的离子是 Cl^- 和 OH^-，因在这样的电解条件下，Cl^- 比 OH^- 容易失去电子。所以 Cl^- 被氧化成氯原子，氯原子再两两结合成为氯分子而放出，使湿润的 KI 淀粉试纸变蓝。电极反应式为：

阳极：　　　　　$2Cl^- - 2e^- \xrightarrow{\quad} Cl_2\uparrow$　　（氧化反应）

电解饱和食盐水溶液的总化学方程式如下：

$$2NaCl + 2H_2O \xrightarrow{\text{电解}} \underset{\text{阴极附近}}{2NaOH} + \underset{\text{阴极}}{H_2\uparrow} + \underset{\text{阳极}}{Cl_2\uparrow}$$

目前中国工业上电解食盐水大多采用立式隔膜电解槽，如图 9-6 所示。电解制得的是混有食盐的稀碱液，必须经过蒸煮浓缩，分离除去大部分食盐，才能得到 30%（质量分数）的碱液。近年来，部分烧碱的生产采用了先进的离子膜电解法。

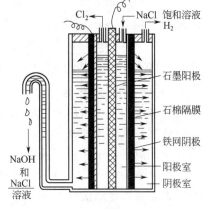

图 9-6　立式隔膜电解槽示意

工业上用电解饱和食盐水的方法来制取 $NaOH$、Cl_2 和 H_2，并以它们为原料生产一系列化工产品，称为氯碱工业。目前世界上比较先进的电解制碱技术是离子交换膜法。此法是使反应在特殊的电解槽中进行的。离子交换膜电解槽主要由阳极、阴极、离子交换膜、电解槽框和导电铜棒等组成。图 9-7 表示一个单元槽的示意图。电解槽的阳极用金属钛网制成，上面涂有钛、钌等氧化物涂层（延长电极使用寿命和提高电解效率）；阴极由碳钢网制成，上面涂有镍涂层；阳离子交换膜把电解槽隔成阴极室和阳极室。阳离子交换膜有一种特殊的性质，即它只允许阳离子（Na^+）通过，而阻止阴离子（Cl^- 和 OH^-）和气体通过。这样既能防止阴极产生的 H_2 和阳极产生的 Cl_2 混合而引起爆炸，又能避免 Cl_2 和 NaOH 溶液反应生成 NaClO 而影响烧碱的质量。每台电解槽由若干个单元槽串联或并联组成，如图 9-8 所示为一台包括 16 个单元槽的离子交换膜电解槽。

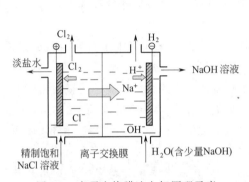

图 9-7　离子交换膜法电解原理示意

图 9-8　离子交换膜电解槽

由于粗盐水中含有泥沙、Ca^{2+}、Mg^{2+}、Fe^{3+}、SO_4^{2-} 杂质，若不除去，会使产品中混入杂质，还会在电解过程中产生不溶性杂质［如 $Mn(OH)_2$ 等］，堵塞隔膜孔隙。因此必须经过精制而除去。精制的饱和食盐水进入阳极室，纯水（加入一定量 NaOH 溶液）加入阴极室。通电时，水电离出的 H^+ 在阴极表面放电生成 H_2，Na^+ 穿过离子膜由阳极室进入阴极室，导出的阴极液中含有 30% 的 NaOH，称为碱液，经蒸发、结晶可以得到固碱；Cl^- 则在阳极表面放电生成 Cl_2。电解后的淡盐水从阳极导出，可重新用于配制饱和食盐水。

离子交换膜法制碱技术具有设备占地面积小、能连续生产、生产能力大、产品质量高、能适应电流波动、能耗低、污染小等优点，是氯碱工业发展的方向。氯碱工业及其相关产品几乎涉及国民经济各部门及人民生活的各个领域，但随着人们环境保护意识的增强，应尽量减少其对环境的不利影响。

2. 电冶金属

应用电解原理从金属化合物制取金属的过程叫做电冶。钾、钠、钙、镁、铝等活泼金属，它们的阳离子较难得电子被还原，可采用电解它们熔融的化合物来制取。例如，金属钠可用电解熔融的氯化钠来制得：

通电前　　　　　　　　　$NaCl == Na^+ + Cl^-$

通电后

阴极：　　　　　　　　$2Na^+ + 2e^- == 2Na$（还原反应）

阳极：　　　　　　　　$2Cl^- - 2e^- == Cl_2\uparrow$（氧化反应）

电解方程式　　　　　$2NaCl \xrightarrow{电解} 2Na + Cl_2\uparrow$
　　　　　　　　　　　熔融态　　阴极　阳极

工业上，还常用电解的方法精炼金属。主要是根据非惰性材料的金属作阳极时，会发生阳极溶解现象，杂质留在溶液或阳极泥中，而纯金属在阴极表面析出。下面以提纯粗铜为例。用待精炼的粗铜做阳极，纯铜薄板做阴极，$CuSO_4$ 溶液做电解液。电解时，作为阳极的粗铜不断溶解，即铜原子失去电子成为铜离子，铜离子在阴极不断地还原为纯铜而析出。电极反应式如下：

$$阳极： \qquad Cu - 2e^- =\!\!=\!\!= Cu^{2+} （溶解）$$

$$阴极： \qquad Cu^{2+} + 2e^- =\!\!=\!\!= Cu （析出）$$

与此同时，粗铜中较活泼的 Zn、Ni、Fe 等金属杂质也会同时失去电子，成为相应的二价阳离子进入溶液，但它们在阴极不能析出，而留在溶液中。粗铜中不活泼的金、银、铂等金属不能溶解，而沉淀为阳极泥。可以从阳极泥中提炼金、银等贵金属。用以上方法可将粗铜提炼为含 Cu 达 99.95%～99.98% 的精铜，也叫电解铜，被广泛用以制作导线和电器等。

3. 电镀

电镀是应用电解原理，在金属或其他制品表面上，镀上一薄层其他金属或合金的过程。电镀的目的是使金属增强抗腐蚀能力，增加美观和表面硬度。镀层金属通常选用一些在空气或溶液中不易起变化的金属（如铬、锌、镍、铜等）和合金（如铜锌合金、铜锡合金等）。

电镀时，把待镀的金属制品做阴极，把镀层金属做阳极，用含有镀层金属离子的溶液做电解液（又称电镀液）。在低压直流电的作用下，镀件表面就会覆盖上一层光亮、均匀、致密的镀层。

现以镀锌为例来说明电镀的过程。

[**实验 9-4**] 按图 9-9 装置，在大烧杯里加入以氯化锌为主要成分的电镀液，用锌片做阳极，镀件（铁片）做阴极，连接直流电源，不久就可看到镀件的表面被镀上了一层锌。

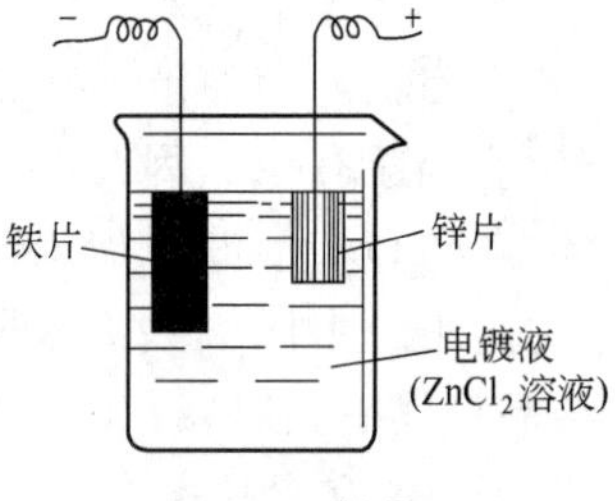

上述镀锌的主要过程可表示如下：

通电前 $\quad ZnCl_2 =\!\!=\!\!= Zn^{2+} + 2Cl^- \qquad H_2O =\!\!=\!\!= H^+ + OH^-$

通电后

$$阳极： \qquad Zn - 2e^- =\!\!=\!\!= Zn^{2+} \quad （氧化反应）$$

$$阴极： \qquad Zn^{2+} + 2e^- =\!\!=\!\!= Zn \quad （还原反应）$$

图 9-9　镀锌

在电镀液中，除了 Zn^{2+} 和 Cl^- 以外，还有由 H_2O 微弱电离出的 H^+ 和 OH^-，在电镀所控制的条件下，这些离子一般不参加电极反应。在电镀的过程中，阳极的锌不断减少，阴极的锌不断增加，减少和增加的锌量相等，因此电镀液里 Zn^{2+} 浓度保持不变。

由此可见，镀锌过程包括了在阳极 Zn 失去电子和在阴极 Zn^{2+} 得到电子的氧化还原过程。因此，电镀过程实质上是一个电解过程，它的特点是阳极本身也参加了电极反应，即失去电子而溶解。

在电镀技术上，为了获得结合力强、孔隙率小、低脆性、有一定厚度和均匀的镀层，必须严格控制电镀条件，如电镀液的浓度、pH、温度、电流密度、配位剂的使用等。

第四节　金属的腐蚀和防腐

一、金属的腐蚀

金属或合金与周围接触到的气体或液体进行化学作用或电化学作用，而使金属表面遭到破坏，这种现象叫做金属的腐蚀。

金属腐蚀的危害不仅在于金属本身遭受损失，而更重要的是使金属制造的机器设备、仪器仪表遭受损失。例如在制造汽车、飞机及精密仪器时，制造费用远远超过金属原料的价格。此外，由于金属设备受腐蚀，甚至会出现大量有用物质的跑、冒、滴、漏现象，这不仅造成经济损失，而且会严重危害人的生命安全和造成环境污染。所以了解金属腐蚀的原因和防护的方法是非常重要的。

根据金属与周围物质的作用不同，金属的腐蚀可分为化学腐蚀和电化学腐蚀两大类。

1. 化学腐蚀

金属与接触到的物质（一般是非电解质）直接发生化学反应而引起的腐蚀叫做**化学腐蚀**。

例如，金属和 O_2、H_2S、SO_2、Cl_2 等干燥的气体接触直接发生反应，在表面生成氧化物、硫化物、氯化物等所引起的腐蚀，都属于化学腐蚀。此外，金属在非电解质液体如酒精、石油中发生的腐蚀也是化学腐蚀。这一类腐蚀的化学反应比较简单，仅仅是金属与氧化剂之间的氧化还原反应。

2. 电化学腐蚀

不纯的金属（或合金），接触电解质溶液发生原电池反应而产生的腐蚀，叫**电化学腐蚀**。

[**实验 9-5**] 如图 9-10 所示，在盛有稀硫酸的试管中，加入一小块化学纯的金属锌，观察氢气产生的情况。若用一根铜丝接触锌的表面，继续观察氢气产生的情况。

从实验可以看出，纯锌与稀硫酸反应很慢，但放入铜丝后，立即可见铜丝上有大量气泡产生。这说明纯金属很难被腐蚀，而当铜丝接触锌的表面时，相当于形成了铜锌原电池，因而大大地加速了锌的溶解。

普通的锌常含有杂质如碳，在与酸作用时，锌做负极，碳做正极，形成微电池，促进了锌与酸的反应。可见，金属中的杂质是引起金属腐蚀的一个重要原因。

钢铁在潮湿的空气里所发生的腐蚀，就是电化学腐蚀的最普通的例子。

钢铁的主要成分是铁，还有少量的碳等杂质。钢铁制品在潮湿的空气里，其表面因吸附作用而覆盖一屋薄薄的水膜。水虽是一种极弱的电解质，但仍能电离出少量的 H^+ 和 OH^-，空气中的二氧化碳溶解于水生成碳酸，它的电离增加了溶液中的 H^+ 浓度。

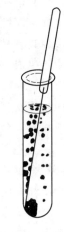

图 9-10 与铜丝接触时，化学纯的锌在酸中的溶解

$$H_2O+CO_2 \rightleftharpoons H_2CO_3 \rightleftharpoons H^+ + HCO_3^-$$

由于水膜内存在着 H^+、OH^- 和 HCO_3^- 等离子，相当于钢铁表面上积聚了一层电解质溶液的薄膜，它与钢铁中的铁和少量碳恰好构成了原电池。结果在钢铁表面就形成了无数微小的原电池。见图 9-11。在这些原电池里，铁是负极，碳是正极。负极的 Fe 失去电子成为 Fe^{2+}，而正极的碳很不活泼，不容易得到电子，只能起着传递电子的作用，溶液中的 H^+ 就从正极获得电子成为 H_2。电极反应式如下：

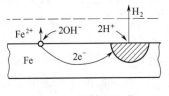

图 9-11 钢铁的电化腐蚀示意

负极（铁）：

$$Fe-2e^- = Fe^{2+}$$

$$Fe^{2+}+2OH^- = Fe(OH)_2$$

正极（碳）：

$$2H^++2e^- = H_2$$

总反应式为 $$Fe+2H_2O \Longrightarrow Fe(OH)_2+H_2 \uparrow$$

生成的 $Fe(OH)_2$ 在空气中被氧化为 $Fe(OH)_3$，再进一步变成易脱落的铁锈 $Fe_2O_3 \cdot xH_2O$，作为负极的铁被腐蚀了。由于正极上有氢气放出，所以这种腐蚀叫**析氢腐蚀**。析氢腐蚀是在酸性较强的溶液中进行的。

一般情况下，金属表面的水膜中，酸性很弱或是接近中性，在负极上仍是铁失去电子成为 Fe^{2+}，正极上是溶解于水膜中的 O_2 较 H^+ 更易获得电子，生成 OH^-。电极反应式如下：

负极（铁）： $$2Fe-4e^- \Longrightarrow 2Fe^{2+}$$

正极（碳）： $$O_2+2H_2O+4e^- \Longrightarrow 4OH^-$$

总反应式为 $$2Fe+O_2+2H_2O \Longrightarrow 2Fe(OH)_2$$

电化学反应结果也是生成 $Fe(OH)_2$，它再被氧化成为 $Fe(OH)_3$，$Fe(OH)_3$ 也会部分脱水而生成铁锈。所以，空气里的氧气溶解于水膜里也能促使钢铁腐蚀，这种腐蚀叫做**吸氧腐蚀**。由于金属在有氧存在的溶液中首先是发生吸氧腐蚀，所以吸氧腐蚀更普遍，钢铁等金属的腐蚀主要是这种吸氧腐蚀。

从本质上看，化学腐蚀和电化学腐蚀都是铁等金属原子失去电子被氧化的过程，但是电化学腐蚀里伴有电流产生，化学腐蚀里没有电流产生。在一般情况下，这两种腐蚀往往同时发生，只是电化学腐蚀比化学腐蚀要普遍得多。

金属的腐蚀程度决定于金属的本质和周围介质的影响两个方面。就金属本质来说，金属越活泼就越容易被腐蚀。但有些金属如铝、锌、铬等，虽较活泼，但它们和周围介质作用时，由于生成一层致密的覆盖性良好的保护膜（通常是氧化膜）而使金属钝化，从而阻止了内层金属的腐蚀。介质对金属腐蚀的影响也很大。金属在潮湿空气和电解质溶液中比在干燥空气中更容易腐蚀，介质的酸性愈强，金属愈容易被腐蚀，当介质中含有较多的 Cl^-（如海水）或氧时，会加速金属的腐蚀。

二、金属的防腐

既然金属的腐蚀是由于金属跟周围的介质发生了化学反应，那么，金属的防护当然也必须从金属和介质两方面来考虑。金属的防护通常采用下列方法。

1. 改变金属的内部结构

在钢铁中，加入其他金属成分（如铬、钼、钛等）制成合金。可大大地增强金属的抗腐蚀能力。例如，含铬 18% 的不锈钢能耐硝酸的腐蚀。

2. 在金属表面覆盖保护层

在金属表面覆盖一屋致密的保护层，将金属制品与周围介质隔离开来。如在金属表面涂喷一层油漆、搪瓷、塑料等非金属材料。或在金属表面镀上一层耐腐蚀的金属，如锌、锡、镍、铬等，可以防止腐蚀。

白铁皮就是在铁的表面镀上一层锌，当白铁皮局部表面被损坏，并有电解质溶液聚集在此处时，则形成微电池。如图 9-12 所示。由于锌比铁活泼，所以锌是负极，失电子被氧化，铁是正极被保护着，直到整个锌保护层完全被腐蚀为止。

马口铁是在铁的表面镀上一层锡。当镀层局部被损坏，内层的铁皮就会暴露出来，接触到潮湿空气时，则形成微电池。如图 9-13 所示，由于锡比铁活泼，铁是负极，失去电子被氧化，锡是正极被保护着。这样，镀锡的铁皮在镀层损坏的地方比没有镀锡的铁更容易遭受腐蚀。

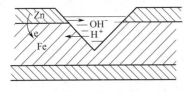

图 9-12 镀锌铁电化腐蚀示意

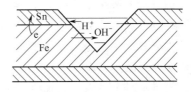

图 9-13 镀锡铁电化腐蚀示意

显然，若用金属保护层防腐，在金属表面镀一层较活泼的金属比镀较不活泼的金属为好。但是，锡无毒，因此马口铁常用做罐头盒。

此外，还有一种钝化膜保护法。如果将金属与强氧化剂作用，使金属表面形成一层致密而稳定的氧化膜亦可起到防腐蚀的作用。

3. 电化学保护法

电化学保护法中常用的一种是牺牲阳极❶的阴极保护法。此法是将被保护金属做电池的阴极，在被保护的金属上连接一种更易失去电子的活泼金属作为阳极，当发生电化腐蚀时，作为阳极的活泼金属被消耗掉，作为阴极的金属被保护着。例如，在海轮的尾部及船壳的水线以下处焊上若干锌块，由于锌比铁活泼，海水是电解质，锌便失去电子被腐蚀，轮船外壳（铁）得到了保护。在这个电化学过程中锌作为阳极而牺牲了。锌块消耗完了，可以换上新的锌块。

4. 对腐蚀介质进行处理

腐蚀介质是造成腐蚀的主要因素之一。处理介质的方法是：消除腐蚀介质，如经常揩净金属器材，在精密仪器中放置干燥剂等；在腐蚀介质中加入少量能减慢腐蚀速度的物质（缓蚀剂），例如在锅炉用水中加入少量磷酸钠（Na_3PO_4），它与锅炉表面上的亚铁离子作用生成磷酸亚铁沉淀，紧密地吸附在锅炉表面上，相当于形成了一层保护膜，隔开了金属和腐蚀介质，从而起到防止锅炉腐蚀的作用。

综上所述，防止金属腐蚀的方法是多种多样的。对具体情况要做具体分析，采取不同的防腐方法。

第五节 胶 体

物质的性质，不仅与物质的结构有关，而且还与物质的存在状态有关。例如，溶液、悬浊液、乳浊液、胶体等与所学具体元素或化合物的性质不同。本节学习胶体有关知识。

1. 胶体

一种或一种以上物质分散到另一种物质里，形成均一的、稳定的混合物叫做溶液；固体小颗粒悬浮于液体里形成的混合物叫做悬浊液（或悬浮液），小液滴分散到液体里形成的混合物叫做乳浊液（或乳状液）。像溶液、悬浊液和乳浊液这样，一种物质（或几种物质）的微粒分散于另一种物质里形成的混合物叫**分散系**。其中分散成微粒的物质叫做**分散质**；微粒分散在其中的物质叫做**分散剂**。溶液是一种分散系（分子或离子分散系），其中溶质是分散质，溶剂是分散剂。在溶液中，分散质在分散剂中分散成分子或离子态，分散质微粒（离子

---

❶ 电化学中规定，发生氧化反应的电极为阳极，又因为其电位较低，称为负极；发生还原反应的电极为阴极，又因为其电位较高，称为正极。

或分子）的直径一般小于 10^{-9} m，溶液表现为均匀透明，具有高度稳定性。悬浊液和乳浊液也是一种分散系（粗分散系），其中的固体小颗粒或小液滴是分散质，所用的溶剂是分散剂。在这种分散系中，分散质微粒是很多分子的聚集体，因此分散质微粒的直径一般大于 10^{-7} m，这种分散系表现为不均匀、浑浊、不稳定。

胶体也是一种分散系，在这种分散质里，分散质微粒直径的大小介于溶液中分散质微粒的直径和悬浊液或乳浊液中分散质微粒的直径之间。一般地说，**分散质微粒的直径大小在 $10^{-9} \sim 10^{-7}$ m 之间的分散系，叫做胶体**。胶体分散系表现为均匀、透明、稳定。

在胶体分散系里，分散质粒子叫做**胶粒**。有些胶粒是许多分子（低分子）的集合体，这种胶体叫做**粒子胶体**。例如，氢氧化铁胶体 $[Fe(OH)_3]$、碘化银（AgI）胶体等都是粒子胶体。有些胶粒是分子，这种分子直径很大，达到了胶体微粒的大小，并且能溶于水（或其他溶剂），这种胶体叫做**分子胶体**。例如，蛋白质溶液、淀粉溶液等都属于分子胶体。

胶体的种类很多，按分散剂的不同可分为液溶胶、气溶胶和固溶胶。分散剂是液体的叫做**液溶胶**，也叫**溶胶**，例如，$Fe(OH)_3$ 和 AgI 胶体都是液溶胶。分散剂是气体的叫做**气溶胶**，例如，烟、云、雾都是气溶胶。分散剂是固体的叫做**固溶胶**，例如，有色玻璃、烟水晶等都是**固溶胶**。

根据胶体粒子直径介于 $10^{-9} \sim 10^{-7}$ m 之间这一特点，把不纯胶体放进用半透膜[1]制成的容器内，让分子或离子等较小的微粒透过半透膜，以净化胶体。如图9-14所示。

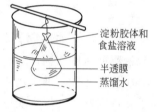

图9-14表示用半透膜制成一个袋，往这个袋里注入淀粉胶体 10mL 和食盐溶液 5mL 的混合液体，然后如图9-14所示用线把半透膜袋的上口缚好，系在玻璃棒上，并把它悬挂在盛有蒸馏水的烧杯里。几分钟后，用两个试管各取烧杯里的液体 5mL。往其中一个试管里滴入少量硝酸银溶液；往另一个试管里滴入少量碘水。可以看到，在加 $AgNO_3$ 溶液的试管里出现了白色沉

图9-14　渗析

淀；在加入碘水的试管里并未发生变化。这就证明了 Cl^- 可以透过半透膜的微孔，扩散到了蒸馏水中，淀粉不能透过半透膜，未扩散到蒸馏水中。这说明胶体分散质的粒子比溶液分散的大。像这种把混有离子或分子杂质的胶体装入半透膜的袋里，并把这个袋放在溶剂中，从而使离子或分子从胶体溶液里分离的操作叫做**渗析**。应用渗析的方法可精制某些胶体。

如果把胶体和悬浊液或乳浊液分别用滤纸过滤，结果发现，悬浊液或乳浊液的分散质和分散剂能被分离，而胶体的分散质和分散剂则不能被分离。这说明，悬浊液、乳浊液分散质的粒子比胶体分散质的大，前者不能通过滤纸孔隙，而后者可以通过。

（1）**丁达尔现象**[2]　人们常会看到这样的现象：当太阳透过一个小孔射到屋里的时候，人们从入射光线垂直的方向（侧面）可以看到一条光亮的"通路"，这种现象叫做光的散射。因为光束在空气里前进时，遇到许多直径很小的灰尘微粒，使光束的部分光线偏离原来的方向而分散传播，即灰尘对光起了散射而形成的。如果在黑暗的地方让光线透过胶体溶液，由于胶体颗粒也会对光产生散射现象，所以从侧面同样可以观察到胶体溶液里也出现一条光亮

---

[1]　半透膜：一般指动物的膀胱膜、肠衣、羊衣纸、胶棉薄膜、玻璃纸等。半透膜有非常小的细孔，这些细孔只能使离子或分子透过，而不能使胶体微粒通过。

[2]　丁达尔（J. Tyndall 1820～1893），英国物理学家。

的"通路"（见图 9-15）。这种现象叫做**丁达尔现象**。

当光线通过溶液的时候，就看不到这种现象，故可以用丁达尔现象来鉴别胶体和溶液。

（2）布朗❶运动　1827 年，布朗把花粉悬浮在水里，用显微镜观察，发现花粉的小颗粒做不停的、无秩序的运动，这种现象叫做布朗运动。这种运动不仅在溶液中存在，在胶体溶液中也存在。用超显微镜观察胶体，可以看到胶体颗粒不断地做无秩序的运动，即**布朗运动**。

(a) 溶液　　　(b) 胶体

图 9-15　丁达尔现象

这是因为在胶体溶液中，胶体微粒不断受到水分子（或分散剂分子）的碰撞，由于分子运动的不规则性，每一瞬间胶体微粒在不同方向受到的力是不相同的，所以胶体微粒运动的方向每一瞬间都在改变，因而形成不停的、无秩序的运动。这也是使胶体微粒不致下沉的一个原因。

（3）电泳现象　在一个 U 形管里盛红褐色的氢氧化铁［$Fe(OH)_3$］胶体，从 U 形管的两个管口里各插入一个电极（见图 9-16），通直流电后，会发现阴极附近的颜色逐渐变深，阳极附近的颜色逐渐变浅。这说明氢氧化铁胶体微粒带正电荷，在电场的作用下，向阴极移动。像这样在外加电场的作用下，胶体的微粒在分散剂里向阴极（或阳极）做定向移动的现象，叫做**电泳**。

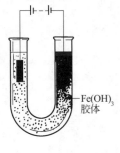

—$Fe(OH)_3$
胶体

图 9-16　电泳现象

电泳现象证明了胶体微粒带有电荷。因为胶体微粒有很大的表面积，具有较强的吸附能力，能吸附溶液里的阴离子或阳离子，因而带有正电荷或负电荷。有些胶体微粒（如金属的氢氧化物、金属氧化物等）吸附阳离子，因而带正电荷。有些胶体微粒（如金属的硫化物、硅酸等）吸附阴离子，就带负电荷。同一种胶体微粒在同一种溶液里总是吸附着相同电荷的离子，因而同种类的胶体微粒所带电荷的电性相同，胶体微粒间就存在着斥力，阻碍小微粒相互接近，从而在运动中相互碰撞时不容易聚集成大颗粒而下沉。这就是胶体不致下沉、稳定的另一个原因。

（4）胶体的凝聚　在胶体溶液里加入少量电解质，由于电解质电离生成的阳离子或阴离子，中和了胶体微粒所带的电荷，使胶体的微粒聚集成较大的颗粒，形成了沉淀，从分散剂里析出。这种使胶体的微粒聚集成较大颗粒的过程叫做**凝聚**。例如，在 $Fe(OH)_3$ 的胶体溶液里加入少量硫酸镁（$MgSO_4$）溶液，可以观察到有红棕色的 $Fe(OH)_3$ 沉淀产生。这是因为 $Fe(OH)_3$ 胶体的微粒带正电荷，被 $MgSO_4$ 溶液中的 SO_4^{2-} 离子所带的负电荷中和，胶体微粒立即发生了凝聚作用，使胶体的微粒聚集成较大的颗粒沉淀析出。

在胶体溶液里加入另一种带有相反电荷的胶体溶液，虽然两种物质并不会发生化学反应，但是由于正、负电荷的电性中和，也可使胶体发生凝聚作用。

加热胶体溶液，使胶体微粒的运动速度加快，相互碰撞机会增加，也能使胶体发生凝聚作用。

一般情况下，胶体发生凝聚作用都生成沉淀。但有些胶体凝聚后，胶体的微粒和分散剂凝聚在一起成为不流动的冻状物。这种物质称为凝胶。例如，人们日常食用的豆腐就是在豆

---

❶　布朗（R. Brown 1773～1858），英国植物学家。

浆里加入了一定量的盐卤（主要成分是 $MgCl_2 \cdot 6H_2O$）或石膏（$CaSO_4 \cdot 2H_2O$）后，使豆浆里的蛋白质和水等物质一起凝聚而成的一种凝胶。

2. 胶体的重要性

胶体在自然界普遍存在，胶体的知识对工农业生产、科学研究、国防及日常生活等都有十分重要的意义。因为一切生物细胞的原生质，动物的血液，植物的液汁等都是非常复杂的胶体溶液，动植物的许多生理现象必须用胶体的知识来科学地解释。土壤的性质及结构也与胶体有重要关系，土壤中的许多物质（如黏土、腐殖质等）常以胶体形式存在，所以，在土壤里发生的一些化学过程和胶体有着密切的关系。工业上制漆、制造照相软片、塑料、橡胶合成纤维以及冶金工业上的选矿、石油原油的脱水等都应用到胶体的知识。国防工业上有些火药、炸药必须制成胶体。食品中的豆浆、牛奶、粥，建筑材料中的水泥，日用品中的塑料、橡胶制品等都是日常生活中经常接触和应用的胶体。因此，目前胶体已经发展成为一门独立的学科。

 阅读　血液透析

血液透析原理与胶体的渗析类似。透析时，病人的血液通过浸在透析液中的透析膜进行循环和透析，血液中重要的胶体蛋白质和血细胞不能透过透析膜，血液内的毒性物质则可以透过透析膜，扩散到透析液中而被除去。血液透析原理在医学上治疗由肾功能衰竭等引起的血液中毒时，是最常用的血液净化手段。

第十章　几种金属及其化合物

在已发现的 112 种元素里，金属元素有 90 种，约占元素总数的 4/5。许多金属元素早已广泛地应用在日常生活、工农业生产和国防建设中，还有一些金属元素正在被人类逐渐认识，它们的用途也正在逐步扩大。本章将首先介绍它们的分类、性质、晶体结构、合金等知识，然后再着重阐述钙、镁、铝、铁等金属及其主要化合物的性质、用途；并介绍配合物的初步知识。

第一节　金属通论

一、金属的分类

工业上根据金属的颜色，通常把金属分为黑色金属和有色金属两大类，黑色金属包括铁、锰和铬以及它们的合金，主要是铁碳合金（钢铁），有色金属是指除铁、铬、锰之外的所有金属。

有色金属又可按其密度、价格、性质、在地壳中的储量和分布情况等分为五大类。

1. 重有色金属

一般指密度在 $4.5g/cm^3$ 以上的有色金属，如铜、镍、锡、铅、汞等。

2. 轻有色金属

一般指密度在 $4.5g/cm^3$ 以下的有色金属，如钾、钠、钙、镁、铝等。

3. 贵金属

一般指在地壳中含量较少，开采和提取比较困难，价格比一般金属贵，并且它们的化学性质稳定，如金、银、铂、铱、锇等。

4. 准金属

一般指其物理和化学性质介于金属与非金属之间，如硅、锗、硒、锑、硼等。

5. 稀有金属

通常是指在自然界中含量很少，分布稀散、发现较晚，难以从原料中提取，且制备和应用较晚的金属。如锂、铷、铯、铍、钼、铌、镓及人造超铀元素等。

二、金属的性质

金属有许多共同的物理性质，在常温下，金属除汞是液体外，其余都是固体；金属均不透明，整块金属具有金属光泽（若金属处于粉末状态时，常显不同的颜色），除金、铜、铋等少数金属具有特殊的颜色外，大多数金属呈银白色；金属大多数都有良好的导电性和传热性；金属也有好的延展性，可以抽成细丝和压成薄片，但少数脆性金属（锑、铋、锰等）无延展性。金属的密度、硬度、熔点等性质的差别很大。

金属单质的化学性质，主要表现在容易失去最外层的电子变成阳离子，因而表现出较强的还原性。但是，不同的金属失电子的能力也不同，金属越容易失去电子，则金属越活泼，越容易与其他物质发生反应；反之，金属越不易失去电子，则金属越不活泼，越不容易与其他物质发生反应。

金属活动性顺序表，就是按金属失去电子的难易程度，依次排列出的顺序表。排在前面的活动性强的金属易与氧、硫、卤素等非金属化合而生成相应的氧化物、硫化物和卤化物等。排在后面的活动性弱的金属则难于和它们化合。

同时，金属活动性顺序还能反映出金属置换酸中氢的能力和从盐中置换另一种金属的能力。排在前面的活动性强的金属，能将后面的活动性弱的金属从盐溶液中置换出来，而且排的位置越前，置换能力越强。位于氢以前的金属，都能与非氧化性酸反应，并置换出酸中的氢，而氢以后的金属则不能。

绝大多数金属都能和氧化性酸（硝酸、热浓硫酸）发生氧化还原反应，但不置换出氢。而金仅能与王水作用。

三、金属键和金属晶体

金属之所以有许多共同的物理性质，是因为金属具有某些相似的内部结构。

金属（除汞外）在常温下，一般都是晶体。如图10-1所示为铝晶体结构的示意图，X射线研究发现，铝原子好像硬球，一层一层地紧密地堆积起来，形成晶体。而且，每一个铝原子的周围都有较多的铝原子围绕着。其他金属的结构与铝相似，它们的结构也都是由金属原子紧密堆积而形成的晶体，每一个金属原子周围都有许多相同的原子围绕着。那么，金属原子是依靠什么作用力结合在一起的呢？

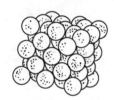

图10-1　铝晶体结构示意

金属原子的价电子比较少，价电子与原子核的联系又比较松弛，所以金属原子容易失去电子形成阳离子。从金属原子上脱落下来的电子，不是固定在某一金属离子的附近，而是在整块金属内部的原子和离子间，不停地进行交换和移动。这些能自由运动的电子称为**自由电子**。由此可见，金属是由金属原子、金属离子和自由电子构成的。如图10-2所示是金属晶体示意图。这种**由于自由电子的运动而引起金属原子和离子间互相结合的作用力称为金属键**。可以形象地把金属键说成是："金属原子或离子沉浸在自由电子的海洋中"。通过金属键形成的单质晶体，称为**金属晶体**。

现在用金属键的知识来简单地说明金属的一些共同的性质。

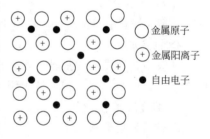

○ 金属原子
⊕ 金属阳离子
● 自由电子

图10-2　金属晶体

当可见光投射到金属表面时，自由电子吸收了所有频率的光，而使金属晶体不透明，然后又把各种频率的光大部分再反射出来，这样就使大多数金属具有银白色光泽。此外少数金属易吸收某些频率的光而显示出一定的颜色，如金显黄色、铜显赤红色、铅显灰蓝色等。

必须说明的是，金属光泽只有在整块时才表现出来，在粉末状时，晶格排列不规则，将可见光吸收后不反射出去，所以一般金属都呈黑色。

在通常情况下，金属晶体里自由电子的运动是没有一定方向的，但在外加电场的作用下，自由电子就会发生定向运动，因而形成电流。这就是金属容易导电的原因。

金属的导热性也决定于自由电子的运动，电子在金属中运动，会不断地与原子或离子碰撞而交换能量，因此，当金属的某一部分受热时，就能通过自由电子的运动而把热能传递到邻近的原子或离子，很快使金属整体的温度趋于均一。

金属的延展性也可以从金属晶体的结构特点加以说明。当金属受到外力作用时，晶体中的各原子层之间就发生了相对的滑动，滑动以后，各层之间通过自由电子的运动仍能保持金属键的作用，使金属在一定限度内发生变形而不致断裂，因而金属具有延展性。

四、合金

在工农业生产，国防上及日常生活中，直接使用纯金属的很少。因此纯金属的强度、耐腐蚀等性质往往不能符合要求。而当金属中加入少量的另一种（或几种）金属或非金属，就能使它的物理的、化学的或机械的等性能，发生很大改变。例如，铁里含有约 15％的铬和约 0.5％镍所形成的合金就具有不易生锈的性质。所谓**合金就是两种或两种以上的金属（或金属与非金属）熔合而成的具有金属特性的物质**。

合金和纯金属在性质上是有差别的。合金的性质并不是各组分金属的性质总和，合金的熔点低于任何一种组分金属的熔点。如"武德"合金是由铋（熔点 271℃）、铅（熔点 327℃）、镉（熔点 321℃）、锡（熔点 232℃）四种金属按一定质量比组成的合金，它的熔点只有 61℃，在沸水中就能熔化，工业上用来制造保险丝。

合金的硬度一般要比各组分金属的硬度大。如硬铝是由铝、铜、镁、锰、硅按一定质量比组成的合金。它的强度和硬度都比纯铝大，几乎相当于钢材，而密度又小，是汽车、航空工业的重要材料。

合金的传热、导电性往往要比纯金属低。

总之，使用不同的原料，改变这些原料用量的比例，及控制合金的结晶条件，就可以制得具有各种特性的合金。现代的机器、飞机制造、化学和原子能工业的成就，尤其是火箭、导弹、人造地球卫星、宇宙飞船的制造成功，都和制成了各种优良性能的合金有密切的关系。

第二节 镁、钙、铝及其化合物

一、镁、钙及其化合物

元素周期表中第ⅡA族包括铍（Be）、镁（Mg）、钙（Ca）、锶（Sr）、钡（Ba）、镭（Ra）六种金属元素，前五种统称为碱土金属。这是由于钙、锶、钡的氧化物在性质上介于碱金属氧化物（呈碱性）和氧化铝（呈土性，以前把黏土的主要成分，既难溶于水又难熔融的 Al_2O_3 称为土）之间，所以，这几个元素有碱土金属之称，现习惯上把铍和镁也包括在内。镭是放射性元素。表 10-1 列出碱土金属的一些重要性质。

表 10-1　碱土金属的一些重要性质

元素名称	元素符号	原子序数	原子最外层电子数	原子半径/($\times 10^{-10}$m)	主要化合价	单质			
						颜色	熔点/℃	沸点/℃	密度/(g/cm³)
铍	Be	4	2	1.11	+2	钢灰色	1283	2970	1.85
镁	Mg	12	2	1.60	+2	银白色	645	1090	1.74
钙	Ca	20	2	1.97	+2	银白色	850	1484	1.55
锶	Sr	38	2	2.15	+2	银白色	770	1384	2.54
钡	Ba	56	2	2.17	+2	银白色	704	1640	3.5

由表 10-1 可以看出，碱土金属元素原子的最外层上都只有 2 个电子，因此在化学反应中较易失去这 2 个电子，变成 +2 价阳离子，但失电子的能力不及碱金属，故化学性质弱于碱金属。

碱土金属随着原子序数的增加，原子的电子层数递增，原子半径逐渐增大，失去电子的能力逐渐增强，金属性逐渐增强。碱土金属在熔点、沸点、密度的变化上无明显的规律性，但较碱金属为高。

钙、锶、钡的挥发性盐置于无色火焰中，同碱金属一样，呈现特征的火焰颜色。如钙燃烧时火焰呈砖红色，锶燃烧时呈洋红色，钡燃烧时呈黄绿色。

下面主要学习镁和钙。

1. 镁和钙

（1）镁和钙的物理性质　镁和钙都是银白色的轻金属，镁即使在粉末状态时，仍能保持金属光泽，钙比镁稍软。镁、钙的熔点、沸点、密度见表 10-1。

（2）镁和钙的化学性质　镁和钙均为活泼金属，都是强还原剂。能与非金属、水、酸等起反应。

① 与氧的反应：常温下，镁和钙在空气里都能与氧气起反应。但镁是缓慢氧化，在表面生成一层十分致密的氧化膜，可以保护内层镁不再被氧化，因此镁无需密闭保存；而钙是迅速氧化，在表面形成一层疏松的氧化钙，对内层的钙没有保护作用，因此钙必须密闭保存。

镁在空气里点燃可以燃烧，放出大量的热，并发出耀眼的白光。可利用镁的这种性质来制造焰火、照明弹。

$$2Mg + O_2 \xrightarrow{\text{点燃}} 2MgO$$

镁不仅可以与空气中的氧气起反应，而且能够夺取氧化物中的氧。如燃烧着的镁条放进二氧化碳气体中，镁条可以继续燃烧，生成氧化镁，析出游离态的碳（见图 10-3）。

$$2Mg + CO_2 \xrightarrow{\text{燃烧}} 2MgO + C$$

② 与卤素、硫或氮气的反应：镁、钙在一定温度下，能与卤素、硫等反应生成卤化物和硫化物。但钙比镁容易发生化合反应。

$$Mg + Br_2 \xrightarrow{\triangle} MgBr_2$$

$$Ca + S \xrightarrow{\triangle} CaS$$

图 10-3　镁条在二氧化碳里燃烧

镁、钙在空气中燃烧生成氧化物的同时，还可生成少量的氮化镁和氮化钙。

$$3Mg + N_2 \xrightarrow{\text{高温}} Mg_3N_2$$

$$3Ca + N_2 \xrightarrow{\text{高温}} Ca_3N_2$$

③ 与水、稀酸的反应：镁在冷水中反应缓慢，但在沸水中有较显著的反应。

$$Mg + 2H_2O \xrightarrow{\text{沸水}} Mg(OH)_2 \downarrow + H_2 \uparrow$$

钙在冷水中就能迅速反应

$$Ca + 2H_2O === Ca(OH)_2 + H_2 \uparrow$$

镁、钙都能与稀酸反应放出氢气，并生成相应的盐。

$$Mg + H_2SO_4(稀) === MgSO_4 + H_2 \uparrow$$

$$Ca + 2HCl === CaCl_2 + H_2 \uparrow$$

（3）镁和钙的用途、存在、制法　镁的主要用途是制造各种轻合金。如铝镁合金（含

10％～30％的镁）、电子合金（90％镁、微量的铝、铜、锰等）。这些合金质量轻，但硬度大，韧性强，耐腐蚀，适用于飞机和汽车的制造。镁还常用作冶炼稀有金属的还原剂，及制造照明弹。镁也是叶绿素中不可缺少的元素。

钙在加热时，几乎能和所有的金属氧化物起反应，将其还原为单质，所以钙主要用于高纯度金属的冶炼。钙与铅的合金可做轴承材料。钙也是植物生长的营养素之一。

镁、钙在自然界均以化合态存在。镁的主要矿物有菱镁矿（$MgCO_3$）、白云石（$CaCO_3 \cdot MgCO_3$）、光卤石（$KCl \cdot MgCl_2 \cdot 6H_2O$），海水中也含有氯化镁。钙的主要矿物是含碳酸钙的各种矿石，如石灰石、大理石、方解石等。此外，还有石膏（$CaSO_4 \cdot 2H_2O$）、萤石（CaF_2）、磷灰石 [$Ca_5F(PO_4)_3$] 等。

工业上电解熔融态氯化镁或氯化钙可分别制得金属镁或金属钙。

$$MgCl_2 \xrightarrow[\text{熔融}]{\text{电解}} Mg + Cl_2 \uparrow$$

$$CaCl_2 \xrightarrow[\text{熔融}]{\text{电解}} Ca + Cl_2 \uparrow$$

2. 镁和钙的化合物

（1）氧化物　氧化镁是很轻的白色粉末状固体。它不溶于水。熔点高达 2800℃，可做耐火材料。制造坩埚、耐火砖、高温炉的内壁等。工业上通常由煅烧菱镁矿而制得：

$$MgCO_3 \xrightarrow{\text{煅烧}} MgO + CO_2 \uparrow$$

氧化钙是白色块状或粉末状固体。俗名生石灰，是碱性氧化物，在高温下能和二氧化硅、五氧化二磷等化合。

$$CaO + SiO_2 \xrightarrow{\text{高温}} CaSiO_3$$

$$3CaO + P_2O_5 \xrightarrow{\text{高温}} Ca_3(PO_4)_2$$

在冶金工业中利用这两个反应，可将矿石中的硅、磷等杂质转入矿渣而除去。

氧化钙可做耐火、建筑材料。

（2）氢氧化物　氢氧化镁是一种微溶于水的白色粉末，是中等强度的碱。通常用易溶性镁盐和易溶性碱作用来制取。

医药上将氢氧化镁配成乳剂，称镁乳，用作轻泻剂。氢氧化镁也是造纸工业中的填充材料及制造牙膏和牙粉的原料。

氢氧化钙是白色粉末状固体，微溶于水，其溶解度随温度的升高而减小，它的饱和水溶液称为石灰水，是一种最便宜的强碱。

氢氧化钙是重要的建筑材料，此外在化学工业上用于制取漂白粉、纯碱等。

（3）盐类　钙、镁的盐类中比较重要的有氯化物和硫酸盐。

六水合氯化镁（$MgCl_2 \cdot 6H_2O$）是无色晶体，味苦，易溶于水，也极易吸收空气中的水分而潮解。粗制食盐在空气中容易吸湿受潮，就是由于里面含有少量氯化镁杂质的缘故。

六水合氯化镁受热至 527℃ 以上，分解为氧化镁和氯化氢气体。

$$MgCl_2 \cdot 6H_2O \xrightarrow{527℃} MgO + 2HCl \uparrow + 5H_2O$$

所以仅用加热的方法得不到无水氯化镁，要得到无水氯化镁，必须在干燥的氯化氢气流中加热 $MgCl_2 \cdot 6H_2O$ 使其脱水。

氯化镁可以从光卤石（$KCl \cdot MgCl_2 \cdot 6H_2O$）里提取出来，亦可从海水晒盐的母液中

制得不纯的 $MgCl_2 \cdot 6H_2O$，它是生产金属镁的主要原料。

六水合氯化钙（$CaCl_2 \cdot 6H_2O$）是白色晶体，高温时可将结晶水全部脱掉、变成无水氯化钙。

无水氯化钙的吸水性很强，实验室常用它做干燥剂，消除水分。但不能用它干燥酒精和氨。因为它能与酒精和氨发生化学反应，分别形成 $CaCl_2 \cdot 4C_2H_5OH$ 和 $CaCl_2 \cdot 8NH_3$。

氯化钙可用作制冷剂，氯化钙与水按 1.44∶1 的比例混合，可获得 $-55℃$ 的低温，在建筑工程上可用作防冻剂。

七水合硫酸镁（$MgSO_4 \cdot 7H_2O$）是一种无色晶体，易溶于水，有苦味。在医药上常用作泻药，故又称之为泻盐。$MgSO_4 \cdot 7H_2O$ 极易脱水，在 $200℃$ 时就可制得无水硫酸镁。造纸、纺织工业上常用到它。

天然的硫酸钙有硬石膏（$CaSO_4$）和石膏（$CaSO_4 \cdot 2H_2O$）两种。石膏为无色晶体，微溶于水。当加热到 $150℃$ 时失去 3/4 的水而转变为熟石膏 $[(CaSO_4)_2 \cdot H_2O]$

$$2CaSO_4 \cdot 2H_2O \xrightarrow{150℃} (CaSO_4)_2 \cdot H_2O + 3H_2O$$

此反应是可逆的。当用水将熟石膏拌成浆状物后，它又会转变为石膏并凝固为硬块，在硬化过程中，其体积略有增大，因而可用熟石膏制造模型、塑像、粉笔和医疗用的石膏绷带。水泥厂也要用石膏来调节水泥的凝结时间。

二、硬水的软化

1. 硬水

水是日常生活和工农业生产中不可缺少的物质。水质的好坏对生产和生活影响很大。各种天然水由于长期和空气、土壤、矿物质接触，都不同程度地溶有无机盐、某些有机物和气体等杂质。天然水中溶解的无机盐主要有钙、镁的酸式碳酸盐、碳酸盐、硫酸盐、氯化物、硝酸盐等。也就是说，天然水里含有 Ca^{2+}、Mg^{2+} 等阳离子和 HCO_3^-、CO_3^{2-}、SO_4^{2-}、Cl^-、NO_3^- 等阴离子。不同地区的天然水里含有离子的种类、数量不尽相同。

有的天然水里含 Ca^{2+} 和 Mg^{2+} 比较多，在这种水里加入肥皂水，就会发生沉淀。

[实验 10-1] 在两支试管中，分别加入蒸馏水和天然水各 5mL，然后各滴入肥皂水数滴，振荡试管，观察发生的现象。

通过实验，可以看到盛有蒸馏水的试管里泡沫很多，没有沉淀生成。而在盛有天然水的试管里泡沫较少，并出现絮状沉淀。这是因为蒸馏水中无 Ca^{2+}、Mg^{2+}，不生成沉淀，而天然水里有 Ca^{2+} 或 Mg^{2+}，肥皂与 Ca^{2+} 或 Mg^{2+} 起反应后，生成了不溶于水的硬脂酸钙 $[(C_{17}H_{35}COO)_2Ca]$，硬脂酸镁 $[(C_{17}H_{35}COO)_2Mg]$。

工业上按水中含 Ca^{2+}、Mg^{2+} 的多少，将天然水分为硬水和软水。含有较多量 Ca^{2+} 和 Mg^{2+} 的水叫**硬水**；含有少量或不含 Ca^{2+}、Mg^{2+} 的水叫**软水**。含有钙或镁的酸式碳酸盐的硬水，将其煮沸，酸式碳酸盐就会分解为不溶性的碳酸盐：

$$Ca(HCO_3)_2 \xrightarrow{\triangle} CaCO_3 \downarrow + CO_2 \uparrow + H_2O$$

$$Mg(HCO_3)_2 \xrightarrow{\triangle} MgCO_3 \downarrow + CO_2 \uparrow + H_2O$$

碳酸镁虽然难溶于水，但还会有少量溶解于水中，如果继续加热煮沸时，就会发生水解，转化成更难溶的氢氧化镁。这样水里的 Ca^{2+}、Mg^{2+} 就成为碳酸钙和氢氧化镁的沉淀，从水中析出。

这种含有钙、镁的酸式碳酸盐，经煮沸就能将钙、镁离子除去的水叫**暂时硬水**。

含有 Ca^{2+}、Mg^{2+} 的硫酸盐或氯化物,用煮沸的方法不能将钙、镁离子除去的水叫**永久硬水**。

水的硬度是水的一种质量指标。通常把 1L 水里含有 10mg CaO（或相当于 10mg CaO）称为 1 度（以 1°表示）。水的硬度在 8°以下的称为软水,在 8°以上的称为硬水,硬度大于 30°的是最硬水。

2. 硬水的软化

水的硬度高对生活和生产都有危害。洗涤用水如果硬度太高,不仅浪费肥皂,而且衣物也不易洗干净。长期饮用硬度过高或过低的水都不利于人体健康。蒸汽锅炉若长期使用硬水,锅炉内壁会结有坚实的锅垢,锅垢的导热效率低,这不仅使燃料消耗量增加,而更严重的是由于锅垢与钢铁的膨胀程度不同,致使锅垢产生裂缝,水渗入裂缝后,接触到高温的钢铁,迅速气化,局部压力骤然增大,将使锅炉变形,甚至发生爆炸。化工生产中若使用硬水,会将 Ca^{2+}、Mg^{2+} 等杂质带入产品,从而影响产品的质量。因此,对硬度较高的天然水在使用之前,必须进行处理,把钙、镁等的可溶性盐从水中除去的过程叫做**硬水的软化**。

暂时硬水可用煮沸的方法使其软化。但天然水中往往既有暂时硬性成分,又有永久硬性成分,仅用煮沸的方法是达不到软化要求的。

硬水软化的常用方法有两种：石灰纯碱法和离子交换法。

（1）石灰纯碱法 石灰纯碱法就是根据水的硬度,加入适量的石灰乳和纯碱,使其中的钙、镁的可溶性盐发生如下反应：

$$Ca(HCO_3)_2 + Ca(OH)_2 = 2CaCO_3 \downarrow + 2H_2O$$
$$Mg(HCO_3)_2 + 2Ca(OH)_2 = Mg(OH)_2 \downarrow + 2CaCO_3 \downarrow + 2H_2O$$
$$MgSO_4 + Ca(OH)_2 = Mg(OH)_2 \downarrow + CaSO_4$$
$$MgCl_2 + Ca(OH)_2 = Mg(OH)_2 \downarrow + CaCl_2$$

水中所含钙、镁可溶性盐转变成难溶性盐,并以沉淀形式析出而除去。反应生成的硫酸钙、氯化钙和原来硬水中的硫酸钙、氯化钙可与纯碱反应生成碳酸钙沉淀,从而达到软化的目的。

$$CaSO_4 + Na_2CO_3 = CaCO_3 \downarrow + Na_2SO_4$$
$$CaCl_2 + Na_2CO_3 = CaCO_3 \downarrow + 2NaCl$$

（2）离子交换法 离子交换法是借助离子交换剂来软化硬水的一种现代的方法。

离子交换剂包括天然或人造沸石、磺化煤和离子交换树脂等物质。

在工业上常用磺化煤[1]（NaR）做离子交换剂。磺化煤是黑色颗粒状物质,它不溶于酸和碱。其中的 Na^+ 可被 Ca^{2+}、Mg^{2+} 等代换。当水通过磺化煤时,硬水中的 Ca^{2+}、Mg^{2+} 与磺化煤的 Na^+ 发生交换反应：

$$2NaR + Ca^{2+} = CaR_2 + 2Na^+$$
$$2NaR + Mg^{2+} = MgR_2 + 2Na^+$$

通过这种离子交换反应,将水中的 Ca^{2+}、Mg^{2+} 留在磺化煤上,硬水便被软化了。

当磺化煤的 Na^+ 全都被 Ca^{2+} 和 Mg^{2+} 交换后,它就失去了软化能力。此时可用 8％～10％氯化钠溶液浸泡,氯化钠中的 Na^+ 又把磺化煤上的 Ca^{2+}、Mg^{2+} 交换出来,磺化煤的软化能力得到恢复,这个过程叫做再生。

近年来,又常用离子交换树脂做离子交换剂。离子交换树脂是一种带有可交换离子的高

---

[1] 磺化煤是烟煤、褐煤用发烟硫酸或浓硫酸处理后的产物。为了简便起见,可以用 NaR 表示。

分子化合物。带有能交换阳离子的树脂叫阳离子交换树脂如 $R—SO_3H$，它带有可交换的 H^+；带有能交换阴离子的树脂叫阴离子交换树脂如 $R—N(CH_3)_3^+OH^-$，它带有可交换的 OH^-。

当水通过阳离子交换树脂时，树脂上的 H^+ 可与水中的阳离子 Ca^{2+}、Mg^{2+} 等进行交换，如

$$2R—SO_3H + Ca^{2+} = (R—SO_3)_2Ca + 2H^+$$

此水再进入阴离子交换树脂时，树脂上的 OH^- 可与水中的阴离子 SO_4^{2-}、Cl^-、HCO_3^- 等进行交换，如

$$R—N(CH_3)_3^+OH^- + Cl^- = R—N(CH_3)_3^+Cl^- + OH^-$$

同时使用阳、阴离子交换树脂处理硬水，就可以除去水中所有的离子，这样的水称为去离子水。纯度很高，可供制药工业及某些科研上应用。

离子交换树脂使用一段时间后，亦会失去交换能力，这时可以分别使用酸、碱溶液处理，使树脂再生，反复使用。

三、铝及其重要化合物

铝是常见金属，位于元素周期表的第 ⅢA 族。它在地壳中的含量居第三位，仅次于氧和硅。由于铝在化学反应中易失电子，是活泼金属。所以在自然界以化合态存在。含铝的主要矿物有长石、云母、高岭石、铝土矿、明矾石等。

1. 铝

(1) 铝的物理性质　铝是一种银白色有金属光泽的轻金属，密度 $2.7g/cm^3$，熔点 660.4℃，沸点 2467℃。它具有良好的延展性和传热、导电性。它的导电性虽是铜的 60%，但铝的资源比铜丰富，又比铜质量轻，所以常用铝代替铜制造电线和高压电缆等。

(2) 铝的化学性质　铝虽然不如碱金属和碱土金活泼，但它还是一个相当活泼的金属。铝能与氧、卤素、硫、酸、碱等物质起反应。

① 铝与氧的反应：常温下，铝在空气中，表面会迅速生成一层致密的氧化膜，这层膜可以阻止内层的铝被氧化以及和水作用，所以铝在空气和水中均很稳定。

铝粉或铝箔放在氧气中加热，会剧烈地燃烧，放出大量的热，同时发出耀眼的白光。

$$4Al + 3O_2 \xrightarrow{\text{燃烧}} 2Al_2O_3$$

② 铝与氯气、硫的反应：铝与氯气在微热时，能剧烈地燃烧，生成氯化铝。

$$2Al + 3Cl_2 \xrightarrow{\text{微热}} 2AlCl_3$$

在加热条件下，铝也能与硫反应生成硫化铝。

$$2Al + 3S \xrightarrow{\text{加热}} Al_2S_3$$

③ 铝与酸、碱的反应：铝是典型的两性元素。铝能与稀盐酸或稀硫酸反应，以离子方程式表示如下：

$$2Al + 6H^+ = 2Al^{3+} + 3H_2 \uparrow$$

但是，冷的浓消酸或浓硫酸能使铝的表面生成致密的氧化物保护膜，保护了内层铝不再被氧化。由于铝的这种钝化现象，所以铝制容器可以用来贮存和运输浓硫酸或浓硝酸。

铝也能与强碱溶液反应，生成偏铝酸盐和氢气。

$$2Al + 2NaOH + 2H_2O = 2NaAlO_2 + 3H_2 \uparrow$$

④ 铝与某些氧化物的反应：在一定温度下，铝能夺取比它不活泼金属氧化物中的氧，

生成氧化铝，同时把该金属置换出来。反应过程中释放出来的大量热使置换出来的金属熔化，应用此种化学反应的原理，铝可以作为还原剂来冶炼其他的金属，这种冶炼金属的方法，称做**铝热法**。

由铝粉和四氧化三铁或氧化铁粉末按一定比例组成的混合物，称为**铝热剂**。用助燃剂过氧化钡（BaO_2）和镁条引燃发生反应后，温度可达 3000℃以上，使生成的铁熔化。

$$8Al+3Fe_3O_4 \xrightarrow{高温} 4Al_2O_3+9Fe$$

工业上常用这一反应来焊接损坏了的铁轨及大截面的钢材部件。

不仅用铝粉和铁的氧化物可以做铝热剂，而且用铝粉和三氧化二铬、五氧化二钒、二氧化锰等金属氧化物混合也可以做铝热剂。工业上也常用铝热法冶炼高熔点的铬、钒、锰等金属。

$$Cr_2O_3+2Al \xrightarrow{高温} 2Cr+Al_2O_3$$

（3）铝的用途和制法　铝除了可做导线和电缆以外，铝箔还可用来包装胶卷、糖果等，铝粉可用来冶炼高熔点的金属，或制造银色油漆、焰火等。铝最重要的用途是可以与许多种金属形成合金，如铝与镁、铜等金属形成的合金、化学稳定性好，硬度大，力学性能好，广泛地用于汽车和飞机制造及宇航工业。

工业上，用纯净氧化铝为原料，采用电解的方法制铝。

$$2Al_2O_3 \xrightarrow[1000℃]{电解} \underset{(阴极)}{4Al} + \underset{(阳极)}{3O_2} \uparrow$$

纯净氧化铝的熔点很高，且熔态的导电能力差。因此，电解时加入冰晶石做助熔剂，可降低电解温度，同时增强熔态物料的导电性。实际上，是把氧化铝溶解在熔融态的冰晶石中，然后再进行电解。

2. 铝的重要化合物

（1）氧化铝　Al_2O_3 是一种难溶于水的白色粉末状固体。它是典型的两性氧化物。

新制备的氧化铝既能与强酸起反应生成铝盐，又能与强碱反应生成偏铝酸盐。

$$Al_2O_3+6HCl=2AlCl_3+3H_2O$$
$$Al_2O_3+2NaOH=2NaAlO_2+H_2O$$

自然界存在的铝的氧化物主要是铝土矿。铝土矿又称矾土。若是以晶体状态存在的氧化铝则称为刚玉，它的硬度仅次于金刚石，常因含有其他元素而呈现不同的颜色。例如，含微量氧化铬呈红色，称为红宝石，含微量钛、铁氧化物呈蓝色，称为蓝宝石。矾土经高温煅烧后可得人造刚玉。

氧化铝是冶炼铝的原料，也是一种比较好的耐火材料，它可以用来制造耐火坩埚、耐火管和耐高温的实验仪器。刚玉常被用来做砂轮、研磨纸或研磨石等，也广泛用作精密仪器或钟表的轴承。

（2）氢氧化铝　氢氧化铝是不溶于水的白色胶状物质。它能凝聚水中悬浮物，又有吸附色素的性能，常用可溶性铝盐与氨水反应来制备氢氧化铝。

[**实验 10-2**]　在盛有 4mL 0.5mol/L 硫酸铝溶液的试管里，逐滴加入 6mol/L 的氨水，生成蓬松的白色胶状氢氧化铝沉淀，继续滴加氨水，直到不再产生沉淀为止。

反应的化学方程式为：

$$Al_2(SO_4)_3+6NH_3 \cdot H_2O = 2Al(OH)_3 \downarrow +3(NH_4)_2SO_4$$
$$Al^{3+}+3NH_3 \cdot H_2O = Al(OH)_3 \downarrow +3NH_4^+$$

氢氧化铝是典型的两性氢氧化物，它既能溶于强酸之中，亦能溶于强碱之中，但不溶于氨水。所以用氨水和铝盐作用，能使 Al^{3+} 沉淀完全。若用强碱代替氨水，则过量的碱又会使生成的 $Al(OH)_3$ 沉淀溶解。

[**实验 10-3**] 将前一个实验制备的氢氧化铝沉淀分装在 2 支试管中，往一支试管中滴加 2mol/L 盐酸；往另一支试管中滴加 2mol/L 氢氧化钠溶液。观察两支试管里发生的现象。

反应的离子方程式为

$$Al(OH)_3 + 3H^+ = Al^{3+} + 3H_2O$$

$$Al(OH)_3 + OH^- = AlO_2^- + 2H_2O$$

从上面的实验可以看出，氢氧化铝沉淀既能溶于盐酸，又能溶于氢氧化钠溶液，从而证明了氢氧化铝是两性氢氧化物。

氢氧化铝主要用于制备铝盐和纯氧化铝。在医药上是一种很好的抗胃酸药。

（3）铝盐　铝盐中比较重要的有氯化铝和硫酸铝。

常温下，氯化铝为无色晶体，工业品因含铁等杂质而呈黄色，它极易挥发，加热至 180℃时升华，遇水强烈地水解。

从氯化铝的水溶液中只能制得六水氯化铝（$AlCl_3 \cdot 6H_2O$），这是因为六水氯化铝加热脱水时也会发生水解，结果得到氧化铝和氯化氢。所以无水氯化铝只能用干法制取，即在氯气流或氯化氢气流中熔融铝，才能制得无水氯化铝。

$$2Al + 3Cl_2 \xrightarrow{\text{加热}} 2AlCl_3$$

氯化铝不仅易溶于水，而且溶于乙醇、乙醚等有机溶剂中而显示共价化合物的特征。它是有机合成和石油化工中常用的催化剂。氯化铝可水解，产物碱式氯化铝有很强的吸附能力，是良好的净水剂。

无水硫酸铝 $Al_2(SO_4)_3$ 是白色粉末。常温下从水溶液中析出的无色针状晶体为 $Al_2(SO_4)_3 \cdot 18H_2O$。

工业上用硫酸直接与经过适当处理的铝矾土反应，或用它中和纯氢氧化铝，都能制得硫酸铝。

$$Al_2O_3 + 3H_2SO_4 = Al_2(SO_4)_3 + 3H_2O$$

$$2Al(OH)_3 + 3H_2SO_4 = Al_2(SO_4)_3 + 6H_2O$$

在硫酸铝溶液中加入等物质的量的硫酸钾溶液，蒸发、结晶可以得到一种水合复盐，其组成是 $KAl(SO_4)_2 \cdot 12H_2O$，俗称明矾。明矾是无色晶体，易溶于水，它在水溶液中完全电离为它的组分离子。

$$KAl(SO_4)_2 \cdot 12H_2O = K^+ + Al^{3+} + 2SO_4^{2-} + 12H_2O$$

硫酸铝和明矾都能水解产生 $Al(OH)_3$ 胶体，它的水溶液呈酸性。

$$Al^{3+} + 3H_2O \rightleftharpoons Al(OH)_3（胶体）+ 3H^+$$

由于 $Al(OH)_3$ 有强烈的吸附性，所以硫酸铝和明矾都可以作为净水剂和棉织物染色的媒染剂。明矾在制革工业中还用来鞣革，造纸工业中用来上胶。

第三节　铁及其化合物

铁位于元素周期表第四周期第Ⅷ族，是一种重要的过渡元素，也是已发现的金属元素中应用最广泛，用量最多的元素。这是因为铁矿在自然界里分布很广，铁的合金的生产方法比较简单而且具有许多优良性质的缘故。

铁的原子序数是 26，核电荷是 +26，核外有 26 个电子。铁原子最外层的两个电子在反应中容易失去，使铁原子变成带 2 个正电荷的阳离子：

$$Fe - 2e^- =\!=\!= Fe^{2+}$$

铁原子次外层的 1 个电子在反应中也容易失去，使铁原子变成带 3 个正电荷的阳离子：

$$Fe - 3e^- =\!=\!= Fe^{3+}$$

所以，铁在化合物中主要化合价为 +2 和 +3（+3 价更为稳定），即铁具有可变的化合价。

一、铁的性质

1. 铁的物理性质

纯净的铁是具有银白色光泽的金属，密度为 $7.86g/cm^3$，熔点为 $1535℃$，沸点为 $2750℃$。纯铁的抗腐蚀力相当强，但通常用的铁一般都含有碳和其他元素，因而使它的抗蚀力减弱，熔点显著降低。铁也有延展性和导热性、导电性，铁的导电性次于铜、铝。铁能被磁体吸引，在磁场的作用下，铁自身也能产生磁性。

2. 铁的化学性质

铁在金属化学活动性顺序表里位于氢的前面，是比较活泼的金属。

（1）铁与氧气及其他非金属的反应 常温下，铁在干燥的空气里不易与氧气起反应，但把铁放在氧气里灼烧，就会生成一种黑色的四氧化三铁。

$$3Fe + 2O_2 \xrightarrow{500℃} Fe_3O_4$$

加热时，铁也能与其他非金属，如硫、氯气等发生反应，分别生成硫化亚铁和氯化铁。

$$Fe + S \xrightarrow{\triangle} FeS$$

$$2Fe + 3Cl_2 \xrightarrow{\triangle} 2FeCl_3$$

在上述的反应里，由于氯气是比硫更强的氧化剂，它夺取电子的能力比硫强。所以氯气与铁反应时，铁原子被夺去 3 个电子，变成 Fe^{3+}。而硫与铁反应时，铁原子只能被夺去 2 个电子，变成 Fe^{2+}。

高温下，铁还能与碳、硅、磷等化合。例如，铁与碳能化合成一种灰色的，十分脆硬而又难熔的碳化铁。

（2）铁与水的反应 红热的铁能与水蒸气起反应，生成四氧化三铁和氢气。

$$3Fe + 4H_2O(g) \xrightarrow{高温} Fe_3O_4 + 4H_2 \uparrow$$

在常温下，铁与水不起反应。但是，在水和空气里的氧气、二氧化碳等的共同作用下，铁很容易发生电化腐蚀。

（3）铁与酸或盐的反应 铁能与盐酸或稀硫酸发生置换反应，生成 +2 价的亚铁盐，并放出氢气，以离子方程式表示如下：

$$Fe + 2H^+ =\!=\!= Fe^{2+} + H_2 \uparrow$$

但在常温下，铁不与浓硫酸和浓硝酸反应，这是因为铁在冷的浓硫酸或浓硝酸中发生钝化。

铁能从比它活动性弱的金属盐溶液里，把金属置换出来。例如：

$$Fe + Cu^{2+} =\!=\!= Fe^{2+} + Cu$$

二、铁的化合物

1. 铁的氧化物

铁的氧化物有氧化亚铁（FeO）、氧化铁（Fe_2O_3）和四氧化三铁（Fe_3O_4）等。

氧化亚铁是一种黑色粉末，不稳定，在空气中加热，能迅速被氧化成四氧化三铁。

氧化铁是一种红棕色粉末状固体，俗称铁红，可以做红色颜料、磨光粉、催化剂等。

四氧化三铁是有磁性的黑色晶体，俗称磁性氧化铁。可以看成是氧化亚铁与氧化铁组成的一种复杂的化合物。

铁的氧化物都不溶于水，也不与水起反应。

氧化亚铁和氧化铁都能与酸起反应，分别生成亚铁盐和铁盐。

$$FeO + 2H^+ \rightleftharpoons Fe^{2+} + H_2O$$
$$Fe_2O_3 + 6H^+ \rightleftharpoons 2Fe^{3+} + 3H_2O$$

2. 铁的氢氧化物

铁的氢氧化物有两种，即氢氧化亚铁 [$Fe(OH)_2$] 和氢氧化铁 [$Fe(OH)_3$]。氢氧化亚铁和氢氧化铁是与氧化亚铁和氧化铁相对应的碱。这两种氢氧化物都可用相应的可溶性铁盐与碱溶液反应制得。

[实验10-4]　在试管里加入少量新制备的硫酸亚铁溶液，再用滴管吸取氢氧化钠溶液，将滴管端插入试管里溶液液面下，逐滴滴入氢氧化钠溶液，观察发生的现象。

从实验可以看到，滴入氢氧化钠溶液后，开始时析出一种白色的絮状沉淀，这就是氢氧化亚铁。

$$Fe^{2+} + 2OH^- \rightleftharpoons Fe(OH)_2 \downarrow$$

但这白色絮状沉淀迅速被空气里的氧所氧化，变成灰绿色，最后变成红褐色的 $Fe(OH)_3$。

$$4Fe(OH)_2 + O_2 + 2H_2O \rightleftharpoons 4Fe(OH)_3$$

[实验10-5]　在试管里加入少量氯化铁溶液，再逐滴滴入氢氧化钠溶液。观察发生的现象。

从实验可以看到，滴入氢氧化钠溶液时，立即生成了红褐色的氢氧化铁沉淀。

$$Fe^{3+} + 3OH^- \rightleftharpoons Fe(OH)_3 \downarrow$$

加热氢氧化铁，它就失去水而生成红棕色的氧化铁粉末状固体。

$$2Fe(OH)_3 \xrightarrow{\triangle} Fe_2O_3 + 3H_2O$$

氢氧化亚铁和氢氧化铁都是不溶性碱，它们能与酸反应，分别生成亚铁盐和铁盐。

$$Fe(OH)_2 + 2H^+ \rightleftharpoons Fe^{2+} + 2H_2O$$
$$Fe(OH)_3 + 3H^+ \rightleftharpoons Fe^{3+} + 3H_2O$$

3. 亚铁盐和铁盐

将单质铁溶于盐酸或稀硫酸中，可分别得到淡绿色的氯化亚铁（晶体为 $FeCl_2 \cdot 4H_2O$）和硫酸亚铁（晶体为 $FeSO_4 \cdot 7H_2O$）。

硫酸亚铁是比较重要的亚铁盐，它的晶体俗称绿矾。绿矾加热失水可得白色粉末状的无水盐。在空气中可逐渐风化而失去一部分水，并且表面容易氧化为黄褐色的碱式硫酸铁（Ⅲ），其分子式为 $Fe(OH)SO_4$。

亚铁盐的显著特点是还原性较强，在较强的氧化剂作用下，会氧化成铁盐。例如，氯化亚铁溶液与氯气反应，立即被氧化成氯化铁。

$$2Fe^{2+} + Cl_2 \rightleftharpoons 2Fe^{3+} + 2Cl^-$$

铁盐中，氯化铁比较重要。它可用铁屑与氯气直接反应而得到棕黑色的无水氯化铁。也可将铁屑溶于盐酸中，再往溶液中通入氯气，经浓缩、冷却、就有黄棕色的六水合氯化铁

$FeCl_3 \cdot 6H_2O$ 晶体析出。无水氯化铁在空气中易潮解。

铁盐具有一定的氧化性，在较强的还原剂作用下，可被还原为亚铁盐。例如，氯化铁溶液遇铁等还原剂，能被还原生成氯化亚铁。

$$2Fe^{3+} + Fe === 3Fe^{2+}$$

因此保存 Fe^{2+} 盐溶液时，加入一定量的酸和少量铁屑可防止氧化。

从以上事实可以说明，Fe^{2+} 和 Fe^{3+} 在一定条件下是可以相互转变的。

$$Fe^{2+} \underset{还原剂}{\overset{氧化剂}{\rightleftharpoons}} Fe^{3+} + e^-$$

在工业上，硫酸亚铁与鞣酸反应可生成易溶的鞣酸亚铁，由于它在空气中易被氧化成黑色的鞣酸铁，所以可用来制蓝黑墨水，此外，绿矾可用在染色、木材防腐、农业杀虫剂治疗贫血等方面。氯化铁主要用于有机染料的生产，在印刷制版中，它可用作铜片的腐蚀剂，由于氯化铁能引起蛋白质迅速凝固，在医疗上可用作伤口的止血剂。

4. 铁离子的检验

在 Fe^{2+} 的溶液中，加入铁氰化钾（俗称赤血盐）溶液，或在 Fe^{3+} 的溶液中，加入亚铁氰化钾（俗称黄血盐）溶液，都能生成蓝色沉淀，据此可以检验 Fe^{2+} 或 Fe^{3+} 的存在。

$$3Fe^{2+} + 2[Fe(CN)_6]^{3-} === Fe_3[Fe(CN)_6]_2 \downarrow \text{（铁氰化亚铁）}$$

滕氏蓝

$$4Fe^{3+} + 3[Fe(CN)_6]^{4-} === Fe_4[Fe(CN)_6]_3 \downarrow \text{（亚铁氰化铁）}$$

普鲁士蓝

在 Fe^{3+} 盐溶液中，加入无色的硫氰化钾（KSCN）或硫氰化铵（NH_4SCN）溶液，则能生成血红色的硫氰化铁 $Fe(SCN)_3$。这是 Fe^{3+} 离子的灵敏反应之一。

$$FeCl_3 + 3KSCN === Fe(SCN)_3 + 3KCl$$

硫氰化铁

据此可以检验微量的 Fe^{3+} 的存在。但 Fe^{2+} 与 SCN^- 反应不显红色。

[实验 10-6]　在盛有 2mL 0.5mol/L $FeCl_3$ 溶液的试管中，加入几滴 0.1mol/L KSCN 溶液，观察溶液的颜色。

 阅读　炼铁和炼钢

铁是自然界里分布最广的金属元素之一，在地壳中，铁的质量分数为 5.8%，在金属元素中仅次于铝。由于铁的化学性质较活泼，所以地壳中的铁均以化合态存在，游离态的铁只存在于陨石之中。铁的主要矿石有赤铁矿 Fe_2O_3、磁铁矿 Fe_3O_4、菱铁矿 $FeCO_3$、黄铁矿 FeS_2 等。

1. 炼铁

炼铁的主要反应原理是在高温下利用氧化还原反应将铁从矿石中还原出来。现代炼铁是以焦炭在高炉生成的 CO 做还原剂，将氧化铁还原为单质铁。反应方程式为

$$Fe_2O_3 + 3CO \overset{高温}{===} 2Fe + 3CO_2 \uparrow$$

铁矿石里除了铁的氧化物外，还含有难溶化的脉石（SiO_2），影响冶炼，必须除去。为此，加入石灰石作为熔剂，用来除去脉石。因为石灰石在高温下分解出的氧化钙，能与脉石里的二氧化硅起反应，而生成熔点较低的硅酸钙，从矿石里分离出来。

$$CaCO_3 \overset{高温}{===} CaO + CO_2 \uparrow$$

$$CaO + SiO_2 \overset{高温}{===} CaSiO_3$$

硅酸钙是炉渣的主要成分。由此可见，炼铁的主要原料是铁矿石、焦炭、石灰石和空气。

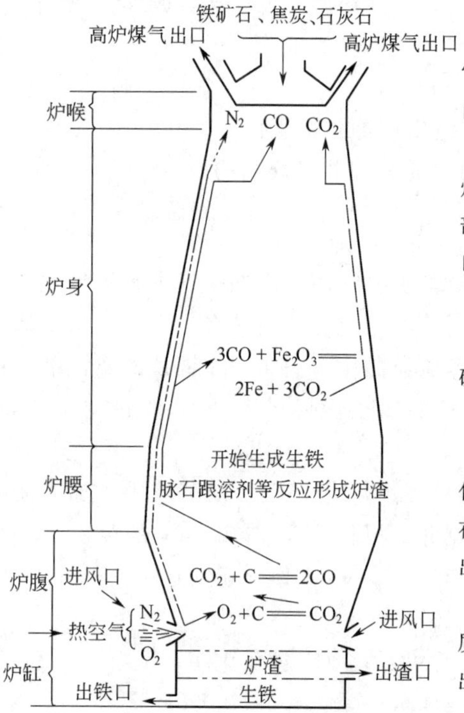

图 10-4　高炉和炉内的化学变化过程示意

炼铁是在高炉里连续进行的（如图 10-4 所示）。

高炉是由炉喉、炉身、炉腰、炉腹、炉缸五部分组成。它有两个进口：进料口和进风口；三个出口：出铁口、出渣口和高炉煤气出口。

炼铁的时候，把铁矿石、焦炭和石灰石按一定比例配成炉料，从炉顶进料口分批加入炉内，经预热的空气从炉腹底部的进风口鼓入炉内，与下降的炉料形成逆流。焦炭在进风口附近燃烧生成 CO_2，放出大量的热。

$$C+O_2 = CO_2$$

二氧化碳气体上升，与赤热的焦炭反应，生成一氧化碳，吸收热量。

$$CO_2+C = 2CO$$

一氧化碳上升，铁矿石下降，在炉身相遇大部分铁的氧化物被一氧化碳还原成铁。还原出来的铁呈海绵状的固体，在下降时因炉温由上向下逐渐升高而熔化成铁水，从底部的出铁口流出。

在炉中部石灰石分解，生成氧化钙，并与铁矿石中的杂质形成炉渣。炉渣的主要成分是硅酸钙、浮在铁水上面，从出渣口排出。

从炉顶放出的一氧化碳、二氧化碳和氮气等混合气体叫高炉煤气，净化处理后可做气体燃料。

高炉出来的铁一般含铁为 90%～95%、含碳为 3%～4% 及少量硅、锰、硫、磷等，称为生铁。

2. 炼钢

含碳量在 1.7% 以下的铁称为生铁或铸铁。含碳量少于 0.2% 的铁称为熟铁或锻铁。含碳量在 0.2%～1.7% 之间的铁称为钢。生铁硬而脆、不易进行机械加工，熟铁易加工，但太软，钢具有一定的硬度又有一定的韧性，可以锻打、压延、铸造。钢的用途很广。

把生铁冶炼成钢要解决的主要矛盾，就是适当地降低生铁里的含碳量、调整钢里合金元素含量到规定范围之内，并除去大部分硫、磷等有害杂质。

炼钢的主要反应原理，就是在高温下，利用氧化剂把生铁里过多的碳和其他杂质氧化成为气体或炉渣除去。因此，炼铁和炼钢虽然都是利用的氧化还原反应，但炼铁主要是用还原剂把铁从铁矿石里还原出来，而炼钢主要是用氧化剂把生铁里过多的碳和其他杂质氧化而除去。

炼钢时常用的氧化剂是空气、纯氧气或氧化铁。当加入氧化剂后，铁首先被氧化，使部分铁变成了氧化亚铁，同时放出大量的热。

$$2Fe+O_2 = 2FeO（放出热量）$$

生成的氧化亚铁扩散到铁水中，再把铁水里的硅、锰、碳等元素氧化成对应的氧化物。

$$Si+2FeO = SiO_2+2Fe（放出热量）$$
$$Mn+FeO = MnO+Fe（放出热量）$$
$$C+FeO = CO\uparrow+Fe（吸收热量）$$

生成的 CO 在炉口燃烧而除去，生成的二氧化硅和氧化锰与造渣材料生石灰相互作用成为炉渣排出。

生铁中的硫、磷元素是钢中的有害元素，炼钢时必须尽可能除去。生石灰也能与硫[1]、磷起反应，使硫、磷变成硫化钙和磷酸钙等炉渣而除去。它们的主要反应可用化学方程式表示如下：

---

[1]　铁水里的硫，主要以 FeS 形态存在。

$$FeS+CaO\xrightarrow{\text{高温}}FeO+CaS$$

$$2P+5FeO+3CaO\xrightarrow{\text{高温}}5Fe+Ca_3(PO_4)_2$$

当铁水里的碳、硫、磷的含量已降低到符合钢的标准时，铁水就变成了钢水。但这时的钢水里还含有少量的氧化亚铁，它的存在会使钢具有热脆性，必须加入适量的脱氧剂（即还原剂）使钢脱氧。通常都用硅铁、锰铁或金属铝等脱氧剂，例如

$$2FeO+Si\xrightarrow{\text{高温}}2Fe+SiO_2$$

$$FeO+Mn\xrightarrow{\text{高温}}MnO+Fe$$

生成的氧化物大部分形成炉渣而除去，部分的硅、锰等留在钢里以调整钢的成分。

目前，炼钢的方法主要有转炉、电炉和平炉三种。其中又以纯氧顶吹转炉炼钢发展最迅速。

第四节　配　合　物

配位化合物简称配合物，是一类组成比较复杂的化合物。配合物的存在极为广泛，就配合物的数量来说超过一般无机化合物。一种元素或同它相结合的配位体，常常由于形成配合物而改变它们的性质。例如，N_2 分子非常稳定，在温和条件下不可能被 H_2 还原成氨，但当 N_2 形成特殊配合物（如自然界中的固氮酶后），在常温常压下即可被还原成氨。由于配合物的形成对元素和配位体产生如此巨大的影响，以及配合物本身所具有的一些特性，所以对配合物的研究不仅是无机化学的重要课题，而且也对分析化学、生物化学、催化动力学、电化学、量子化学等学科有着重要的实际意义和理论意义。本节将对配合物的有关知识做一简单的介绍。

一、配合物的概念和组成

1. 配合物的概念

为了认识配合物，先做下面的实验。

[**实验 10-7**]　在盛有 20mL 0.1mol/L $CuSO_4$ 溶液的试管中，逐滴加入浓氨水，生成蓝色的氢氧化铜沉淀，当继续加入过量浓氨水时，则蓝色沉淀消失，变为深蓝色的透明溶液。为了降低生成物的溶解度，在此溶液中加入乙醇，则有蓝色晶体从溶液中析出。

现在来分析这个实验所发生的反应。

硫酸铜与浓氨水起反应能生成蓝色的氢氧化铜沉淀。氢氧化铜虽是难溶电解质，但终究有一定的溶解度。因此 $Cu(OH)_2$ 沉淀在水溶液中仍然存在着一个溶解平衡。

$$Cu(OH)_2(s)\underset{\text{沉淀}}{\overset{\text{溶解}}{\rightleftharpoons}}Cu^{2+}+2OH^-$$

当继续加入氨水后，NH_3 分子与溶液里微量的 Cu^{2+} 结合，在水溶液里生成一种深蓝色的复杂离子 $[Cu(NH_3)_4]^{2+}$，它叫四氨合铜（Ⅱ）离子或铜氨配离子。这个反应可以用离子方程式表示如下：

$$4NH_4+Cu^{2+}\xrightarrow{\hspace{1cm}}[Cu(NH_3)_4]^{2+}$$

这样就使溶液里的 Cu^{2+} 离子减少，破坏了氢氧化铜的溶解平衡，促使氢氧化铜沉淀逐渐溶解。在此溶液中加入乙醇后析出的蓝色晶体，经研究确定，它的化学组成是 $[Cu(NH_3)_4]SO_4$，叫做硫酸四氨合铜（Ⅱ）。这是一种复杂的化合物，在这种化合物里含有复杂的 $[Cu(NH_3)_4]^{2+}$。**这种由一个简单阳离子和几个中性分子或他种离子结合而形成的复杂离子叫做配离子。含有**

配离子的化合物叫配合物。除上面讲到的硫酸四氨合铜（Ⅱ）外，前面学过的亚铁氰化钾 $K_4[Fe(CN)_6]$，铁氰化钾 $K_3[Fe(CN)_6]$ 也都是配合物。

此外，如果用中性原子代替阳离子和一定数目的中性分子或他种离子结合而形成的分子叫配分子。配分子也是配合物。例如 $Ni(CO)_4$ 是由原子（Ni）和中性分子（CO）形成的不带电荷的配分子，也是配合物。

2. 配合物组成

［实验 10-8］ 将［实验 10-7］中得到的硫酸四氨合铜（Ⅱ）晶体，溶解于水配成溶液，分别装在两支试管中，一支试管中加入几滴 0.1mol/L $BaCl_2$ 溶液，立即有白色的沉淀产生；另一支试管中加入几滴 0.1mol/L NaOH 溶液，结果蓝色溶液不发生变化，无氢氧化铜沉淀产生。

实验结果说明，硫酸四氨合铜（Ⅱ）在水中能电离出 SO_4^{2-}，遇到 Ba^{2+} 生成白色的 $BaSO_4$ 沉淀，而四氨合铜配离子在水溶液中则很难电离，溶液中存在的 Cu^{2+} 很少，更确切地说 Cu^{2+} 的浓度还达不到产生 $Cu(OH)_2$ 沉淀的要求。

由此可见，配合物的结构很复杂，一般都有一种成分作为整个配合物的核心，这个核心叫**中心离子**，也称为**配合物的形成体**。在中心离子周围结合着几个中性分子或带负电荷的离子。这些分子或离子叫做**配位体**。配位体和中心离子靠得比较近，结合得比较牢固，共同构成**配合物的内界**（即配离子）。不在内界的其他离子，距离中心离子较远，结合得比较松弛，构成**配合物的外界**。

学习了内界、外界的概念后，就很容易理解在［实验 10-8］中，$[Cu(NH_3)_4]SO_4$ 易电离出 SO_4^{2-}，而不易电离出 Cu^{2+} 的原因是由于它们之间的结合方式不同。

配合物的外界和内界一般是通过离子键相结合，而内界是由中心离子和配位体通过配位键相结合。在表示配合物时，通常用方括号把内界括起来，外界离子写在方括号的外面。例如：

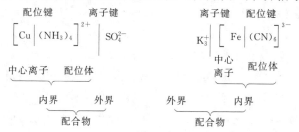

配离子是配合物的特征部分，它可以带正电荷，也可以带负电荷。带正电荷的配离子叫**配阳离子**，带负电荷的配离子叫**配阴离子**。配离子所带电荷的正、负和多少是由中心离子和配位体决定的，中心离子和配位体所带的电荷的代数和即为配离子所带电荷。例如，在 $[Cu(NH_3)_4]SO_4$ 中，中心离子 Cu^{2+} 带 2 个正电荷，4 个中性的配位体电荷数为 0，则配离子所带电荷为 2+；在 $K_3[Fe(CN)_6]$ 中，中心离子 Fe^{3+} 带 3 个正电荷，6 个配位体 CN^- 总电荷为 6—，则配离子所带电荷为 3—。

由于配合物分子是电中性，因此也可以从外界离子的电荷数来确定配离子的电荷数。例如，在 $K_4[Fe(CN)_6]$ 中，它的外界有 4 个 K^+ 离子，所以 $[Fe(CN)_6]^{4-}$ 配离子的电荷是 4—，由此还可以进一步确定中心离子 Fe^{2+}。

一个中心离子所能结合配位体的总数，叫做中心离子的配位数[❶]。如在 $[Cu(NH_3)_4]^{2+}$

---

❶ 严格来说，应是一个中心离子（或原子）所能结合的配位体的配位原子（直接与中心离子配合的原子）总数，就是中心离子（或原子）的配位数。

配离子中，Cu^{2+} 的配位数是 4；在 $[Fe(CN)_6]^{4-}$ 配离子中，Fe^{2+} 的配位数是 6。

凡是可做配位体（或含有可做配位体的离子）的物质叫做配合剂。常用的配合剂有氰化物、氟化物和氨等。

二、配合物的命名

有些较简单的配合物至今还沿用习惯名称，如 $K_4[Fe(CN)_6]$ 叫亚铁氰化钾或黄血盐，$K_3[Fe(CN)_6]$ 叫铁氰化钾或赤血盐。现在由于大量复杂配合物的出现，就有必要对配合物进行科学的系统命名。一般无机化合物的命名原则也适用于配合物。命名配合物时，不论配离子是阴离子还是阳离子，都是阴离子名称在前，阳离子名称在后。若配合物的外界是一个简单的酸根离子如（Cl^- 等），则称为"某化某"；若外界酸根是一个复杂阴离子（如 SO_4^{2-} 等）则称为"某酸某"；若外界是氢离子，则配阴离子的名称之后用"酸"字结尾，如 $H_2[CuCl_4]$ 称为四氯合铜（Ⅱ）酸；若外界是金属阳离子，也同样称为"某酸某"，如 $K_2[HgI_4]$ 叫四碘合汞（Ⅱ）酸钾。

配合物的命名比一般无机化合物更复杂的地方在于配合物的内界。

处于配合物内界的配离子，其命名方法一般地依照如下顺序：

配位体数——配位体名称——"合"字——中心离子名称——中心离子化合价。

配位体的个数用一、二、三……表示。中心离子化合价用罗马数字注明，并加括号。

若配位体有几种时，先命名阴离子配位体，后命名中性分子配位体。如果阴离子或中性分子有几种时，阴离子的命名顺序是：简单离子——复杂离子——有机酸根离子；中性分子的命名顺序是：NH_3——H_2O——有机分子。现具体举例加以说明。

种 类	配合物分子式	命 名
配阳离子	$[Cu(NH_3)_4]SO_4$	硫酸四氨合铜（Ⅱ）
	$[Co(NH_3)_5Cl]Cl_2$	二氯化一氯·五氨合钴（Ⅲ）
	$[Pt(NH_3)_4(NO_2)Cl]CO_3$	碳酸一氯·一硝基·四氨合铂（Ⅳ）
配阴离子	$K_2[PtCl_6]$	六氯合铂（Ⅳ）酸钾
	$H_2[CuCl_4]$	四氯合铜（Ⅱ）酸
中性分子	$[Pt(NH_3)_2Cl_2]$	二氯二氨合铂（Ⅱ）

配合物的稳定性（选学）

配合物的稳定性有多方面的含义。这里只讨论配合物在水溶液中的稳定性。配合物的内、外界之间是靠离子键相结合的，在水溶液中全部电离为配离子和外界离子，而配离子是中心离子和配位体以配位键相结合的，在水溶液中仅部分发生电离。配离子在水溶液中的电离程度，就是配合物在水溶液中的稳定性。

1. 配离子的电离平衡和不稳定常数

[实验 10-9] 在试管中制取 5mL $[Cu(NH_3)_4]SO_4$ 溶液。然后，往此溶液中滴加 0.1mol/L Na_2S 溶液，观察发生的变化。

从实验可以看到，深蓝色溶液逐渐转变为黑色沉淀，并嗅到氨的特殊气味。这说明，在水溶液中 $[Cu(NH_3)_4]^{2+}$ 仍可微弱电离，生成少量的 Cu^{2+} 离子。可用下列电离、配合平衡来表示：

$$[Cu(NH_3)_4]^{2+} \underset{\text{配合}}{\overset{\text{电离}}{\rightleftharpoons}} Cu^{2+} + 4NH_3$$

Cu^{2+} 与 S^{2-} 反应生成溶解度很小的 CuS 黑色沉淀。沉淀的析出，又使上述平衡向右移动，闻到氨的特殊气味，对应于这个平衡，也有一个平衡常数：

$$K = \frac{c(Cu^{2+})[c(NH_3)]^4}{c\{[Cu(NH_4)_4]^{2+}\}}$$

式中，c 表示离子或分子的平衡浓度，mol/L。

平衡常数 K 叫配离子的电解常数。具有相同配位体数目的配合物，其 K 值愈大，表明该配离子愈容易电离，配合物就愈不稳定。所以这个常数又叫做配离子的不稳定常数，用 $K_{不稳}$ 表示。

不同配离子具有不同的不稳定常数。对于具有相同配位体数目的配合物，可以根据 $K_{不稳}$ 的数值判断其稳定性的相对大小。例如，$K_{不稳[Ag(CN)_2]^-}$（1.58×10^{-22}）$< K_{不稳[Ag(NH_3)_2^+]}$（5.88×10^{-8}），即 $[Ag(NH_3)_2]^+$ 不及 $[Ag(CN)_2]^-$ 稳定。

2. 配离子的配位平衡和稳定常数

除了用不稳定常数来表示配合物的稳定性外，更常使用的是用配合物生成反应的平衡常数来表示配合物的稳定性。

例如 $[Cu(NH_3)_4]^{2+}$ 配离子的生成反应为：

$$Cu^{2+} + 4NH_3 \underset{电离}{\overset{配合}{\rightleftharpoons}} [Cu(NH_3)_4]^{2+}$$

其配位常数为

$$K' = \frac{c\{[Cu(NH_3)_4]^{2+}\}}{c(Cu^{2+})[c(NH_3)]^4}$$

K' 是生成配合物的平衡常数，简称配位常数。具有相同配位体数目的配合物，其 K' 值愈大，表示该配离子在水中愈稳定。所以这个常数又叫做配离子的稳定常数，用 $K_{稳}$ 表示。同理，不同的配离子具有不同的稳定常数，见附录八配合物的稳定常数。

具有相同配位体数目的配合物，其 $K_{稳}$ 越大，生成配离子的趋势愈大，配合物愈稳定。应该指出，配位体数目不同的配合物，它们的 $K_{稳}$（或 $K_{不稳}$）表达式中浓度的幂不同，不能直接用以比较它们的稳定性。如 $K_{稳[Ag(NH_3)_2]^+}$（1.7×10^7）$< K_{稳[Cu(NH_3)_4]^{2+}}$（1.07×10^{12}），但不能认为 $[Cu(NH_3)_4]^{2+}$ 比 $[Ag(NH_3)_2]^+$ 稳定。

$K_{稳}$ 和 $K_{不稳}$ 互为倒数关系即

$$K_{稳} = \frac{1}{K_{不稳}}$$

两者概念不同，使用时应注意不可混淆。

3. 配离子稳定常数的应用

配合物的形成，常引起溶液中许多性质的变化，影响反应的方向、沉淀的转化、电极电位及 pH 的改变。可以利用配合物的稳定常数来计算溶液中有关离子的浓度；判断配位反应进行的方向；讨论可溶性配离子与沉淀之间的转化等，详情本书不做介绍。

三、配合物的应用

配合物在自然界广泛存在，跟人类生活的关系很密切。例如，生物体中的许多金属元素都是以配合物的形式存在的。在植物生长中起光合作用的叶绿素是镁的配合物，输送氧气的血红素是铁的配合物，在人体生理过程中起重要作用的各种酶，也都是配合物。医疗上用作重金属解毒剂的 EDTA，就是一种重要的配合物。

配合物在工农业生产和科学技术方面亦有广泛的应用。例如，化工合成上的配合催化、无机高分子材料、染料、电镀、鞣革、医药等方面，也都和配合物有密切联系。近年来由于原子能、半导体、火箭等尖端技术的发展，需要大量的核燃料、稀有元素以及高纯化合物。这一需要大大地促进了分离技术和分析方法的研究，而这些研究都与配合物有密切关系。它们都利用生成配合物的倾向不同而达到分离和分析的目的。

总之，随着现代科学的发展，配合物的应用，将越来越广泛。

 阅读 铁与人体健康

铁是人体中必需的微量元素，约占人体总质量的 0.0057%（一个成年人的身体里约含 3～5g 铁元素），其中 70％以上在血红蛋白里，它是血红蛋白的载体，参与人体内氧的运输、交换和组织吸收。人体必须保证足够的铁的摄入，如果每天膳食中的含铁量太低，长时间供铁不足，就会使人体缺少铁元素，含有血红蛋白的红细胞数量减少，无法将足够的氧供给肌体组织而患缺铁性贫血。这类病人往往面色苍白，并有头昏、心悸、气急、无力等症状。因此应多吃一些含铁丰富的食物（动物的肝脏、蛋白、豆类和某些蔬菜，如苋菜、芹菜、番茄等）。铁元素是酶的活性部分，参与人体的氧化还原反应，铁元素在食物中以＋3 价形态存在，只有被还原成＋2 时才能被吸收。铁元素的摄入量有一定的范围，否则对人体有害。国家规定的水质标准，生活饮用水中铁元素的含量应少于 0.3mg/L。

铁也是植物制造叶绿素时不可缺少的催化剂。若一盆花很快失去艳丽的颜色和香味，叶子发黄枯萎，这就是土壤中缺铁的特征，这时应施加 $FeSO_4$ 等予以补充。

铝对人体的危害

铝虽然有广泛的用途，但近年来医学研究发现，铝对人体健康产生很大的危害，人如果摄入过量的铝元素，会影响人体对磷的吸收和能量代谢，降低生物酶的活性，因此能引起痴呆和多种疾病（胃疼、贫血、甲状腺功能降低、胃液分泌减少等）及神经细胞的死亡，还能损害心脏。当铝进入人体后，能形成牢固的、难以消化的配合物，使其毒性更大。

用铝做的各种炊具虽然有许多优点，但长期使用，尤其烹调酸、碱性强的食品，铝表面的 Al_2O_3 和铝都能与酸或碱反应生成可溶性的铝盐或偏铝酸被人体吸收。食品在铝制器皿中放的时间过长，会导致人食入过量铝。发酵粉中含有明矾，长期使用（如蒸馍等），也会使人食入过量铝。这些都应引起注意。

医学实验证明，长期使用铝制炊具代替铁制炊具，会影响人体对铁元素的摄入量减少，会使人产生缺铁性贫血。目前世界卫生组织正在向世界各国推荐中国的铁锅。

学 生 实 验

化学是一门以实验为基础的实验科学。通过实验可以使学生形成概念，理解和巩固化学知识，得到有关元素和化合物性质的感性知识，培养学生正确观察现象、分析问题、解决问题的能力，初步掌握一些常用的化学实验技能，培养学生实事求是，严肃认真的科学态度和科学方法以及准确、细致、整洁的良好习惯。

实验室规则

① 实验前应认真预习，明确目的要求，了解实验的基本原理，熟悉实验的方法和步骤。

② 做实验前首先清点仪器和药品。如果发现有破损或缺少的仪器、药品，应立即报告教师，按规定手续补领。未经教师同意，不得拿用别的位置上的仪器。

③ 实验过程中保持肃静，集中注意力，认真操作，仔细观察实验现象，如实记录结果，积极思考问题，讨论和询问问题时要低声。

④ 实验时应始终保持实验室和桌面整齐清洁。实验中的废纸屑、火柴梗、金属屑等应投入废纸篓；废液应倒入废液缸中，严禁倒入水槽，以防水槽和下水管道堵塞和腐蚀。

⑤ 实验中要爱护各种设备、仪器，节约水、电、药品。使用精密仪器时，更要细心谨慎操作，避免因粗枝大叶而损坏仪器。

⑥ 取用药品应按规定量取用，不应将药品倒回原瓶中，以免带入杂质。取用药品后，应立即盖上瓶塞，以免搞错而沾污药品，并随即将瓶放回原处。

⑦ 听从教师指导，遵守操作规程，注意安全。

⑧ 实验完毕，应将仪器洗涤干净放回原处，整理好桌面，做到整齐清洁，最后洗净双手，经老师批准后方可离开实验室。实验室内的一切物品（仪器、药品等）不得带离实验室。

⑨ 值日生负责打扫整个实验室卫生，打扫干净水槽和地面，负责检查并关好水龙头，负责拉开总电闸，关好门窗。

⑩ 应根据原始记录，联系理论知识，认真地处理实验数据，分析问题，完成实验报告，按时交老师审阅。

实验室安全守则

① 必须熟悉实验室及其周围的环境和水门、煤气门、电闸的位置。

② 使用电器时，要谨防触电，不要用湿的手和物接触电插销，实验完后应将电器的电源切断。

③ 煤气灯不使用或临时中断煤气供应时，应立即关闭进气开关。如漏煤气，应停止实验，进行检查。否则煤气大量逸出会引起中毒、燃烧和爆炸事故。

④ 使用酒精灯时，应随用随点，不用时盖上灯罩。不要用点燃的酒精灯去点别的酒精

灯，以免酒精流出而失火。

⑤ 绝对不允许把各种化学药品任意混合，以免发生意外事故。

⑥ 加热试管时，试管口不要对着自己或别人，不要俯视正在加热的液体，以免液体溅出，受到伤害。

⑦ 不要俯向容器去嗅闻放出的气体，应离开一些，用手轻拂气体，扇向自己后再嗅。

⑧ 能产生有刺激性的、恶臭的和有毒气体（如硫化氢、氯气、一氧化碳、二氧化氮、二氧化硫、溴等）的实验应在通风橱内进行。

⑨ 浓酸、浓碱具有强腐蚀性、切勿溅在衣服、皮肤、尤其眼睛上。废酸应倒入酸缸中，但不要往酸缸中倾倒碱液。以免因酸碱中和放出大量的热而发生危险。稀释浓硫酸时，应将浓硫酸慢慢倒入水中，而不能将水倒入硫酸中，以防逸酸液迸溅。

⑩ 易燃物质（如乙醇、乙醚、丙酮、汽油、苯、二硫化碳等）应远离火焰（明火）。用后要把瓶塞塞严，放在阴凉的地方。

⑪ 活泼金属钾、钠等在空气中容易燃烧，不要使它们与水接触或暴露在空气中，应将它们保存在煤油中。白磷有剧毒，并能灼伤皮肤，切勿让它与人体接触，白磷在空气中易自燃，应保存在水中，取用它们时应用镊子夹取。

⑫ 氢气与空气的混合物遇火能发生爆炸，因此产生氢气的装置要远离明火。点燃氢气前，必须先检验氢气的纯度。进行产生大量氢气的实验时，应把废气通至室外，并应注意室内的通风。

⑬ 强氧化剂（如氯酸钾、硝酸钾、高锰酸钾等）及其混合物（如氯酸钾与红磷、碳、硫等的混合物），不能研磨，否则易发生爆炸。银氨溶液久置后也会引起爆炸，所以不能保存，用剩的银氨溶液；应及时处理，并注意回收。

⑭ 有毒药品（如重铬酸钾、钡盐、铜盐、砷的化合物、汞的化合物、氰化物等）不得进入口内或接触伤口，也不能随便将有毒药品倒入下水道。金属汞易挥发，它通过人的呼吸而进入体内。逐渐积累会引起慢性中毒。因此，不能把汞洒落在桌上或地面，一旦洒落时，必须尽可能地把汞收集起来，并用硫磺粉盖在洒落的地方，使汞转变为不挥发的硫化汞。

⑮ 严禁在实验室内饮食、吸烟。实验完毕必须洗净双手。实验室所有药品不得携出室外。用剩的有毒药品应交还老师。

实验室中一般伤害的处理

① 玻璃管割伤时，伤口内如果有玻璃碎片，须先挑出，然后在伤口上抹红药水并进行包扎。

② 烫伤时，切勿用水冲洗。可用苦味酸溶液擦洗灼伤处，或用浓高锰酸钾溶液润湿伤口，至皮肤变为棕色，再擦上凡士林或烫伤油膏。

③ 若在皮肤上溅着强酸或强碱，应立即用大量水冲洗，再相应地用碳酸氢钠溶液或 2% 乙酸（或饱和硼酸溶液）冲洗，然后再用水冲洗。若强酸溅入眼内，先用大量水冲洗，再送医院治疗。若碱溅入眼内，先用硼酸溶液冲洗，再用水冲洗。

④ 吸入氯气、氯化氢等刺激性气体或有毒气体时，可吸入少量酒精和乙醚的混合蒸气以解毒，然后到室外呼吸新鲜空气。

⑤ 被溴腐蚀时，先用苯或甘油洗，再用水冲洗。

⑥ 被白磷灼伤时用质量分数为1‰硝酸银溶液、质量分数为1‰硫酸铜溶液或高锰酸钾溶液冲洗后，进行包扎。

⑦ 毒物进入口内时，先把5～10mL质量分数为1‰硫酸铜溶液加入一杯温水中，内服后，用手指伸入咽喉部，促使呕吐，然后立即送医院治疗。

⑧ 遇有触电事故时，应首先切断电源，然后在必要时进行人工呼吸。

灭 火 常 识

一、一般起火的原因

① 可燃的固体药品或液体药品因接触火焰或处在高温下而燃烧。

② 能自燃的物质由于接触空气或长时间的氧化作用而燃烧（如白磷的自燃）。

③ 化学反应（如金属钠与水的反应）引起的燃烧和爆炸。

④ 电火花引起的燃烧（如电热器材因接触不良而出现火花，导致附近可燃气体着火）。

一旦起火，千万不能惊慌失措，要沉着、冷静果断地根据起火原因和火场周围的情况，采取不同的扑灭方法。

二、灭火方法

1. 防止火势扩展

① 关闭煤气灯和停止加热。

② 停止通风以减少空气流通。

③ 拉开电闸以免引起电线燃烧。

④ 把一切可燃性物质（特别是有机物质和易爆炸的物质）移至远处。

2. 扑灭火焰

扑灭火焰一般常采用下面几种方法。

① 固体物质着火，一般可把沙子抛洒在着火的物质上（各实验室都应备有沙箱，并放在固定的位置上），就可灭火。

② 用泡沫灭火器喷射起火处，泡沫就把燃烧物包住，使它与空气隔绝，而使火焰熄灭。

③ 用四氯化碳灭火器（四氯化碳沸点低、密度大、不可燃）喷洒在燃烧物的表面，四氯化碳液体迅速气化，生成密度较大的气体使燃烧物与空气隔绝，而把火焰熄灭。此法最适于扑灭电火花引起的火灾。注意，电气设备引起着火时，要先切断电源，不能用泡沫灭火器和水去灭火，而要用此法灭火。

④ 只有火场及其周围没有存放与水发生剧烈反应的药品（如金属钠等）时才用水来灭火。

⑤ 衣服着火时，应迅速用水或湿布抹熄。抹不熄时，应立即将衣服脱下，千万不能乱跑，以免火势扩大。

化学药品的取用

根据药品中杂质含量的不同，中国把试剂级化学药品分为优级纯、分析纯和化学纯三种规格。可以根据实验的不同要求选用不同级别的试剂。一般说来，在无机化学实验中，化学纯级别的试剂已够用，只有在个别的实验中才需要使用分析纯级别的试剂。

固体试剂一般都装在易于拿取的广口瓶中，液体试剂或配制的溶液则盛放在易于倒取的细口瓶或带有滴管的滴瓶中。见光易分解的试剂（例如硝酸银等）则应盛放在棕色瓶中，装碱液的瓶子不应使用玻璃塞，而要使用软木塞或橡皮塞。每一个试剂瓶上都应贴有标签，上面写明试剂的名称、浓度（若为溶液时）和日期。在标签外面应涂上一层蜡来保护它。

1. 固体试剂的取用规则

① 不能用手拿取化学试剂，必须用干净的药勺取试剂，最好每种试剂专用一个药勺。否则用过的药勺必须洗净和擦干后才能再使用，以免沾污试剂，常用的塑料勺和牛角勺两端分别为大小两个勺。取大量试剂时用大勺，用小量试剂时用小勺。

② 取用药品后，必须立即盖上瓶塞，并且应该避免盖错瓶塞。取完药品后，应该把药品瓶放回原处。

③ 取用和称量固体试剂时，应按照规定的量取出，未指定用量时应尽量取用最小量，千万注意不要多取。取多了的药品，不能倒回原瓶，可放在指定容器中供他人使用。

④ 一般的固体试剂可以在干净的纸上或表面皿上进行称量。具有腐蚀性，强氧化性或易潮解的固体试剂不能在纸上称量，而应放在玻璃容器内进行称量。不准使用滤纸来盛放和称量固体试剂，以免浪费。

⑤ 有毒药品必须在教师指导下才能使用。

2. 液体试剂的取用规则

① 从滴瓶中取用液体试剂时，要用滴瓶中的滴管，滴管决不能触及所使用的容器器壁，以免沾污。滴管放回原滴瓶时不要放错。不准用自己的滴管到其他瓶中取药。

② 取用细口瓶中的液体试剂时，先将瓶塞反放在桌面上，不要弄脏。然后把试剂瓶上贴有标签的一面握在手心中，逐渐倾斜瓶子，倒出试剂。试剂应该沿着洁净的试管壁流入试管或沿着洁净的玻璃棒注入烧杯。取出所需量后逐渐竖起瓶子，把瓶口剩下的一滴试剂碰到试管或烧杯中去，以免液滴沿着瓶子外壁流下。盖瓶盖时不要盖错。

③ 滴管决不能倒过来拿在手里，因为有的试剂流到橡皮乳头中去后，能溶解橡皮，再流入试剂瓶中，会使试剂变质。

④ 定量取用液体药品时，可使用量筒或移液管。取多了的试剂不能倒回原瓶，可倒入指定容器中供他人使用。

实验一　氯、溴、碘的性质

一、实验目的

① 认识氯、溴、碘的性质；

② 认识卤化物的反应及卤素间的置换反应；

③ 学习鉴别可溶性金属卤化物的方法；

④ 学习萃取和分液的方法。

二、实验用品

1. 仪器

试管、胶头滴管、铁架台（带铁圈）、分液漏斗、烧杯、量筒、玻璃棒、表面皿、酒精、石棉网、碘化钾淀粉试纸、淀粉试纸❶。

---

❶ 把滤纸用淀粉溶液浸泡，晾干后就制得淀粉试纸。

2. 药品

0.1mol/L 氯化钠溶液、0.1mol/L 溴化钠溶液、0.1mol/L 碘化钾溶液、氯水、溴水、碘水、淀粉溶液、稀硝酸、0.1mol/L 硝酸银溶液、四氯化碳、碘、酒精。

三、实验步骤

1. 氯水的颜色和气味

取出贮氯水的试剂瓶，观察氯水的颜色，打开瓶盖，按照闻有毒气体的正确方法，小心地闻氯气的气味。然后立即盖好瓶盖。

2. 碘与淀粉的反应

分别向两支试管中加入淀粉溶液，然后向其中的一支试管中滴入 2～3 滴碘水，向另一支试管中滴入 2～3 滴碘化钾溶液。观察到了什么现象？说明原因。

3. 碘的升华

在干燥的小烧杯里放入几粒碘晶体，在烧杯上面盖上盛有少量水的表面皿，然后微微加热。观察到什么现象？解释所发生的现象。表面皿背面上的碘保留，供下一个实验用。

4. 碘在水里和酒精里的溶解性

将表面皿上的碘刮下来分放在两支试管中，向其中一支试管中加入 2～3mL 水，用力振荡，静置片刻，观察溶液的颜色（溶液微带褐色）。在另一试管中加入 2～3mL 酒精，振荡，观察碘的溶解、溶液的颜色（溶液为深褐色）。这两实验说明了什么问题？实验完毕后，将加碘的酒精溶液倒在指定的容器内。

5. 氯、溴、碘之间的置换反应

① 在玻璃棒的一端粘上一小块用蒸馏水润湿了的碘化钾淀粉试纸，伸到贮氯水的瓶口附近，然后打开瓶盖，观察试纸的颜色是否改变？为什么？

② 在两支试管中分别加入少量 0.1mol/L 碘化钾溶液，再分别滴入 2 滴淀粉溶液，然后向一支试管中滴加氯水，振荡试管；向另一支试管中滴加溴水，振荡试管。观察发生的现象，加以解释并写出反应的化学方程式。

③ 在两支试管中分别加入少量 0.1mol/L 溴化钠溶液，再向其中一支试管中滴加氯水至充分过量，振荡试管；向另一支试管中滴加碘水，振荡试管。观察发生的现象，为什么？写出反应的化学方程式。

根据以上实验结果，说明卤素的置换次序。

6. 可溶性金属卤化物的检验

① 向一支试管中加入少量 0.1mol/L NaCl 溶液，然后加入 2～3 滴 0.1mol/L AgNO₃ 溶液。再向试管中加入少量稀硝酸。观察发生的现象，加以解释并写出反应的化学方程式。

② 向一支试管中加入少量 0.1mol/L NaBr 溶液，然后加入 2～3 滴 0.1mol/L AgNO₃ 溶液。再向试管中加入少量稀硝酸。观察发生的现象，加以解释并写出有关反应的化学方程式。

③ 向一支试管中加入少量 0.1mol/L KI 溶液，然后加入 2～3 滴 0.1mol/L AgNO₃ 溶液。再向试管中加入少量稀硝酸。观察发生的现象，加以解释并写出有关反应的化学方程式。

7. 萃取和分液

利用溶质在互不相容的溶剂里溶解度的不同，用一种溶剂把溶质从它与另一溶剂所组成的溶液里提取出来的方法，叫做萃取。萃取所用的试剂叫萃取剂。萃取在化工生产和科学实验方面用途很广。

分液是把两种不相混溶的液体分开的操作。分液使用的仪器是分液漏斗。分液漏斗有圆筒形、圆球形和圆锥形（见图2）等几种，其容积有50mL、100mL、250mL等。

萃取和分液有时可以结合进行，其方法是：在溶液中加入萃取剂，用右手压住分液漏斗的口部，左手握住分液漏斗的活塞部分，再把分液漏斗倒转过来（见图1），用力振荡后又倒转过来，放在铁架台铁圈上（见图2），静置片刻。再把分液漏斗上的玻璃塞打开或者使塞上的凹槽或小孔对准漏斗口上的小孔，这样可以使漏斗内外空气相通，以保证漏斗里的液体能够流出。等溶液分层以后，打开活塞，使下层液体慢慢流出，应该注意不要使上层液体流出。上层液体应从分液漏斗的上口倒出。

① 在试管中滴入一滴溴水，再滴入5滴四氯化碳，振荡后静置一会儿，观察水层和四氯化碳层颜色的变化。

② 用量筒量取10mL碘水，用淀粉试纸试验，证明单质碘（I_2）的存在。然后把碘水倒入分液漏斗中，再给其中加入3mL四氯化碳，按正确的方法用力振荡分液漏斗。静置后分液，在分液漏斗的下方放一个小烧杯接四氯化碳溶液（见图2），回收。再用淀粉试纸检验萃取后的碘水，并和开始量取的碘水（未经萃取）比较（如果淀粉试纸仍然变蓝，可再萃取一次）。

图1　倒转分液漏斗

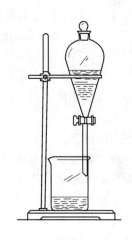

图2　萃取操作

实验二　碱金属及其化合物的性质

一、实验目的

① 认识碱金属及其化合物的性质；

② 学习用焰色反应检验碱金属离子。

二、实验用品

1. 仪器

烧杯、试管、漏斗、玻璃片、小刀、铝箔、药匙、木条、酒精灯、铁架台（带铁夹）、导管、橡皮塞、蓝色钴玻璃片、铂丝（若无铂丝，可用镍铬丝或无锈的铁丝代替）、火柴、砂纸、镊子、滤纸。

2. 药品

金属钠、氯化锂（固，饱和溶液）、碳酸钠（固，饱和溶液）、碳酸氢钠（固）、碳酸钾（固，饱和溶液）、过氧化钠（固）、石灰水、酚酞试液、浓盐酸。

三、实验步骤

1. 金属钠的性质

① 用镊子从煤油中夹取一小块金属钠，用滤纸擦干其表面的煤油，放到玻璃片上，用小刀切下绿豆粒大小的一块钠。注意钠的硬度，观察钠的新切断面的颜色，并继续观察新切断面颜色的变化。写出反应的化学方程式。

② 用镊子夹取上面切下的钠，放入盛水的小烧杯中，并立即用玻璃片将烧杯盖好（或者用一个事先选好的漏斗，当金属钠放入水中后，立即倒置漏斗覆盖在烧杯口上）。观察发生什么现象？解释发生这些现象的原因。写出反应的化学方程式。

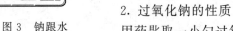

③ 另切绿豆粒大小的一块钠，用事先刺有一些小孔的铝箔包好，再用镊子夹住放到如图 3 所示装置的试管口下方。等试管中气体收集满时，把试管倒着从水中取出移近酒精灯点燃，有什么现象发生？说明钠与水起反应生成了什么气体？

向烧杯中滴入几滴酚酞试液，有什么现象发生？解释发生的现象。写出钠与水起反应的化学方程式。

图 3　钠跟水起反应

2. 过氧化钠的性质

用药匙取一小勺过氧化钠，放入一支干燥的试管中，观察过氧化钠的颜色。再向试管中加入约 3mL 水，并用带有火星的木条检验产生的气体，该气体是什么物质？向反应后的溶液中滴入几滴酚酞试液，有什么现象发生？写出反应的化学方程式。

3. 碳酸氢钠的性质

在一个干燥的试管里（可洗净烘干）放入碳酸氢钠粉末，大约占试管体积的 1/6，试管口用带有导管的塞子塞紧，把试管用铁夹固定在铁架台上（铁夹应夹在离试管口约 1/3 处），使试管口略微向下倾斜，导管的一端浸在石灰水里（见图 4）。

加热碳酸氢钠，观察到了什么现象？为什么？写出反应的化学方程式。当产生的气泡已经很少时先提高试管，使导管口露出石灰水面，移去装有石灰水的烧杯，再把酒精灯熄灭。为什么要这样操作？

图 4　碳酸氢钠的受热分解

4. 焰色反应

① 取一根铂丝，用砂纸将其表面擦净，把铂丝末端弯成小圈（直径约 3mm）用下列方法将铂丝清洗干净：在试管或点滴板空穴中加入少量的浓盐酸（纯），将铂丝浸入浓盐酸中，取出后，在酒精灯的火焰上灼烧，如此灼烧数次，直至火焰不带有杂质所显的颜色为止。然后用清洗过的铂丝蘸一些浓碳酸钠溶液或粘一些碳酸钠的粉末（溶液或粉末可预先放在试管或点滴板空穴中），在酒精灯火焰上灼烧，观察火焰的颜色。

② 将铂丝清洗干净，蘸一些浓碳酸钾溶液（或粘一些碳酸钾粉末），在酒精灯火焰上灼

烧，隔着蓝色钴玻璃观察火焰的颜色（钾盐中即使混有微量的钠盐，能遮蔽钾盐所显示的焰色，蓝色钴玻璃能吸收钠的黄色光）。

③ 用清洗干净的铂丝蘸一些碳酸钠、碳酸钾的混合溶液（或混合粉末），放到酒精灯火焰上灼烧，先直接观察火焰的颜色，再隔着蓝色钴玻璃观察火焰的颜色。观察到火焰呈什么颜色？为什么？

④ 用清洗干净的铂丝蘸一些浓氯化锂溶液，在酒精灯火焰上灼烧，观察火焰的颜色。观察到碱金属的几种盐的焰色有何不同？

实验三　同周期、同主族元素性质的递变

一、实验目的
巩固对同周期、同主族元素性质递变规律的认识。

二、实验用品

1. 仪器

烧杯、试管、试管夹、酒精灯、火柴、玻璃片、药匙、砂纸、镊子。

2. 药品

钾、钠、镁条、铝片、氢氧化钠溶液（3mol/L，6mol/L）、1mol/L 氯化镁溶液、1mol/L 氯化铝溶液、酚酞试液、新制的氢硫酸、新制的氯水、溴水、氯化钠（固）、溴化钠（固）、碘化钾（固）。

三、实验步骤

1. 同周期元素性质的递变

① 在一个 100mL 的小烧杯里加入约 50mL 水，然后用镊子取绿豆粒大小的一小块钠，放入烧杯中，盖上玻璃片，观察反应现象。写出反应的化学方程式。

② 在两支试管中各加入约 5mL 水。取一小段镁带，用砂纸擦去它表面的氧化物后，放入一支试管中。再取一小片铝片，浸入氢氧化钠溶液中，以除去其表面的氧化膜，然后取出，用水洗净后放入另一支试管中。观察两支试管中的反应现象。将两支试管在酒精灯上加热，观察发生的现象。写出反应的化学方程式。

③ 向上面烧杯和两支试管中，各滴入 2～3 滴无色酚酞试液，观察所发生的现象。

④ 在两支试管中，分别加入 3mL 1mol/L 氯化镁溶液和 3mL 1mol/L 氯化铝溶液，然后逐滴滴入过量的 6mol/L 氢氧化钠溶液，观察发生的现象。写出反应的化学方程式。

⑤ 在一支试管中加入约 3mL 的氢硫酸，再给其中滴入氯水，观察发生的现象。写出反应的化学方程式。

根据上述实验事实，对同周期元素性质的递变可以得出什么结论？

2. 同主族元素性质的递变

① 取一个 100mL 的小烧杯，向烧杯中加入约 50mL 的水，然后用镊子夹取绿豆粒大小的一块钾，放入水中，立即用玻璃片将烧杯盖住。注意观察反应的剧烈程度，并与实验步骤 1.①中钠与水的反应作比较。写出钾与水起反应的化学方程式。

② 在三支试管中，分别加入少量氯化钠、溴化钠、碘化钾晶体，再分别加入少量蒸馏水，使试管中的物质溶解。然后向三支试管中分别加入 1mL 新制的氯水。注意观察溶液颜色的变化。写出反应的化学方程式。

③ 在三支试管中，分别加入少量氯化钠、溴化钠、碘化钾晶体，再分别加入少量蒸馏水，使它们溶解。然后向三支试管中分别加入 1mL 溴水，观察溶液颜色的变化。写出反应的化学方程式。

根据上述实验事实，对同主族元素性质的递变，可以得出什么结论？

实验四　氮的重要化合物的性质

一、实验目的
① 学习实验室制取氨的方法，认识氨的性质；
② 认识硝酸的特性；
③ 学习检验氨和铵盐的方法；
④ 了解铵盐热分解的性质。

二、实验用品

1. 仪器
铁架台（带铁夹）、酒精灯、火柴、试管、带导管的塞子、水槽、玻璃棒、玻璃片、研钵、药匙、胶头滴管、棉花、试管夹。

2. 药品
氯化铵（固）、硫酸铵（固）、硝酸铵（固）、氢氧化钙（固）、6mol/L 氢氧化钠溶液、浓盐酸、浓硫酸、浓硝酸、3mol/L 硝酸、红色石蕊试纸、蓝色石蕊试纸、酚酞试液、石蕊试液。

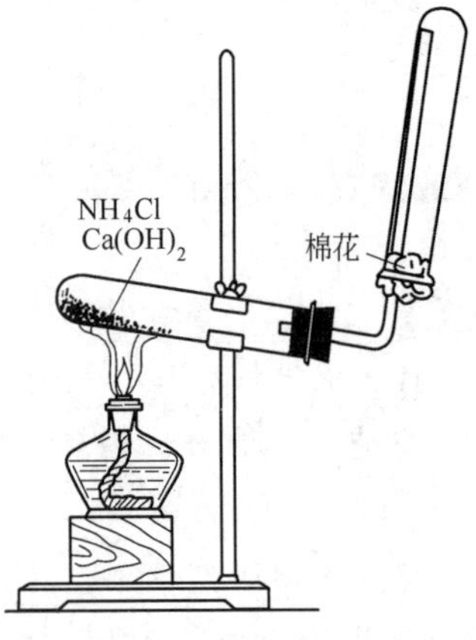

NH₄Cl
Ca(OH)₂　棉花

图 5　氨的制取

三、实验步骤

1. 氨的制取
① 把氯化铵和氢氧化钙各取一药匙，放在研钵里，用玻璃棒充分拌和，有什么气体产生？写出反应的化学方程式。

② 把上面拌和好的混合物放在一支干燥的大试管里，并用带导管的塞子塞住试管口，然后固定在铁架台上，使导管的另一头向上伸入另一个倒置的干燥试管里（见图5）。

③ 用小火加热试管，便有氨产生。

2. 氨的性质
① 用湿润的红色石蕊试纸在收集氨的试管口处检验氨，若红色石蕊试纸变蓝色，证明试管中的氨已经收集满了，这时停止加热。轻轻地取下倒立的试管，并用拇指堵住试管口，注意观察氨的颜色、状态并闻氨的气味。

② 把上述充满氨气的试管的管口向下倒拿着（为什么？）放到水槽的水中（见图6）。放开拇指，观察到什么现象？为什么？

③ 当水进入试管后，用拇指在水面下堵住试管口，从水中把试管拿出来，使试管口向上，振荡试管后，向溶液中滴入几滴酚酞试液，观察发生的现象，并加以解释。

④ 将实验步骤1中制备氨的试管按图7安装好。然后在玻璃片上不同的地方各滴1滴浓硫酸、浓硝酸、浓盐酸。再加热

水

图6　氨在水中的溶解

试管中氯化铵和氢氧化钙的混合物，到有氨放出时，移动玻璃片，使导管口依次对着三滴不同的酸。观察各有什么现象产生？有的酸滴上为什么冒白烟？玻璃片上生成的三种白色物质是什么？写出反应的化学方程式。

3. 铵盐的检验

在三支试管中，分别加入少量氯化铵、硝酸铵和硫酸铵晶体，再用胶头滴管向三支试管中分别滴入少量 6mol/L 氢氧化钠溶液，加热试管。然后将湿润的红色石蕊试纸放在试管口处，观察试纸的颜色有什么变化？写出反应的化学方程式。根据实验说明检验铵盐的方法。

4. 铵盐受热分解

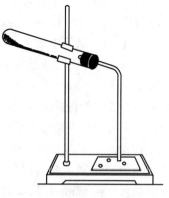

图 7　氨与酸的反应

在试管中加入少量（约 1g）氯化铵晶体，加热，用湿润的石蕊试纸（应该用什么颜色？）在试管口检验逸出的气体。观察试纸颜色的变化。同时观察试管上部内壁温度较低处的霜状物质的生成。

5. 硝酸的性质

（1）浓、稀硝酸对石蕊试液的作用　在两支试管中，分别注入浓硝酸和 3mol/L 稀硝酸各 1～2mL，微热，观察石蕊试液在浓硝酸和稀硝酸中的颜色是否相同？为什么？

（2）浓硝酸与铜的反应　在一支试管中放入一小块铜片，再滴入几滴浓硝酸，观察生成气体的颜色和溶液的颜色。然后向试管中加入 5mL 水，观察溶液的颜色和反应情况的变化。写出有关反应的化学方程式。

（3）稀硝酸与铜的反应　在一支试管中放入一小块铜片，向其中注入稀硝酸到浸没铜片为止。加热试管，观察一氧化氮被氧化成二氧化氮的情况。写出反应的化学方程式。

实验五　硫酸的性质　硫酸及硫酸盐的检验

一、实验目的

① 认识硫酸的特性；

② 学习检验硫酸、硫酸盐的方法。

二、实验用品

1. 仪器

试管、玻璃棒、酒精灯、玻璃片。

2. 药品

浓硫酸、0.1mol/L 硫酸（或硝酸）、0.1mol/L 碳酸钠溶液、0.1mol/L 硫酸钠溶液、0.1mol/L 氯化钡溶液、铜片。

三、实验步骤

1. 浓硫酸的特性

① 浓硫酸的稀释。在一支试管中，注入约 5mL 蒸馏水，然后小心地沿试管壁倒入约 1mL 浓硫酸。轻轻振荡后，再用手触摸试管外壁，有什么感觉？此溶液留作后面实验用。

② 浓硫酸的脱水性。在白纸下面垫上玻璃片，然后用玻璃棒蘸浓硫酸在纸上写字，观察字迹的变化。

③ 在一支试管中加入一小片铜片，把实验①中制得的稀硫酸量取 3mL，倒入试管中，观察有没有反应发生。在酒精灯上加热后，是否发生反应？为什么？

④ 在另一试管中放入一小块铜片，然后给试管中注入 2mL 浓硫酸，在酒精灯上小心加热（注意试管口千万不能对着自己和别人），并用湿润的蓝色石蕊试纸在试管口（注意试纸不要触及管口）检验反应所生成的气体。片刻后停止加热，待试管中的液体冷却后，将其中的溶液沿着试管内壁倒入另外一支盛有 5mL 水的试管中，观察溶液的颜色。解释所发生的现象。写出铜与浓硫酸起反应的化学方程式。

2. 硫酸、硫酸盐的检验

① 在盛有稀硫酸的试管中，滴入少量的 0.1mol/L 氯化钡溶液，产生什么现象？再向试管中加入少量 1mol/L 稀盐酸（或稀硝酸），沉淀是否消失？写出反应的化学方程式。

② 向分别盛有少量 0.1mol/L 硫酸钠溶液和 0.1mol/L 碳酸钠溶液的两支试管中，分别加入少量 0.1mol/L 氯化钡溶液，观察发生的现象。再向两支试管中分别滴入少量 1mol/L 稀盐酸（或稀硝酸），观察发生的现象。解释这些现象并写出反应的化学方程式。

实验六　化学反应速率和化学平衡

一、实验目的
① 巩固浓度、温度和催化剂对化学反应速率影响的知识；
② 巩固浓度和温度对化学平衡影响的知识。

二、实验用品
1. 仪器

试管、烧杯、胶头滴管、橡皮塞、电钟（或秒表）、酒精灯、火柴、温度计、铁架台、药匙。

2. 药品

3%（质量分数）硫代硫酸钠溶液、硫酸（体积比为 1∶20）、3%（质量分数）过氧化氢溶液、0.01mol/L 氯化铁溶液、0.01mol/L 硫氰化钾溶液、氯化铁饱和溶液、两支装有二氧化氮的大试管、二氧化锰、木条。

三、实验步骤
1. 浓度、温度和催化剂对化学反应速率的影响

(1) 浓度对化学反应速率的影响　将三支试管分别编为 1、2、3 号，按下表所规定的数量给 1、2、3 号三个试管中，分别加入 5mL、7mL、10mL 3%（质量分数）硫代硫酸钠溶液和 5mL、3mL、0mL 蒸馏水。摇匀后，把三支试管都放在一张有字的纸前，这时，隔着试管可以清楚地看到字迹。然后再向每支试管中滴入 10 滴硫酸。同时从加入第一滴硫酸时开始记录时间，到溶液出现的浑浊使试管后面的字迹看不见时，停止记时，把记录的时间填入表 1 中。

表 1

试管编号	$Na_2S_2O_3$ 溶液的体积/mL	加水体积/mL	硫酸(1∶5)/滴	出现浑浊所需时间/s
1	5	5	10	
2	7	3	10	
3	10	0	10	

写出反应的化学方程式，根据实验结果可以得出什么结论？

（2）温度对化学反应速率的影响　取三支试管，分别编为 1、2、3 号，向三支试管中分别加入 3%（质量分数）的硫代硫酸钠溶液 5mL。然后在室温条件下，向第 1 支试管中滴加 5 滴硫酸（1:5），从加入第一滴硫酸时开始记录时间，到溶液出现的浑浊使试管后面的字迹看不见时，停止计时，将记录的时间填入表 2 中。再把第 2、3 支试管放在水浴中加热，使两个试管的温度分别比室温高 10℃和 20℃，再分别向这两支试管中滴入 5 滴硫酸，同时从加入第一滴硫酸时开始记录时间，到溶液出现的浑浊使试管后面的字迹看不见时，停止计时，将记录的时间填入表 2 中。

表 2

试管编号	$Na_2S_2O_3$ 溶液的体积/mL	硫酸(1:5)/滴	温度/℃	出现浑浊所需时间/s
1	5	5	室温	
2	5	5	室温＋10	
3	5	5	室温＋20	

根据实验结果，可以得出什么结论？

（3）催化剂对化学反应速率的影响　向一支试管中加入 2mL 3%（质量分数）H_2O_2 溶液，观察是否有气泡产生。然后加入少量二氧化锰粉末，观察是否有气泡产生，并用带火星的木条插入试管检验产生的气体。写出反应的化学方程式，二氧化锰在这个反应中起什么作用？

2. 浓度和温度对化学平衡的影响

（1）浓度对化学平衡的影响　在小烧杯中，加入 0.01mol/L 氯化铁溶液和 0.01mol/L 硫氰化钾溶液各 10mL，混合后得到红色溶液。将此溶液平均地倒入三支试管中。

向第一支试管中加入少量氯化铁饱和溶液，向第二支试管中加入 0.01mol/L 硫氰化钾溶液。将上述的两支试管分别与第三支试管比较，观察溶液颜色的变化。

根据溶液颜色的变化，说明浓度对化学平衡的影响。

（2）温度对化学平衡的影响　取两支带塞的大试管，里面都装有达到平衡的二氧化氮和四氧化氮的混合气体。

$$\underset{\text{红棕色}}{2\,NO_2} \rightleftharpoons \underset{\text{无色}}{N_2O_4}\quad（正反应为放热反应）$$

将一支试管浸在盛有热水的烧杯里，另一支试管浸在盛有冷水的烧杯里，比较两支试管中气体的颜色。说明温度对化学平衡的影响。

实验七　电解质溶液

一、实验目的

① 了解弱电解质的电离平衡及其移动；

② 了解同离子效应及缓冲溶液的性质；

③ 了解盐类的水解反应及其水解平衡的移动；

④ 了解难溶电解质的沉淀-溶解平衡及溶度积规则；

⑤ 学习 pH 试纸的使用方法。

二、实验用品

1. 仪器

试管、试管架、试管夹、玻璃棒、滴管、点滴板（或表面皿）、酒精灯。

2. 药品

0.1mol/L 盐酸、0.1mol/L 乙酸、NaAc（固，0.1mol/L 溶液）、NaCl（固，0.1mol/L 溶液）、Na$_2$CO$_3$（固，0.1mol/L 溶液）、0.1mol/L CaCl$_2$ 溶液、0.1mol/L 氨水、0.1mol/L NaOH 溶液、酚酞试液、pH 试纸、锌粒、(NH$_4$)$_2$SO$_4$ 固体、NH$_4$Ac 固体。

三、实验步骤

1. 强、弱电解质溶液的比较

① 用 pH 试纸测定 0.1mol/L 盐酸，0.1mol/L 乙酸的 pH 值，并与计算值比较。

测定时应将小块 pH 试纸放在干燥洁净的点滴板空穴中（或表面皿上）。用滴管滴 1 滴（或用玻璃棒蘸取少量）待测溶液在试纸上，观察试纸颜色的变化，并跟标准比色卡相比，分别确定两种溶液的 pH。应该注意，不能将试纸投入溶液中测定。

② 用 pH 试纸测定 0.1mol/L NaOH 溶液，0.1mol/L 氨水的 pH，并与计算值比较。方法同①。

③ 取 2 支试管，分别加入 2mL 0.1mol/L 盐酸和 2mL 0.1mol/L 乙酸溶液，再各加入一小颗锌粒并加热试管，观察哪支试管中产生氢气的反应比较剧烈。写出反应的离子方程式。

2. 同离子效应

向两支试管中分别加入 5mL 0.1mol/L 氨水溶液和二滴酚酞试液，摇匀观察溶液的颜色。在其中的一支试管中加入少量乙酸铵固体，振荡使其溶解，对比两支试管中溶液的颜色。

根据以上实验现象指出同离子效应对电离度的影响。

3. 缓冲溶液的性质

① 向试管中加入 10mL 0.1mol/L NaCl 溶液，用 pH 试纸测定的 pH，把溶液分为两份，一份中加入 5 滴 0.1mol/L 盐酸，另一份中加入 5 滴 0.1mol/L NaOH 溶液，再分别用 pH 试纸测定它们的 pH。比较 pH 的变化。

② 向试管中加入 5mL 0.1mol/L 乙酸溶液和 5mL 0.1mol/L NaAc 溶液，用玻璃棒搅匀，配制成 HAc-NaAc 缓冲溶液。然后用 pH 试纸测定该溶液的 pH。将此溶液分为两份，一份中加 5 滴 0.1mol/L NaOH 溶液，另一份中加入 5 滴 0.1mol 盐酸，再用 pH 试纸分别测定它们的 pH。与原来缓冲溶液的 pH 比较，pH 是否发生变化？

比较①、②的实验情况，并总结缓冲溶液的特性。

4. 盐类的水解

① 取三支试管，分别加入少量碳酸钠、硫酸铵、氯化钠三种盐的晶体及约 4mL 水，振荡试管使其溶解。然后分别用 pH 试纸测定它们的 pH。由此可以得出盐类水解的规律是什么？写出反应的离子方程式。

② 取一支试管，加入少量乙酸钠晶体及约 4mL 水，振荡试管使乙酸钠溶解，再滴入 1～2 滴酚酞试液，观察溶液的颜色。再拿一支试管，把溶液分为两份，将其中一支试管在酒精灯上加热，比较两支试管里溶液的颜色。并思考温度对水解有什么影响？

5. 沉淀的生成和溶解（选做）

在试管中加 5～6 滴 0.1mol/L CaCl$_2$ 溶液，然后再加 5～6 滴 0.1mol/L Na$_2$CO$_3$ 溶液，观察沉淀的生成和颜色，在所生成的沉淀中加入 10 滴 0.1mol/L 盐酸，观察有何现象，试用溶度积原理解释之。

思 考 题

1. 有两瓶电解质固体，你怎样通过实验来比较它们的强弱？
2. 同离子效应对弱电解质的电离度有什么影响？
3. 缓冲溶液为什么能抵消外加的少量强酸、强碱的作用，而保持溶液的 pH 基本不变？
4. 水解和电离的区别何在？联系盐类的水解实验说明之。

实验八　铝和氢氧化铝的性质　焰色反应及铁离子的检验

一、实验目的

① 认识铝的主要化学性质和氢氧化铝的两性；
② 学习用焰色反应的方法检验钙、锶、钡等金属离子；
③ 学习 Fe^{2+}、Fe^{3+} 的检验方法。

二、实验用品

1. 仪器

试管、试管架、酒精灯、铂丝或光洁铁丝。

2. 药品

3mol/L 盐酸、4mol/L 硫酸、浓硝酸、2mol/L 氢氧化钠溶液、2mol/L 氢氧化钾溶液、6mol/L 氨水、0.5mol/L 硫酸铝溶液、1mol/L 硫酸亚铁溶液、1mol/L 氯化铁溶液、0.1mol/L 硫氰化钾溶液、0.1mol/L 六氰合铁（Ⅱ）酸钾溶液、0.1mol/L 六氰合铁（Ⅲ）酸钾溶液、浓氯化钙溶液或固体、浓氯化锶溶液和固体、浓氯化钡溶液或固体、铝条。

三、实验步骤

1. 铝和氢氧化铝的性质

（1）铝与酸的反应　在三支试管里各放入大小相近的铝条，然后往三支试管里分别注入 2～3mL 3mol/L 盐酸、4mol/L 硫酸和浓硝酸（所用试管必须干燥）。注意观察哪个试管里发生反应，哪个试管里没有反应发生？写出起反应的化学方程式和离子方程式。

（2）铝与碱的反应　在两支试管里各放入大小相近的铝条，然后分别注入 2～3mL 1mol/L 氢氧化钠溶液和 1mol/L 氢氧化钾溶液，稍加热，观察发生的现象。写出这两个反应的化学方程式和离子方程式。

（3）氢氧化铝的生成　用三支试管各取 3mL 0.5mol/L Al$_2$(SO$_4$)$_3$ 溶液，往这三个试管里分别滴加 2mol/L 氢氧化钠溶液、2mol/L KOH 溶液和 6mol/L 氨水，直到产生大量的沉淀为止。写出有关的化学方程式和离子方程式。

（4）氢氧化铝与酸和碱的反应　取两支盛有 Al(OH)$_3$ 沉淀的试管，分别注入 3mol/L 盐酸和 2mol/L 氢氧化钠溶液（或 2mol/L 氢氧化钾溶液），振荡。观察发生的现象。写出有关的化学方程式和离子方程式。

另取一支盛有 Al(OH)$_3$ 沉淀的试管，往这支试管里注入过量的 1mol/L 氨水，振荡。观察发生的现象。

试比较往 Al(OH)$_3$ 沉淀里加入氢氧化钠溶液和加入氨水有什么不同？为什么？

2. 焰色反应

（1）Ca^{2+} 的检验　取铂丝或光洁无锈的铁丝，用砂纸擦净其表面，将末端弯成小圈，再按下法清洗之：在试管中加入少许浓盐酸（化学纯），将金属丝浸入其中取出后，在酒精灯的火焰中灼烧。如此灼烧数次，直至火焰不带有杂质所呈现的颜色为止。然后再将清洗过的铂丝或铁丝蘸取浓氯化钙溶液或固体粉末，再放到酒精灯上灼烧，观察火焰的颜色。

（2）Sr^{2+} 离子的检验　再次用浓盐酸洗净使用过的铂丝或铁丝，放到火焰里灼烧到无色，然后蘸取浓氯化锶溶液或固体粉末，仍然放在火焰上灼烧，观察火焰的颜色。

（3）Ba^{2+} 的检验　同上述操作一样，用浓盐酸洗净铂丝或铁丝，放在火焰里灼烧到无色，再蘸取浓氯化钡溶液或固体粉末，放在火焰上灼烧，观察火焰的颜色。

比较碱土金属的几种盐的焰色有何不同？

3. 铁离子的检验

（1）Fe^{2+} 离子的检验　在 1 支试管中加入 1mol/L 硫酸亚铁溶液 2mL，然后加入几滴 0.1mol/L 六氰合铁（Ⅲ）酸钾溶液，观察发生的现象，并解释之。

（2）Fe^{3+} 离子的检验

① 在一支试管中加入 1mol/L 氯化铁溶液 2mL，然后加入几滴 0.1mol/L 六氰合铁（Ⅱ）酸钾溶液，观察发生的现象，并加以解释。

② 在另一支试管中加入 1mol/L 氯化铁溶液 2mL，然后加入几滴 0.1mol/L 硫氰化钾溶液，观察发生的现象，写出化学方程式，这也是检验 Fe^{3+} 的一种常用方法。

思 考 题

1. 单质 A 能与稀盐酸或稀氢氧化钠溶液反应放出氢气，在溶解过 A 的稀盐酸中加入足量氨水，或在溶解过 A 的稀氢氧化钠溶液中不断通入 CO_2 都可以得到同样的沉淀 B。问 A、B 各是什么物质？

2. 如何实现 $FeCl_3$ 和 $FeCl_2$ 之间的转化？

附　　录

附录一　国际单位制（SI）基本单位

量 的 名 称	单 位 名 称	单 位 符 号	量 的 名 称	单 位 名 称	单 位 符 号
长度	米	m	热力学温度	开[尔文]	K
质量	千克[公斤]	kg	物质的量	摩[尔]	mol
时间	秒	s	发光强度	坎[德拉]	cd
电流	安[培]	A			

附录二　用于构成十进倍数和分数单位的词头

所表示的因数	词头名称	词头符号	所表示的因数	词头名称	词头符号
10^{18}	艾[可萨]	E	10^{-1}	分	d
10^{15}	拍[它]	P	10^{-2}	厘	c
10^{12}	太[拉]	T	10^{-3}	毫	m
10^{9}	吉[咖]	G	10^{-6}	微	μ
10^{6}	兆	M	10^{-9}	纳[诺]	n
10^{3}	千	k	10^{-12}	皮[可]	p
10^{2}	百	h	10^{-15}	飞[母托]	f
10^{1}	十	da	10^{-18}	阿[托]	a

附录三　国际单位制（SI）中具有专门名称的导出单位

量的名称	单位名称	单位符号	其他表示示例	量的名称	单位名称	单位符号	其他表示示例
频率	赫[兹]	Hz	s^{-1}	磁通量	韦[伯]	Wb	$V \cdot s$
力;重力	牛[顿]	N	$kg \cdot m/s^2$	磁通量密度,磁	特[斯拉]	T	Wb/m^2
压力,压强,应力	帕[斯卡]	Pa	N/m^2	感应强度			
能量;功;热	焦[耳]	J	$N \cdot m$	电感	亨[利]	H	Wb/A
功率;辐射通量	瓦[特]	W	J/s	摄氏温度	摄氏度	℃	
电荷量	库[仑]	C	$A \cdot s$	光通量	流[明]	lm	$cd \cdot sr$
电位;电压;电动势	伏[特]	V	W/A	光照度	勒[克斯]	lx	lm/m^2
电容	法[拉]	F	C/V	放射性活度	贝可[勒尔]	Bq	s^{-1}
电阻	欧[姆]	Ω	V/A	吸收剂量	戈[瑞]	Gy	J/kg
电导	西[门子]	S	A/V	剂量当量	希[沃特]	Sv	J/kg

附录四　强酸、强碱、氨溶液的质量分数与密度（ρ）物质的量浓度（c）的关系

质量分数 /%	H_2SO_4		HNO_3		HCl		KOH		$NaOH$		NH_3 溶液	
	ρ /(g/cm^3)	c /(mol/L)	ρ /(g/cm^3)	c /(mol/L)	ρ /(g/cm^3)	c /(mol/L)	ρ /(g/cm^3)	c /(mol/L)	ρ /(g/cm^3)	c /(mol/L)	ρ /(g/cm^3)	c /(mol/L)
2	1.013		1.011		1.009		1.016		1.023		0.992	
4	1.027		1.022		1.019		1.033		1.046		0.983	
6	1.040		1.033		1.029		1.048		1.069		0.973	
8	1.055		1.044		1.039		1.065		1.092		0.967	
10	1.069	1.1	1.056	1.7	1.049	2.9	1.082	1.9	1.115	2.8	0.960	5.6
12	1.083		1.068		1.059		1.100		1.137		0.953	

质量分数 /%	H₂SO₄		HNO₃		HCl		KOH		NaOH		NH₃ 溶液	
	ρ /(g/cm³)	c /(mol/L)	ρ /(g/cm³)	c /(mol/L)	ρ /(g/cm³)	c /(mol/L)	ρ /(g/cm³)	c /(mol/L)	ρ /(g/cm³)	c /(mol/L)	ρ /(g/cm³)	c /(mol/L)
14	1.098		1.080		1.069		1.118		1.159		0.964	
16	1.112		1.093		1.079		1.137		1.181		0.939	
18	1.127		1.106		1.089		1.156		1.213		0.932	
20	1.143	2.3	1.119	3.6	1.100	6	1.176	4.2	1.225	6.1	0.926	10.9
22	1.158		1.132		1.110		1.196		1.247		0.919	
24	1.178		1.145		1.121		1.217		1.268		0.913	12.9
26	1.190		1.158		1.132		1.240		1.289		0.908	13.9
28	1.205		1.171		1.142		1.263		1.310		0.903	
30	1.224	3.7	1.184	5.6	1.152	9.5	1.268	6.8	1.332	10	0.898	15.8
32	1.238		1.198		1.163		1.310		1.352		0.893	
34	1.255		1.211		1.173		1.334		1.374		0.889	
36	1.273		1.225		1.183	11.7	1.358		1.395		0.884	18.7
38	1.290		1.238		1.194	12.4	1.384		1.416			
40	1.307	5.3	1.251	7.9			1.411	10.1	1.437	14.4		
42	1.324		1.264				1.437		1.458			
44	1.342		1.277				1.460		1.478			
46	1.361		1.290				1.485		1.499			
48	1.380		1.303				1.511		1.519			
50	1.399	7.1	1.316	10.4			1.533	13.7	1.540	19.3		
52	1.419		1.328				1.564		1.560			
54	1.439		1.340				1.590		1.580			
56	1.460		1.351				1.616	16.1	1.601			
58	1.482		1.362						1.622			
60	1.503	9.2	1.373	13.3					1.643	24.6		
62	1.525		1.384									
64	1.547		1.394									
66	1.571		1.403	14.6								
68	1.594		1.412	15.2								
70	1.617	11.6	1.421	15.8								
72	1.640		1.429									
74	1.664		1.437									
76	1.687		1.445									
78	1.710		1.453									
80	1.732		1.460	18.5								
82	1.755		1.467									
84	1.776		1.474									
86	1.793		1.480									
88	1.808		1.486									
90	1.819	16.7	1.491	23.1								
92	1.830		1.496									
94	1.837		1.500									
96	1.840		1.504									
98	1.841	18.4	1.510									
100	1.838		1.522	24								

附录五　碱、酸和盐的溶解性表（25℃）

阳离子＼阴离子	OH^-	NO_3^-	Cl^-	SO_4^{2-}	S^{2-}	SO_3^{2-}	CO_3^{2-}	SiO_3^{2-}	PO_4^{3-}
H^+		溶、挥	溶、挥	溶	溶、挥	溶、挥	溶、挥	微	溶
NH_4^+	溶、挥	溶	溶	溶	溶	溶	溶	溶	溶
K^+	溶	溶	溶	溶	溶	溶	溶	溶	溶
Na^+	溶	溶	溶	溶	溶	溶	溶	溶	溶
Ba^{2+}	溶	溶	溶	不	溶	不	不	不	不
Ca^{2+}	微	溶	溶	微	—	不	不	不	不
Mg^{2+}	不	溶	溶	溶	—	微	微	不	不
Al^{3+}	不	溶	溶	溶	—	—	—	不	不
Mn^{2+}	不	溶	溶	溶	不	不	不	不	不
Zn^{2+}	不	溶	溶	溶	不	不	不	不	不
Cr^{2+}	不	溶	溶	溶	—	—	—	不	不
Fe^{2+}	不	溶	溶	溶	不	不	不	不	不
Fe^{3+}	不	溶	溶	溶	—	—	—	不	不
Sn^{2+}	不	溶	溶	溶	不	—	—	—	不
Pb^{2+}	不	溶	微	不	不	不	不	不	不
Bi^{3+}	不	溶	—	溶	不	—	—	—	不
Cu^{3+}	不	溶	溶	溶	不	不	不	—	不
Hg^+	—	溶	不	微	不	不	不	—	不
Hg^{2+}	—	溶	溶	溶	不	不	不	—	不
Ag^+	—	溶	不	微	不	不	不	不	不

说明："溶"表示那种物质可溶于水，"不"表示不溶于水，"微"表示微溶于水，"挥"表示挥发性，"—"表示那种物质不存在或遇到水就分解了。

附录六　常见难溶强电解质的溶度积常数

化合物	溶度积 K_{sp}	化合物	溶度积 K_{sp}	化合物	溶度积 K_{sp}	化合物	溶度积 K_{sp}
AgCl	1.56×10^{-10}	$Fe(OH)_3$	1.1×10^{-36}	CaF_2	3.95×10^{-11}	$Mn(OH)_2$	4×10^{-14}
AgBr	7.7×10^{-13}	FeS	3.7×10^{-19}	$CaSO_4$	1.96×10^{-4}	MnS	1.4×10^{-15}
AgI	1.5×10^{-16}	Hg_2Cl_2	2×10^{18}	CdS	3.6×10^{-29}	$PbCO_3$	3.3×10^{-14}
Ag_2CrO_4	9.0×10^{-12}	Hg_2Br_2	1.3×10^{-21}	CuS	8.5×10^{-45}	$PbCrO_4$	1.77×10^{-14}
$BaCO_3$	8.1×10^{-9}	Hg_2I_2	1.2×10^{-28}	Cu_2S	2×10^{-47}	PbI_2	1.39×10^{-8}
$BaCrO_4$	1.6×10^{-10}	HgS	$4\times10^{-53}\sim2\times10^{-49}$	CuCl	1.02×10^{-6}	$PbSO_4$	1.06×10^{-8}
$BaSO_4$	1.08×10^{-10}	Li_2CO_3	1.7×10^{-3}	CuBr	4.15×10^{-8}	PbS	3.4×10^{-28}
$CaCO_3$	8.7×10^{-9}	$MgCO_3$	2.6×10^{-5}	CuI	5.06×10^{-12}	$Zn(OH)_2$	1.8×10^{-14}
CaC_2O_4	2.57×10^{-9}	$Mg(OH)_2$	1.2×10^{-11}	$Fe(OH)_2$	1.64×10^{-14}	ZnS	1.2×10^{-23}

附录七　标准电极电位（25℃）

电极反应 氧化态	还原态	E/V	电极反应 氧化态	还原态	E/V
Li^++e^-	$\Longrightarrow Li$	-3.045	$Ca^{2+}+2e^-$	$\Longrightarrow Ca$	-2.87
K^++e^-	$\Longrightarrow K$	-2.925	Na^++e^-	$\Longrightarrow Na$	-2.714
Rb^++e^-	$\Longrightarrow Rb$	-2.925	$La^{3+}+3e^-$	$\Longrightarrow La$	-2.52
Cs^++e^-	$\Longrightarrow Cs$	-2.923	$Mg^{2+}+2e^-$	$\Longrightarrow Mg$	-2.37
$Ra^{2+}+2e^-$	$\Longrightarrow Ra$	-2.92	$Sc^{3+}+3e^-$	$\Longrightarrow Sc$	-2.08
$Ba^{2+}+2e^-$	$\Longrightarrow Ba$	-2.90	$[AlF_6]^{3-}+3e^-$	$\Longrightarrow Al+3F^-$	-2.07
$Sr^{2+}+2e^-$	$\Longrightarrow Sr$	-2.89	$Be^{2+}+2e^-$	$\Longrightarrow Be$	-1.85

电 极 反 应		E/V	电 极 反 应		E/V
氧 化 态	还 原 态		氧 化 态	还 原 态	
$Al^{3+}+3e^-$	$\rightleftharpoons Al$	-1.66	$Pb^{2+}+2e^-$	$\rightleftharpoons Pb$	-0.126
$Ti^{2+}+2e^-$	$\rightleftharpoons Ti$	-1.63	$*2Cu(NH_3)_2^++e^-$	$\rightleftharpoons Cu+2NH_3$	-0.12
$Zr^{4+}+4e^-$	$\rightleftharpoons Zr$	-1.53	$*CrO_4^{2-}+2H_2O+3e^-$	$\rightleftharpoons CrO_2^-+4OH^-$	-0.12
$[TiF_6]^{2-}+4e^-$	$\rightleftharpoons Ti+6F^-$	-1.24	$WO_3(晶)+6H^++6e^-$	$\rightleftharpoons W+3H_2O$	-0.09
$[SiF_6]^{2-}+4e^-$	$\rightleftharpoons Si+6F^-$	-1.2	$*2Cu(OH)_2+2e^-$	$\rightleftharpoons Cu_2O+2OH^-+H_2O$	-0.08
$Mn^{2+}+2e^-$	$\rightleftharpoons Mn$	-1.18	$*MnO_2+2H_2O+2e^-$	$\rightleftharpoons Mn(OH)_2+2OH^-$	-0.05
$*SO_4^{2-}+H_2O+2e^-$	$\rightleftharpoons SO_3^{2-}+2OH^-$	-0.93	$[HgI_4]^{2-}+2e^-$	$\rightleftharpoons Hg+4I^-$	-0.04
$TiO^{2+}+2H^++4e^-$	$\rightleftharpoons Ti+H_2O$	-0.89	$*AgCN+e^-$	$\rightleftharpoons Ag+CN^-$	-0.017
$*Fe(OH)_2+2e^-$	$\rightleftharpoons Fe+2OH^-$	-0.877	$2H^++2e^-$	$\rightleftharpoons H_2$	0.00
$H_3BO_3+3H^++3e^-$	$\rightleftharpoons B+3H_2O$	-0.87	$[Ag(S_2O_3)_2]^{3-}+e^-$	$\rightleftharpoons Ag+2S_2O_3^{2-}$	0.01
$SiO(固)+4H^++4e^-$	$\rightleftharpoons Si+2H_2O$	-0.86	$*NO_3^-+H_2O+2e^-$	$\rightleftharpoons NO_2^-+2OH^-$	0.01
$Zn^{2+}+2e^-$	$\rightleftharpoons Zn$	-0.763	$AgBr(固)+e^-$	$\rightleftharpoons Ag+Br^-$	0.071
$*FeCO_3+2e^-$	$\rightleftharpoons Fe+CO_3^{2-}$	-0.756	$S_4O_6^{2-}+2e^-$	$\rightleftharpoons 2S_2O_3^{2-}$	0.08
$Cr^{3+}+3e^-$	$\rightleftharpoons Cr$	-0.74	$*[Co(NH_3)_6]^{3+}+e^-$	$\rightleftharpoons [Co(NH_3)_6]^{2+}$	0.1
$As+3H^++3e^-$	$\rightleftharpoons AsH_3$	-0.60	$TiO^{2+}+2H^++e^-$	$\rightleftharpoons Ti^{3+}+H_2O$	0.10
$*2SO_3^{2-}+3H_2O+4e^-$	$\rightleftharpoons S_2O_3^{2-}+6OH^-$	-0.58	$S+2H^++2e^-$	$\rightleftharpoons H_2S(气)$	0.141
$*Fe(OH)_3+e^-$	$\rightleftharpoons Fe(OH)_2+OH^-$	-0.56	$Cu^{2+}+e^-$	$\rightleftharpoons Cu^+$	0.159
$Ga^{3+}+3e^-$	$\rightleftharpoons Ga$	-0.56	$Sn^{4+}+2e^-$	$\rightleftharpoons Sn^{2+}$	0.154
$Sb+3H^++e^-$	$\rightleftharpoons SbH_3(气)$	-0.51	$SO_4^{2-}+4H^++2e^-$	$\rightleftharpoons H_2SO_3+H_2O$	0.17
$H_3PO_2+H^++e^-$	$\rightleftharpoons P+2H_2O$	-0.51	$[HgBr_4]^{2-}+2e^-$	$\rightleftharpoons Hg+4Br^-$	0.21
$H_3PO_3+2H^++2e^-$	$\rightleftharpoons H_3PO_2+H_2O$	-0.50	$AgCl(固)+e^-$	$\rightleftharpoons Ag+Cl^-$	0.2223
$2CO_2+2H^++2e^-$	$\rightleftharpoons H_2C_2O_4$	-0.49	$HAsO_2+3H^++3e^-$	$\rightleftharpoons As+2H_2O$	0.248
$*S+2e^-$	$\rightleftharpoons S^{2-}$	-0.48	$Hg_2Cl_2(固)+2e^-$	$\rightleftharpoons 2Hg+2Cl^-$	0.268
$Fe^{2+}+2e^-$	$\rightleftharpoons Fe$	-0.44	$*PbO_2+H_2O+2e^-$	$\rightleftharpoons PbO+2OH^-$	0.28
$Cr^{3+}+e^-$	$\rightleftharpoons Cr^{2+}$	-0.41	$BiO^++2H^++3e^-$	$\rightleftharpoons Bi+H_2O$	0.32
Cd^2+2e^-	$\rightleftharpoons Cd$	-0.403	$Cu^{2+}+2e^-$	$\rightleftharpoons Cu$	0.337
$Se+2H^++2e^-$	$\rightleftharpoons H_2Se$	-0.40	$*Ag_2O+H_2O+2e^-$	$\rightleftharpoons 2Ag+2OH^-$	0.342
$Ti^{3+}+e^-$	$\rightleftharpoons Ti^{2+}$	-0.37	$[Fe(CN)_6]^{3-}+e^-$	$\rightleftharpoons [Fe(CN)_6]^{4-}$	0.36
PbI_2+2e^-	$\rightleftharpoons Pb+2I^-$	-0.365	$*ClO_4^-+H_2O+2e^-$	$\rightleftharpoons ClO_3^-+2OH^-$	0.36
$*Cu_2O+H_2O+2e^-$	$\rightleftharpoons 2Cu+2OH^-$	-0.361	$*[Ag(NH_3)_2]^++e^-$	$\rightleftharpoons Ag+2NH_3$	0.373
$PbSO_4+2e^-$	$\rightleftharpoons Pb+SO_4^{2-}$	-0.3553	$2H_2SO_3+2H^++4e^-$	$\rightleftharpoons S_2O_3^{2-}+3H_2O$	0.40
$In^{3+}+3e^-$	$\rightleftharpoons In$	-0.342	$*O_2+2H_2O+4e^-$	$\rightleftharpoons 4OH^-$	0.410
Tl^++e^-	$\rightleftharpoons Tl$	-0.336	$Ag_2CrO_4+2e^-$	$\rightleftharpoons 2Ag+CrO_4^{2-}$	0.447
$*Ag(CN)_2^-+e^-$	$\rightleftharpoons Ag+2CN^-$	-0.31	$H_2SO_3+4H^++4e^-$	$\rightleftharpoons S+3H_2O$	0.45
$PtS+2H^++2e^-$	$\rightleftharpoons Pt+H_2S$	-0.30	Cu^++e^-	$\rightleftharpoons Cu$	0.52
$PbBr_2+2e^-$	$\rightleftharpoons Pb+2Br^-$	-0.280	$TeO_2(固)+4H^++4e^-$	$\rightleftharpoons Te+2H_2O$	0.529
$Co^{2+}+2e^-$	$\rightleftharpoons Co$	-0.277	$I_2(固)+2e^-$	$\rightleftharpoons 2I^-$	0.5345
$H_3PO_4+2H^++2e^-$	$\rightleftharpoons H_3PO_3+H_2O$	-0.276	$MnO_4^-+e^-$	$\rightleftharpoons MnO_4^{2-}$	0.564
$PbCl_2+2e^-$	$\rightleftharpoons Pb+2Cl^-$	-0.268	$H_3AsO_4+2H^++2e^-$	$\rightleftharpoons H_3AsO_3+H_2O$	0.581
$V^{3+}+e^-$	$\rightleftharpoons V^{2+}$	-0.255	$MnO_4^-+2H_2O+3e^-$	$\rightleftharpoons MnO_2+4OH^-$	0.588
$VO_2^++4H^++5e^-$	$\rightleftharpoons V+2H_2O$	-0.253	$*MnO_4^{2-}+2H_2O+2e^-$	$\rightleftharpoons MnO_2+4OH^-$	0.60
$[SnF_6]^{2-}+4e^-$	$\rightleftharpoons Sn+6F^-$	-0.25	$*BrO_3^-+3H_2O+6e^-$	$\rightleftharpoons Br^-+6OH^-$	0.61
$Ni^{2+}+2e^-$	$\rightleftharpoons Ni$	-0.246	$2HgCl_2+2e^-$	$\rightleftharpoons Hg_2Cl_2(固)+2Cl^-$	0.63
$N_2+5H^++4e^-$	$\rightleftharpoons N_2H_5^+$	-0.23	$*ClO_2^-+H_2O+2e^-$	$\rightleftharpoons ClO^-+2OH^-$	0.66
$Mo^{3+}+3e^-$	$\rightleftharpoons Mo$	-0.20	$O_2(气)+2H^++2e^-$	$\rightleftharpoons H_2O_2$	0.682
$CuI+e^-$	$\rightleftharpoons Cu+I^-$	-0.185	$[PtCl_4]^{2-}+2e^-$	$\rightleftharpoons Pt+4Cl^-$	0.73
$AgI+e^-$	$\rightleftharpoons Ag+I^-$	-0.152	$Fe^{3+}+e$	$\rightleftharpoons Fe^{2+}$	0.771
$Sn^{2+}+2e^-$	$\rightleftharpoons Sn$	-0.136	$Hg_2^{2+}+2e^-$	$\rightleftharpoons 2Hg$	0.793

电 极 反 应		E/V	电 极 反 应		E/V
氧 化 态	还 原 态		氧 化 态	还 原 态	
$Ag^+ + e^-$	$\Longrightarrow Ag$	0.799	$Cl_2 + 2e$	$\Longrightarrow 2Cl^-$	1.36
$NO_3^- + 2H^+ + e^-$	$\Longrightarrow NO_2 + H_2O$	0.80	$2HIO + 2H^+ + 2e^-$	$\Longrightarrow I_2 + 2H_2O$	1.45
$* HO_2^- + H_2O + 2e^-$	$\Longrightarrow 3OH^-$	0.88	$PbO_2 + 4H^+ + 2e^-$	$\Longrightarrow Pb^{2+} + 2H_2O$	1.455
$* ClO^- + H_2O + 2e^-$	$\Longrightarrow Cl^- + 2OH^-$	0.89	$Au^{3+} + 3e^-$	$\Longrightarrow Au$	1.50
$2Hg^{2+} + 2e^-$	$\Longrightarrow Hg_2^{2+}$	0.920	$Mn^{3+} + e^-$	$\Longrightarrow Mn^{2+}$	1.51
$NO_3^- + 3H^+ + 2e^-$	$\Longrightarrow HNO_2 + H_2O$	0.94	$MnO_4^- + 8H^+ + 5e^-$	$\Longrightarrow Mn^{2+} + 4H_2O$	1.51
$NO_3^- + 4H^+ + 3e^-$	$\Longrightarrow NO + 2H_2O$	0.96	$2BrO_3^- + 12H^+ + 10e^-$	$\Longrightarrow Br_2 + 6H_2O$	1.52
$HNO_2 + H^+ + e^-$	$\longrightarrow NO + H_2O$	1.00	$2HBrO + 2H^+ + 2e$	$\Longrightarrow Br_2 + 2H_2O$	1.59
$NO_2 + 2H^+ + 2e^-$	$\Longrightarrow NO + H_2O$	1.03	$H_5IO_6 + H^+ + 2e^-$	$\Longrightarrow IO_3^- + 3H_2O$	1.60
$Br_2(液) + 2e^-$	$\Longrightarrow 2Br^-$	1.065	$2HClO + 2H^+ + 2e^-$	$\Longrightarrow Cl_2 + 2H_2O$	1.63
$NO_2 + H^+ + e^-$	$\Longrightarrow HNO_2$	1.07	$HClO_2 + 2H^+ + 2e^-$	$\Longrightarrow HClO + H_2O$	1.64
$Cu^{2+} + 2CN^- + e^-$	$\Longrightarrow Cu(CN)_2^-$	1.12	$Au^+ + e^-$	$\Longrightarrow Au$	1.68
$* ClO_2 + e^-$	$\Longrightarrow ClO_2^-$	1.16	$NiO_2 + 4H^+ + 2e^-$	$\Longrightarrow Ni^{2+} + 2H_2O$	1.68
$ClO_4^- + 2H^+ + 2e^-$	$\Longrightarrow ClO_3^- + H_2O$	1.19	$MnO_4^- + 4H^+ + 3e^-$	$\Longrightarrow MnO_2(固) + 2H_2O$	1.695
$2IO_3^- + 12H^+ + 10e^-$	$\Longrightarrow I_2 + 6H_2O$	1.20	$H_2O_2 + 2H^+ + 2e^-$	$\Longrightarrow 2H_2O$	1.77
$ClO_3^- + 3H^+ + 2e^-$	$\Longrightarrow HClO_2 + H_2O$	1.21	$Co^{3+} + e^-$	$\Longrightarrow Co^{2+}$	1.84
$O_2 + 4H^+ + 4e^-$	$\Longrightarrow 2H_2O$	1.229	$Ag^{2+} + e^-$	$\Longrightarrow Ag^+$	1.98
$MnO_2 + 4H^+ + 2e^-$	$\Longrightarrow Mn^{2+} + 2H_2O$	1.23	$S_2O_8^{2-} + 2e^-$	$\Longrightarrow 2SO_4^{2-}$	2.01
$* O_3 + H_2O + 2e^-$	$\Longrightarrow O_2 + 2OH^-$	1.24	$O_3 + 2H^+ + 2e^-$	$\Longrightarrow O_2 + H_2O$	2.07
$ClO_2 + H^+ + e^-$	$\Longrightarrow HClO_2$	1.275	$F_2 + 2e^-$	$\Longrightarrow 2F^-$	2.87
$2HNO_2 + 4H^+ + 4e^-$	$\Longrightarrow N_2O + 3H_2O$	1.29	$F_2 + 2H^+ + 2e^-$	$\Longrightarrow 2HF$	3.06
$Cr_2O_7^{2-} + 14H^+ + 6e^-$	$\Longrightarrow 2Cr^{3+} + 7H_2O$	1.33			

注：表中凡前面有 * 符号的电极反应是在碱性溶液中进行，其余都在酸性溶液中进行。

附录八　配合物的稳定常数

配 合 物	温度/K	$K_稳$	配 合 物	温度/K	$K_稳$
$[Co(NH_3)_6]^{2+}$	303	2.45×10^4	$[Fe(NCS)_6]^{3-}$	291	1.48×10^3
$[Co(NH_3)_6]^{3+}$	303	2.29×10^{34}	$[Fe(NCS)]^{2+}$	298	1.07×10^3
$[Ni(NH_3)_6]^{2+}$	303	1.02×10^8	$[Co(NCS)_4]^{2-}$	293	1.82×10^2
$[Cu(NH_3)_2]^+$	291	7.24×10^{10}	$[Ni(NCS)_3]^-$	293	6.46×10^2
$[Cu(NH_3)_4]^{2+}$	303	1.07×10^{12}	$[Cu(SCN)_2]^-$	291	1.29×10^{12}
$[Ag(NH_3)_2]^+$	298	1.70×10^7	$[Cu(NCS)_4]^{2-}$	291	3.31×10^6
$[Zn(NH_3)_4]^{2+}$	303	5.01×10^8	$[Ag(SCN)_2]^-$	298	2.40×10^3
$[Cd(NH_3)_6]^{2+}$	303	1.38×10^5	$[Zn(NCS)_4]^{2-}$	303	2.0×10^1
$[Hg(NH_3)_4]^{2+}$	295	2.00×10^{19}	$[Cd(SCN)_4]^{2-}$	298	9.55×10^1
$[Fe(CN)_6]^{4-}$	298	1.00×10^{24}	$[Hg(SCN)_4]^{2-}$	—	1.32×10^{21}
$[Fe(CN)_6]^{3-}$	298	1.00×10^{31}	$[Pb(NCS)_4]^{2-}$	298	7.08
$[Co(CN)_6]^{4-}$	—	1.23×10^{19}	$[Bi(NCS)_6]^{3-}$	298	1.70×10^4
$[Co(CN)_6]^{3-}$	275	1.00×10^{64}	$[ScF_4]^-$	298	6.46×10^{20}
$[Ni(CN)_4]^{2-}$	298	1.00×10^{22}	$[ZrF_6]^{2-}$	298	9.77×10^{35}
$[Cu(CN)_2]^-$	298	1.00×10^{24}	$[TiOF]^-$	—	2.75×10^6
$[Ag(CN)_2]^-$	298	6.31×10^{21}	$[VOF]^-$	298	1.41×10^3
$[Au(CN)_2]^-$	298	2.00×10^{38}	$[CrF_3]$	298	1.51×10^{10}
$[Zn(CN)_2]^{2-}$	294	7.94×10^{16}	$[FeF_3]$	298	7.24×10^{11}
$[Cd(CN)_4]^{2-}$	298	6.03×10^{18}	$[FeF_6]^{3-}$	298	2.04×10^{14}
$[Hg(CN)_4]^{2-}$	298	9.33×10^{38}	$[AlF_6]^{3-}$	298	6.92×10^{19}
$[Ti(CN)_4]^-$	298	1.00×10^{35}	$[CrCl]^{2+}$	298	3.98
$[Cr(NCS)_6]^{3-}$	323	6.31×10^3	$[ZrCl]^{3+}$	298	2.00

配 合 物	温度/K	$K_稳$	配 合 物	温度/K	$K_稳$
$[FeCl]^+$	293	2.29	$[VO_2Y]^{3-}$	—	18
$[FeCl]^{2+}$	298	3.02×10^1	$[ScY]^-$	293	1.26×10^{23}
$[PdCl_4]^{2-}$	298	5.01×10^{15}	$[BiY]^-$	293	8.71×10^{27}
$[CuCl_2]^-$	298	5.37×10^4	$[AlY]^-$	293	1.35×10^{16}
$[CuCl]^+$	298	2.51	$[GaY]^-$	293	1.86×10^{20}
$[AgCl_2]^-$	298	1.10×10^5	$[Ag(En)_2]^+$	298	2.51×10^7
$[ZnCl_4]^{2-}$	室温	0.1	$[Cd(En)_2]^{2+}$	303	1.05×10^{10}
$[CdCl_4]^{2-}$	298	4.74×10^1	$[Co(En)_3]^{2+}$	303	6.61×10^{13}
$[HgCl_4]^{2-}$	298	1.17×10^{15}	$[Cu(En)_2]^{2+}$	303	3.98×10^{19}
$[SnCl_4]^{2-}$	298	3.02×10^1	$[Cu(En)_2]^+$	298	6.31×10^{10}
$[PbCl_4]^{2-}$	298	2.40×10^1	$[Fe(En)_3]^{2+}$	303	3.31×10^9
$[BiCl_6]^{3-}$	293	3.63×10^7	$[Hg(En)_2]^{2+}$	298	1.51×10^{23}
$[FeBi]^{2+}$	298	3.98	$[Mn(En)_3]^{2+}$	303	4.57×10^5
$[CuBr_2]^-$	298	8.32×10^5	$[Ni(En)_2]^{2+}$	303	4.07×10^{18}
$[CuBr]^+$	298	0.93	$[ZnEn]^{2+}$	303	2.34×10^{10}
$[ZnBr]^+$	298	0.25	$[NaY]^{3-}$	293	4.57×10^1
$[AgBr_2]^-$	298	2.19×10^7	$[LiY]^{3-}$	293	6.17×10^2
$[CdBr_4]^{2-}$	298	3.16×10^3	$[AgY]^{3-}$	293	2.09×10^7
$[HgBr_4]^{2-}$	298	10^{21}	$[MgY]^{2-}$	293	4.90×10^8
$[AgI_2]^-$	291	5.50×10^{11}	$[CaY]^{2-}$	293	1.26×10^{11}
$[CuI_2]^-$	298	7.08×10^8	$[SrY]^{2-}$	293	4.27×10^3
$[CdI_4]^{2-}$	298	1.26×10^6	$[BaY]^{2-}$	293	5.75×10^7
$[HgI_4]^{2-}$	298	6.76×10^{29}	$[MnY]^{2-}$	293	1.10×10^{14}
$[Ag(S_2O_3)_2]^{3-}$	298	2.88×10^{13}	$[FeY]^{2-}$	293	2.14×10^{14}
$[Cu(S_2O_3)_2]^{3-}$	298	1.86×10^{11}	$[FeY]^-$	293	1.24×10^{25}
$[Cd(S_2O_3)_3]^{4-}$	298	5.89×10^6	$[CoY]^{2-}$	293	2.04×10^{16}
$[Cd(S_2O_3)_2]^{2-}$	298	5.50×10^4	$[CoY]^-$	—	36
$[Hg(S_2O_3)_4]^{6-}$	298	1.74×10^{33}	$[NiY]^{2-}$	293	4.17×10^{18}
$[Hg(S_2O_3)_2]^{2-}$	298	2.75×10^{29}	$[PdY]^{2-}$	298	3.16×10^{18}
$[Ag(CSN_2H_4)_2]^+$	室温	2.51×10	$[CuY]^{2-}$	293	6.31×10^{18}
$[Cu(CSN_2H_4)_2]^+$	298	2.45×10^{15}	$[ZnY]^{2-}$	293	3.16×10^{16}
$[Cd(CSN_2H_4)_2]^{2+}$	298	3.55×10^3	$[CdY]^{2-}$	293	2.88×10^{16}
$[Hg(CSN_2H_4)_2]^{2+}$	298	2.00×10^{26}	$[HgY]^{2-}$	293	6.31×10^{21}
$[Fe(P_2O_7)]^{6-}$	—	3.55×10^5	$[PbY]^{2-}$	293	1.10×10^{18}
$[Ni(P_2O_7)_2]^{6-}$	298	1.55×10^7	$[SnY]^{2-}$	293	1.29×10^{22}
$[Cu(P_2O_7)_2]^{6-}$	298	7.76×10^{10}	$[VO_2Y]^{2-}$	293	5.89×10^{18}
$[Zn(P_2O_7)_2]^{6-}$	291	1.74×10^7	$[TiOY]^{2-}$	—	2.00×10^{17}
$[Cd(P_2O_7)_2]^{6-}$	—	1.51×10^4	$[ZrOY]^{2-}$	293	3.16×10^{29}
$[Cu(OH)_4]^{2-}$	—	1.32×10^{16}	$[LaY]^-$	293	3.16×10^{15}
$[Zn(OH)_4]^{2-}$	298	2.75×10^{15}	$[TlY]^-$	293	3.16×10^{22}
$[Al(OH)_4]^-$	298	6.03×10^2			

注：表中数据是根据大连工学院无机化学教研室编写的《无机化学》附录 4 中的数据换算而来的。

内 容 提 要

本书共十章,主要内容包括物质的量及其应用,气体定律,卤素,碱金属,物质结构、元素周期律,几种非金属及其化合物,化学反应速率和化学平衡,电解质溶液,氧化还原反应和电化学,几种金属及其化合物。该书配有《无机化学练习册》。

本书既可用做化工技工学校化工工艺、化工分析等专业的统编教材,也可作为其他技工学校相关专业的教学用书及职工自学和工人培训用书。

元素 周期 表

IUPAC 2013

氧化态(单质的氧化态为0,
未列入；常见的为红色)
以 $^{12}C=12$ 为基准的原子量
(注 + 的是半衰期最长同位
素的原子量)

s区元素	p区元素
d区元素	ds区元素
f区元素	稀有气体

原子序数(红色的为放射性元素)
元素符号(注 ▲ 的为人造元素)
元素名称(注 ▲ 的为人造元素)
价层电子构型

95 Am 镅 ▲ $5f^77s^2$ 243.06138(2)+ 氧化态 +2 +3 +4 +5 +6

族 / **周期**

| 族 | 1 IA | 2 IIA | 3 IIIB | 4 IVB | 5 VB | 6 VIB | 7 VIIB | 8 | 9 VIIIB(VIII) | 10 | 11 IB | 12 IIB | 13 IIIA | 14 IVA | 15 VA | 16 VIA | 17 VIIA | 18 VIIIA(0) | 电子层 |

周期 1
1 H 氢 $1s^1$ 1.008
2 He 氦 $1s^2$ 4.002602(2) — K

周期 2
3 Li 锂 $2s^1$ 6.94
4 Be 铍 $2s^2$ 9.0121831(5)
5 B 硼 $2s^22p^1$ 10.81
6 C 碳 $2s^22p^2$ 12.011
7 N 氮 $2s^22p^3$ 14.007
8 O 氧 $2s^22p^4$ 15.999
9 F 氟 $2s^22p^5$ 18.998403163(6)
10 Ne 氖 $2s^22p^6$ 20.1797(6) — L K

周期 3
11 Na 钠 $3s^1$ 22.98976928(2)
12 Mg 镁 $3s^2$ 24.305
13 Al 铝 $3s^23p^1$ 26.9815385(7)
14 Si 硅 $3s^23p^2$ 28.085
15 P 磷 $3s^23p^3$ 30.973761998(5)
16 S 硫 $3s^23p^4$ 32.06
17 Cl 氯 $3s^23p^5$ 35.45
18 Ar 氩 $3s^23p^6$ 39.948(1) — M L K

周期 4
19 K 钾 $4s^1$ 39.0983(1)
20 Ca 钙 $4s^2$ 40.078(4)
21 Sc 钪 $3d^14s^2$ 44.955908(5)
22 Ti 钛 $3d^24s^2$ 47.867(1)
23 V 钒 $3d^34s^2$ 50.9415(1)
24 Cr 铬 $3d^54s^1$ 51.9961(6)
25 Mn 锰 $3d^54s^2$ 54.938044(3)
26 Fe 铁 $3d^64s^2$ 55.845(2)
27 Co 钴 $3d^74s^2$ 58.933194(4)
28 Ni 镍 $3d^84s^2$ 58.6934(4)
29 Cu 铜 $3d^{10}4s^1$ 63.546(3)
30 Zn 锌 $3d^{10}4s^2$ 65.38(2)
31 Ga 镓 $4s^24p^1$ 69.723(1)
32 Ge 锗 $4s^24p^2$ 72.630(8)
33 As 砷 $4s^24p^3$ 74.921595(6)
34 Se 硒 $4s^24p^4$ 78.971(8)
35 Br 溴 $4s^24p^5$ 79.904
36 Kr 氪 $4s^24p^6$ 83.798(2) — N M L K

周期 5
37 Rb 铷 $5s^1$ 85.4678(3)
38 Sr 锶 $5s^2$ 87.62(1)
39 Y 钇 $4d^15s^2$ 88.90584(2)
40 Zr 锆 $4d^25s^2$ 91.224(2)
41 Nb 铌 $4d^45s^1$ 92.90637(2)
42 Mo 钼 $4d^55s^1$ 95.95(1)
43 Tc 锝 ▲ $4d^55s^2$ 97.90721(3)+
44 Ru 钌 $4d^75s^1$ 101.07(2)
45 Rh 铑 $4d^85s^1$ 102.90550(2)
46 Pd 钯 $4d^{10}$ 106.42(1)
47 Ag 银 $4d^{10}5s^1$ 107.8682(2)
48 Cd 镉 $4d^{10}5s^2$ 112.414(4)
49 In 铟 $5s^25p^1$ 114.818(1)
50 Sn 锡 $5s^25p^2$ 118.710(7)
51 Sb 锑 $5s^25p^3$ 121.760(1)
52 Te 碲 $5s^25p^4$ 127.60(3)
53 I 碘 $5s^25p^5$ 126.90447(3)
54 Xe 氙 $5s^25p^6$ 131.293(6) — O N M L K

周期 6
55 Cs 铯 $6s^1$ 132.90545196(6)
56 Ba 钡 $6s^2$ 137.327(7)
57~71 La~Lu 镧系
72 Hf 铪 $5d^26s^2$ 178.49(2)
73 Ta 钽 $5d^36s^2$ 180.94788(2)
74 W 钨 $5d^46s^2$ 183.84(1)
75 Re 铼 $5d^56s^2$ 186.207(1)
76 Os 锇 $5d^66s^2$ 190.23(3)
77 Ir 铱 $5d^76s^2$ 192.217(3)
78 Pt 铂 $5d^96s^1$ 195.084(9)
79 Au 金 $5d^{10}6s^1$ 196.966569(5)
80 Hg 汞 $5d^{10}6s^2$ 200.592(3)
81 Tl 铊 $6s^26p^1$ 204.38
82 Pb 铅 $6s^26p^2$ 207.2(1)
83 Bi 铋 $6s^26p^3$ 208.98040(1)
84 Po 钋 ▲ $6s^26p^4$ 208.98243(2)+
85 At 砹 ▲ $6s^26p^5$ 209.98715(5)+
86 Rn 氡 $6s^26p^6$ 222.01758(2)+ — P O N M L K

周期 7
87 Fr 钫 ▲ $7s^1$ 223.01974(2)+
88 Ra 镭 ▲ $7s^2$ 226.02541(2)+
89~103 Ac~Lr 锕系
104 Rf 𬬻 ▲ $6d^27s^2$ 267.122(4)+
105 Db 𬭊 ▲ $6d^37s^2$ 270.131(4)+
106 Sg 𬭳 ▲ $6d^47s^2$ 269.129(3)+
107 Bh 𬭛 ▲ $6d^57s^2$ 270.133(2)+
108 Hs 𬭶 ▲ $6d^67s^2$ 270.134(2)+
109 Mt 鿔 ▲ $6d^77s^2$ 278.156(5)+
110 Ds 𫟼 ▲ 281.165(4)+
111 Rg 𬬭 ▲ 281.166(6)+
112 Cn 鿔 ▲ 285.177(4)+
113 Nh 鿭 ▲ 286.182(5)+
114 Fl 𫓧 ▲ 289.190(4)+
115 Mc 镆 ▲ 289.194(6)+
116 Lv 𫟷 ▲ 293.204(4)+
117 Ts 鿬 ▲ 293.208(6)+
118 Og 鿫 ▲ 294.214(5)+ — Q P O N M L K

★ 镧系

57 La ★ 镧 $5d^16s^2$ 138.90547(7)
58 Ce 铈 $4f^15d^16s^2$ 140.116(1)
59 Pr 镨 $4f^36s^2$ 140.90766(2)
60 Nd 钕 $4f^46s^2$ 144.242(3)
61 Pm 钷 ▲ $4f^56s^2$ 144.91276(2)+
62 Sm 钐 $4f^66s^2$ 150.36(2)
63 Eu 铕 $4f^76s^2$ 151.964(1)
64 Gd 钆 $4f^75d^16s^2$ 157.25(3)
65 Tb 铽 $4f^96s^2$ 158.92535(2)
66 Dy 镝 $4f^{10}6s^2$ 162.500(1)
67 Ho 钬 $4f^{11}6s^2$ 164.93033(2)
68 Er 铒 $4f^{12}6s^2$ 167.259(3)
69 Tm 铥 $4f^{13}6s^2$ 168.93422(2)
70 Yb 镱 $4f^{14}6s^2$ 173.045(10)
71 Lu 镥 $4f^{14}5d^16s^2$ 174.9668(1)

★ 锕系

89 Ac ★ 锕 $6d^17s^2$ 227.02775(2)+
90 Th 钍 $6d^27s^2$ 232.0377(4)
91 Pa 镤 $5f^26d^17s^2$ 231.03588(2)
92 U 铀 $5f^36d^17s^2$ 238.02891(3)
93 Np 镎 ▲ $5f^46d^17s^2$ 237.04817(2)+
94 Pu 钚 ▲ $5f^67s^2$ 244.06421(4)+
95 Am 镅 ▲ $5f^77s^2$ 243.06138(2)+
96 Cm 锔 ▲ $5f^76d^17s^2$ 247.07035(3)+
97 Bk 锫 ▲ $5f^97s^2$ 247.07031(4)+
98 Cf 锎 ▲ $5f^{10}7s^2$ 251.07959(3)+
99 Es 锿 ▲ $5f^{11}7s^2$ 252.0830(3)+
100 Fm 镄 ▲ $5f^{12}7s^2$ 257.09511(5)+
101 Md 钔 ▲ $5f^{13}7s^2$ 258.09843(3)+
102 No 锘 ▲ $5f^{14}7s^2$ 259.1010(7)+
103 Lr 铹 ▲ $5f^{14}6d^17s^2$ 262.110(2)+

无机化学练习册

王秀芳　主编

化学工业出版社

教材出版中心

·北京·

目 录

绪　言

一、填空题

1. 组成物质的基本微粒是＿＿＿、＿＿＿和＿＿＿。

2. 化学是研究物质的＿＿＿＿＿＿＿＿＿＿＿＿＿＿＿＿＿＿＿＿＿＿＿＿＿＿＿＿＿＿科学。

3. 写出下列物质的分子式，指出各属于哪一类物质（金属单质、非金属单质、氧化物、碱、酸、盐）。

汞＿＿＿，＿＿＿＿＿；氧气＿＿＿，＿＿＿＿＿；生石灰＿＿＿＿＿，＿＿＿＿＿＿＿；干冰＿＿＿＿＿，＿＿＿＿＿＿＿＿＿；碳酸氢钠＿＿＿＿＿，＿＿＿＿＿＿＿＿＿；烧碱＿＿＿＿＿，＿＿＿；氯化钡＿＿＿＿＿，＿＿＿＿；硫酸＿＿＿＿＿，＿＿＿；碱式碳酸铜＿＿＿＿＿＿＿＿，＿＿＿＿＿＿＿。

二、判断题（下列说法正确的在题后括号内画"√"，不正确的画"×"）

1. 由于无机化学是研究除碳元素以外的所有元素及其化合物的化学，所以 CO、CO_2、H_2CO_3、碳酸盐不属于无机物。　（　　　）

2. 钢铁工业不属于化学工业。　（　　　）

三、选择题（每小题只有一个正确答案，将正确答案的序号填在题后括号内）

1. 化学研究的内容是（　　　）。

A. 物理运动　　B. 生物运动　　C. 化学运动　　D. 机械运动

2. 下列工业属于无机化学工业的是（　　　）。

A. 水泥工业　　B. 电化学工业　　C. 制药工业　　D. 橡胶工业

四、计算题

1. 食盐的相对分子质量是多少？

2. $CuSO_4 \cdot 5H_2O$ 的相对分子质量是多少？

第一章 物质的量及其应用

第一节 物 质 的 量

一、填空题

1. 物质的量的单位名称是_____，中文符号是____，国际符号是_____。1mol 物质含有_____常数个微粒，该常数的近似值是_____，单位是_____。

2. 1mol 氧原子的质量是_____，1mol 氧气的质量是_____。

3. 摩尔质量的符号是____，单位是_____。铁的摩尔质量是_____，硫酸的摩尔质量是_____，氢氧根离子的摩尔质量是_____。

4. 1mol H_2SO_4 含有____mol 氢原子，____mol 氧原子，____mol 硫原子，共含____mol 原子。____g 氢气跟 9.8g H_2SO_4 所含氢原子数相同。49g H_2SO_4 和____g 水含有相同的分子数。

二、判断题（下列说法正确的在题后括号里画"√"，不正确的画"×"）

1. 1mol 分子 N_2 的质量是28g。 （   ）

2. 物质的基本单元只能是原子、分子、离子等客观存在的微粒。 （   ）

3. NaOH 的摩尔质量是40g/mol。 （   ）

4. 16g O_2 的物质的量是0.5。 （   ）

三、选择题（每小题只有一个正确答案，将正确答案的序号填在题后括号内）

1. 0.5mol H_2SO_4 的质量等于（   ）。

A. 98g   B. 98   C. 49g   D. 49

2. 22g CO_2 的物质的量是（   ）。

A. 22   B. 22g   C. 0.5   D. 0.5mol

3. 0.5mol O_2 中含有（   ）。

A. 0.5 个氧分子   B. $3.01×10^{23}$ 个氧分子   C. 0.5g O_2 D. 1 个氧原子

四、计算题

1. 计算下列物质的质量。

(1) 1.5mol Zn   (2) 2.5mol Na_2CO_3 (3) 2mol SO_4^{2-}

2. 计算下列物质的物质的量。

(1) 0.25kg Fe   (2) 87.75g NaCl   (3) 750g $CuSO_4 \cdot 5H_2O$

3. 在实验室里加热氯酸钾和二氧化锰的混合物制取氧气，制 0.9mol 氧气需氯酸钾的物质的量是多少？这些氯酸钾的质量是多少克？

第二节　气体摩尔体积

一、填空题

1. 1mol 固体或液体的体积主要取决于 _____，1mol 不同的固体或液体的体积_____同。

2. 1mol 气体的体积，在温度和压力不变的条件下，主要取决于_____。

3. 1mol 任何气体在标准状况下所占的体积都约是_____，这个体积叫做_____，它的常用单位是_____。

4. 在相同的温度和压力下，相同体积的任何气体含有_____的分子数，这就是_____定律。

5. 2mol HCl 的质量是_____，含有_____个 HCl 分子，在标准状况下所占的体积是_____。

二、判断题（下列说法正确的在题后括号内画"√"，不正确的画"×"）

1. 在标准状况下，任何物质的摩尔体积都是 22.4L/mol。 （　　）

2. 在标准状况下，44g CO_2 含 6.02×10^{23} 个 CO_2 分子，所占的体积是 22.4L。（　　）

3. 在同温同压下，11.2L O_2 和 11.2L N_2 所含的分子数相同。 （　　）

三、选择题（每小题只有一个正确答案，将正确答案的序号填在题后括号内）

1. 在标准状况下，与 28g N_2 所含分子数相同的 O_2 的体积是（　　）。

A. 11.2L   B. 2.24L   C. 33.6L   D. 22.4L

2. 在标准状况下，1g H_2 和 16g O_2（　　）。

A. 物质的量不同   B. 所含分子数不同   C. 体积相同   D. 体积不同

3. 在标准状况下，下列气体体积最大的是（　　）。

A. 4g H_2 B. 0.5mol O_2 C. 1.5mol CO_2 D. 28g CO

4. 在标准状况下，11.2L N_2 和 44.8L CO_2（　　）。

A. 物质的量相同   B. 所含分子数相同   C. 质量相同   D. 其中 CO_2 的质量大

5. 在标准状况下，与 3.2g O_2 体积相同的 CO_2 的质量是（　　　）。

A. 44g　　　B. 4.4g　　　C. 3.2g　　　D. 4.48g

四、计算题

1. 在实验室里用 0.2mol 锌与足量的稀盐酸起反应制取氢气，计算在标准状况下能生成氢气多少升？

2. 在标准状况下，0.32g 某气体的体积是 0.224L，该气体的相对分子质量是多少？16g 该气体的体积是多少升？

第三节　物质的量浓度

一、填空题

1. 在 500mL NaOH 溶液中含有 2g NaOH，该溶液的物质的量浓度是＿＿＿＿＿＿＿。

2. 在标准状况下，5.6L HCl 溶于水制得 500mL 盐酸，该盐酸的物质的量浓度是＿＿＿＿＿＿＿。

3. 在 1L 浓度为 1mol/L $Ba(OH)_2$ 溶液中，含有＿＿＿mol Ba^{2+}，＿＿＿＿＿＿个 Ba^{2+}，＿＿＿mol OH^-；Ba^{2+} 的物质的量浓度是＿＿＿＿＿，OH^- 的物质的量浓度是＿＿＿＿。

4. 质量分数为 60％的硫酸，密度为 1.5g/cm^3，该硫酸的物质的量浓度是＿＿＿＿＿。

5. 将 300mL 18.4mol/L 的浓硫酸，稀释成 3mol/L 的硫酸溶液，稀释后溶液的体积是＿＿＿L。

6. 配制 0.1mol/L 盐酸溶液 200mL，需 12mol/L 浓盐酸＿＿＿mL。

二、判断题（下列说法正确的在题后括号内画"√"，不正确的画"×"）

1. 在 1L NaCl 溶液中，含有 2g NaCl，该溶液的物质的量浓度为 2g/L。　（　　）

2. 在 500mL 0.1mol/L $CaCl_2$ 溶液中，含有 0.05mol Ca^{2+} 和 0.1mol Cl^-。　（　　）

3. 在 1L 溶液中溶有 0.1mol NaCl 和 0.1mol $MgCl_2$，该溶液中 Cl^- 离子的物质的量浓度是 0.2mol/L。　（　　）

三、选择题（每小题只有一个正确答案，将正确答案的序号填在题后括号内）

1. 在 100mL NaOH 溶液中，含有 NaOH 0.01mol，该溶液的物质的量浓度是（　　　）。

A. 0.01mol/L　　B. 1mol/L　　C. 0.1mol/L　　D. 0.001mol/L

2. 配制 250mL 0.5mol/L 硫酸时，所用的容量瓶是（　　）。

A. 500mL　　　B. 100mL　　　C. 250mL　　　D. 1000mL

3. 在 100mL 0.1mol/L 的 NaOH 溶液中，所含 NaOH 的质量是（　　）。

A. 4g　　　B. 0.4g　　　C. 0.04g　　　D. 40g

4. 配制 2L 1.5mol/L Na_2SO_4 溶液，需要固体 Na_2SO_4（　　）。

A. 284g　　　B. 400g　　　C. 213g　　　D. 426g

5. 0.5mol/L $FeCl_3$ 溶液 1L 与 0.2L 1mol/L KCl 溶液中的 Cl^- 的数目之比为（　　）。

A. 1∶3　　　B. 15∶2　　　C. 5∶2　　　D. 3∶1

四、计算题

1. 在 250mL NaOH 溶液中，含 NaOH 20g，该溶液的物质的量浓度是多少？取此溶液 50mL，其中含 NaOH 多少克？

2. 欲配制 0.1mol/L 硫酸 500mL，需质量分数为 98％ 的浓硫酸（密度为 $1.84g/cm^3$）多少毫升？

3. 中和 2g NaOH，用去盐酸 12.5mL，该盐酸的物质的量浓度是多少？

4. 在 250mL 4mol/L 某物质的溶液中，加入 250mL 2mol/L 同种物质的溶液，求混合溶液的物质的量浓度。

第四节　化学反应中的能量变化

一、填空题

1. 在化学上把有热量放出的化学反应叫＿＿＿＿＿＿，把吸收热量的化学反应叫＿＿＿＿＿＿，反应过程中放出或吸收的热量都属于_____，用符号_____来表示。

2. 在书写热化学方程式时，"＋"号表示_____的热量，"－"号表示_____的热量，应该把这些符号标写在_____，ΔH 应写在化学方程式的后边，与方程式之间用_____号隔开。对反应物和生成物还必须注明它们的_____。

3. 已知 Cl_2 和 H_2 完全反应生成 1mol HCl 气体，放出 92.30kJ 热量，该反应的热化学方程式是_____。

二、判断题（下列说法正确的在题后括号内画"√"，不正确的画"×"）

1. 物质在反应中放出或吸收的热量的数值，必须通过实验来测得。（　　）

2. 氢气燃烧的热化学方程式是 $2H_2 + O_2 \xrightarrow{\text{点燃}} 2H_2O + 483.6kJ$。（　　）

三、选择题（每小题只有一个正确答案，将正确答案的序号填在题后括号内）

1. 热化学方程式中，物质化学式前面的化学计量数（　　）。

A. 只表示微粒个数比　　　B. 只能是整数　　　C. 只能是分数

D. 只表示各物质的物质的量是多少 mol，可以是整数，也可以是分数。

2. 写热化学方程式时，若不指明温度和压力，则表示测定反应热数据的条件是（　　）。

A. 任意压力　　　B. 任意温度　　　C. 压力为 101.325kPa 和温度为 25℃

D. 压力为 101.325kPa 和温度为 0℃

四、计算题

已知 SO_2 氧化成 SO_3 的热化学方程式是：

$2SO_2(g) + O_2(g) = 2SO_3(g)$；$\Delta H = -196.65kJ$，计算 1t SO_2 转化成 SO_3 时所放出的热量。

自 测 题

一、填空题（共 30 分，每空 1.5 分）

1. 1mol H_2O 含有_____个水分子，____mol 氢原子，____g 氢原子，____mol 氧原子，_____个氧原子，____g 氧原子，_____个氢原子。

2. 0.8g 某元素含有 1.204×10^{22} 个原子，该元素的相对原子质量是_____。

3. 0.3mol 的氧气和 0.2mol 的臭氧（O_3），它们的质量____等，所含的分子数____等，原子数____等，它们的物质的量之比是_____，标准状况下它们的体积比是_____。

4. 在 1L NaCl 溶液中，含有 NaCl 5.85g，该溶液的物质的量浓度是_____。量取该溶液 5mL，它的物质的量浓度是_____，在取出的 5mL 溶液中，加水 5mL，稀释后溶液的物质的量浓度是_____。

5. 用胆矾（$CuSO_4 \cdot 5H_2O$）配制 500mL 0.1mol/L $CuSO_4$ 溶液，需称取胆矾_____g。

6. 0.2mol Al、0.3mol Mg 和 0.4mol Na 分别和足量盐酸反应，生成 H_2 的物质的量分

别为_____、_____和_____。

二、下列说法正确的在题后括号内画"√"，不正确的画"×"。（共 16 分，每小题 2 分）

1. 1g 液态二氧化碳和 1g 二氧化碳气体所含的分子数相同。 （ ）

2. 在标准状况下，1g H_2、1g N_2 和 1g CO_2 所占的体积都是 22.4L。 （ ）

3. 22.4L O_2 中，一定含有 $6.02×10^{23}$ 个 O_2 分子。 （ ）

4. 在标准状况下，9g 水的体积约为 11.2L。 （ ）

5. 在 1L 浓度为 1mol/L NaOH 溶液中和 1L 浓度为 0.5mol/L Na_2SO_4 溶液中，含有相同数目的 Na^+ 离子。 （ ）

6. 将 40g NaOH 溶于水制成 1L NaOH 溶液，该溶液的物质的量浓度是 1mol/L。（ ）

7. 0.5mol CH_4 完全燃烧生成 CO_2 气体和液态水时，放出 445kJ 的热量，该反应的热化学方程式：$CH_4(g)+2O_2(g)\!=\!\!=\!\!=\!CO_2(g)+2H_2O(l)$；$\Delta H=-890kJ/mol$。 （ ）

8. 在常温常压下，1mol 甲烷在过量氧气中充分燃烧，生成液态水和二氧化碳气体，同时放出 890.3kJ 的热，该反应的热化学方程式是：$CH_4(g)+2O_2(g)\!=\!\!=\!\!=\!CO_2(g)+2H_2O(l)$；$\Delta H=-890.3kJ$。 （ ）

三、选择正确答案的序号（1~2 个）**填在题后括号里。**（共 20 分，每小题 2 分）

1. 下列叙述不正确的是（ ）。

A. 1mol 氧气 B. 1mol 原子氧 C. 1mol 氧原子 D. 1mol 氧

2. 相同质量的镁和铝所含原子个数比是（ ）。

A. 1:1 B. 24:27 C. 9:8 D. 2:3

3. 在标准状况下，下列气体含分子数最多的是（ ）。

A. 1g N_2 B. 1g O_2 C. 1g CO D. 1g CO_2

4. 3.2g O_2、19.6g H_2SO_4、19.5g Zn 的物质的量的比依次是（ ）。

A. 3:2:1 B. 2:3:1 C. 1:2:3 D. 1:3:2

5. 标准状况下，等质量的下列气体中，体积最小的是（ ）。

A. H_2 B. CO C. CH_4 D. N_2

6. 下列物质中所含氧原子数目最多的是（ ）。

A. $3.01×10^{23}$ 个 O_2 分子 B. 45g H_2O

C. 0.5mol SO_3 D. 标准状况下 44.8L 的 CO_2

7. 下列物质与 0.1mol 尿素 $(NH_2)_2CO$ 含氮量相同的是（ ）。

A. 0.2mol $(NH_4)_2SO_4$ B. 0.2mol NH_4NO_3

C. 0.2mol NH_3 D. 4.48L NO_2（标准状况）

8. 欲配制 500mL 1mol/L NaCl 溶液，需 NaCl 的质量是（ ）。

A. 58.5g B. 29.25g C. 0.5g D. 29.25kg

9. 下列溶液中，含 Cl^- 离子最多的是（ ）。

A. 500mol 1mol/L $AlCl_3$ 溶液 B. 500mL 2mol/L NaCl 溶液

C. 100mL 3mol/L $MgCl_2$ 溶液 D. 500mL 4mol/L HCl 溶液

10. 200mL 0.3mol/L 盐酸和 100mL 0.6mol/L 盐酸混合后（体积变化忽略不计），所得盐酸溶液的物质的量浓度是（ ）。

A. 0.45mol/L B. 0.4mol/L C. 0.3mol/L D. 0.6mol/L

四、完全中和 500mL 38％（质量分数）的硫酸（密度为 1.29g/cm³），需要 10mol/L NaOH 溶液多少毫升？（共 16 分）

五、中和某待测浓度的 NaOH 溶液 25mL，用去 20mL 1mol/L H₂SO₄ 溶液后，溶液显酸性，再滴入 1mol/L KOH 溶液 1.5mL 才达到中和。计算待测浓度的 NaOH 溶液的物质的量浓度。（共 18 分）

第二章 气体定律

第一节 理想气体状态方程式

一、填空题

1. 在通常的温度和压力下，物质的聚集状态主要有＿＿＿＿＿＿。气态物质通常称为＿＿＿＿，一般是由＿＿＿组成的。

2. 气体的基本特征是它具有＿＿＿＿＿＿性和＿＿＿＿＿＿性。气体能够完全充满＿＿＿＿＿形状和＿＿＿＿体积的容器。

3. 压力和温度对气体的体积影响＿＿＿＿＿＿，对固体和液体的体积影响＿＿＿＿＿＿＿＿。

4. 玻意耳定律的数学表达式为＿＿＿＿＿＿或＿＿＿＿＿＿；盖·吕萨克定律的数学表达式为＿＿＿＿＿＿＿；查理定律的数学表达式为＿＿＿＿＿＿＿＿。

二、判断题（下列说法正确的在题后括号内画"√"，不正确的画"×"）

1. 气体能均匀地充满它所占据的全部空间，又能压缩到较小的容器（如钢瓶）中运输和贮存。（　　　）

2. 气体具有很小的密度，分子之间的距离也很小。（　　　）

三、选择题（每小题只有一个正确答案，将正确答案的序号填在题后括号内）

1. 下列物质中，微粒之间的距离很小、微粒之间的吸引力最强的是（　　　）。

A. 气体　　B. 固体　　C. 液体　　D. 气体和液体

2. 根据理想气体状态方程式计算一定质量气体的体积时，若 p 的单位为 Pa，R 取 8.314J/(K·mol) 时，则 V 的单位是（　　　）。

A. L　　　　B. m^3　　　C. dm^3　　　D. mL

四、计算题

1. 将某气体从25℃加热到100℃，如果体积不变，则压力增大几倍（根据查理定律计算）？

2. 一定质量的空气，在15℃时体积是10L，如果压力保持不变，该气体在45℃时的体积是多少（根据盖·吕萨克定律计算）？

3. 计算质量为8g的 CO_2 气体在300K和2.53×10⁵ 时所占的体积是多少升？

4. 氧气钢瓶的容积为 $40dm^3$，压力为 $1013.25kPa$，温度为 $27℃$，计算钢瓶中有多少克氧气？$[R=8.314kPa \cdot dm^3/(K \cdot mol)]$。

第二节　气体分压定律

一、填空题

1. 分子本身没有_____和分子间没有_____的气体，叫做理想气体。理想气体状态方程式不仅适用于_____气体，也适用于_____气体。

2. 在通常的温度和压力下，从 10L 空气中分离出的氮气和氧气，在该温度和压力下所占的体积分别为 2L 和 8L，氮气的体积分数是____，氧气的体积分数是____。

3. 由 1.5mol 氮气和 4.5mol 氢气组成的混合气体中，氮气和氢气的摩尔分数分别是____和____。

4. 在混合气体中，一种气体所产生的压力，与其他气体的存在____关，在一定温度时，某组分气体在混合气体中的分压力，等于它_____占有与混合气体_____体积时所产生的压力，简称_____。

二、判断题（下列说法正确的在题后括号内画"√"，不正确的画"×"）

1. 在任何容器内的混合气体中，组分气体所占的体积等于容器的容积。　（　　）

2. 理想气体状态方程式应用于混合气体的某一组分进行计算时，p 应为该组分气体的分压，V 应为混合气体的总体积。　（　　）

3. 在 300K 时，将 $4g$ O_2 和 $7g$ N_2 混合在一个 3L 的容器中，O_2 和 N_2 的摩尔分数分别是 4/11 和 7/11。　（　　）

4. 在混合气体中组分气体的摩尔分数等于体积分数。　（　　）。

三、选择题（每小题只有一个正确答案，将正确答案的序号填在题后括号内）

1. 根据 $pV=nRT$ 计算混合气体中组分气体的分压时，组分气体的体积只能是（　　）。

A. 分体积　　　　　　B. 混合气体的总体积

C. 分体积或总体积　D. 几种组分气体分体积的平均值

2. 常温下，在一个 5L 的容器中装有 O_2 和 N_2 的混合气体，总压为 $101.325kPa$，N_2 和 O_2 的分体积分别为 4L 和 1L，则 O_2 的分压为（　　）。

A. $81.06kPa$　　B. $20.265kPa$　　C. $101.325kPa$　　D. 无法计算

3. 在一定温度下，一个 20L 的容器中装有氧气和氮气的混合气体，已知氧气和氮气的体积分数分别为 1/5 和 4/5，下列说法不正确的是（　　）。

A. 氧气和氮气的摩尔分数分别为 1/5 和 4/5

B. 氧气的压力分数为 1/5

C. 氮气的压力分数为 4/5

D. 氧气和氮气的体积分数分别等于其摩尔分数，但不等于其压力分数

4. 在一定温度下，把 4L 氧气（压力为 101.325kPa）和 16L 氮气（压力为 101.325kPa）混合在一个 20L 容器中，混合气体的总压力为 101.325kPa。在混合气体中，下列说法不正确的是（　　）。

A. 氧气和氮气的分体积分别是 4L 和 16L

B. 氧气和氮气所占的体积分别是 4L 和 16L

C. 氧气和氮气所占的体积都是 20L

D. 氧气和氮气的分压等于它们单独占据 20L 体积时所产生的压力

四、计算题

1. 将 1mol N_2 和 3mol H_2 混合后体积为 20L，计算在 23℃时混合气体的总压是多少？各气体的分压是多少？

2. 干燥空气中主要成分的体积分数为：$\varphi(N_2)=78\%$，$\varphi(O_2)=21\%$，$\varphi(Ar)=1\%$。如果大气压力为 98.659kPa，试求各气体的分压。

3. 在体积为 500dm³ 的气柜中，贮有 N_2、H_2 和 CO_2 三种气体组成的混合气体，在 27℃时测得气柜压力为 506.625kPa，已知三种气体的体积分数分别为 0.3、0.5 和 0.2，求三种气体的质量各是多少？（提示：根据 $PV=nRT$ 先求出混合气体的物质的量 n，再根据体积分数与摩尔分数的关系求质量）。

自 测 题

一、填空题（共 35 分，每空 2.5 分）

1. 在常温下，把 2L 氧气（压力为 101.325kPa）装入一个 10L 的容器中，氧气所占的体积是_____，根据玻意耳定律，容器中氧气的压力是_____kPa。

2. 在常温下，把 8L 氮气（压力为 101.325kPa）装入一个容积为 10L 的容器中，氮气所占的体积是_____，根据玻意耳定律，容器中氮气的压力是_____kPa。

3. 在常温下，有 2L 氧气和 8L 氮气，压力分别为 101.325kPa，若温度不变，把它们混合在一个 10L 的容器中，混合气体的体积是_____。混合气体中，氧气所占的体积是_____，为原来的_____倍，其压力应是原来的_____（填几分之几），即_____kPa；氮气所占的体积是_____，为原来的_____倍，其压力应是原来的_____（填几分之几），即_____kPa。容器中混合气体的总压应是_____kPa。

二、下列说法正确的在题后括号内画"√"，不正确的画"×"。（共 5 分，每小题 2.5 分）

1. 根据理想气体状态方程式计算混合气体中组分气体的分压时，体积应是组分气体的分体积。（ ）

2. 在混合气体中，组分气体的体积分数、摩尔分数、压力分数都相等。（ ）

三、选择正确答案（1～2 个）**的序号填在题后括号里。**（共 9 分，每小题 3 分）

1. 在一定温度和压力下，1 体积 X_2（气）和 3 体积 Y_2（气）化合生成 2 体积的气体化合物，则该化合物的分子式是（ ）。

A. XY_3 　B. XY 　C. X_3Y 　D. X_2Y_3

2. 在一定温度下，有 2L 氧气和 8L 氮气，它们的压力分别为 101.325kPa，若温度不变，把它们混合在一个 10L 的密闭容器中，混合气体的总压力为 101.325kPa，对于容器中的气体，下列说法正确的是（ ）。

A. 氧气的分体积是 2L 　　B. 氧气所占的体积为 2L
C. 氮气所占的体积为 8L 　　D. 氮气的分体积为 8L

3. 在一定温度下，有 1L 氧气和 4L 氮气，它们的压力分别为 101.325kPa，若温度不变，把它们装入一个 5L 的密闭容器中，混合气体的总压力为 101.325kPa，对于容器中的混合气体，下列说法不正确的是（ ）。

A. 氧气和氮气的分体积分别是 1L 和 4L

B. 氧气和氮气所占的体积都是 5L

C. 氧气和氮气的摩尔分数（或压力分数）分别是 1/5 和 4/5

D. 氧气和氮气的分压都是 101.325kPa

四、当温度为 25℃，压力为 2.53×10^5 Pa 时，200L 的容器中能容纳多少摩尔的 CO_2 气体？（共 15 分）

五、0.896g 某气体在压力为 9.73×10^4 Pa 和温度为 28℃时所占的体积为 0.524L，求该气体的相对分子质量。（共 15 分）

六、在体积为 40dm^3 的容器中，贮有 140g CO 和 20g H$_2$，温度为 27℃，试计算：（共 21 分）

1. 混合气体中各组分气体的摩尔分数；
2. 混合气体的总压；
3. 组分气体的分压。

第三章　卤　　素

第一节　氯　　气

一、填空题

1. 在通常情况下氯气是_____色、有_____气味的气体，吸入多量会使人____
____，所以闻氯气的时候应该_____，使极少量的氯气_____。

2. _____能在氯气中燃烧，发出苍白色火焰，_____能在氯气中继续燃烧生成白色烟雾，红热的_____能在氯气里燃烧生成棕黄色的烟，溶于水溶液呈____色。

3. 实验室制取氯气的化学方程式是_____，由于氯气的密度_____
_____，所以用_____法收集氯气，多余的氯气用_____溶液吸收，反应的化学方程式是_____。

二、判断题（下列说法正确的在题后括号内画"√"，不正确的画"×"）

1. 干燥的有色布条在液氯中能褪色。　（　　）

2. 纯净的氢气在氯气中燃烧可发生爆炸。　（　　）

3. 用排水集气法不能收集到纯净的氯气。　（　　）

4. 氯原子和氯离子的摩尔质量相同。　（　　）

三、选择题（每小题只有一个正确答案，将正确答案的序号填在题后括号内）

1. 下列气体有毒的是（　　）。

A. Cl_2　　B. H_2　　C. O_2　　D. N_2

2. 在下列化合物中，氯元素的化合价为＋7 价的是（　　）。

A. $NaCl$　　B. $NaClO$　　C. $KClO_3$　　D. $HClO_4$

四、计算题

1. 用含 MnO_2 78％的软锰矿 300g 跟足量的盐酸起反应，在标准状况下能制得氯气多少升？

14

2. 实验室用过量的浓盐酸跟二氧化锰起反应制得氯气 0.71g，需二氧化锰多少克？需要质量分数为 32％ 的盐酸多少克？

第二节　氯的几种化合物

一、填空题

1. 实验室制取氯化氢装置的仪器名称是 _____
_____。在吸收多余氯化氢的装置里，导管不能直接_____，应在导管口连接一个_____，使倒扣的_____刚刚浸没在烧杯内的_____。

2. 氯气的水溶液叫_____，应保存在_____，氯水中_____能使有机色质褪色，可做_____剂，它的酸性比碳酸____（填强或弱），氯气与水起反应的化学方程式是_____
_____。

3. 制取漂白粉及漂白粉跟空气里的水蒸气与二氧化碳起反应的化学方程式分别是____
_____。

二、判断题（下列说法正确的在题后括号内画"√"，不正确的画"×"）

1. 液态氯化氢叫做盐酸。（　　）

2. 潮湿的氯气或氯水有漂白、杀菌作用，是因为生成次氯酸的缘故。（　　）

3. 漂白粉是由次氯酸钙形成的化合物。（　　）

4. 实验室制取 HCl 和制取 Cl_2 的装置中，吸收多余气体的装置不同。（　　）

三、选择题（每小题只有一个正确答案，将正确答案的序号填在题后括号内）

1. 用强光照射下列物质时，能发生爆炸的是（　　）。

A. $HClO$　　B. H_2 和 Cl_2 的混合气体　　C. O_2 和 N_2 的混合气体　　D. 浓盐酸

2. 漂白粉的有效成分是（　　）。

A. $CaCl_2$　　B. $Ca(OH)_2$　　C. $Ca(ClO)_2$　　D. $CaCl_2$ 和 $Ca(ClO)_2$ 的混合物

3. 1L 水中溶解有 0.1mol 的 $NaCl$ 和 0.1mol 的 $MgCl_2$，则溶液中 Cl^- 离子的物质的量浓度是（　　）。

A. 0.1mol/L　　B. 0.2mol/L　　C. 0.3mol/L　　D. 106.5g/L

4. 实验室制取下列各组气体，所用的发生装置相同的是（　　）。

A. 氯气和氧气　　B. 氯气和氯化氢　　C. 氯化氢和氧气　　D. 氢气和氯气

四、计算题

1. 5.85g 氯化钠与 5g 质量分数为 98％的浓硫酸起反应，微热时生成多少克的氯化氢？继续加热到 600℃时，又能生成多少克的氯化氢？

2. 5mL 质量分数为 6％的稀盐酸（密度为 1.028g/cm³）与足量的硝酸银溶液完全反应，计算能生成氯化银多少克？

第三节　氟、溴、碘及其化合物

一、填空题

1. 固体物质不经液态直接变成气态的现象叫_____，利用碘晶体的这种特性可以将含杂质的碘_____。碘遇淀粉变____色。医疗上用的碘酒是碘的_____溶液。

2. 氟化钙俗名叫_____，使它和_____在____中反应制取氟化氢，反应的化学方程式是_____氟化氢的水溶液叫_____，是一种____酸（填强或弱），能_____玻璃。

3. 在 A、B、C 三支试管中，分别盛有 Na_2CO_3、$AgNO_3$ 和 NaI 溶液中的一种，分别向这三支试管中通入 HBr 气体，在 A 试管中出现了沉淀；在 B 试管中出现了气泡；在 C 试管中无明显可见的现象。因此，可以判断 A 中盛有_____溶液，B 中盛有_____溶液，C 中盛有_____溶液。

二、判断题（下列说法正确的在题后括号内画"√"，不正确的画"×"）

1. 单质碘遇淀粉变蓝色，碘化钾遇到淀粉溶液不变色。　（　　）

2. 玻璃能被氢氟酸腐蚀。　（　　）

3. 氢卤酸都是强酸。　（　　）

4. 卤化氢在潮湿的空气中都呈现白雾。　（　　）

5. 卤化银都有感光性。　（　　）

三、选择题（每小题只有一个正确答案，将正确答案的序号填在题后括号内）

1. 在常温下，下列物质为紫黑色固体的是（　　）。

A. F_2　　B. Cl_2　　C. Br_2　　D. I_2

2. 下列物质遇水能发生剧烈反应的是（　　）。

A. F_2　　B. Cl_2　　C. Br_2　　D. I_2

3. 下列物质易溶于水的是（　　）。

A. Cl_2　　B. Br_2　　C. HCl　　D. I_2

4. 在下列物质的溶液中，加入淀粉溶液，溶液变蓝色的是（　　）。

A. KI　　B. Br_2　　C. I_2　　D. Cl_2

5. 强光照射下列物质，不发生化学反应的是（　　）。

A. 氢气和氯气的混合气体　　B. 氧气和氮气的混合气体　　C. 氯水　　D. 溴化银

6. 下列物质的溶液与 $AgNO_3$ 溶液起反应，能生成不溶于稀 HNO_3 的淡黄色沉淀的是（　　）。

A. 盐酸和可溶性金属氯化物　　　　B. 氢溴酸和可溶性金属溴化物

C. 氢碘酸和可溶性金属碘化物　　　　D. 氟化钠（氟化银易溶于水）

四、计算题

1. 9.75kg 含 CaF_2 80% 的萤石，与足量的浓硫酸完全反应，生成的氟化氢的物质的量是多少？生成硫酸钙多少千克？

2. 20mL 质量分数为 20% 的盐酸（密度为 1.1g/cm³）与 10.3g $CaCO_3$ 完全反应后可制得 CO_2 多少克？这些 CO_2 在标准状况下所占的体积是多少升？

第四节　氧化还原反应

一、填空题

1. 有电子＿＿＿＿＿＿＿＿＿的化学反应叫做氧化还原反应，失去电子的反应叫＿＿

_____反应，失去电子的物质叫做_____剂，在反应中被_____，表现为所含元素化合价_____；得到电子的反应叫_____反应，得到电子的物质叫做_____剂，在反应中被_____，表现为所含元素化合价_____。氧化和还原总是_____发生的，反应中元素_____的化合价总数等于其他元素_____的化合价总数。氧化剂具有_____性，还原剂具有_____性。

2. 写出下列反应的化学方程式，指出哪些是氧化还原反应？哪些是非氧化还原反应？是氧化还原反应的标出电子转移的方向和总数目，并指出哪种元素被氧化、哪种元素被还原、哪种物质是氧化剂、哪种物质是还原剂。

(1) 铁丝在氯气中燃烧； (2) 氟遇水反应； (3) 萤石与浓硫酸反应； (4) 锌与盐酸反应 (5) 硝酸银与溴化钠反应 (6) 三氯化磷与氯气反应。

二、判断题（下列说法正确的在题后括号内画"√"，不正确的画"×"）

1. 在化学反应中，只有失去氧和得到氧时，才算是氧化还原反应。 （   ）

2. 从电子得失的观点来看，在已经学过的化学反应类型里，置换反应都属于氧化还原反应，一部分化合反应和分解反应都属于氧化还原反应。 （   ）

3. 在氧化还原反应中，氧化剂所含元素化合价升高，还原剂所含元素化合价降低。
（   ）

三、选择题（每小题只有一个正确答案，将正确答案的序号填在题后括号内）

1. 下列反应不属于氧化还原反应的是（   ）。

A. 氟与水反应 B. 次氯酸分解放出氧气

C. 食盐与浓硫酸共热 D. 溴化银见光分解

2. 氧化还原反应的实质是（   ）。

A. 分子中的原子重新组合 B. 氧元素的得失

C. 电子的得失或偏移 D. 化合价的改变

3. 用二氧化锰和盐酸反应制取氯气的反应中，氧化剂是（   ）。

A. 盐酸 B. 二氧化锰 C. 二氯化锰 D. 氯气

4. 在下列反应中，盐酸既表现出酸的性质，又做还原剂的是（   ）。

A. $4HCl + MnO_2 \xrightarrow{\triangle} MnCl_2 + 2H_2O + Cl_2 \uparrow$

B. $2HCl + CaCO_3 == CaCl_2 + H_2O + CO_2 \uparrow$

C.　$2HCl+Zn \!=\!=\!= ZnCl_2+H_2\uparrow$

D.　$HCl+AgNO_3 \!=\!=\!= AgCl\downarrow+HNO_3$

四、计算题

在标准状况下，11.2L氯气与11.2L氢气完全反应，能生成多少升的氯化氢气体？将生成的氯化氢气体全部溶于328.5g水中，所得盐酸溶液的密度为1.047g/cm³，计算盐酸的物质的量浓度是多少？

第五节　卤　　素

一、填空题

1. 有三瓶无色溶液，分别是氯化钠、溴化钠、碘化钾的溶液，举出鉴别它们的两种方法，并写出反应的化学方程式。

（1）向盛少量三种溶液的试管中，分别滴入_____溶液和_____，出现____色沉淀的原液是氯化钠溶液，出现____色沉淀的原液是溴化钠溶液，出现____色沉淀的原液是碘化钾溶液，反应的化学方程式分别是_____、_____和

_____。

（2）向盛少量三种溶液的试管中，通入_____或加入新制的_____，_____反应的原液是氯化钠溶液，溶液呈_____色的原液是溴化钠溶液，溶液呈_____色的原液是碘化钾溶液，反应的化学方程式是_____、_____。

2. 按下列要求各写出一个化学方程式。

（1）反应物中氯元素被氧化；_____

（2）反应物中氯元素被还原；_____

（3）反应物中氯元素既被氧化，又被还原；_____

（4）反应物中氯元素既没有被氧化，又没有被还原。_____

二、判断题（下列说法正确的在题后括号内画"√"，不正确的画"×"）

1. 把滤纸用碘化钾和淀粉溶液浸泡、晾干后就制得实验室中常用的碘化钾淀粉试纸，这种试纸湿润后遇到氯气会变蓝色。（　　　）

2. 卤素单质都可以做氧化剂。（　　　）

3. 卤素离子在化学反应中失电子，化合价升高，被还原，是还原剂。（　　　）

三、选择题（每小题只有一个正确答案，将正确答案的序号填在题后括号内）

1. 下列物质之间，能发生反应的是（　　　）。

A. 碘与氯化钠溶液　　　B. 溴与氯化钾溶液

C. 碘与溴化钠溶液　　　D. 溴与碘化钾溶液

2. 下列元素的原子半径大小顺序正确的是（　　　）。

A. Br＞I＞Cl＞F　　　B. F＞Cl＞Br＞I　　　C. F＜Cl＜Br＜I　　　D. Br＜I＜Cl＜F

3. 下列元素化学性质最活泼（非金属性最强）的是（　　　）。

A. F　　B. Cl　　C. Br　　D. I

4. 下列物质氧化性最弱的是（　　　）。

A. F_2　　　B. Cl_2　　　C. Br_2　　　D. I_2

5. 下列离子还原性最弱的是（　　　）。

A. I^-　　　B. Cl^-　　　C. F^-　　　D. Br^-

四、计算题

0.5L 稀盐酸与足量锌完全反应，在 27℃ 和 101.325kPa 时，生成 3.08L 氢气，计算盐酸的物质的量浓度是多少？

自 测 题

一、填空题（共 30 分，每空 1 分）

1. 卤素包括＿＿＿＿＿＿＿＿＿＿＿（填元素名称），它们的原子最外电子层都有＿＿＿个电子，与金属反应时容易＿＿＿电子，卤素本身被＿＿＿＿，卤素单质是＿＿＿＿剂。卤素都是＿＿＿＿的非金属元素，随着＿＿＿＿＿的增加，原子半径逐渐＿＿＿＿＿，元素的化学活泼性（非金属性）逐渐＿＿＿＿，单质的密度逐渐＿＿＿＿＿，熔点、沸点逐渐＿＿＿＿，颜色逐渐＿＿＿＿＿。

2. 漂白粉是＿＿＿＿＿＿＿＿＿＿＿＿＿＿的混合物。制取漂白粉的化学方程式是＿＿＿＿＿＿＿＿＿＿＿＿＿＿＿＿＿＿＿＿＿＿＿＿，漂白粉的有效成分与空气里的＿＿＿＿＿＿＿和＿＿＿＿＿＿＿起反应的化学方程式是＿＿＿＿＿＿＿＿＿＿＿＿＿＿＿＿＿＿＿＿。

3. 有 A、B、C、D 四瓶气体，它们分别是 Cl_2、H_2、HCl、HBr 气体中的一种，其中 A 气体的颜色是黄绿色的，D 和 A 气体混合后会发生爆炸，B 和 A 气体混合后会在瓶壁上出现橙色的小液滴，把 C 瓶的瓶盖打开会在潮湿的空气中呈现白雾。试问：A 是＿＿＿，B 是＿＿＿，C 是＿＿＿，D 是＿＿＿。

4. 在 A、B、C、D、E 五支试管中，都盛有少量无色液体，它们分别是盐酸、氢溴酸、氢碘酸、氯化钠、碳酸钠溶液中的一种。其中 B、C、D 试管中的溶液能使湿润的蓝色石蕊试纸变红色。在五支试管中分别滴入少量硝酸银溶液，A、B、E 试管中出现了白色沉淀，D 试管中出现了淡黄色沉淀，C 试管中出现了黄色沉淀。再向五支试管中分别滴入稀硝酸，只有 E 试管中的沉淀消失了，其他四支试管中的沉淀都不溶于稀硝酸。因此，可以推断五支试管中所盛的溶液 A 是_____，B 是_____，C 是_____，D 是_____，E 是_____。

5. 碘里混入了少量泥土，可用_____的方法将碘提纯。氯化钠溶液中混入少量溴化钠溶液，可向溶液中通入过量____，加热____蒸发，达到提纯的目的。

6. 一种溶剂可以把溶质从它与另一溶剂所组成的溶液里提取出来，用这种方法分离混合物叫_____。

二、下列说法正确的在题后括号内画"√"，不正确的画"×"。（共 5 分，每小题 1 分）

1. 用 MnO_2 和浓盐酸共热时，温度越高生成的氯气越多。（　　）

2. 钠、镁、铝分别与足量的盐酸起反应生成的氢气都是 1g 时，钠、镁、铝的质量分别是 23g、12g 和 9g。（　　）

3. 1mol 的 F_2、Cl_2、Br_2、I_2 在标准状况下所占的体积都是 22.4L。（　　）

4. 溴微溶于水，所以常在盛溴的试剂瓶里加一些水来防止溴挥发。（　　）

5. 1g H_2 和 1g Cl_2 完全反应后能生成 36.5g HCl。（　　）

三、选择正确答案（1～2 个）**的序号填在题后括号内。**（共 10 分，每小题 1 分）

1. 在常温下，下列物质为深红棕色液体的是（　　）。

A. F_2　　B. Cl_2　　C. Br_2　　D. I_2

2. 下列物质能腐蚀玻璃的是（　　）。

A. 氢氟酸　　B. 盐酸　　C. 氢溴酸　　D. 氢碘酸

3. 下列物质在潮湿的空气中的呈现白雾的是（　　）。

A. 硫酸　　B. 金属卤化物　　C. 卤化氢　　D. 卤素单质

4. 下列物质属于弱酸的是（　　）。

A. 氢氟酸　　B. 氢氯酸　　C. 氢溴酸　　D. 氢碘酸

5. 下列气体不能使湿润的碘化钾淀粉试纸变蓝色的是（　　）。

A. 氯气　　B. 溴蒸气　　C. 碘蒸气　　D. 氯化氢

6. 下列物质应贮存在棕色玻璃瓶中的是（　　）。

A. 氢氟酸　　B. 氯水　　C. 盐酸　　D. 溴化银溶液

7. 在溴水和碘化钾溶液的反应中，溴是（　　）。

A. 催化剂　　B. 氧化剂　　C. 还原剂　　D. 溶剂

8. 对于盐酸的下列说法，正确的是（　　）。

A. 只有酸性，没有氧化性和还原性　　B. 有酸性和还原性，没有氧化性

C. 有酸性和氧化性，没有还原性　　　D. 有酸性，有氧化性，也有还原性

9. 在含有溴化钾和碘化钾的混合溶液中通入过量氯气，然后把这溶液蒸干，并将剩余残渣灼烧，最后留下来的是（　　）。

A. 氯化钾　　B. 氯化钾和溴化钾的混合物　　C. 碘　　D. 溴

10. 下列物质能把溴从溴水中萃取出来的是（　　）。

A. 汽油　　B. 碘化钾　　C. 氢碘酸　　D. 四氯化碳

四、写出用二氧化锰、氯化钾、溴化钾、浓硫酸和水五种物质制取盐酸、氯气和溴的化学方程式，指出哪些是氧化还原反应？哪些是非氧化还原反应？是氧化还原反应的标出电子转移的方向和总数目，并指出哪种元素被氧化，哪种元素被还原，哪种物质是氧化剂，哪种

物质是还原剂。（共 18 分）

五、在实验室中用二氧化锰与浓盐酸反应制备干燥纯净的氯气。图 1 是某学生设计的实验装置图。（共 10 分）

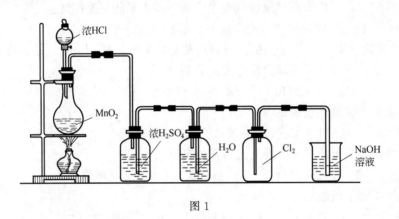

图 1

1. 指出装置图中的错误：
(1) _____ ；
(2) _____ ；
(3) _____ ；
(4) _____。

2. 在改正的装置图中，洗气瓶中的水、浓硫酸和烧杯中的氢氧化钠溶液各起的作用如下。
(1) 水起的作用是_____ ；(2) 浓硫酸起的作用是_____ ，氢氧化钠溶液起的作用是_____ 。

六、使足量的浓硫酸和 11.7g 氯化钠混合微热，将反应所生成的氯化氢完全通入 45g 质量分数为 10% 的氢氧化钠溶液中，通过计算说明溶液对石蕊试液呈何反应？（共 15 分）

七、现有市售的 11.9mol/L 的浓盐酸 100mL，与 32.5g 金属锌充分反应后，在标准状况下可制得氢气多少升？（共 12 分）

·学习辅导·

根据化学方程式的计算

化学式子要配平，　应将纯量代方程。
上下单位应相同，　左右一定要对应。
遇到两个已知量，　应按不足来进行。
遇到气体求体积，　克"重"必须对应升。

氧化还原反应

氧化还原看变价，　反应前后比一下。
失电子升价被氧化，　得电子降价被还原。
氧化剂元素被还原，　还原剂元素被氧化。
氧化还原互依存，　有失有得不分离。

第四章 碱 金 属

第一节 钠

一、填空题

1. 金属钠_____，能用小刀切割，新切断面呈_____色的金属光泽，在空气中很快会_____，这主要是因为生成了_____，它的名称是_____，分子式是_____，其中氧元素的化合价为_____价。钠在空气中燃烧的化学方程式是_____，生成物的名称是_____，其中氧元素的化合价是_____价。

2. 钠的密度比水的密度_____，将钠投入水中，立即在_____与水剧烈反应，有____放出，钠熔成_____向各个方向迅速游动，发出_____的响声，_____逐渐缩小，最后_____，钠与水起反应的化学方程式是_____。

二、判断题（下列说法正确的在题后括号内画"√"，不正确的画"×"）

1. 钠是一种金属，所以很坚硬，它是热和电的良导体。 （   ）

2. 钠与水起反应放出氢气，反应后的溶液能使紫色石蕊试液（或红色石蕊试纸）变蓝色，使无色酚酞试液变红色。 （   ）

三、选择题（每小题只有一个正确答案，将正确答案的序号填在题后括号内）

1. 对金属钠的下列叙述，错误的是（   ）。

A. 钠的氧化物的水化物是可溶性的碱　　B. 金属钠具有银白色的金属光泽

C. 钠比水轻　　　　　　　　　　　　　D. 钠是一种强氧化剂

2. 下列对金属钠性质的说法，正确的是（   ）。

A. 在空气中钠新切断面美丽的银白色金属光泽不变

B. 钠在空气中燃烧生成了淡黄色的过氧化钠

C. 钠在空气中燃烧生成了稳定的白色氧化钠

D. 钠与水起反应放出氧气，同时生成氢氧化钠

3. 下列对钠的用途和存在的叙述，错误的是（   ）。

A. 少量金属钠常贮存在水中

B. 钠在自然界里只能以化合态存在

C. 钠和钾的合金在室温下呈液态，是原子反应堆的导热剂

D. 通常是将金属钠贮存在煤油中

4. 钠与水起反应的现象与钠的性质无关的是（   ）。

A. 钠的熔点较低　　B. 钠的密度较小　　C. 钠的硬度较小　　D. 钠是强还原剂

5. 钠在自然界中存在最多的形式是（   ）。

A. 氯化钠　　B. 氧化钠　　C. 硫酸钠　　D. 纯碱

四、计算题

1. 把 2.3g 钠加入到 25g 水中，所得到的溶液的密度是 $1.17g/cm^3$，该溶液的质量分数是多少？物质的量浓度是多少？

2. 电解 23.4g 熔融氯化钠，可制得多少克钠？在标准状况下能生成氯气多少升？

第二节　钠的化合物

一、填空题

1. 过氧化钠可用在呼吸面具里做_____发生剂，以吸收_____和供给_____，发生反应的化学方程式是_____。

2. 芒硝、纯碱（苏打）、小苏打的分子式分别是_____、_____和_____。纯碱中混有少量小苏打，可用_____方法除去，反应的化学方程式是_____。加热 16.8g 小苏打到再没有气体放出时，剩余的物质是_____，质量是_____。

二、判断题（下列说法正确的在题后括号内画"√"，不正确的画"×"）。

1. 氧化钠和过氧化钠溶液都能使无色酚酞试液变红色。　　（　　）

2. 氧化钠和过氧化钠都是白色固体，都具有漂白作用。　　（　　）

3. 碳酸钠晶体的分子式是 Na_2CO_3。　（　　）

4. 碳酸钠与盐酸的反应不如碳酸氢钠与盐酸的反应剧烈。　　（　　）

三、选择题（每小题只有一个正确答案，将正确答案的序号填在题后括号内）

1. 下列各组物质中，反应后生成碱和氧气的是（　　）。

A. 钠和水　　B. 氧化钠和水　　C. 氯气和水　　D. 过氧化钠和水

2. 相同物质的量的 Na_2CO_3 和 $NaHCO_3$ 分别与过量的盐酸反应，下列说法正确的是（　　）。

A. $NaHCO_3$ 放出的 CO_2 多　　B. Na_2CO_3 放出的 CO_2 多

C. $NaHCO_3$ 消耗盐酸多　　D. Na_2CO_3 消耗盐酸多

3. 78g过氧化钠与水完全反应放出的气体在标准状况下的体积是（ ）。

A. 22.4L　　B. 44.8L　　C. 11.2L　　D. 5.6L

四、计算题

1. 在标准状况下，1.56kg Na_2O_2 可供给潜水人员多少升的 O_2？

2. 配制质量分数为 3‰ 的碳酸钠溶液（密度为 1.03g/cm³）250mL，需 $Na_2CO_3 \cdot 10H_2O$ 多少克？

第三节　碱金属元素

一、填空题

1. 碱金属元素包括 ＿＿＿＿＿＿＿＿＿＿＿＿＿＿ 六种元素，它们的原子最外电子层都有 ＿＿＿ 个电子，在化学反应中容易 ＿＿＿＿＿，碱金属都是 ＿＿＿＿＿＿＿剂。随着核电荷数的增加，碱金属原子半径逐渐 ＿＿＿＿＿＿，原子失去电子的能力逐渐 ＿＿＿＿＿，化学活动性依次 ＿＿＿＿＿＿。

2. 在观察钾离子的焰色反应时，要透过 ＿＿＿＿＿＿＿＿＿ 去观察，看到的火焰为 ＿＿＿ 色。

3. 钾和钠投入 $CuSO_4$ 溶液中，首先与水起反应生成碱和氢气，生成的碱再和 $CuSO_4$ 反应。试写出钠与 $CuSO_4$ 溶液起反应的总化学方程式：＿＿＿＿＿＿＿＿＿＿＿＿＿＿＿＿＿＿＿。

二、判断题（下列说法正确的在题后括号内画"✔"，不正确的画"✕"）

1. 碱金属元素的原子在化学反应中都容易失去最外层的1个电子，被还原，所以碱金属都是强还原剂，具有还原性。　（　　）

2. 锂原子的半径比钠原子的半径小，钠原子的半径比钠离子的半径大。　（　　）

3. 钾是一种易燃物质，但在没有氧气的条件下，钾就不能燃烧。　（　　）

三、选择题（每小题只有一个正确答案，将正确答案的序号填在题后括号内）

1. 下列原子半径最小的是（ ）。

A. 锂　　B. 钠　　C. 钾　　D. 铷

2. 下列物质与水起反应最剧烈的是（ ）。

A. 锂　　B. 钠　　C. 钾　　D. 铷

3. 下列反应中，钾元素被氧化的是（ ）。

A. $KOH + HCl = KCl + H_2O$

B. $2KCl \!=\!\!=\!2K+Cl_2\uparrow$

C. $2K_2O_2+2H_2O \!=\!\!=\!4KOH+O_2\uparrow$

D. $2K+H_2O \!=\!\!=\!2KOH+H_2\uparrow$

4. 下列物质焰色反应呈黄色的是（　　）。

A. 氯化锂　　B. 过氧化钠　　C. 氯化钾　　D. 氯化铷

四、计算题

把 2.74g 碳酸钠和碳酸氢钠的混合物加热到质量不再变化时，剩余物质的质量为 2.12g，计算混合物中碳酸氢钠和碳酸钠的质量分数。

自 测 题

一、填空题（共 40 分，每空 2 分）

1. 少量的碱金属常贮存在_____中，因为锂_____，常浮在_____上，因此常将锂保存在_____中。

2. 有三种白色粉末状物质 A、B、C，分别用洁净铂丝蘸取后放在无色火焰上灼烧，A 和 C 的火焰呈黄色，透过蓝色钴玻璃观察 B 的火焰呈紫色。取三种白色粉末各少许分别溶于水，分别加入硝酸银溶液和稀硝酸，A、B、C 三种物质的溶液中分别生成了白色沉淀、淡黄色沉淀和黄色沉淀。那么，A 是_____，B 是_____，C 是_____。

3. 一块表面已经氧化为 Na_2O 的金属钠，总质量为 10.8g，把它投入 100g 水中，完全反应后产生了 $0.2gH_2$。试计算：这块表面已氧化的金属钠内部，未氧化的金属钠是____g，这些钠与水反应生成 NaOH _____g，金属表面的 Na_2O 是_____g，这些 Na_2O 与 H_2O 反应生成 NaOH ____g，反应后生成 NaOH 的总质量是____g，溶液的总质量是_____g，所以溶液的质量分数是_____。

4. 碱金属在自然界里只能以_____态存在，在化学反应中碱金属都是_____剂。

5. 钾与水反应比钠与水反应_____，常使_____燃烧并发生_____，反应的化学方程式是_____。

二、下列说法正确的在题后括号内画"√"，不正确的画"×"。（共 20 分，每小题 2 分）

1. 钠与硫的反应是氧化还原反应，硫是氧化剂，电子转移的总数目是 2e。（　　）

2. 氧化钠和过氧化钠都属于碱性氧化物。（　　）

3. 随着核电荷数的增加，碱金属从锂到铯，熔点、沸点逐渐升高，密度逐渐增大。（　　）

4. 用铂丝蘸取某盐的溶液在无色火焰上灼烧，没有看到紫色火焰，说明这种盐一定不

是钾盐。　（　　）

5. 钾原子的半径比钾离子的半径小。（　　）

6. 过氧化钠与二氧化碳的反应不是氧化还原反应。（　　）

7. 钠原子和钠离子的摩尔质量都是 23g/mol。（　　）

8. 由于钠是金属，其密度一定大于水的密度，所以将钠投入水中，沉于水底与水发生剧烈的反应。（　　）

9. 将 2.3g 金属钠投入 17.8g 水中，完全反应后，所得 NaOH 溶液的质量分数是 20％。（　　）

10. 1mol Na_2O_2 与 H_2O 完全反应放出的气体在标准状况下的体积是 22.4L。（　　）

三、选择正确答案（1～2 个）的序号填在题后括号里。（共 20 分，每小题 2 分）

1. 能直接为高空或潜水人员提供氧气的物质是（　　）。

A. H_2O　　B. Na_2O　　C. $KClO_3$　　D. Na_2O_2

2. 下列说法错误的是（　　）。

A. 加热碳酸氢钠生成碳酸钠、水和二氧化碳气体

B. 将过氧化钠投入水中反应后生成氢氧化钠

C. 将金属钠投入硫酸铜溶液中反应后生成铜和硫酸钠

D. 将二氧化碳通入碳酸钠溶液中反应后生成碳酸氢钠

3. 下列物质分别放入水中有气体放出的是（　　）。

A. K　　B. Na_2O_2　　C. Na_2O　　D. Na_2CO_3

4. 检验烧碱中是否混有纯碱的方法是（　　）。

A. 用加热的方法观察有气体产生　　B. 用无色火焰灼烧焰色反应为黄色

C. 加入盐酸有气体产生，将气体通入石灰水变浑浊　D. 无法检验

5. 要除去纯碱中混有的小苏打，正确的方法是（　　）。

A. 加入稀盐酸　　B. 加热灼烧　　C. 加氢氧化钾溶液　　D. 加石灰水

6. 将一小块光亮的金属钠长期置于空气中，最后变为（　　）。

A. Na_2O　　B. Na_2O_2　　C. NaOH　　D. Na_2CO_3

7. 下列物质灼烧时透过蓝色钴玻璃观察火焰呈紫色的是（　　）。

A. 钾　　B. 氯化钠　　C. 氯化锂　　D. 氯化钾

8. 下列分子式错误的是（　　）。

A. Li_2O　　B. $LiCl_2$　　C. LiOH　　D. $LiCO_3$

9. 碱金属应该保存在（　　）。

A. 水中　　B. 砂中　　C. 酒精中　　D. 石蜡或煤油中

10. 下列物质还原性最强的是（　　）。

A. 锂　　B. 钠　　C. 钾　　D. 铷

四、填空回答下列问题（共 10 分，每空 2 分）

1. 有 A、B 两种白色晶体，都能和盐酸反应放出无色、无气味的气体 C，将 C 通入石灰水中出现浑浊现象；用洁净铂丝蘸取 A 的溶液在无色火焰上灼烧时，火焰呈黄色；A 不稳定，受热时分解生成物质 B 并放出气体 C。试推断 A 的名称是____，B 的名称是____。

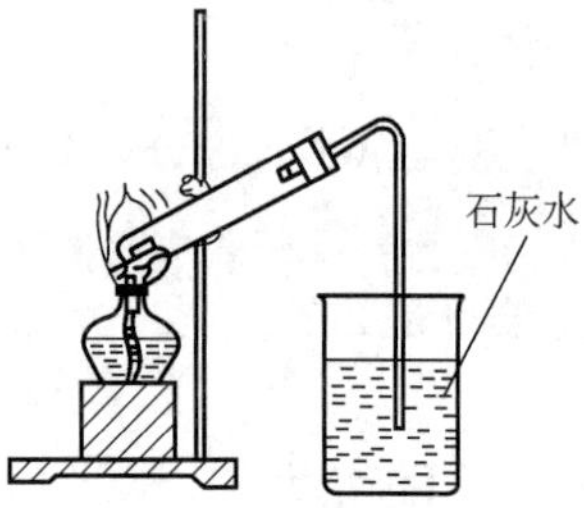

石灰水

图 2

2. 一同学按图 2 装置加热分解上述的 A 物质,装置图中有三处错误,最后试管爆裂了。请你指出这些错误:

(1) _____;

(2) _____;

(3) _____。

五、100g Na_2CO_3 和 $NaHCO_3$ 的混合物与足量的盐酸起反应,在标准状况下生成 22.4L 的 CO_2 气体,求原混合物中碳酸氢钠和碳酸钠的质量分数。(共 10 分)

·学习辅导·

焰色反应

焰色反应要记清,　　　铷紫钠黄钙砖红;

铜呈绿色钡黄绿,　　　锶为洋红锂紫红;

透过蓝色钴玻璃,　　　钾的紫焰才显明。

第五章　物质结构　元素周期律

第一节　原子结构

一、填空题

1. $_Z^AX$ 代表一个____为 Z、____为 A 的原子。某元素的原子序数为 17，原子核内有____个质子，核外有____个电子，核电荷数是____。$_{19}^{39}K$ 元素的原子核内有____个质子，____个中子，核外有____个电子，原子的质量数是____，原子序数是____。由于_____等于_____，所以原子不显电性。

2. Ca^{2+} 核外共有 18 个电子，核内有 20 个中子，其核内质子数是____，原子的质量数是____。F^- 离子的核内有 9 个质子，其原子的质量数为 19，F^- 离子的核外共有____个电子，F 原子的核内有____个中子，核外有____个电子。

3. 元素符号左上角的数字表示同位素原子的_____；左下角的数字表示_____或_____；右下角的数字表示_____；右上角的数字及其正、负号表示阳离子或阴离子的_____；右上角带正、负号的数字表示元素的正、负_____。

4. 在标准状况下，$^1H_2$ 和 $^2H_2$ 的密度分别是_____g/L 和_____g/L。普通水（H_2O）和重水（D_2O）的相对分子质量分别是____和____。

二、判断题（下列叙述正确的在题后括号内画"√"，错误的画"×"）

1. 原子的质量数等于近似相对原子质量。　（　　）

2. 原子是由不带电的微粒组成的，所以原子不显电性。　（　　）

3. 所有氢原子的原子核都是由 1 个质子组成的。　（　　）

4. 人们已经知道了 110 多种元素，每种元素都只有一种原子，所以人们也就知道了 110 多种原子。　（　　）

5. 在氯元素中，$_{17}^{35}Cl$ 占 75%，$_{17}^{37}Cl$ 占 25%，所以氯元素的近似相对原子质量是 $\frac{35+37}{2}=36$。　（　　）

三、选择题（每小题只有一个正确答案，将正确答案的序号填在题后括号内）

1. 决定元素种类的是（　　）。

A. 电子数　　B. 质量数　　C. 质子数　　D. 中子数

2. 下列微粒互为同位素的是（　　）。

A. $_{18}^{40}Ar$ 和 $_{19}^{40}K$　　B. $_{20}^{40}Ca$ 和 $_{20}^{42}Ca$　　C. $_8^{17}O$ 和 $_{17}^{35}Cl$　　D. $_{17}^{37}Cl$ 和 $_{17}^{35}Cl^-$

3. 下列各组微粒不属于同一种元素的是（　　）。

A. $_{18}^{40}Ar$ 和 $_{20}^{40}Ca$　　B. $_1^1H$、$_1^2H$ 和 $_1^3H$　　C. $_6^{12}C$、$_6^{13}C$ 和 $_6^{14}C$　　D. $_{17}^{35}Cl$ 和 $_{17}^{35}Cl^-$

4. 由 $_8^{16}O$ 和 $_1^2H$ 两种元素形成的 10g 重水 D_2O 中，所含的中子数是（　　）。

A. 10　　B. 5　　C. $5×6.02×10^{23}$　　D. 12

四、计算题

1. 镁元素有三种天然同位素，其中 $_{12}^{24}Mg$ 占 78.70%，$_{12}^{25}Mg$ 占 10.13%，$_{12}^{26}Mg$ 占 11.17%，计算镁元素的近似相对原子质量。

2. 硼元素在自然界有两种同位素 ^{10}B 和 ^{11}B，测得硼的近似相对原子质量是 10.8，计算 ^{10}B 和 ^{11}B 的原子个数比。

第二节 原子核外电子的排布

一、填空题

1. 在通常情况下，电子总是尽先排布在能量____的电子层里，然后再由____往____，依次排布在能量_____的电子层里，各电子层最多容纳的电子数是_____，最外层电子数目不能超过____个，次外层电子数目不能超过____个。

2. $_{11}Na$、$_{17}Cl$ 和 $_{18}Ar$ 三种元素的原子结构示意图分别是_____、_____和_____。

二、判断题（下列说法正确的在题后括号内画"√"，错误的画"×"）

1. 在 M 层（$n=3$）只能容纳 18 个电子。（   ）

2. N 层（$n=4$）为次外层时，最多只能排布 18 个电子。（   ）

3. Li 元素的原子结构示意图是 Li ⊕3)₁2。（   ）

三、选择题（每小题只有一个正确答案，将正确答案的序号填在题后括号内）

1. 下列能量最低、离核最近的电子层是（   ）。

A. M 层　　B. K 层　　C. N 层　　D. P 层

2. 在 L 层最多容纳的电子数是（   ）。

A. 2　　B. 4　　C. 8　　D. 16

3. 下列微粒中半径最大的是（   ）。

A. 中子　　B. 质子　　C. 电子　　D. 原子

四、计算题

某元素 R 的单质 1.2g，在标准状况下与足量的盐酸反应后生成 1.12L 的氢气和组成为 RCl_2 的盐，已知 R 的原子核内中子数和质子数相等，求 R 的相对原子质量是多少？这是什么元素？

第三节　元素周期律

一、填空题

1. 随着原子序数的递增，元素原子最外层电子数重复出现从____个递增到____个、原子半径重复出现由____逐渐____、元素的化合价重复出现正价从____逐渐递变到____，负价从_____递变到____的情况。也就是说，随着原子序数的递增，元素原子最外电子层电子排布呈____的变化，从而引起元素的原子半径、元素的化合价也呈____的变化。

2. 元素的____随着原子序数的____而呈____变化的规律叫_____。它证明了元素之间由____变到____的客观规律。

二、判断题（下列叙述正确的在题后括号内画"√"，错误的画"×"）

1. 原子半径是元素的重要物理性质之一，元素的化合价也是元素的重要性质。（　　）

2. 由于元素的原子半径和元素的化合价随着原子序数的递增而呈周期性的变化，从而引起元素原子最外层电子排布呈周期性的变化。（　　）

三、选择题（每小题只有一个正确答案，将正确答案的序号填在题后括号内）

1. 随着原子序数的递增，对于 11～18 号元素的化合价，下列叙述不正确的是（　　）。

A. 正价从＋1 递变到＋7　　　B. 负价从－4 递变到－1

C. 负价从－7 递变到－1　　　D. 从中部的元素开始有负价

2. 下列元素原子半径最大的是（　　）。

A. Na　　B. Mg　　C. Al　　D. Si

四、计算题

某元素 R 的最高氧化物的化学式是 R_2O，该氧化物中含氧 25.8%，计算 R 的相对原子质量并指出元素名称。

第四节　元素周期表

一、填空题

1. 在元素周期表中，共有____个周期，其中第_____三个周期是短周期；第 4、5 和 6 三个周期叫_____；第 7 周期叫_____周期，因为没有_____结尾；第 4 周期有_____种元素；除了第 1 周期和第 7 周期以外，每个周期都以____元素开始，以____结束，这两类元素原子的最外电子层电子数分别是____个和____个。在元素周期表中，共有____个纵行，____个族，这些族分为____个主族，____个副族，1 个____族和 1 个____族，第____族包括三个纵行。

2. 在元素周期表中，同周期元素的原子具有相同的_____，同主族元素的原子_____相同，元素的最高正价数等于_____，主族元素的负价数等于_____，同周期的元素一般是从左到右金属性____，非金属性_____，主族元素从上到下金属性_____

__，非金属性_____。

3．A、B、C三种主族元素，原子核外都有三个电子层，最外层电子数分别是3、7和8。三种元素的原子序数：A是_____，B是_____，C是____。A、B元素的最高正价分别是____和____，B元素的负价是_____，C元素的化合价是_____。三种元素的名称：A是____，B是____，C是____。A元素的最高氧化物的分子式是_____，B元素的气态氢化物的分子式是_____。

二、判断题（下列说法正确的在题后括号内画"√"，错误的画"×"）

1．在元素周期表中，ⅠA族元素的最高正价是+1，负价是-7；ⅥA族元素的最高正价是+6，负价是-2。（ ）

2．同周期的元素从左到右，金属性逐渐增强，非金属性逐渐减弱。（ ）

3．元素原子的价电子只能是最外电子层的电子。（ ）

4．过渡元素都是金属元素。（ ）

5．从主族和副族的构成来说，零族相当于主族，第Ⅷ族相当于副族。（ ）

三、选择题（每小题只有一个正确答案，将正确答案的序号填在题后括号内）

1．下列物质属于两性氧化物的是（ ）。

A．Al_2O_3　　B．CO_2　　C．Na_2O　　D．Na_2O_2

2．下列物质属于两性氢氧化物的是（ ）。

A．$Mg(OH)_2$　　B．KOH　　C．$NaOH$　　D．$Al(OH)_3$

3．下列物质的溶液酸性最强的是（ ）。

A．H_2SO_4　　B．H_2SiO_3　　C．H_3PO_4　　D．$HClO_4$

4．下列物质碱性最强的是（ ）。

A．氢氧化镁　　B．氢氧化钙　　C．氢氧化锶　　D．氢氧化钡

5．下列金属与水反应最剧烈的是（ ）。

A．铍　　B．镁　　C．钙　　D．钡

6．下列氢化物中最稳定的是（ ）。

A．HI　　B．HBr　　C．HCl　　D．HF

四、计算题

1．有主族元素R，它的原子最外电子层有6个电子，它在其气态氢化物中的含量是88.99%，计算R的相对原子质量并指出元素名称。

2．15.6g某金属与水起反应，在标准状况下生成4.48L氢气，在反应中1个金属原子只能失去1个电子，该金属元素原子核内质子数比中子数少1个。试求该金属元素的相对原子质量并指出元素名称。

第五节 化 学 键

一、填空题

1. 氮原子的电子式是____，氮分子的电子式是_____，结构式是_____，水分子的电子式是_____，结构式是_____，氯化钙的电子式是_____，氟化氢的形成过程可用电子式表示为_____，硫化钠的形成过程可用电子式表示为_____。

2. 画出下列微粒的结构示意图。

(1) Na^+ _____ 　　(2) Ne _____ 　　(3) Cl^- _____ 　　(4) C _____ 　　(5) S _____
(6) Li _____

二、判断题（下列说法正确的在题后括号内画"√"，错误的画"×"）

1. 活泼金属与活泼非金属化合时，都能形成离子键。　　（　　）

2. 分子内原子之间的相互作用，通常叫做化学键。　　（　　）

3. 化学键的基本类型主要有离子键、共价键和金属键。　　（　　）

4. 具有离子键的化合物一定是离子化合物。　　（　　）

5. 具有共价键的化合物一定是共价化合物。　　（　　）

三、选择题（每小题只有一个正确答案，将正确答案的序号填在题后括号内）

1. 下列物质属于离子化合物的是（　　）。

A. NH_3　　B. O_2　　C. HCl　　D. $MgCl_2$

2. HBr 的电子式正确的是（　　）。

A. $H\overset{\times}{\cdot}Br$　　B. $H\overset{\times}{\cdot}\overset{\cdot\cdot}{\underset{\cdot\cdot}{Br}}$　　C. $H^+\overset{\cdot\cdot}{\underset{\cdot\cdot}{\times}}Br:^-$　　D. $H^+[\overset{\cdot\cdot}{\underset{\cdot\cdot}{:}}Br:]^-$

3. NH_4Cl 中的化学键（　　）。

A. 只有离子键　　　　　　　B. 只有共价键

C. 只有离子键和配位键　　　D. 既有离子键、共价键又有配位键

4. 下列物质中只存在离子键的是（　　）。

A. HF　　B. NaOH　　C. $CaCl_2$　　D. NH_4Cl

5. 下列物质中只存在非极性键的是（　　）。

A. H_2S　　B. Cl_2　　C. Na_2O　　D. NH_3

四、计算题

主族元素 R 的最高价氧化物的化学式为 R_2O，把 4.7g 该氧化物溶于 95.3g 水中，生成的碱溶液的质量分数是 5.6%，求 R 的相对原子质量并指出元素名称。

第六节　非极性分子和极性分子

一、填空题

1. Cl_2 分子的电子式是＿＿＿，分子中的化学键是＿＿＿＿＿键，分子属于＿＿＿＿分子。HCl 分子是由＿＿＿＿键形成的＿＿＿＿分子。

2. NH_3 是由＿＿＿＿键形成的＿＿＿＿＿分子。CO_2 是由＿＿＿＿键形成的＿＿＿分子。

二、判断题（下列说法正确的在题后括号内画"√"，错误的画"×"）

1. 非极性分子中的化学键一定是非极性键。（　　）

2. 在 CH_4 分子里，碳原子和氢原子是以极性键结合的，所以 CH_4 分子是极性分子。（　　）

3. 由极性键形成的双原子分子都是极性分子。（　　）

4. H_2O 分子是极性分子。（　　）

三、选择题（每小题只有一个正确答案，将正确答案的序号填在题后括号内）

1. 下列分子属于极性分子的是（　　）。

A. HCl　　B. O_2　　C. N_2　　D. H_2

2. 下列分子中，具有极性键的双原子分子是（　　）。

A. H_2O　　B. H_2　　C. CO_2　　D. HBr

3. 下列分子中，具有极性键的非极性分子是（　　）。

A. NH_3　　B. H_2S　　C. CO_2　　D. HI

4. 下列分子中，具有极性键的极性分子是（　　）。

A. CH_4　　B. H_2O　　C. CO_2　　D. CS_2

四、计算题

某主族元素 R，它的气态氢化物的分子式为 RH_3，其最高价氧化物中含氧的质量分数为 74.07%，计算 R 的相对原子质量并指出元素名称。

第七节　晶体的基本类型

一、填空题

1. 晶体的基本类型有＿＿＿、＿＿＿、＿＿＿和＿＿＿。

2. 在离子晶体、原子晶体和分子晶体中，晶格结点上的微粒分别是＿＿＿、＿＿＿和＿＿＿，微粒之间的作用力分别是＿＿＿、＿＿＿和＿＿＿。

3. 氯化钠晶体是＿＿＿晶体，晶格结点上的微粒是＿＿＿和＿＿＿，离子个数比是＿＿＿，微粒之间的作用力是＿＿＿＿。该晶体中不存在 NaCl＿＿＿＿，NaCl 是它的＿＿＿式。

4. 干冰是____晶体，晶格结点上的微粒是_____，微粒之间的作用力是_____。

5. 金刚石是____晶体，晶格结点上的微粒是_____，这些微粒之间以_____相结合。在原子晶体中____在分子。

二、判断题（下列说法正确的在题后括号内画"√"，错误的画"×"）

1. 离子晶体中只存在离子键。 （　　　）

2. 在氯化钠晶体中，晶格结点上的微粒是氯化钠分子。 （　　　）

3. SiO_2 晶体和 CO_2 晶体都是分子晶体。 （　　　）

4. 金刚石晶体是原子晶体，它是自然界中最硬的晶体。 （　　　）

5. 石墨晶体的结构呈层状，在同一层中每个碳原子都跟其他三个碳原子以共价键相结合，在层与层之间，相邻的碳原子以范德瓦尔斯力相结合。 （　　　）

三、选择题（每小题只有一个正确答案，将正确答案的序号填在题后括号内）

1. 下列晶体属于离子晶体的是（　　　）。

A. KI　　B. CO_2　　C. Si　　D. Ne

2. 下列晶体中，微粒之间以范德瓦尔斯力互相结合的是（　　　）。

A. 离子晶体　　B. 分子晶体　　C. 原子晶体　　D. 没有这种晶体

3. 下列晶体属于原子晶体的化合物是（　　　）。

A. 结晶硅　　B. 干冰　　C. 二氧化硅　　D. 氧化镁

4. 下列晶体中，熔点、沸点较低，硬度较小的是（　　　）。

A. 原子晶体　　B. 离子晶体　　C. 分子晶体　　D. 没有这种晶体

5. 下列晶体中，阴、阳离子都具有氖原子电子层结构的是（　　　）。

A. K_2S　　B. NaCl　　C. KCl　　D. MgO

四、计算题

某主族元素 R，其原子核含有 16 个中子，已知其最高正价与负价的绝对值之差为 2，其气态氢化物含氢的质量分数为 8.8%，求 R 的相对原子质量并指出元素名称。

自 测 题

一、填空题（共 20 分，每空 1 分）

1. 在下列短文中错误的地方下面画一短线，并在题后括号中依次填出改正后的正确答案。

在物质世界中，物质的种类繁多，但是它们都是由 112 种原子所组成。元素的种类主要是由原子的质量决定的。元素周期表是按原子质量的大小顺序排列的，共有 16 个纵行。稀有气体原子一般核外最外层是 8 个电子的稳定结构，所以排在第Ⅷ族。（____、_____　_____、____、____）

2. 有 A、B 两种碱金属，已知 A 元素的原子半径小于钠原子，B 元素的原子半径大于钾原子。在这两种元素中，核电荷较多的是＿＿＿，原子核外电子层较少的元素是＿＿＿，＿＿＿元素形成的单质与水反应更剧烈，金属性较弱的是＿＿＿，＿＿＿元素的单质还原性较强。

3. 有 A、B、C 三种元素，A 元素位于周期表中第 3 周期第 Ⅷ 族，纯净的 H_2 能在它的单质中燃烧产生苍白色火焰，B 的离子与氩原子具有相同的电子层结构，它的氢化物分子式为 H_2B，其中含氢 5.88%，C 的单质能与冷水剧烈反应且具有紫色焰色反应（透过蓝色钴玻璃）。推断三种元素的名称，A 是＿＿＿，B 是＿＿＿，C 是＿＿＿。A 的单质的分子式是＿＿＿，属于＿＿＿键形成的＿＿＿分子。A 和 C 形成的化合物分子式是＿＿＿，其晶体属于＿＿＿晶体。B 的气态氢化物的分子是由＿＿＿性键形成的＿＿＿性分子。

二、下列叙述正确的在题后括号内画"√"，错误的画"×"。（共 10 分，每小题 1 分）

1. 氯原子和氯离子的核电荷数都是 17，所以它们都属于氯元素。（　　　）

2. 元素的种类主要是由核外电子数决定的。（　　　）

3. 元素周期表表明，元素的性质随核电荷数的递增而呈周期性的变化。（　　　）

4. 在元素周期表中，ⅣA 族元素的最高正价和负价的绝对值相等。（　　　）

5. 在元素周期表中，主族元素的化合价是由原子最外层电子数决定的。（　　　）

6. 在元素周期表中，原子最外电子层有 1 个和 2 个电子、次外层都有 8 个电子的元素位于 ⅠA 族和 ⅡA 族，最外层是 1 个和 2 个电子、次外层是 18 个电子的元素位于 ⅠB 族和 ⅡB 族。（　　　）

7. 在 NH_4^+ 中，N 原子和 4 个氢原子之间的化学键都是共价键，其形成过程完全相同。（　　　）

8. 具有共价键的化合物一定是共价化合物。（　　　）

9. 在主族元素中，金属阳离子的电子排布总是与它上一周期的稀有气体元素原子的电子排布相同；非金属原子的阴离子的电子排布总是和它同周期的稀有气体元素原子的电子排布相同。（　　　）

10. CO_2 晶体和 SiO_2 晶体都属于分子晶体。（　　　）

三、选择正确答案（1～2 个）**的序号填在题后括号里。**（共 15 分，每小题 1 分）

1. 下列各组微粒属于同一种元素的是（　　　　）。

A. $^{40}_{18}Ar$ 和 $^{40}_{20}Ca$　　B. $^{17}_8O$ 和 $^{35}_{17}Cl$　　C. ^1_1H、^2_1H 和 ^3_1H　　D. $^{35}_{17}Cl$ 和 $^{37}_{17}Cl$

2. 关于 Cl^-、Cl_2、$^{35}_{17}Cl$、$^{37}_{17}Cl$ 四种微粒的正确说法是（　　　　）。

A. 它们是同一种氯原子　　　　　　　　B. 它们是化学性质不同的几种氯原子

C. 它们是氯元素的几种微粒的不同表示方法　　D. 它们是氯元素的四种不同的同位素

3. 决定元素种类的微粒是（　　　　）。

A. 中子数　　B. 质子数　　C. 质量数　　D. 电子数

4. 在形成 2 价阳离子时，核外电子数为 27 的金属元素是（　　　　）。

A. $^{56}_{26}Fe$　　B. $^{59}_{27}Co$　　C. $^{65}_{29}Cu$　　D. $^{58}_{28}Ni$

5. 下列物质只能溶于盐酸的是（　　　　）。

A. MgO　　B. Al_2O_3　　C. SiO_2　　D. $Al(OH)_3$

6. 下列微粒半径最小的是（　　　　）。

A. Na　　B. K　　C. Li^+　　D. Li

7. 下列微粒与氖具有相同的电子排布的是（　　　　）。

A. F^- B. F   C. Na^+ D. K^+

8. 下列微粒属于原子的是（   ）。

A. 11个质子、12个中子、10个电子   B. 16个质子、16个中子、16个电子

C. 1个质子、1个中子、1个电子   D. 17个质子、18个中子、18个电子

9. 下列分子中，具有极性键的极性分子是（   ）。

A. HCl   B. CO_2 C. H_2O D. CH_4

10. 在常温时，下列物质中含有共价键的离子晶体是（   ）。

A. 氯化钠   B. 金刚石   C. 二氧化硅   D. 氢氧化钠

11. 化学键的主要类型有（   ）。

A. 离子键和共价键   B. 离子键、共价键和金属键

C. 离子键、共价键、金属键和配位键   D. 离子键、共价键、金属键、配位键和范德瓦尔斯力

12. 下列状态的物质中，属于分子晶体的是（   ）。

A. 固体碘   B. 20℃的水   C. 食盐   D. 结晶硅

13. 下列物质中，属于离子化合物的是（   ）。

A. 冰   B. 氯化钾   C. 干冰   D. 胆矾

14. 下列物质的固体中，硫元素以 S^{2-} 离子的形式存在的是（   ）。

A. Na_2O B. H_2S C. SO_2 D. H_2SO_4

15. 下列物质以共价键形成的化合物分子是（   ）。

A. Na_2O B. H_2 C. CO_2 D. SiO_2

四、下表是元素周期表中的一部分，列出了十种元素在周期中的位置。用化学符号回答下列问题。（共20分）

族 / 周期	I A	II A	III A	IV A	V A	VI A	VII A	0
2				⑥		⑦		
3	①	③	⑤				⑧	⑩
4	②	④					⑨	

1. 化学性质最不活泼的是____，金属性最强的元素是____，非金属性最强的元素是____；

2. ①、②、③和⑤四种元素最高氧化物的水化物的分子式分别是_____、_____、_____和_____，其中碱性最强的是_____，碱性最弱的是_____；

3. ⑥、⑧和⑨三种元素的最高氧化物的水化物的分子式分别是_____、_____和_____，其中酸性最强的是_____；

4. ①、②和③三种元素的原子半径由大到小的顺序是_____；

5. ⑧和⑨元素的氢化物的分子式分别是____和____，其中最稳定的是____，该化合物的电子式是_____。⑧和⑨两种元素的核电荷数之差是____。

五、有 A、B、C、D、E 五种元素，A 若失去1个电子将成为最简单的原子核。C 是地壳中含量最多的非金属元素。B 和 C 处于同一周期，B 的最高正价数和负价数的绝对值相等。D 元素原子的电子层比 C 元素的原子多一层，且 D 元素与 C 元素处于同一主族。E 的阳离子 E^+ 离子的电子层结构与 Ar 相同。（共20分）

1. A、B、C、D、E 的元素名称和元素符号分别是：A ＿＿ ＿＿，B ＿＿ ＿＿，C ＿＿ ＿＿，D ＿＿ ＿＿，E ＿＿ ＿＿。

2. A 和 D 元素形成的化合物分子式是 ＿＿＿，其形成过程可用电子式表示为 ＿＿＿＿＿＿ ＿＿＿＿＿＿＿＿＿＿＿，该化合物是由 ＿＿＿＿＿＿ 键形成的 ＿＿＿＿＿＿＿ 化合物。

3. D 和 E 元素形成的化合物的分子式是 ＿＿＿＿＿，其形成过程可用电子式表示为 ＿＿ ＿＿＿＿＿＿＿＿＿＿＿，该化合物是由 ＿＿＿＿＿＿ 键形成的 ＿＿＿＿＿＿＿ 化合物。

4. A 元素的单质是由 ＿＿＿＿＿ 键形成的 ＿＿＿＿ 性分子。

六、某元素 X 的原子核内的质子数为 35，它在自然界中有中子数为 44 和 46 两种同位素，X 元素的相对原子质量为 79.904，用 $_Z^A X$ 的形式表示两种同位素的组成；计算中子数为 44 的同位素原子在天然存在的 X 元素里所占的原子百分数。（共 7 分）

七、有主族元素 R，它的最高氧化物的化学式是 R_2O，每 12g R 的氢氧化物正好与 400mL 0.75mol/L 的盐酸完全中和，已知元素 R 的原子中质子数比中子数少 1 个。R 的相对原子质量是多少？这是什么元素？（共 8 分）

· 学习辅导 ·

元素与物质

已知元素壹百多，　　　人造元素十几种，
好像"积木"搭造型，　　组成物质数不清。

元素周期表

周期表里分周期，　　　1、2、3、4、5、6、7。
三短三长 7 未完，　　　以后发现接着填。
2、8、8、18 往后数，　　18、32 和 26 ❶
18 纵行分为 16 族，　　　零、Ⅷ 七主又七副。
核电荷等于原子序，　　　电子层数等于周期。
主族最外电子数，　　　等于族数莫忘记。

---

❶　2、8、8、18 往后数，18、32 和 23。其中的数学表示各周期有多少种元素。

第六章　几种非金属及其化合物

第一节　硫及其化合物

一、填空题

1. 氧族元素位于元素周期表中第＿＿＿族，从上到下元素名称为＿＿＿＿＿＿＿＿＿＿＿＿，它们的原子最外电子层上都有＿＿＿个电子，最高化合价是＿＿＿，最低化合价是＿＿＿。用R代表氧族元素，最高价氧化物的分子式为＿＿＿，最高价氧化物的水化物的分子式为＿＿＿，气态氢化物的分子式为＿＿＿。氧族元素从上到下非金属性逐渐＿＿＿，金属性逐渐＿＿＿，其中＿＿＿＿＿＿是典型的非金属元素，＿＿＿＿＿＿是非金属元素却具有某些金属性，＿＿＿是金属元素。

2. 6.4g 硫的物质的量是＿＿＿＿＿，共含＿＿＿＿＿＿＿＿个硫原子，这些硫原子的总质量是＿＿＿。铜丝在硫蒸气里燃烧，生成＿＿＿色的＿＿＿，在该化合物中铜的化合价是＿＿＿价。在硫与铁起反应生成的化合物中，铁的化合价为＿＿＿价，该反应中氧化剂是＿＿＿。在硫和氧气的反应中，＿＿＿的化合价升高，说明硫的非金属性比氧＿＿＿。铝粉中混有少量硫粉，可根据硫易溶于＿＿＿＿＿的性质除去硫粉。

3. 硫化氢是一种无色有＿＿＿＿＿气味的气体，有＿＿＿，所以是一种大气污染物。硫化氢的水溶液叫＿＿＿＿＿，受热时易挥发出＿＿＿气体。

4. 二氧化硫是一种无色而具有＿＿＿＿＿气味的气体，有＿＿＿，所以是一种大气＿＿＿＿＿物。二氧化硫与水的反应是一个＿＿＿＿＿反应，其反应的化学方程式可表示为＿＿＿＿＿＿＿＿＿＿，通常把向生成物方向进行的反应叫做＿＿＿＿＿＿＿，向＿＿＿＿＿方向进行的反应叫做逆反应。

5. 下列化学反应中，各利用硫酸的什么性质？

(1) 铜与浓硫酸加热制 SO_2；＿＿＿＿＿　(2) 固体氯化钠与浓硫酸加热制取氯化氢；＿＿＿＿＿　(3) 浓硫酸滴在纸上，纸变黑；＿＿＿＿＿　(4) 用浓硫酸干燥 Cl_2、CO_2 等气体；＿＿＿　(5) 锌与稀硫酸反应制取氢气。＿＿＿＿＿

6. H_2S、浓 H_2SO_4、S、SO_2 四种物质，从硫元素分析，H_2S 中硫元素的化合物是＿＿＿价，是硫的最＿＿＿化合价，硫元素只能被＿＿＿，因此 H_2S 只具有＿＿＿性。浓 H_2SO_4 中 S 的化合价是＿＿＿价，是 S 的最＿＿＿化合价，硫元素只能被＿＿＿，因此浓 H_2SO_4 只具有＿＿＿＿＿性。在单质硫中 S 的化合价是＿＿＿，在 SO_2 中 S 的化合价是＿＿＿，这两种价态的硫元素既可被＿＿＿，又可被＿＿＿，因此单质硫和 SO_2 既具有＿＿＿性，又具有＿＿＿性。

7. 有一包白色的混合粉末，其中可能含有氯化钡、碳酸钠、硫酸钠、氯化钾。进行如下实验：

(1) 把少量白色粉末溶解于水产生了白色沉淀，加入盐酸后沉淀消失了；

(2) 用洁净铂丝蘸取少量混合粉末，在酒精灯上灼烧，透过蓝色钴玻璃，未看到紫色火焰。

根据以上实验判断这包混合粉末是由____和____组成。有关反应的化学方程式是：____

_____、_____。

8. 皓矾、"钡餐"、绿矾、芒硝、胆矾的化学式分别是_____、_____

_____、_____、_____和_____。

9. 写出下列反应的化学方程式，标出电子转移的方向和数目，指出氧化剂和还原剂。

(1) 铜与浓硫酸共热；(2) 空气不足时硫化氢燃烧。

(1) _____，氧化剂化学式是_____，还原剂化学式是

_____；

(2) _____，氧化剂的化学式是_____，还原剂的化学

式是_____。

10. 工业上制取硫酸的化学方程式是：

(1) _____；

(2) _____；

(3) _____。

二、判断题（下列说法正确的在题后括号内画"√"，错误的画"×"）

1. 氧族元素的非金属性比同周期的卤素弱。（　　）

2. 硫是一种化学性质比较活泼的非金属单质，所以硫在自然界里只能以游离态存在。

（　　）

3. 二氧化硫是亚硫酸的酸酐。（　　）

4. SO_2 的漂白作用实质上是它能与某些有色物质化合生成无色物质，这种物质受热或光照容易分解而使有色物质恢复原来的颜色，因此这种漂白不稳定。（　　）

5. 氢硫酸是一种容易分解的弱酸。（　　）

6. 硫酸是一种高沸点难挥发的强酸。（　　）

7. 稀释浓硫酸时千万不能把浓硫酸倒入水中，一定要把水沿着器壁慢慢注入浓硫酸中，并不断搅拌。（　　）

8. 浓硫酸能与锌起反应放出氢气，与铜加热时也不起反应。（　　）

9. 使 1mol 铜与稀硫酸完全反应可生成 1mol SO_2。（　　）

三、选择题（每小题只有一个正确答案，将正确答案的序号填在题后括号内）

1. 下列气态氢化物最稳定的是（　　）。

A. 硫化氢　　B. 硒化氢　　C. 水　　D. 碲化氢

2. 下列含氧酸酸性最弱的是（　　）。

A. H_2SO_4　　B. H_2SeO_4　　C. H_2TeO_4　　D. $HClO_4$

3. 22g 铁粉和 8g 硫粉混合加热完全反应后生成硫化亚铁，下列说法正确的是（　　）。

A. 能生成硫化亚铁 22g　　B. 能生成硫化亚铁 34.57g

C. 剩余铁粉 14g　　D. 铁粉和硫粉完全反应无剩余

4. 实验室制备 H_2S 气体时用（　　）。

A. 浓盐酸　　B. 浓硫酸　　C. 硝酸　　D. 稀硫酸或稀盐酸

5. 某气体的水溶液能使石蕊试液变红，把这种溶液暴露在空气中会变浑浊，这种气体可能是（　　）。

A. H_2S　　B. HCl　　C. HF　　D. SO_2

6. 下列物质能使品红溶液褪色，加热后颜色复现的是（ ）。

A. H_2S B. SO_2 C. 干燥的 Cl_2 D. 新制的氯水

7. 实验室制备下列气体时不能用启普发生器的是（ ）。

A. H_2S B. SO_2 C. H_2 D. 没有这种气体

8. 下列气体不能用浓硫酸干燥的是（ ）。

A. Cl_2 B. O_2 C. H_2S D. HCl

9. 下列溶液能盛放在密闭的铁容器中的是（ ）。

A. 浓盐酸   B. 浓硫酸   C. 稀硫酸   D. 硫酸铜溶液

10. 鉴别 Na_2SO_3 和 Na_2CO_3 两种无色溶液，可选用的试剂是（ ）。

A. $NaCl$ 溶液和盐酸   B. 淀粉溶液

C. KNO_3 溶液和盐酸   D. 盐酸和品红试纸

11. 鉴别稀硫酸、硫酸钠和碳酸钠三种无色溶液，可选用的试剂是（ ）。

A. 氢氧化钡溶液   B. 氯化钡溶液、稀盐酸和蓝色石蕊试纸

C. 氯化钡溶液和稀盐酸   D. 稀盐酸

12. 0.8g SO_3 溶于 4.2g 水中，溶液的质量分数是（ ）。

A. 16%   B. 19.05%   C. 19.6%   D. 23.33%

四、计算题

1. 一定量的 SO_2 与 H_2S 相互混合后正好完全反应，把反应后的固体生成物溶解于 CS_2 中，CS_2 的质量增加了 0.96g。试计算原 SO_2 和 H_2S 各有几克？

2. 把 3.3g 含杂质的硫化亚铁加入过量的盐酸中，充分反应后产生气体 1.02g（杂质不反应）。试计算这种硫化亚铁的纯度是多少？

3. 有纯铜 12.7g 与 50mL 18mol/L 硫酸完全反应后，在标准状况下可生成 SO_2 多少升？

4. 有一部分变质的亚硫酸钠试样，经测定还含有 5.3％的碳酸钠。称取该试样 20g，加入过量的盐酸，在标准状况下生成 2.464L 的气体。计算试样中亚硫酸钠的质量分数。

5. 用 200t FeS_2 含量为 60％的硫铁矿，理论上可以制得质量分数为 98％的硫酸多少吨？

6. 某硫酸厂每天用去 FeS_2 含量为 45％的黄铁矿 400t，已知 H_2SO_4 的产率为 90％，问该厂每天实际能生产多少吨纯 H_2SO_4？能生产多少吨 H_2SO_4 的质量分数为 96％的硫酸？

第二节　氮、磷及其化合物

一、填空题

1. 氮族元素的名称是＿＿＿＿＿＿＿＿，位于元素周期表中第＿＿＿族，原子最外电子层都有＿＿＿个电子。如果用 R 表示氮族元素，其最高氧化物的分子式为＿＿＿＿，气态氢化物的分子式为＿＿＿＿＿。氮族元素的非金属性从上到下逐渐＿＿＿，其非金属性比同周期的氧族元素和卤素＿＿＿＿。

2. 完成下列转化的化学方程式。

$$N_2 \xrightarrow{(1)} NO \xrightarrow{(2)} NO_2 \overset{(3)}{\underset{(4)}{<}} \begin{matrix} N_2O_4 \\ HNO_3 \end{matrix}$$

(1) ＿＿＿＿＿＿＿＿＿＿＿＿＿＿；(2) ＿＿＿＿＿＿＿＿＿＿＿＿；(3) ＿＿＿＿＿＿＿＿＿＿＿＿＿；
(4) ＿＿＿＿＿＿＿＿＿＿＿。

3. 将空气中游离的氮转变为氮的化合物的过程，叫做＿＿＿＿＿＿＿，只有这样，氮元素才能被农作物＿＿＿＿＿＿，＿＿＿＿＿＿＿是常用的人工固氮方法。

4. 依次写出下列变化的化学方程式，并注明反应发生的条件。

$N_2 \xrightarrow{(1)} NH_3 \xrightarrow{(2)} NO \xrightarrow{(3)} NO_2 \xrightarrow{(4)} HNO_3 \xrightarrow{(5)} NH_4NO_3$

(1) _____ ；(2) _____ ；(3) _____

_____ ；(4) _____ ；(5) _____ 。

5. 有一种白色晶体 A，它与碱共热时放出一种无色气体 B，B 可使湿润的红色石蕊试纸变蓝；A 和浓硫酸共热时，放出一种无色有刺激性气味的气体 C，C 溶于水，其溶液中滴入 $AgNO_3$ 溶液产生白色沉淀 D，D 不溶于稀硝酸，C 和 B 相遇会产生白烟 E，E 溶于水，其溶液中滴入 $AgNO_3$ 溶液也生成 D。试推断五种物质的分子式：A 是 _____ ，B 是 _____ ，C 是 _____ ，D 是 _____ ，E 是 _____ 。

6. 有 A、B、C、D 四种金属，为了比较它们的活动性，进行如下的实验：

（1）分别加热四种金属的硝酸盐，得到的固体产物是：A 的氧化物；B 的氧化物；金属 C；D 的亚硝酸盐。

（2）A 能与热水起反应，D 能与冷水起反应，B、C 与热水均不起反应。

推断五种金属的活动顺序是：_____ 。

7. 磷的同素异形体有 _____ ，其中 _____ 有毒，易溶于 _____ ，着火点是 ____ ，在空气中缓慢氧化可发生 _____ ，应保存在 ____ 。

8. 白磷和红磷燃烧后都生成 _____ ，燃烧时在空气中产生 ____ ，这就是 _____ 悬浮在空气中形成的，该物质是 ____ 酸酐，溶于冷水生成 _____ ，溶于热水生成 _____ ，其中 _____ 有毒。

9. 写出下列物质依次变化的化学方程式：

$P \xrightarrow{(1)} P_2O_5 \xrightarrow{(2)} H_3PO_4 \xrightarrow{(3)} Ca_3(PO_4)_2 \xrightarrow{(4)} Ca(H_2PO_4)_2$

(1) _____ ；

(2) _____ ；

(3) _____ ；

(4) _____ 。

二、判断题（下列说法正确的在题后括号内画"√"，错误的画"×"）

1. 氮只有 NO 和 NO_2 两种氧化物。　（　　）

2. 工业上通常是以空气为原料，采用液态空气分馏的方法制取氮气，这是一个化学变化过程。　（　　）

3. N_2 既不能燃烧，也不能支持燃烧，因此带火星的木条在 N_2 中会熄灭。　（　　）

4. 氯化铵受热分解生成的气体遇冷仍变成氯化铵，所以氯化铵和碘都具有升华的特性。（　　）

5. 把湿润的红色石蕊试纸放在收集氨气的试管口，若试纸变蓝色，证明氨气已经收满。（　　）

6. 实验室制取硝酸，可以用硝酸钠与浓硫酸反应，但不能用硝酸钠与浓盐酸反应。（　　）

7. 硝酸应盛在棕色瓶中，贮放在黑暗的地方，冷的浓硝酸可盛放在铝制容器中。（　　）。

8. 王水是浓硝酸和浓硫酸的混合物，它们的物质的量之比是 1：3。　（　　）

三、选择题（每小题只有一个正确答案，将正确答案的序号填在题后括号内）

1. 下列气态氢化物最稳定的是（　　　）。

A. PH_3　　　B. AsH_3　　　C. SbH_3　　　D. NH_3

2. 下列含氧酸酸性最弱的是（　　　）。

A. H_2SiO_3　　　B. H_3PO_4　　　C. H_2SO_4　　　D. $HClO_4$

3. 下列气体为红棕色并有刺激性气味的是（　　　）。

A. N_2　　　B. NO　　　C. N_2O_4　　　D. NO_2

4. 从键能的角度分析，下列气体中分子结构最稳定的是（　　　）。

A. Cl_2　　　B. O_2　　　C. N_2　　　D. H_2

5. 卜列无色气体遇氧立即变成红棕色的是（　　　）。

A. N_2O_4　　　B. N_2　　　C. NO　　　D. NO_2

6. 下列化合物中 N 元素的化合价是 +5 价的是（　　　）。

A. NH_4Cl　　　B. KNO_3　　　C. NH_3　　　D. $(NH_4)_2SO_4$

7. 氨能用来表演喷泉实验，这是因为它（　　　）。

A. 比空气轻　　　B. 是弱碱　　　C. 极易溶于水　　　D. 在空气里不燃烧

8. 下列各对物质相互反应不能生成氨气的是（　　　）。

A. NH_4Cl 和 $Ca(OH)_2$　　　　B. NH_4NO_3 和 $Ca(OH)_2$

C. $(NH_4)_2SO_4$ 和 $NaOH$　　　D. $(NH_4)_2SO_4$ 和 HNO_3

9. 工业硝酸常带有棕色，因为它（　　　）。

A. 没有提纯　　　B. 含有溶解的 NO_2　　　C. 含有溶解的 NO　　　D. 含有 N_2O_4

10. 下列物质属于硝酸酐的是（　　　）。

A. NO_2　　　B. N_2O_4　　　C. NO_3^-　　　D. N_2O_5

11. 2mol 铜与浓硝酸完全反应时，被还原的硝酸是（　　　）。

A. 4mol　　　B. 2mol　　　C. 8mol　　　D. 6mol

12. 下列酸属于中强酸的是（　　　）。

A. H_2S　　　B. H_3PO_4　　　C. HNO_3　　　D. H_2SO_4

13. 下列磷酸盐分子式错误的是（　　　）。

A. $Ca_3(PO_4)_2$　　　B. NaH_2PO_4　　　C. $(NH_4)_2HPO_4$　　　D. $Ca(HPO_4)_2$

四、计算题

1. 制备氨的质量分数为 10% 的氨水（密度为 $0.96g/cm^3$）500mL，需要用多少升的氨气（标准状况）？

2. 用氯化铵和氢氧化钙各 5.35g，可制得多少升的氨气（标准状况）？把所制得的氨气完全溶解于水配成 500mL 的氨水，求氨水溶液的物质的量浓度是多少？

3. 0.3mol 的铜能与多少摩尔的稀硝酸完全反应？有多少摩尔的硝酸被还原？在标准状况下能生成多少升的 NO 气体？

4. 质量分数为 70% 的硝酸溶液（密度为 $1.42g/cm^3$），求它的物质的量浓度是多少？取 1L 该浓度的硝酸，加水稀释到溶液的体积为 2L，稀释后硝酸的物质的量浓度是多少？

5. 将 1g 铜银合金置于浓硝酸中，完全溶解后再加入过量盐酸，则得氯化银沉淀 0.35g，求该合金中铜和银的质量分数是多少？

6. 生产 40t 质量分数为 85% 的磷酸，已知磷酸的产率为 90%，计算需 $Ca_3(PO_4)_2$ 含量为 85% 的磷灰石多少吨？

7. 10.2g NH_3 和 19.6g H_3PO_4 完全反应后生成的盐是什么？

第三节　硅及其化合物

一、填空题

1. 碳族元素位于元素周期表的第____族，包括的元素名称是_____，它们的原子最外电子层上都有_____个电子，该族元素的最高正价为_____，一般不能形成

_____化合物。

2. 在地壳里，硅的含量仅次于____，化合态的硅主要是以_____和_____的形式存在于各种矿物和岩石里。较纯净的_____晶体叫石英，无色透明的纯石英叫_____。硅胶常用作_____剂、_____剂和_____载体。

3. 硅酸盐的组成复杂，常用_____和_____的形式来表示硅酸盐的组成。把下列式子改写成氧化物的形式：

(1) 滑石　$Mg_3(Si_4O_{10})(OH)_2$ _____

(2) 钙沸石　$Ca(Al_2Si_3O_{10}) \cdot 3H_2O$ _____

4. 一种物质（或几种物质）的微粒_____到另一种物质里形成的混合物叫_____系，分散成微粒的物质叫_____，微粒分散在其中的物质叫_____。在胶体分散系中，分散剂是液体的叫____，也叫____。分散剂是气体的叫____，如_____。有色玻璃属于____溶胶。

5. 由_____现象证明胶体微粒带有电荷，金属氢氧化物的胶体微粒吸附____离子，带____电荷，硅酸胶体微粒吸附____离子而带____电荷。一束强光透过肥皂水（胶体）从垂直方向看到一个光柱，这种现象叫_____。

二、判断题（下列说法正确的在题后括号内画"√"，错误的画"×"）

1. 碳和硅都是ⅣA族元素，它们的最高氧化物是 CO_2 和 SiO_2，都能形成分子晶体。（　　）

2. 二氧化硅是硅酸的酸酐，它溶于水生成硅酸。（　　）

3. 二氧化硅能与氢氟酸起反应生成四氟化硅气体和水。（　　）

4. 盛放苛性钠溶液的试剂瓶不能用玻璃塞，而必须用橡皮塞。（　　）

5. 淀粉溶液和蛋白质溶液都属于胶体分散系。（　　）

6. 人们日常食用的豆腐是一种凝胶。（　　）

三、选择题（每小题只有一个正确答案，将正确答案的序号填在题后括号内）

1. 下列各对物质不属于同素异形体的是（　　）。

A. 无定形硅和晶体硅　　B. 金刚石和石墨　　C. 白磷和红磷　　D. $^{12}_{6}C$ 和 $^{13}_{6}C$

2. 下列晶体中属于原子晶体的化合物是（　　）。

A. 干冰　　B. 石英晶体　　C. 金刚石　　D. 晶体硅

3. 下列物质属于盐的是（　　）。

A. 干冰　　B. 晶体硅　　C. 石英　　D. 水玻璃

4. 下列物质不属于硅酸盐的是（　　）。

A. 硅石　　B. 石棉　　C. 水玻璃　　D. 水泥

5. 下列物质不属于晶体的是（　　）。

A. 食盐　　B. 玻璃　　C. 石英　　D. 干冰

6. 在胶体分散系里，分散质微粒的直径（　　）。

A. 大于 10^{-7}m　　B. 小于 10^{-9}m　　C. 在 $10^{-9} \sim 10^{-7}$m 之间　　D. 大于 10^{-9}m

7. $Fe(OH)_3$ 胶体通直流电，胶粒向阴极移动的现象叫（　　）。

A. 电离　　B. 布朗运动　　C. 电泳　　D. 丁达尔现象

8. 下列方法不能使胶体凝聚的是（　　）。

A. 加入少量电解质　　B. 加入另一种带有相反电荷的胶体溶液

C. 加入蒸馏水　　D. 加热胶体溶液

四、计算题

1. 某元素 R，它的最高价氧化物中含氧 53.3%。该元素能与氟直接化合成 RF_4。计算 R 的相对原子质量并指出元素名称。

2. 往电炉里加入 96g SiO_2 和 36g 碳的混合物，通电使它们发生下列反应：$SiO_2 + 2C \stackrel{}{=\!=\!=} Si + 2CO\uparrow$。计算完全反应后能生成多少克硅？生成的 CO 在标准状况下的体积是多少升？

自　测　题

一、填空题（共 25 分，每空 1 分）

1. SO_2 和 H_2S 起反应的化学方程式是：_____，SO_2 是____剂。H_2S 在空气充足时完全燃烧的化学方程式是_____，H_2S 是____剂。

2. 到现在为止，你已经知道在实验室里用硫酸与其他物质起反应可以制取的气体有：H_2、CO_2、HCl、HF、H_2S、SO_2，写出反应的化学方程式：

_____；

_____；

_____；

_____；

_____。

3. 混有 H_2S 和水蒸气的空气，通过烧碱溶液，除去了____和____两种气体，再依次通过浓硫酸和灼热的铜丝分别除去了____和____，最后所剩的气体是____和少量的_____。

4. 有 A、B、C 三瓶无色溶液，分别是浓硫酸、氢硫酸和亚硫酸三种溶液中的一种。把它们敞口露置在空气中，过一段时间后，发现 A 瓶中的溶液变浑浊了，B 瓶中的溶液变多了，只有 C 瓶中的溶液无明显的变化。判断 A 瓶中是_____，B 瓶中是_____，C 瓶中是_____。A 瓶中发生反应的化学方程式是_____。

5. 有一种白色晶体 A，其焰色反应呈黄色，和盐酸反应后放出有臭鸡蛋气味的气体 B。B 在空气中燃烧时产生淡蓝色火焰，空气不足时生成水和浅黄色固体 C。C 能在空气中燃烧生成无色有刺激性气味的气体 D，D 能使品红溶液褪色且加热后品红溶液的颜色复现。将 D 通入氢氧化钠溶液中，可得到 C 的一种含氧酸盐 E，实验室用 E 与稀硫酸起反应制取 D。试推断 A、B、C、D、E 五种物质的化学式：A 是_____，B 是_____，C 是_____，D 是_____，E 是_____。

二、下列叙述正确的在题后括号内画"√"，错误的画"×"。（共 15 分，每小题 1 分）

1. SO_2 与 H_2O 的反应是一个可逆反应，该可逆反应的化学方程式可表示为：$SO_2 + H_2O \xlongequal{\quad} H_2SO_3$。（　　　）

2. 在三种钠盐的溶液里，分别加入一种相同的钡盐溶液，都生成了白色沉淀。然后向过滤后的沉淀物中分别加入盐酸，一种生成刺激性的具有漂白作用的气体；另一种生成无漂白作用但通入石灰水能使石灰水变浑浊的气体；一种无反应。由此可以确定原来的三种钠盐是 Na_2SO_3、Na_2CO_3 和 Na_2SO_4。（　　　）

3. 浓硫酸具有很强的氧化性、吸水性和脱水性。（　　　）

4. 把湿润的蓝色石蕊试纸放在收集氨气的试管口，若试纸变成红色，证明氨气已经集满。（　　　）

5. 有 A、B、C、D 四种金属，A 不能与冷水起反应，但能与稀硫酸起反应放出氢气；B 只能与浓硫酸在加热条件下反应，与稀硫酸不反应；C 能与冷水发生剧烈的反应放出氢气；D 与稀硫酸不反应，但能从 B 的硫酸盐溶液中置换出 B。那么这四种金属的活动顺序是 C＞A＞D＞B。（　　　）

6. 浓硝酸能与铜起反应放出 NO_2 气体，稀硝酸能与锌起反应放出 H_2。（　　　）

7. 使硝酸钠晶体跟浓硫酸和铜共热，会产生红棕色的 NO_2 气体。用这种方法可以鉴定硝酸盐。（　　　）

8. 同一种金属的磷酸盐的溶解性大小顺序是：正盐＞磷酸氢盐＞磷酸二氢盐。（　　　）

9. 干冰和二氧化硅晶体都属于分子晶体。（　　　）

10. 石英、水晶、砂及硅藻土的主要成分都是二氧化硅。（　　　）

11. 在胶体溶液中，由于加入少量电解质，使胶体的微粒聚集成较大颗粒，形成了沉淀，从分散剂里析出，这个过程叫凝聚。（　　　）

12. 胶体微粒的直径大于 10^{-9} m。（　　　）

13. 用氢氧化铁胶体做电泳实验，阴极周围的颜色变浅。（　　　）

14. 用加热的方法可以使 $Fe(OH)_3$ 胶体凝聚。（　　　）

15. 10mL 0.1mol/L 的氨水跟 10mL 0.1mol/L 的磷酸完全反应，所生成的盐的化学式是 $NH_4H_2PO_4$。（　　　）

三、选择正确答案（1～2 个）**的序号填在题后括号里。**（共 20 分，每小题 1 分）

1. 下列气体为无色有臭鸡蛋气味的有毒气体是（　　　）。

A. SO_2　　　B. H_2S　　　C. NO_2　　　D. N_2

2. 下列物质既有氧化性又有还原性的是（　　　）。

A. S　　　B. H_2SO_4　　　C. SO_2　　　D. H_2S

3. 下列各对元素的原子核外电子层数相等的是（　　　）。

A. N 和 F　　　B. P 和 S　　　C. N 和 P　　　D. C 和 Si

4. 下列物质能和氨气反应产生白烟的是（　　　）。

A. 空气　　　B. 氯化氢　　　C. 硫酸　　　D. 水蒸气

5. 今有 2mol/L 盐酸 500mL，与足量的硫化亚铁反应后，在标准状况下生成的 H_2S 是（　　　）。

A. 44.8L　　　B. 22.4L　　　C. 11.2L　　　D. 1.12L

6. 只用一种试剂就可将 NH_4Cl、NaCl、$(NH_4)_2SO_4$、Na_2SO_4 四种物质区别开来，这

种试剂是（　　　）。

  A．$BaCl_2$ B．$Ba(OH)_2$ C．$AgNO_3$ D．$NaOH$

7．实验室制取下列气体，气体的发生装置相同而收集方法不同的一组是（　　　）。

  A．O_2和NH_3 B．H_2S和H_2 C．O_2和H_2S D．H_2S和NH_3

8．在常温时，下列物质能与铜起反应生成红棕色气体的是（　　　）。

  A．盐酸 B．浓硫酸 C．浓硝酸 D．稀硝酸

9．下列气体能用浓硫酸干燥的是（　　　）。

  A．NH_3 B．N_2 C．O_2 D．H_2S

10．不能产生氢气的反应是（　　　）。

  A．锌和稀硫酸 B．铜和稀硝酸 C．铁和稀盐酸 D．铜和浓硫酸（加热）

11．下列酸能用铝槽车装运的是（　　　）。

  A．浓硝酸 B．盐酸 C．稀硫酸 D．稀硝酸

12．下列物质氧化性最强的是（　　　）。

  A．硫化氢 B．浓硝酸 C．浓硫酸 D．稀硫酸

13．下列物质互为同素异形体的一组是（　　　）。

  A．$^{12}_{6}C$和$^{14}_{6}C$ B．白磷和红磷 C．金刚石和石墨 D．五氧化二磷和磷酐

14．下列物质无毒的是（　　　）。

  A．HPO_3 B．白磷 C．红磷 D．H_3PO_4

15．下列物质应保存在水中的是（　　　）。

  A．钠 B．白磷 C．红磷 D．锂

16．在通常状况下，下列物质不与水反应的是（　　　）。

  A．SiO_2 B．CO_2 C．NO_2 D．N_2

17．下列含氧酸酸性最弱的是（　　　）。

  A．H_3PO_4 B．H_2SO_4 C．H_2CO_3 D．H_2SO_3

18．用光源从侧面照射硅酸溶胶时，可以观察到（　　　）。

  A．硅酸沉淀 B．丁达尔现象 C．布朗运动 D．电泳

19．欲使氢氧化铁胶体凝聚，可加入（　　　）。

  A．硅酸胶体 B．氢氧化铝胶体 C．硫酸镁溶液 D．蒸馏水

20．下列物质不会污染大气的是（　　　）。

  A．N_2 B．SO_2 C．H_2S D．NO_2

四、填空回答下列各题（共 25 分）

1．实验室若用图 3 所示的装置制取氨气。试指出图中装置的错误之处，并指出正确答案。

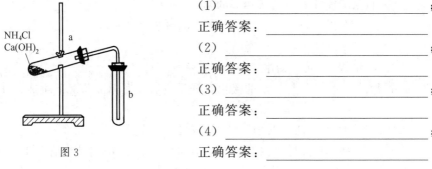

图 3

（1）＿＿＿＿＿＿＿＿＿＿＿＿＿＿＿＿＿＿＿；

正确答案：＿＿＿＿＿＿＿＿＿＿＿＿＿＿＿

（2）＿＿＿＿＿＿＿＿＿＿＿＿＿＿＿＿＿＿＿；

正确答案：＿＿＿＿＿＿＿＿＿＿＿＿＿＿＿

（3）＿＿＿＿＿＿＿＿＿＿＿＿＿＿＿＿＿＿＿；

正确答案：＿＿＿＿＿＿＿＿＿＿＿＿＿＿＿

（4）＿＿＿＿＿＿＿＿＿＿＿＿＿＿＿＿＿＿＿；

正确答案：＿＿＿＿＿＿＿＿＿＿＿＿＿＿＿

（5）_____；

正确答案：_____。

2．氨____溶于水，其水溶液叫____，显____性，能使无色酚酞试液变____色。氨水的分子式是____，可部分电离成____离子和____离子。氨气或氨水都能与酸反应生成____，呈固态时极易____。氨的催化氧化反应的化学方程式是：_____，其中____元素被氧化，____是氧化剂。氨____液化，常用作____剂。

五、计算题（共 15 分）

1．6.5g 锌与 30mL 6mol/L 的稀硫酸完全反应，在标准状况下可生成氢气多少升？

2．某硫酸厂以硫铁矿为原料，用接触法制造硫酸。已知硫铁矿 FeS_2 含量为 60％，硫铁矿的利用率为 90％，计算制造 48t 纯硫酸（理论量），需要多少吨硫铁矿？

选作题

1．将 30mL NO 和 NO_2 的混合气体，通入倒立在水槽中的盛满水的量筒里，片刻后量筒里剩下 16mL 的气体。求原混合气体中 NO 和 NO_2 各有多少毫升？

2．氨氧化制硝酸时，如果由氨转化成一氧化氮的转化率是 96％，由一氧化氮转化成二氧化氮的转化率是 92％，10t 氨可以制备多少吨 50％的硝酸？（提示：根据题意得出关系式 $NH_3 \longrightarrow NO \longrightarrow NO_2 \longrightarrow HNO_3$，再由 NH_3 计算 HNO_3）

·学习辅导·

关系式法

关系式（来）关系量，　　这是根据不能忘。
已知未知是条件，　　　　条件对准关系量。
上下单位应一样，　　　　左右对应记心上。
求得未知不算完，　　　　答案对否要验算。

物质溶解性

钾钠铵盐硝酸盐，　　　　全溶于水没沉淀。
盐酸盐不溶银亚汞，　　　硫酸钡铅溶解难。
亚硫酸碳硅磷酸盐，　　　可溶的只有钾钠铵，
可溶强碱记四种，　　　　钾钠钡溶钙微溶。
氨水易溶易弱碱，　　　　其他弱碱都沉淀。
酸除硅酸是微溶。　　　　多数可溶要记全。

盐的检验和鉴别

硝酸银外加稀硝酸，　　　氯化银沉淀最明显；
黄色沉淀消失完，　　　　必然就是磷酸盐；
黄色沉淀有深浅，　　　　溴淡碘深记心间。
硫酸盐遇钡生沉淀，　　　白色沉淀不溶于酸。
铵盐加碱放出氨，　　　　湿石蕊试纸可变蓝。
品红褪色热复现，　　　　可以鉴定亚硫酸盐。
加酸放出二氧化碳，　　　用来鉴别碳酸盐，
清石灰水变浑浊，　　　　莫用灭火来检验。

第七章 化学反应速率和化学平衡

第一节 化学反应速率

一、填空题

1. 化学反应速率是用_____反应物浓度的_____或生成物浓度的_____来表示。浓度的单位用_____表示，时间的单位分别用____、_____和____表示，则化学反应率的单位分别为_____、_____和_____。

2. 在反应：$CO+H_2O$(气)$\rule[0.5ex]{1.2em}{0.4pt}\rule[0.3ex]{1.2em}{0.4pt}$ CO_2+H_2 中，CO 和 H_2O 气的起始浓度都是 0.02mol/L，1min 后测得 CO 的浓度为 0.005mol/L，则 $v(CO)$ 为_____，$v(H_2)$ 为_____。

3. 当其他条件不变时，增加反应物的浓度，可使反应速率_____；对于有气体参加的化学反应，增大压力，气体的体积_____，单位体积内气体的分子数_____，即气体的浓度_____，所以反应速率_____。参加反应的物质是固体、液体或溶液时，压力的改变____反应速率。

4. 当其他条件不变时，升高温度，化学反应速率_____，温度每升高 10℃，反应速率通常增大到原来的_____倍。

5. 催化剂也叫_____，在化学反应中起_____作用。能_____化学反应速率的催化剂叫正催化剂。能减慢反应速率的催化剂叫____催化剂或_____剂。若催化剂中混入少量有害杂质时，会使催化剂_____。

当其他条件不变时，加入适当的催化剂能_____反应速率。

二、判断题（下列叙述正确的在题后括号内画"√"，错误的画"×"）

1. 在一定条件下，一个化学反应的反应速率可以有几种不同的表示方法。　　（　　　）

2. 化学反应速率的快慢，首先决定于反应本身的性质。对于任意一个给定的化学反应，影响反应速率的主要因素有浓度、压力、温度和催化剂。　　（　　　）

3. 催化剂有选择性，不同的反应需要用不同的催化剂。　　（　　　）

4. 在任何温度下，催化剂都能大大加快化学反应速率。　　（　　　）

三、选择题（每小题只有一个正确答案，将正确答案的序号填在题后括号内）

1. 浓度的单位用 mol/L，时间的单位用 s 表示时，反应速率的单位是（　　　）。

A. mol/(L·s)　　　　　　B. mol/(L·h)

C. mol/(L·min)　　　　　D. mol/(L·s)

2. 对于一个有气体参加的化学反应来说，影响反应速率的主要因素是（　　　）。

A. 浓度和温度　　　　　　B. 浓度、温度和催化剂

C. 浓度、压力和温度　　　D. 浓度、压力、温度和催化剂

四、计算题

1. 在一定条件下，在密闭容器中进行的一个反应中，某反应物 A 的浓度是 2mol/L，经

过 2min 后，它的浓度变成了 1.8mol/L，计算在 2min 内该反应的平均反应速率以 A 物质的浓度变化表示时是多少？

2. 在一定条件下，已知二氧化硫转化成三氧化硫的反应中，各物质的浓度数据如下：

$$2SO_2 + O_2 \rightleftharpoons 2SO_3$$

起始浓度/（mol/L）　　　　　　2.0　　1.0　　0

2s 后浓度/（mol/L）　　　　　　0.8

求分别以 SO_2、O_2 和 SO_3 的浓度变化表示的反应速率。

第二节　化 学 平 衡

一、填空题

1. 通常把化学方程式中用_____向_____进行的反应叫正反应，由生成物向反应物方向进行的反应叫_____反应，在_____条件下既能向正反应方向进行，又能向逆反应方向进行的反应叫做_____反应。绝大多数的反应都是_____反应，在反应中反应物_____全部转化为生成物。

2. 在一定条件下处于化学平衡状态的可逆反应，其正反应速率和逆反应速率_____，但_____于零，反应物和生成物的浓度都不随_____，实际上正、逆反应____在进行，化学平衡是一种_____平衡。

3. K_c 表示_____常数，K_p 表示_____平衡常数。对于气体物质参加的化学反应，其化学平衡常数既可用____表示，也可以用____表示，在同一个反应中，它们的关系是_____。平衡常数与_____或_____无关，随着_____的改变而改变。K 值越大，在平衡混合物中_____越多。

4. 写出下列可逆反应的浓度平衡常数和分压平衡常数表达式，并写出 K_c 和 K_p 在相同温度时的关系。

（1）$2NO_2(g) \rightleftharpoons NO_4(g)$

_____　　_____　　_____

（2）$N_2(g) + O_2(g) \rightleftharpoons 2NO(g)$

_____　　_____　　_____

（3）$C(s) + H_2O(g) \rightleftharpoons CO(g) + H_2(g)$

_____　　_____　　_____

（4）$CO_2(g) + C(s) \rightleftharpoons 2CO(g)$

_____　　_____　　_____

二、判断题 （下列说法正确的在题后括号内画"√"，错误的画"×"）

1. 通电可以使水分解生成氢气和氧气，氢气能在氧气中燃烧生成水，所以该反应是一个可逆反应，可用化学方程式表示为 $2H_2O \xrightarrow[\text{点燃}]{\text{通电}} 2H_2 + O_2$。 （   ）

2. 在一定温度下，可逆反应达到化学平衡状态以后，平衡混合物中各物质的浓度都不再变化，反应完全停止。 （   ）

3. 在一定条件下，任何可逆反应达到平衡时，平衡浓度一定是该条件下反应物转化为生成物的最高浓度。 （   ）

4. 在反应 $N_2 + 3H_2 \Longleftrightarrow 2NH_3$ 中，用 2mol N_2 和 6mol H_2 完全反应，能生成 4mol NII_3。 （   ）

5. 对于一个有气体参加的可逆反应来说，在一定温度下，K_c 和 K_p 是一个常数。 （   ）

6. 平衡常数 K_c 或 K_p 中的浓度或分压，一定是开始时各物质的浓度或分压。 （   ）

三、选择题 （每小题只有一个正确答案，将正确答案的序号填在题后括号内）

1. 下列反应为不可逆反应的是 （   ）。

A. $2SO_2 + O_2 \Longleftrightarrow 2SO_3$ B. $N_2 + 3H_2 \Longleftrightarrow 2NH_3$

C. $2KClO_3 \xrightarrow{\triangle} 2KCl + 3O_2 \uparrow$ D. $CO + H_2O(g) \Longleftrightarrow CO_2 + H_2$

2. 对于一个处于化学平衡状态的可逆反应，在其他条件不变时，延长时间会使（   ）。

A. 正、逆反应速率不再相等 B. 反应物和生成物的浓度改变

C. 反应混合物处于非化学平衡状态 D. 反应混合物仍处于化学平衡状态

3. 对于 K_c 和 K_p 的下列说法不正确的是 （   ）。

A. 与温度有关 B. 与浓度或压力无关

C. 与化学方程式的写法有关 D. 与化学方程式的写法无关

4. 在可逆反应 $Fe_3O_4(s) + 4H_2(g) \Longleftrightarrow 3Fe(s) + 4H_2O(g)$ 中，Δn 等于 （   ）。

A. -2 B. -3 C. 2 D. 0

5. 可逆反应 $CaCO_3(s) \Longleftrightarrow CaO(s) + CO_2(g)$ 的浓度平衡常数表达式正确的是 （   ）。

A. $K_c = \dfrac{c(CaO)c(CO_2)}{c(CaCO_3)}$ B. $K_c = 0$

C. $K_c = \dfrac{c(CaCO_3)}{c(CaO)c(CO_2)}$ D. $K_c = c(CO_2)$

6. 可逆反应 $CO + H_2O(g) \Longleftrightarrow CO_2 + H_2$ 达到平衡状态时，下列式子不正确的是 （   ）。

A. $\Delta n = 0$ B. $K_p = \dfrac{p(CO)p(H_2O)}{p(CO_2)p(H_2)}$

C. $K_c = \dfrac{c(CO_2)c(H_2)}{c(CO)c(H_2O)}$ D. $K_c = K_p$

7. 在一定温度下，某一可逆反应在密闭容器中进行，先后四次测定某生成物的浓度分别是：0.00023mol/L、0.0102mol/L、0.0168mol/L、0.0168mol/L，测定时反应已达平衡的是 （   ）

A. 第一次 B. 第二次 C. 第三次 D. 第四次

8. 在 10L 的密闭容器中，进行下列反应：$N_2 + 3H_2 \Longleftrightarrow 2NH_3$，若反应开始时只放入 35mol N_2 和 75mol H_2，在某温度下达到平衡时生成 30mol NH_3，则下面计算 K_c 的方法中

正确的是（　　）。

A. $K_c = \dfrac{30^2}{35 \times 65^3}$

B. $K_c = \dfrac{2 \times 3^3}{3^2}$

C. $K_c = \dfrac{3^2}{3.6 \times 6.5^3}$

D. $K_c = \dfrac{3^2}{2 \times 3^3}$

四、计算题

1. 可逆反应 $PCl_5(g) \Longleftrightarrow PCl_3(g) + Cl_2(g)$ 在 230℃时达到平衡，已知平衡混合物中各物质的浓度分别是 $c(PCl_5) = 0.47\text{mol/L}$，$c(PCl_3) = 0.098\text{mol/L}$，$c(Cl_2) = 0.098\text{mol/L}$。求在该温度下这个反应的平衡常数 K_c。

2. 可逆反应 $N_2 + 3H_2 \Longleftrightarrow 2NH_3$ 在某温度时达到平衡，测得各物质的平衡浓度是：$c(N_2) = c(H_2) = 2\text{mol/L}$，$c(NH_3) = 3\text{mol/L}$，求该反应在某温度时的浓度平衡常数及 N_2、H_2 两种气体的起始浓度。

3. 可逆反应：$2SO_2 + O_2 \Longleftrightarrow 2SO_3$（g），在某温度达到平衡时，各物质的平衡浓度分别为：$c(SO_2) = 0.1\text{mol/L}$，$c(O_2) = 0.05\text{mol/L}$，$c(SO_3) = 0.9\text{mol/L}$。求该温度下的平衡常数 K_c 和 SO_2 的转化率。

4. 在 35℃及 50.663kPa 下，可逆反应：$N_2O_4(g) \Longleftrightarrow 2NO_2(g)$，达到平衡时有 36.9% 的 N_2O_4 转化为 NO_2，求各气体的平衡分压及分压平衡常数。

第三节　影响化学平衡的因素

一、填空题

1. 在可逆反应 $2SO_2(g)+O_2(g) \underset{\triangle}{\overset{\text{催化剂}}{\rightleftharpoons}} 2SO_3(g)$（正反应为放热反应，即 $\Delta H < 0$）中，增加 SO_2 的浓度，平衡向_____方向移动，增加 O_2 的浓度，平衡向_____方向移动，同时增加 SO_2 和 O_2 的浓度，平衡向_____方向移动，O_2 来自_____中。为了提高 SO_2 的转化率，应多鼓入_____。增大 SO_3 的浓度，平衡向_____方向移动；增大压力，平衡向_____方向移动，减小压力，使 SO_2 的转化率_____；升高温度，平衡向_____方向移动，降低温度，有利于_____的生成；催化剂能_____正反应速度，又能_____逆反应速度，催化剂_____使化学平衡发生移动，____改变平衡常数，_____改变物质的平衡转化率，只是缩短_____所需的时间。

2. 在溴水中存在如下平衡状态，$Br_2 + H_2O \rightleftharpoons HBrO + HBr$，若在溴水中滴加 $AgNO_3$ 溶液，平衡向____移动，溴水的颜色_____，同时在溶液中出现____色沉淀。

3. 下列可逆反应达到平衡后，如果增大压力或升高温度时，平衡向哪个方向移动？

(1) $N_2 + 3H_2 \rightleftharpoons 2NH_3$（正反应为吸热反应，即 $\Delta H > 0$）

(2) $CO_2 + C(s) \rightleftharpoons 2CO$（正反应为放热反应，即 $\Delta H < 0$）

增大压力：(1) 向____方向移动，　　　　(2) 向____方向移动。

升高温度：(1) 向____方向移动，　　　　(2) 向____方向移动。

二、判断题（下列说法正确的在题后括号内画"√"，错误的画"×"）

1. 在一定温度下，可逆反应 $FeCl_3 + 3KSCN \rightleftharpoons Fe(SCN)_3 + 3KCl$ 达到平衡，因为反应物和生成物的物质的量相等，所以增大或减小压力，不能使平衡发生移动。　　（　　　）

2. 在一定温度下，物质的浓度改变，化学平衡发生移动，但平衡常数不变。　　（　　　）

3. 工业上往往采取加入过量的廉价原料来提高贵重原料的转化率。　　（　　　）

4. 可逆反应 $CO + H_2O(g) \rightleftharpoons CO_2 + H_2$ 处于平衡状态时，增大压力不能使化学平衡发生移动。　　（　　　）

5. 在可逆反应 $CO + H_2O(g) \rightleftharpoons CO_2 + H_2$ 中，若 CO_2 的浓度增加，则 H_2 的浓度也增加。　　（　　　）

6. 处于平衡状态的可逆反应，若其他条件不变，只要使用催化剂，平衡就会向右移动，生成物的含量就会增多。　　（　　　）

7. 增大压力对溶液中的酸碱中和反应没有什么影响。　　（　　　）

8. 当温度不变时，增大反应物的浓度，使平衡常数减小；增大生成物的浓度，使平衡常数增大。　　（　　　）

9. PCl_5 的分解反应是：$PCl_5(g) \rightleftharpoons PCl_3(g) + Cl_2(g)$，已知在 200℃ 时有 48.5% 的 PCl_5 分解，300℃ 时有 97% 的 PCl_5 分解，说明上述反应的正反应是吸热反应。　　（　　　）

三、选择题（每小题只有一个正确答案，将正确答案的序号填在题后括号内）

1. 合成氨工业上 CO 的变换反应是：

$CO + H_2O(g) \rightleftharpoons CO_2 + H_2$，为提高 CO 的转化率，应（　　　）。

A. 加入过量的 CO　　　　　　B. 加入过量的水蒸气

C. 减少水蒸气的量　　　　D. 增大压力

2. 可逆反应 $2NO_2(g) \rightleftharpoons N_2O_4(g)$ 在一定条件下处于平衡状态。当压力改变时，首先看到混合气体的颜色变浅，接着又逐渐变深，说明平衡（　　　）。

A. 向右移动　　B. 向左移动　　C. 不移动　　D. 平衡常数改变

3. 下列可逆反应是吸热反应的是（　　　）。

A. $2NO_2(g) \rightleftharpoons N_2O_4(g)$；$\Delta H < 0$

B. $2CO + O_2 \rightleftharpoons 2CO_2$；$\Delta H < 0$

C. $C(s) + H_2O(g) \rightleftharpoons CO(g) + H_2(g)$；$\Delta H > 0$

D. $2SO_2(g) + O_2(g) \rightleftharpoons 2SO_3(g)$；$\Delta H < 0$

4. 煅烧石灰石的反应是：$CaCO_3(s) \rightleftharpoons CaO(s) + CO_2(g)$；$\Delta H > 0$，要使平衡向右移动，应采取的措施是（　　　）。

A. 增加 $CaCO_3$ 的量　　　　B. 使生成的 CO_2 气体不断地从窑炉中排出

C. 增大压力　　　　　　　　D. 降低温度

四、计算题

可逆反应 $CO + H_2O(g) \rightleftharpoons CO_2 + H_2$，在 800℃时平衡常数 $K_c = 1.0$，若 CO 和 H_2O (g) 的起始浓度是：$c(CO) = 2mol/L$，$c(H_2O) = 3mol/L$，求平衡时 CO 的转化率是多少？其他条件保持不变，若 $H_2O(g)$ 的起始浓度为 6mol/L 时，CO 的转化率又是多少？

第四节　化学反应速率和化学平衡原理在化工生产中的应用

一、填空题

1. 化学反应速率涉及在一定条件下反应进行的_____，但不涉及反应进行的_____；化学平衡则决定在一定条件下反应的_____是多少，但不涉及达平衡所需的_____，即反应速率的_____。在化工生产中的要求是既要使反应速率_____，又要使平衡向_____方向移动，提高产品_____。

2. 在合成氨生产中，CO 转化为 CO_2 的变换反应是：$CO + H_2O(g) \rightleftharpoons CO_2 + H_2$；$\Delta H < 0$，为了提高 CO 的转化率并增加 H_2 的含量，应采取的措施是：

（1）通入过量_____，可_____正反应速率，并能使平衡向_____方向移动，使 CO 的_____率提高，使 H_2 的_____率提高；

（2）用氨水将 CO_2 吸收，可_____逆反应速率并使平衡向_____方向移动；

（3）选用适当的_____，因为它可以大大加快_____，缩短到达平衡所需的_____；

（4）反应温度太高，会使平衡向_____方向移动；反应温度太低，会使_____太慢；催化剂需要在一定活性温度下起_____作用。综上分析，应控制适当_____。

二、判断题（下列说法正确的在题后括号内画"√"，错误的画"×"）

1. 化学平衡决定在一定条件下反应的产率，不涉及反应速率的快慢。　（　　）

2. 在化工生产中所采取的措施，只要能使反应速率加快，就能提高产品产率。　（　　）

三、选择题（每小题只有一个正确答案，将正确答案的序号填在题后括号内）

1. 氨氧化法制硝酸时，用水吸收 NO_2 的反应是：$3NO_2 + H_2O(l) \Longleftrightarrow 2HNO_3 + NO$；$\Delta H < 0$，为了提高硝酸的浓度，应采取的措施是（　　）。

A. 降低温度和减小压力　　　B. 降低温度和增大压力

C. 升高温度和增大压力　　　D. 增加水和延长时间

2. 工业上合成氨的反应是：$N_2 + 3H_2 \Longleftrightarrow 2NH_3$；$\Delta H < 0$，下列条件既能使反应速率加快，又能使平衡向左移动的是（　　）。

A. 增加 N_2 的浓度　　B. 增大压力　　C. 使用催化剂　　D. 升高温度

四、计算题

1. 20mol N_2 与 80mol H_2 在密闭容器中进行如下反应：$N_2 + H_2 \Longleftrightarrow 2NH_3$，在某温度达到平衡时生成 28mol NH_3。求平衡时 N_2、H_2 和 NH_3 的体积分数。

2. 在一密闭容器中进行如下反应：$2SO_2 + O_2 \Longleftrightarrow 2SO_3(g)$，$SO_2$ 和 O_2 的起始浓度分别为 0.04mol/L 和 0.84mol/L，SO_2 的转化率为 80% 时反应达到平衡状态。求各物质的平衡浓度及浓度平衡常数。

自 测 题

一、填空（共 30 分，每空 1 分）

1. 在合成氨的反应：$N_2 + 3H_2 \Longleftrightarrow 2NH_3$ 中，已知在一定条件下，N_2 和 H_2 的起始浓度分别是 1.0mol/L 和 3.0mol/L，2s 后测得 H_2 的浓度为 1.8mol/L，N_2 的浓度为 0.6mol/L，NH_3 的浓度为 0.8mol/L。该反应的反应速率用 N_2、H_2 和 NH_3 的浓度变化表示时分别是_____、_____和_____。

2. 在一块大理石（主要成分是 $CaCO_3$）上，先后滴加 1mol/L 盐酸和 0.1mol/L 盐酸，加_____盐酸时反应速率快；先后滴加同浓度的热盐酸和冷盐酸，____盐酸反应速率快；用大理石块和大理石粉与同浓度的盐酸起反应，_____反应速率快。

3. 可逆反应 $CO_2 + C(s) \rightleftharpoons 2CO$ 的浓度平衡常数表达式是_____，分压平衡常数表达式是_____，在相同温度时它们的相互关系是_____。

4. 在某温度下，可逆反应 $2A \rightleftharpoons B + C$ 达到平衡，若升高温度，平衡向正反应方向移动，则正反应是____热反应；若 A 为气体，增大压力，平衡不发生移动，则 C 为____，B 为____；若 B 为固体，增大压力，平衡向右移动，则 A 为____体，增加或减少 B 物质，平衡____移动。

5. 可逆反应 $C(s) + H_2O(g) \rightleftharpoons CO + H_2$；$\Delta H > 0$ 在一定条件下达到平衡：

(1) 反应物和生成物的浓度_____相等，反应物和生成物的百分组成_____，正反应速率和逆反应速率_____，但不等于_____；

(2) 加入 H_2，当重新达到平衡时，$c(H_2O)$ 比原平衡时_____，$c(CO)$ 比原平衡时_____，$c(H_2)$ 比原平衡时_____，平衡常数 K_c 和 K_p 都_____变；

(3) 升高温度，平衡向_____方向移动，平衡常数____变；

(4) 增加压力，平衡向_____方向移动，平衡常数_____变；

(5) 加入催化剂，_____平衡的到达，而平衡_____移动，平衡常数_____变，达到平衡时产物的浓度____变。

二、下列叙述正确的在题后括号里画"√"错误的画"×"。（共 20 分，每小题 2 分）

1. 正催化剂能加快化学反应速率，负催化剂能减慢化学反应速率。　（　　）

2. 对于任何一个可逆反应，在一定温度下，K_c 和 K_p 是常数。　（　　）

3. 可逆反应 $N_2 + 3H_2 \rightleftharpoons 2NH_3$，在某温度和压力下达到平衡，测得 $K_p = 7.8 \times 10^5$。如果把化学方程式改写为 $\frac{1}{2}N_2 + \frac{3}{2}H_2 \rightleftharpoons NH_3$ 时，其 K_p 是 8.84×10^{-3}。　（　　）

4. 可逆反应 $2NO_2(g) \rightleftharpoons NO(g) + O_2(g)$，在一定温度下达到平衡时，将容器容积扩大到 10 倍，平衡向左移动。　（　　）

5. 可逆反应 $H_2(g) + I_2(g) \rightleftharpoons 2HI(g)$，在 500℃ 时达到平衡，$K_c = 62.5$。若温度不变，只增加 H_2 的浓度，平衡常数不变，因此化学平衡不发生移动。　（　　）

6. PCl_5 的分解反应是：$PCl_5(g) \rightleftharpoons PCl_3(g) + Cl_2(g)$，已知在 473K 时有 48.5% 的 PCl_5 分解。573K 时有 97% 的 PCl_5 分解，说明上述反应的正反应是放热反应。　（　　）

7. 可逆反应 $N_2 + O_2 \overset{高温}{\rightleftharpoons} 2NO$ 在一定条件下达到平衡，当温度不变时，增大压力，平衡不会发生移动。　（　　）

8. 在一密闭容器中，可逆反应 $2HI \rightleftharpoons I_2(g) + H_2$；$\Delta H > 0$，在 673K 时达到平衡，升高温度，平衡向右移动，但平衡常数不变。　（　　）

9. 处于平衡状态的可逆反应 $CaCO_3(s) \rightleftharpoons CaO(s) + CO_2$；$\Delta H > 0$，升高温度和减小压力都会使平衡向右移动。　（　　）

10. 处于平衡状态的可逆反应：$N_2 + 3H_2 \rightleftharpoons 2NH_3$；$\Delta H < 0$，增大压力既能使反应速率加快，又能使平衡向右移动。　（　　）

三、选择正确答案（1～2 个）的序号填在题后括号里。（共 20 分，每小题 2 分）

1. 在反应 $2H_2O_2 \overset{MnO_2}{=\!=\!=} 2H_2O + O_2 \uparrow$ 中，MnO_2 是（　　）。

A. 氧化剂　　B. 催化剂　　C. 还原剂　　D. 助催化剂

2. 对于 K_c 和 K_p 的下列说法正确的是（　　）。

A. 与温度有关　　　　　　　　B. 与浓度或压力有关

C. 与化学方程式的写法有关　　D. 与温度无关

3. 可逆反应 $CaCO_3(s) \rightleftharpoons CaO(s) + CO_2(g)$ 达到平衡状态时，下列式子不正确的是（　　）。

A. $\Delta n = 1$　　　　　　B. $K_c = \dfrac{c(CaO)c(CO_2)}{c(CaCO_3)}$

C. $K_p = p(CO_2)$　　　　D. $K_c = K_p RT$

4. 在一定温度下，可逆反应 $FeCl_3 + 3KSCN \rightleftharpoons Fe(SCN)_3 + 3KCl$ 处于平衡状态。向红色的平衡混合物溶液中加入 KSCN 溶液，下列叙述正确的是（　　）。

A. 溶液红色加深，K_c 增大　　　　B. 溶液的红色变淡，K_c 减小

C. 溶液红色加深，K_c 不变　　　　D. 溶液颜色不变，K_c 不变

5. 在一定温度下，下列处于化学平衡状态的可逆反应，改变压力，能使化学平衡移动的是（　　）。

A. $CO + H_2O(g) \rightleftharpoons CO_2 + H_2$

B. $Fe_3O_4(s) + 4H_2(g) \rightleftharpoons 3Fe(s) + 4H_2O(g)$

C. $FeCl_3 + 3KSCN \rightleftharpoons Fe(SCN)_3 + 3KCl$

D. $C(s) + H_2O(g) \rightleftharpoons CO + H_2$

6. 下列对于催化剂的叙述不正确的是（　　）。

A. 催化剂能以同等程度影响可逆反应的正、逆反应速率　B. 催化剂能缩短到达平衡的时间

C. 催化剂不能使平衡发生移动　　　　D. 催化剂能使平衡常数增大

7. 下列处于平衡状态的可逆反应：

$$2NO_2 \rightleftharpoons N_2O_4$$

将平衡混合气体的体积扩大，达到新的平衡状态时，混合气体的颜色（　　）。

A. 变成无色　　B. 变深　　C. 变浅　　D. 没有变化

8. 对于处于平衡状态的可逆反应：

$$aA(g) + bB(s) \rightleftharpoons cC(g) + dD(g)$$

当其他条件不变时。增大压力，C 的含量减少，则（　　）。

A. $c + d < a$　　B. $c + d > a + b$　　C. $c + d > a$　　D. $c + d < a + b$

9. 对于可逆反应：$C(s) + H_2O(g) \rightleftharpoons CO + H_2$；$\Delta H > 0$，下列说法正确的是（　　）。

A. 升高温度，既能使反应速率加快，又能使平衡向右移动

B. 达到平衡时反应物和生成物浓度相等

C. 由于反应物和生成物分子式前面系数的和都等于 2，所以增加压力对平衡没有影响

D. 增加 $H_2O(g)$ 的浓度可使反应速率加快，也可使化学平衡向右移动

10. 在密闭容器中，可逆反应：$CO + H_2O(g) \rightleftharpoons CO_2 + H_2$，在 800℃ 达到平衡时，$K_c = 1.0$，下列情况能使反应速率加快，平衡常数改变的是（　　）。

A. 温度升至 1000℃　　　　B. 温度不变时，减小压力

C. 温度不变时使用催化剂　　D. 温度不变时增加 $H_2O(g)$ 的浓度

四、在 4L 密闭容器里，使 0.1mol SO_2 和 0.05mol O_2 进行如下反应：

$$2SO_2(g) + O_2(g) \rightleftharpoons 2SO_3(g)$$

某温度时达到平衡，生成 0.6mol SO_3。求该温度下 SO_2 的转化率。（共 10 分）

五、1mol 的 PCl_5 在 5.0L 密闭容器里分解：$PCl_5(g) \rightleftharpoons PCl_3(g) + Cl_2(g)$，某温度达到平衡时有 60% 的 PCl_5 分解为 PCl_3 和 Cl_2。求该温度下各物质的平衡浓度和浓度平衡常数。（共 10 分）

六、1mol N_2O_4 在 1L 密闭容器中进行如下反应：$N_2O_4(g) \rightleftharpoons 2NO_2(g)$，在某温度和 101.325kPa 下达到平衡，实验测得 N_2O_4 的转化率为 27.0%，求平衡时各组分的分压及分压平衡常数。（共 10 分）

第八章　电解质溶液

第一节　强电解质和弱电解质

一、填空题

1. 在水溶液中或熔融状态下能_____的电解质称为强电解质，在水溶液中仅能_____的电解质称为弱电解质。

2. 在相同条件下，电解质溶液在水溶液中_____越多，导电性越强。

3. 分别写出下列强、弱电解质的电离方程式，NaAc_____；$Ba(OH)_2$_____；HCN_____；$NH_3 \cdot H_2O$_____。

4. 在溶液导电性的实验装置里注入浓乙酸或浓氨水，通电后灯光都很_____，如果将两种溶液混合后取其一半再实验，灯光却很_____，原因是_____
_____。

二、判断题（下列说法正确的在题后括号里画"√"，不正确的画"×"）

1. 电解质在通电时发生电离。　　（　　）

2. 离子化合物都是强电解质。　　（　　）

3. 共价化合物都是弱电解质。　　（　　）

4. 查溶解度表知碳酸钙不溶于水，所以它不是电解质。　　（　　）

5. 强碱是强电解质，所以其物质的量浓度一般等于其 OH^- 的物质的量浓度。
（　　）

6. H^+ 浓度相等的 HAc 和 HCl 溶液，它们的物质的量浓度亦相同。　　（　　）

三、选择题

1. 下列化合物中，属于强电解质的是（　　），属于弱电解质的是（　　），属于非电解质的是（　　）。

A. 氯化钠　　　B. 蔗糖　　　C. 硝酸　　　D. 碳酸　　　E. 汽油

F. 酒精　　　G. 氢氧化钾　　　H. 硝酸银　　　I. 水　　　J. 氨

2. 下列物质在水溶液中，能电离产生氢离子的是（　　），能电离产生氯离子的是（　　）。

A. $CaCl_2$　　　B. HClO　　　C. $KClO_3$　　　D. CH_3COOH　　　E. $NH_3 \cdot H_2O$

四、计算与问答题

1. 计算 0.1mol/L H_2SO_4、0.1mol/L $CaCl_2$、0.05mol/L NaOH、0.2mol/L HCl 溶液中各离子的浓度。

2. 比较下列各组阳离子浓度的大小。

（1）0.1mol/L Na_2SO_4 溶液与 0.1mol/L Na_2CO_3 溶液。

（2）0.1mol/L K_2SO_4 溶液与 0.1mol/L KCl 溶液。

（3）0.1mol/L 盐酸与 0.1mol/L 乙酸。

（4）0.1mol/L 氨水与 0.1mol/L NH_4Cl 溶液。

第二节　电离度和电离常数

一、填空题

1. 电离度是表示弱电解质在电离平衡时_____和溶液中_____
_____之比，只有在_____，才能比较电解质的电离度的大小。

2. 乙酸、氢氰酸、氢氟酸这三种酸，在相同条件下的相对强弱顺序为_____
____。

3. 在 291K 时 0.1mol/L 氨水中每 50000 个 $NH_3 \cdot H_2O$ 分子中有 670 个分子电离成为
离子，则氨水的电离度为_____。

4. 在一定温度下，0.1mol/L 一元弱酸中未电离的分子数与已电离的分子数之比为
50：1，其电离度为_____。

5. 分别写出下列强弱电解质的电离方程式，H_2CO_3 _____、_____，H_2SO_4 ____
____，$NaHCO_3$ _____、_____，H_2S _____、_____，H_3PO_4 _____、_____
__、_____。

二、判断题 （下列说法正确的在题后括号里画"√"，不正确的画"×"）

1. 加水稀释时，乙酸的电离度增大。　　（　　）

2. 乙酸越稀电离度越大，其酸性就越强。　　（　　）

3. 能电离的物质一定都能达到电离平衡。　　（　　）

4. 0.2mol/L 乙酸溶液和 0.2mol/L 乙酸钠溶液中，它们的乙酸根离子浓度不相同。
（　　）

三、选择题

1. 下列四种溶液中，$c(H^+)$ 最大的是（　　）。

A. 1L 0.1mol/L 乙酸　　　　B. 1L 0.1mol/L 盐酸

C. 1L 0.1mol/L 碳酸　　　　D. 1L 0.1mol/L 硫酸

2. 在同温度同浓度下判断弱酸的相对强弱的根据是（　　）。

A. 酸分子中氢原子的数目多少

B. 酸的结构不同，水对酸的作用大小

C. 在水溶液中酸的电离度大小

D. 酸溶液的浓度

四、计算题

1. 在 1L 2mol/L 的电解质溶液里，有 0.15mol 的电解质电离成离子，求这种电解质的

电离度是多少？

2. 今有 0.1mol/L 的乙酸溶液（电离度是 1.34%）和 0.01mol/L 的乙酸溶液（电离度是 4.19%）各 1L，问哪种溶液所含氢离子较多？

3. 在 25℃时氢氰酸的 $K_{电离}$ 为 6.2×10^{-10}。求 0.01mol/L 氢氰酸的电离度是多少？

4. 已知某温度时 0.1mol/L 乙酸的电离度是 1.34%，求乙酸的电离常数。

5. 某温度下，0.1mol/L $NH_3 \cdot H_2O$ 溶液中 $c(OH^-)$ 为 1.34×10^{-3} mol/L，计算该温度下氨水的电离常数。

第三节　水的电离和溶液的 pH

一、填空题

1. 水的离子积常数是指 ＿＿＿＿＿＿＿＿＿＿＿＿＿＿＿＿＿＿＿＿。纯水中加入少量酸或碱后，水的离子积＿＿＿＿＿＿变化。

2. ＿＿＿＿＿＿＿＿叫做 pH。pH 大于 7，溶液呈＿性；pH 等于 7，溶液呈＿性；pH 小于 7，溶液呈＿性。

3. 在 $c(H^+)=7\times10^{-12}$ mol/L 溶液中滴入石蕊试液，溶液显＿色，滴入酚酞试剂时溶液显＿色；$c(H^+)=7\times10^{-3}$ mol/L 溶液中滴入石蕊试液，溶液显＿色，滴入酚酞试剂时溶液显＿色；$c(H^+)=1\times10^{-7}$ mol/L 溶液中滴入石蕊试液，溶液显＿色，滴入酚酞试剂时溶液显＿色。

4. 某溶液的 $c(H^+)$ 为 10^{-4} mol/L，该溶液的 $c(OH^-)$ 为＿＿＿＿ pH 为＿＿。

5. 在 1L 溶液里含有 NaOH 4g，该溶液的 pH 为＿＿。

二、判断题（下列说法正确的在题后括号里画"√"，不正确的画"×"）

1. 物质的量浓度相同的稀硫酸和稀盐酸的 pH 相等。　　（　　）

2. pH＝3 和 pH＝2 的盐酸等体积混合，所得溶液的 pH＝3＋2。　　（　　）

3. 用一定浓度的 NaOH 溶液中和 pH 相等的盐酸和乙酸溶液，所消耗的 NaOH 溶液体积相等。　　（　　）

4. pH 增加一个单位时，溶液中氢离子浓度增大 10 倍。　　（　　）

5. 溶液中 pH 越大，说明溶液碱性越强，而酸性越弱。　　（　　）

三、选择题

1. 物质的量浓度相同的下述溶液中，pH 最大的是（　　），pH 最小的是（　　）。

A. $NaNO_3$　　　B. Na_2S　　　C. NaOH　　　D. HNO_3

2. 乙酸溶液中存在着 $CH_3COOH \rightleftharpoons CH_3COO^- + H^+$ 电离平衡，下列物质中，可使乙酸的电离度和溶液的 pH 都减小的是（　　）。

A. H_2O　　　B. CH_3COONa　　　C. NaOH　　　D. HCl

3. 有 A、B、C、D 四种溶液，酸性最强的溶液是（　　）。

A. A 的 pH 为 5　　　　　　　　B. B 中 $c(H^+)=10^{-4}$ mol/L

C. C 中 $c(OH^-)=10^{-11}$ mol/L　　　D. D 的 pH 为 8

四、计算题

1. 已知 $K_{HAc}=1.8\times10^{-5}$，计算 0.01mol/L HAc 溶液的 pH。

2. 在 1mL 0.1mol/L 的硫酸溶液中，加水到 100mL 时，所得溶液的 pH 是多少？

3. 在 100mL 0.6mol/L 盐酸和等体积 0.4mol/L 氢氧化钠溶液进行中和反应后，pH 是多少？（假设反应后溶液的体积不变）

4. 把下列 pH 换算为 $c(OH^-)$。（选作）
(1) 2.5　　　(2) 1.53　　　(3) 4.5　　　(4) 11.6

第四节　离子反应　离子方程式

一、填空题

1. 写出 $2NaOH + H_2SO_4 = Na_2SO_4 + 2H_2O$ 反应的离子方程式＿＿＿＿＿＿＿＿＿＿
＿＿＿＿＿＿。

2. 写出 $Pb(NO_3)_2 + 2KI = PbI_2\downarrow + 2KNO_3$ 反应的离子方程式＿＿＿＿＿＿＿＿＿
＿＿＿＿＿。

3. 写出 $CuCl_2 + H_2S = CuS\downarrow + 2HCl$ 反应的离子方程式＿＿＿＿＿＿＿＿＿＿＿
＿＿＿＿。

4. 写出 $CaCO_3 + 2HCl = CaCl_2 + CO_2\uparrow + H_2O$ 反应的离子方程式＿＿＿＿＿＿＿
＿＿＿＿＿。

5. 写出 $BaCl_2 + K_2SO_4 = BaSO_4\downarrow + 2KCl$ 反应的离子方程式＿＿＿＿＿＿＿＿＿
＿＿＿＿＿。

6. 写出 $2Fe(OH)_3 + 3H_2SO_4 = Fe_2(SO_4)_3 + 6H_2O$ 反应的离子方程式＿＿＿＿＿
＿＿＿＿＿＿＿＿。

二、判断题（下列离子方程式，正确的在题后括号里画"√"，不正确的画"×"）

1. $NaCl + Ag^+ = Na^+ + AgCl\downarrow$　（　　）

2. $Ca^{2+} + CO_3^{2-} + 2H^+ + 2Cl^- = CaCl_2 + H_2O + CO_2\uparrow$　（　　）

3. $Fe^{2+} + Cl_2 = Fe^{3+} + 2Cl^-$　（　　）

4. $H^+ + OH^- = H_2O$　（　　）

三、选择题

1. 下列化学反应，属于离子反应的是（　　）。

A. $2Mg + O_2 \xrightarrow{点燃} 2MgO$

B. $Cl_2 + 2KI = 2KCl + I_2$

C. $H_2 + CuO \xrightarrow{\triangle} Cu + H_2O$

D. $2Na + Br_2 \xrightarrow{\triangle} 2NaBr$

2. 把反应的化学方程式：$2FeCl_3 + H_2S == 2FeCl_2 + S\downarrow + 2HCl$ 改写成离子方程式，正确的是（　　）。

A. $2FeCl_3 + S^{2-} == 2FeCl_2 + S + 2Cl^-$

B. $2Fe^{3+} + H_2S == 2Fe^{2+} + S\downarrow + 2H^+$

C. $Fe^{3+} + H_2S == Fe^{2+} + S\downarrow + 2H^+$

D. $2Fe^{3+} + S^{2-} == 2Fe^{2+} + S\downarrow$

四、问答与鉴别题

1. 以离子反应能进行的条件，分析下列各组物质，对能起反应的，写出有关的化学方程式和离子方程式，不能起反应的，说明不起反应的理由。

（1）氯化钙溶液和碳酸钠溶液

（2）硝酸钠溶液和氯化钾溶液

（3）盐酸和氢氧化钠溶液

（4）氯化铁溶液和氢氧化钠溶液

（5）硫酸镁溶液和氯化铵溶液

（6）硫酸铝溶液和氨水

2. 现有稀硫酸、稀盐酸、硫酸钾、碳酸钠、氯化钡五种无色溶液，试用化学方法鉴别它们，并写出有关反应的离子方程式。

第五节　盐类的水解

一、填空题

1. 盐类水解的实质是 _____

_____。

2. 弱酸强碱盐的水溶液呈__性，弱碱强酸盐的水溶液呈__性，强酸强碱盐的水溶液呈__性。

3. 弱酸弱碱所生成的盐，若 $K_{酸} = K_{碱}$，则溶液呈__性；若 $K_{酸} > K_{碱}$，则溶液呈__性；

若 $K_酸 < K_碱$，则溶液呈__性。

二、判断题 （下列说法正确的在题后括号里画"√"，不正确的画"×"）

1. 碳酸钠不含氢元素，它的水溶液应显中性。　（　　）

2. 在氯化铁溶液中，加入碳酸钠溶液，不是生成碳酸铁，而是产生二氧化碳气体和 $Fe(OH)_3$ 沉淀。　（　　）。

3. 草木灰是农村常用的钾肥，它含有碳酸钾，不宜与用作氮肥的铵盐混合使用。
（　　）

三、选择题

1. 在下列盐类的水溶液中滴入紫色石蕊试液，显红色的是（　　），显蓝色的是
（　　）。

A. Na_2S　　B. $NaNO_3$　　C. $NaHSO_4$　　D. $AlCl_3$　　E. $NaHCO_3$

2. 配制 $Al_2(SO_4)_3$、$ZnCl_2$、$FeCl_3$ 等溶液时为防止水解，应加入（　　）。

A. 相应酸　　B. 相应碱　　C. 盐　　D. 水

3. 下列几种盐的水溶液中，pH 最大的是（　　），pH 最小的是（　　）。

A. Na_2SO_4　　B. NH_4Cl　　C. K_2CO_3　　D. NH_4Ac

四、问答题

1. 下列酸、碱等物质的量反应后，溶液是否均呈中性？为什么？

（1）$NaOH$ 与 HNO_3 溶液。

（2）KOH 与 HAc 溶液。

（3）$NH_3 \cdot H_2O$ 与 HCl 溶液。

（4）$NH_3 \cdot H_2O$ 与 HAc 溶液。

2. 下列几种盐，哪些能水解？哪些不能水解？它们溶液的酸、碱性怎样？能水解的写出水解反应的离子方程式。

（1）NH_4NO　　（2）NaF　　（3）KNO_3　　（4）CH_3COOK

第六节　同离子效应　缓冲溶液

一、填空题

1. 在弱电解质溶液中，加入＿＿＿＿＿＿＿＿＿，可使弱电解质的电离度变＿＿＿＿的现象，叫做同离子效应。

2. 在氨水中加入 NH_4Cl，$NH_3 \cdot H_2O$ 的电离平衡向＿方向移动；若加入 NaOH，$NH_3 \cdot H_2O$ 的电离平衡向＿方向移动；若加入 HCl，$NH_3 \cdot H_2O$ 的电离平衡向＿方向移动。

3. 在乙酸溶液中，加入酸溶液，电离度＿；加入碱溶液，电离度＿＿；加入乙酸钠溶液，电离度＿＿。

二、判断题（下列说法正确的在题后括号里画"√"，不正确的画"×"）

1. 1mol/L $NH_3 \cdot H_2O$ 和 1mol/L NH_4Cl 组成的混合溶液，加入少量的酸或碱时，pH 将降低或升高。　（　　）

2. 缓冲溶液只能抵御外来少量的酸或碱，当加入大量的强酸或强碱时，它就不再有缓冲能力了。　（　　）

三、选择题（选作）

1. 在乙酸溶液中，要使它具有缓冲溶液的性质，需加入适量的物质是（　　）。

A. 盐酸　　B. 氯化钠　　C. 乙酸钾　　D. 烧碱

2. 下列各组溶液中，可做缓冲溶液的是（　　）。

A. NaH_2PO_4-Na_2HPO_4 溶液

B. CH_3COOH-NaCl 溶液

C. $NH_3 \cdot H_2O$-CH_3COOH 溶液

D. $NH_3 \cdot H_2O$-NaCl 溶液

四、问答题（选作）

1. 什么叫缓冲溶液和缓冲作用？以 HAc-NaAc 缓冲溶液为例简要说明缓冲作用的原理。

2. 组成缓冲对的条件是什么？含有氢氧化钠和氯化钠的溶液是否具有缓冲作用？为什么？

第七节　沉 淀 反 应

一、填空题

1. 在一定的温度下，难溶电解质的饱和溶液中，＿＿＿＿＿＿叫做溶度积常数。

2. 写出一定温度下的饱和溶液中，难溶电解质 $BaCO_3$ 的溶度积表达式＿＿＿＿＿＿；$PbCl_2$ 的溶度积表达式＿＿＿＿＿＿；Cu_2S 的溶度积表达式＿＿＿＿＿＿；$Pb_3(PO_4)_2$ 的溶度积表达式＿＿＿＿＿＿。

3. 在任何给定的溶液中，离子积 Q_i 可能有三种情况：当 $Q_i = K_{sp}$ 时是＿＿＿溶液，达动态平衡；当

$Q_i < K_{sp}$ 时是____溶液，_____析出；当 $Q_i > K_{sp}$ 时是_____溶液，_____析出，直至___。

二、判断题（下列说法正确的在题后括号里画"√"，不正确的画"×"）

1. $BaCO_3$ 沉淀溶于稀盐酸。　（　　）

2. $Mg(OH)_2$ 不溶于盐酸。　（　　）

3. CuS 沉淀不溶于硝酸。　（　　）

4. FeS 与稀 H_2SO_4 作用可生成 H_2S 气体。　（　　）

5. $BaSO_4$ 不溶于盐酸。　（　　）

三、选择题

1. 在一定的温度下，当难溶电解质达到沉淀-溶解平衡时，下列说法正确的是（　　）。

A. 溶解速度和沉淀速度都等于零

B. 溶解速度等于沉淀速度

C. 固体物质的浓度等于溶液中离子的浓度

D. 固体物质的浓度不是常数

2. 下列关于溶度积常数的说法，不正确的是（　　）。

A. 溶度积常数随温度的改变而改变

B. 溶度积常数值的大小与物质的溶解性有关

C. 溶度积常数值的大小与固体物质的浓度有关

D. 在溶度积关系式中，离子的浓度应以其在电离方程式中的相应系数为指数

四、计算题

1. 在 25℃时，AgBr 的 $K_{sp} = 5.0 \times 10^{-13}$，计算该温度下 AgBr 的溶解度（mol/L）。

2. 在 25℃时，PbI_2 的溶解度为 0.001518mol/L，求 PbI_2 的 K_{sp}。

3. 已知 $K_{spPbSO_4} = 1.6 \times 10^{-8}$，计算 1.0×10^{-4} mol/L $Pb(NO_3)_2$ 溶液与 1.0×10^{-4} mol/L H_2SO_4 溶液等体积混合时，有否沉淀生成？

4. 已知 $K_{sp(Ag_2CO_3)} = 8.1 \times 10^{-12}$，计算 0.002mol/L $AgNO_3$ 溶液与 0.002mol/L Na_2CO_3 溶液等体积混合时，有否沉淀生成？

自 测 题

一、填空（共 25 分）

1. 电离常数基本不随____改变，电离度的大小则与____有关，因此用电离常数比用电离度能更方便地表示_____。

2. 弱酸 HAc 电离常数表达式为_____，H_2S 电离常数表达式为_____、_____。

3. 物质的量浓度相同的 CH_3COOH 和 HCl 溶液，分别与 Zn 反应，反应快的是____。

4. 在氟化氢溶液中，已电离的氟化氢为 0.2mol，未电离的氟化氢为 1.8mol，该溶液中氟化氢的电离度为_____。

5. 0.01mol/L HCl 溶液中 $c(H^+)$ _____$c(OH^-)$ 是_____pH 是____。

6. 0.01mol/L NaOH 溶液中 $c(OH^-)$ 是_____$c(H^+)$ 是_____pH 是_____。

7. 250mL 溶液中含 HCl 1.225g，此溶液的 pH 是____。

8. 把能抵抗外来的_____叫做缓冲作用，具有_____的溶液称为缓冲溶液。

二、下列说法正确的在题后括号里画 "√"，不正确的画 "×"。（共 12 分，每小题 2 分）

1. HAc 的浓溶液中只有极少部分电离，所以 HAc 是弱电解质，而 HAc 在极稀的溶液中几乎完全电离，此时 HAc 成了强电解质。（　　）

2. 盐酸的导电能力一定比乙酸溶液强。（　　）

3. 氨水越稀导电能力越强。（　　）

4. 0.5mol/L 的 H_3PO_4 溶液，升高温度后，导电能力增强。（　　）

5. 将 0.1mol/L 盐酸稀释 10 倍，它的电离度增大 1 倍。（　　）

6. 溶液中 $c(H^+)$ 超过 1mol/L 范围，此时 pH 为负值。（　　）

三、选择题（共 12 分，每小题 2 分）

1. 下列物质能够导电的是（　　），不能够导电的是（　　）。

A. 氢氧化钾的水溶液　　B. 酒精的水溶液　　C. 乙酸的水溶液　　D. 无水硫酸

2. 在下列溶液中，导电能力最强的是（　　）。

A. 1L 0.1mol/L 的盐酸溶液

B. 1L 0.1mol/L 的乙酸溶液

C. 1L 0.1mol/L 的氨水

D. 各 1L 的 0.1mol/L 乙酸和 0.1mol/L 氨水混合所得的溶液

3. pH 等于零的水溶液，下列说法正确的是（　　）。

A. 氢离子浓度为零

B. 溶液呈中性

C. 氢离子浓度为 1mol/L

D. 溶液中无离子

4. 氯化铁溶于水时发生下述反应：

$FeCl_3 + 3H_2O \rightleftharpoons Fe(OH)_3 + 3HCl$（正反应为吸热反应），为了抑制水解，得到澄清的溶液，可采取的措施是（　　）。

A. 升高温度　　B. 大量加水　　C. 加少量氢氧化钠　　D. 加少量盐酸

5. 下列盐的水溶液呈中性的是（　　）。

A. KNO_3　　　B. $(NH_4)_2SO_4$　　　C. $NaAc$　　D. NH_4Ac

6. 在相同的温度下，下列乙酸溶液电离度最大的是（　　）。

A. 0.1mol/L 的乙酸溶液

B. 0.2mol/L 的乙酸溶液

C. 0.01mol/L 的乙酸溶液

D. 0.005mol/L 的乙酸溶液

四、写出离子方程式（共 21 分，每小题 3 分）

1. 写出下列反应的离子方程式。

（1）$Na_2CO_3 + H_2SO_4$

（2）$AgNO_3 + NaCl$

（3）$2KI + Cl_2$

（4）$Mg(OH)_2 + HCl$

2. 写出下列盐水解的离子方程式。

（1）Na_2CO_3

（2）NH_4Cl

（3）NH_4Ac

五、计算（共 30 分）

1. 已知 $K_{NH_3 \cdot H_2O} = 1.8 \times 10^{-5}$，计算 0.05mol/L $NH_3 \cdot H_2O$ 溶液的 pH。

2. 根据弱电解质的电离常数，比较 HAc、HCN、HCOOH 三种酸的水溶液在相同浓度下，哪种溶液的 $c(H^+)$ 最大？并计算溶液浓度为 0.1mol/L 时，HAc 和 HCN 的电离度。

3. 通过计算，回答下列混合液的 pH>7 或 pH<7。

（1）20mL 0.1mol/L H_2SO_4 与 20mL 0.1mol/L NaOH 混合液。

（2）20mL 0.1mol/L NaOH 与 20mL 0.1mol/L HAc 混合液。

（3）20mL 0.1mol/L $NH_3 \cdot H_2O$ 与 20mL 0.1mol/L HCl 混合液。

4. 已知 $K_{sp[Mg(OH)_2]} = 1.2 \times 10^{-11}$，计算 0.001mol/L $MgCl_2$ 溶液与 0.02mol/L NaOH 溶液等体积混合时，有否沉淀生成？（选作题）

第九章 氧化还原反应和电化学

第一节 氧化还原反应方程式的配平

一、填空题

用化合价升降法配平下列氧化还原反应方程式：

1. $SO_2 + H_2O + I_2 \longrightarrow HI + H_2SO_4$ _____。

2. $NH_3 + O_2 \longrightarrow NO + H_2O$ _____。

3. $KMnO_4 + H_2S + H_2SO_4 \longrightarrow K_2SO_4 + MnSO_4 + S + H_2O$ _____。

4. $Mg + HNO_3（稀）\longrightarrow Mg(NO_3)_2 + N_2O + H_2O$ _____。

5. $NO_2 + H_2O \longrightarrow HNO_3 + NO$ _____。

二、判断题（下列化学方程式正确的在题后括号里面里"√"，不正确的画"×"）

1. $Zn + HCl =\!=\!= ZnCl + H_2\uparrow$　（　　　）

2. $CH_4 + 3O_2 \xrightarrow{点燃} 2H_2O + CO_2\uparrow$　（　　　）

3. $4FeS_2 + 11O_2 \xrightarrow{\triangle} 2Fe_2O_3 + 8SO_2\uparrow$　（　　　）

4. $3Cu + 2HNO_3（稀）=\!=\!= 3Cu(NO_3)_2 + 2NO\uparrow + 4H_2O$　（　　　）

三、选择题

1. 氧化还原反应 $KMnO_4 + FeSO_4 + H_2SO_4 \longrightarrow K_2SO_4 + MnSO_4 + Fe_2(SO_4)_3 + H_2O$ 配平后，各物质的化学计量数正确的是（　　　）。

　A. 2、10、8、1、1、10、8

　B. 2、10、3、1、2、5、3

　C. 2、10、8、1、2、5、8

　D. 1、5、4、1、1、5、4

2. 氧化还原反应 $KMnO_4 + HCl \longrightarrow KCl + MnCl_2 + Cl_2 + H_2O$ 配平后，各物质的化学计量数正确的是（　　　）。

　A. 2、8、1、1、5、4

　B. 2、16、2、2、5、8

　C. 2、10、2、2、5、5

　D. 2、16、2、2、5、1

四、问答题

用化合价升降法配平下列氧化还原反应方程式，要求按步骤写出各步的过程式。

1. $HNO_3 + P + H_2O \longrightarrow H_3PO_4 + NO\uparrow$

2. $KI + H_2SO_4（浓）\longrightarrow I_2 + H_2S + H_2O + K_2SO_4$

第二节　原电池和电极电位

一、填空题

1. 借助于_____，将_____能转变为____能的装置，叫做原电池。其中发生____反应，流出电子的电极定为___极；发生_____反应，流入电子的电极定为___极。

2. 用铜、银、硝酸铜溶液、硝酸银溶液、盐桥设计一个原电池，该原电池的负极是_____，正极是_____，电极反应式是：正极_____发生_____反应；负极_____发生_____反应。电子由_____极沿_____流入_____极。总反应的化学方程式是_____。

二、判断题 （下列说法正确的在题后括号里画"√"，不正确的画"×"）

1. 铜锌原电池中，铜电极是负极，锌电极是正极。　（　　）

2. 氧化还原反应发生的必要条件是作为氧化剂的电对要比还原剂电对的电极电位大。　（　　）（选作）

三、选择题

1. 如果电池的总反应式为：$Zn+Cu^{2+}=\!\!=\!\!=Zn^{2+}+Cu$，要制作一个原电池，则它的组成是（　　）

	正极	负极
A.	$Cu\,|\,ZnSO_4$	$Zn\,|\,CuSO_4$
B.	$Cu\,|\,CuSO_4$	$Zn\,|\,ZnSO_4$
C.	$Zn\,|\,ZnSO_4$	$Cu\,|\,CuSO_4$
D.	$Zn\,|\,CuSO_4$	$Cu\,|\,ZnSO_4$

2. 已知 $Fe^{2+}+2e^-\Longleftrightarrow Fe$ 　　　　$\varphi^{\ominus}=-0.44V$　（选作题）

$\qquad\quad Fe^{3+}+e^-\Longleftrightarrow Fe^{2+}$ 　　　　$\varphi^{\ominus}=+0.77V$

$\qquad\quad Cl_2+2e^-\Longleftrightarrow 2Cl^-$ 　　　　$\varphi^{\ominus}=1.36V$

$\qquad\quad S+2H^++2e^-\Longleftrightarrow H_2S$ 　　$\varphi^{\ominus}=+0.141V$

根据以上电极反应的电极电位，氧化态物质氧化能力由强到弱的顺序是（　　　）。

A. $Cl_2>Fe^{3+}>S>Fe^{2+}$

B. $Cl_2>Fe^{2+}>S>Fe^{3+}$

C. $Fe^{2+}>S>Fe^{3+}>Cl_2$

D. $Cl^->Fe^{2+}>S^{2-}>Fe$

四、计算与问答题　（选作题）

1. 由下列氧化还原反应各组成一个原电池，写出各原电池电极上的半反应式和相应的电对，并用符号表示各原电池。

（1）$Mg+Pb(NO_3)_2=\!\!=\!\!=Pb+Mg(NO_3)_2$

（2）$Cu+2AgNO_3=\!\!=\!\!=Cu(NO_3)_2+2Ag$

2. 电镍片与 $1mol/L$ Ni^{2+} 溶液，锌片与 $1mol/L$ Zn^{2+} 溶液构成原电池，哪个是正极？哪个是负极？写出电池反应式，并计算电池的标准电动势。

3. 根据标准电极电位，判断下列反应自发进行的方向。

(1) $2FeSO_4 + Br_2(液) + H_2SO_4 \Longrightarrow Fe_2(SO_4)_3 + 2HBr$

(2) $2KI + SnCl_4 \Longrightarrow SnCl_2 + 2KCl + I_2$

第三节 电 解

一、填空题

1. 电解池是把_____能转变为_____能的装置。电解池中与电源负极相连的极叫____极，与电源正极相连的极叫_____极。阴极发生_____反应，阳极发生_____反应。

2. 电镀是应用_____原理，在金属或其他制品表面上，镀上一薄层_____的过程。电镀的目的是使金属_____。

3. 当铜制零件镀镍时，则_____做阴极，电极反应式是_____；_____做阳极，电极反应式是_____，电镀液中应含有_____，电源应采用_____电极。

4. 用惰性电极电解 KCl 饱和溶液时，阳极发生_____反应，电极反应式是_____产物是_____；阴极发生_____反应，电极反应式是_____产物是_____。

二、判断题 （下列说法正确的在题后括号里画"√"，不正确的画"×"）

(1) 电解 Na_2SO_4 溶液时，它的浓度不变。 （   ）

(2) 电解熔融食盐与食盐水溶液时，它们得到的产物是相同的。 （   ）

(3) 电解稀硫酸时，锌做阳极，铁做阴极。因为锌比铁活动性大，所以氢气将主要在锌电极上析出。 （   ）

(4) 用镀层金属做阳极进行电镀时，溶液中镀层金属离子不断在阴极表面析出，因此溶液中这种金属离子的浓度越来越小。 （   ）

三、选择题

1. 电解氯化铜的水溶液时，得到金属铜的电极是 （   ）。

A. 阴极   B. 阳极   C. 正极   D. 负极

2. 下列叙述中正确的是（　　　）。

A. 电解池的阴极失电子，发生氧化反应

B. 电解池的负极得电子，发生还原反应

C. 电解池中发生氧化反应的电极是阳极

D. 电解池中的电极一定要由两种不同金属组成

四、计算题

在氯碱工业中每生产 25t 烧碱时，两个电极上产生的气体各有多少立方米？如果把这两种气体完全化合成氯化氢，可制得含 HCl 的质量分数为 36.5％的盐酸多少吨？

第四节　金属的腐蚀和防腐

一、填空题

1. 金属或合金与周围接触到的_____或_____进行_____作用或_____作用，而使金属表面遭到_____，这种现象叫做金属的腐蚀。

2. 金属的腐蚀可分为_____和_____两大类，金属的防腐有_____、_____、_____、_____。

3. 钢铁（含有少量碳）在空气中，表面附有一层水膜，如果酸性很弱或显中性，则发生_____腐蚀，正极反应式为_____，负极反应式为_____；若水膜呈酸性时，则发生_____腐蚀，正极反应式为_____，负极反应式为_____。

二、判断题（下列说法正确的在题后括号里画"√"，不正确的画"×"）

1. 杂质锌与稀硫酸的反应速率比纯锌与稀硫酸的反应速率慢。（　　　）

2. 金属中的杂质是金属遭受腐蚀的一个重要原因。（　　　）

三、选择题

1. 在电解质溶液中，下列金属与铁板接触后，能使铁板腐蚀加快的是（　　　）。

A. Zn　　　B. Mg　　　C. Sn　　　D. Al　　　E. Cu

2. 为了使锌和稀硫酸反应加快，下列各组措施中，正确的是（　　　）。

A. 加 MnO_2　　　B. 加同浓度的 H_2SO_4　　　C. 加 $ZnSO_4$　　　D. 加 $CuSO_4$

四、问答题

1. 镀层破损后，为什么镀锌铁（白铁）比镀锡铁（马口铁）耐腐蚀。

2. 用原电池工作原理说明轮船壳体上的锌板对船体的保护（防腐蚀）作用。写出有关的电极反应式。

3. 现有 A、B、C、D 四种金属，把 A、B 分别浸入稀硫酸中，产生气泡都很慢，把 C、D 分别浸入稀硫酸中，产生气泡都很快；把 A、B 用导线连接浸入稀硫酸时，A 上有气泡析出；把 C 浸入 D 的硝酸盐溶液中，C 的表面有 D 析出。试判断这四种金属的活动性顺序（由强到弱）。

4. 什么是电化腐蚀？举例说明金属的危害。

第五节 胶 体

一、填空题

1. 一种物质（或几种物质）的微粒____到另一种物质里形成的混合物叫_____系，分散成微粒的物质叫_____，微粒分散在其中的物质叫_____。在胶体分散系中，分散剂是液体的叫____，也叫____。分散剂是气体的叫____，如_____。有色玻璃属于____溶胶。

2. 由_____现象证明胶体微粒带有电荷，金属氢氧化物的胶体微粒吸附____离子，带____电荷，硅酸胶体微粒吸附____离子而带____电荷。一束强光透过肥皂水（胶体）从垂直方向看到一个光柱，这种现象叫_____。

二、判断题

1. 淀粉溶液和蛋白质溶液都属于胶体分散系。　（　　　）

2. 人们日常食用的豆腐是一种凝胶。　（　　　）

三、选择题

1. 在胶体分散系里，分散质微粒的直径（   ）。

A. 大于 10^{-7} m   B. 小于 10^{-9} m   C. 在 $10^{-9} \sim 10^{-7}$ m 之间   D. 大于 10^{-9} m

2. $Fe(OH)_3$ 胶体通直流电，胶粒向阴极移动的现象叫（   ）。

A. 电离   B. 布朗运动   C. 电泳   D. 丁达尔现象

3. 下列方法不能使胶体凝聚的是（   ）。

A. 加入少量电解质   B. 加入另一种带有相反电荷的胶体溶液

C. 加入蒸馏水   D. 加热胶体溶液

四、问答题

把淀粉和 NaBr 溶液装入半透膜袋里，然后浸入蒸馏水中进行渗析，问：

1. 怎样证明淀粉未透过半透膜而 Br^- 已透过半透膜？

2. 怎样证明淀粉与 NaBr 已分离完全？

自 测 题

一、填空（共33分）

1. 铜锌原电池中，锌片是____极，电极反应式为_____，铜片是____极，电极反应式为_____，总反应式为_____，盐桥的作用是_____。

2. 用惰性电极电解 $CuSO_4$ 溶液时，阳极发生____反应，电极反应式是_____产物是____；阴极发生____反应，电极反应式是_____产物是____。

3. 用惰性电极电解水时，阳极发生____反应，电极反应式是_____产物是____，此电极附近溶液呈____性；阴极发生____反应，电极反应式是_____产物是____，此电极附近溶液呈____性。

4. 有下列反应（其中 A、B、C、D 各代表一种元素）

(1) $2A^- + B_2 \longrightarrow 2B^- + A_2$ (2) $2A^- + C_2 \longrightarrow 2C^- + A_2$

(3) $2B^- + C_2 \longrightarrow 2C^- + B_2$ (4) $2C^- + D_2 \longrightarrow 2D^- + C_2$

其中氧化剂由强到弱的顺序是_____。

二、下列说法正确的在题后括号里画"√"，不正确的画"✕"。（共 8 分，每小题 2 分）

1. 原电池的负极和电解池的阴极一样，发生的是还原反应，原电池的正极和电解池的阳极一样，发生的是氧化反应。　（　　）

2. 配制 $FeSO_4$ 溶液，为防止 Fe^{2+} 被空气氧化成 Fe^{3+}，可以在溶液中加入少量的金属铁。　（　　）

3. 氯化铜水溶液通电后发生了电离，在阳极得到金属铜，在阴极得到氯气。　（　　）

4. 在标准电极电位表中，表上方的还原态物质可以还原表下方的氧化态物质。　（　　）（选作）

三、选择题（共 8 分，每小题 2 分）

1. 铜制品上的铝质铆钉，在潮湿空气中易腐蚀的原因是（　　）。

A. 形成原电池时铝做负极

B. 形成原电池时铜做负极

C. 形成原电池时电子由铜流向铝

D. 铝铆钉发生了化学腐蚀

2. 将铁片投入 $CuSO_4$ 溶液时，氧化产物是（　　）。

A. Fe^{3+}　　　B. Cu　　　C. Fe^{2+}　　　D. Cu^+

3. 使用铂电极电解氯化铜水溶液时，发生的现象是（　　）。

A. 阳极表面有气泡，气体为无色无味，阴极表面有红色物质覆盖

B. 阳极为阴极表面都有气体

C. 阳极铂逐渐溶解，阴极表面有红色物质覆盖

D. 阴极表面有红色物质析出，阳极表面有气泡，气体有刺激性气味

4. 将石墨电极接通电源后，插入下列电解质溶液进行电解，溶液中电解质不断减少的是（　　）。

A. $0.1mol/L$ KNO_3 溶液

B. $0.1mol/L$ $NaOH$ 溶液

C. $0.1mol/L$ $CuCl_2$ 溶液

D. $0.1mol/L$ 硫酸

四、用化合价升降法配平下列氧化还原反应方程式（共 12 分，每小题 3 分）

1. $H_2S + HNO_3(浓) \longrightarrow H_2SO_4 + NO_2\uparrow + H_2O$

2. $Cu + HNO_3(浓) \longrightarrow Cu(NO_3)_2 + NO_2\uparrow + H_2O$

3. $KMnO_4 + NaNO_2 + KOH \longrightarrow K_2MnO_4 + NaNO_3 + H_2O$

4. $Cl_2 + Ca(OH)_2 \longrightarrow CaCl_2 + Ca(ClO)_2 + H_2O$

五、计算与问答题（共 39 分）

1. 由 $2FeCl_3 + Cu \Longrightarrow 2FeCl_2 + CuCl_2$ 反应组成一个原电池，写出原电池的电极反应式，并用符号表示该原电池。

2. 根据标准电极电位，判断下列反应自发进行的方向。（选作题）

(1) $2FeCl_3 + Pb = 2FeCl_2 + PbCl_2$

(2) $2FeSO_4 + I_2 + H_2SO_4 = Fe_2(SO_4)_3 + 2HI$

3. 电解氯化铜溶液时，在阴极上析出 15.9g 铜，问从阳极上能析出多少升的氯气？

4. 粗铜中含有少量锌、铁、银、金等金属，采用电解法提纯粗铜时，阳极上先后被氧化的是什么金属？在阳极泥中含有什么金属？阴极上被还原出来的是什么金属？留在溶液中的有什么阳离子？

第十章 几种金属及其化合物

第一节 金 属 通 论

一、填空题

1. 工业上根据金属的颜色不同,把金属分为_____与_____两大类,黑色金属包括_____,其余为有色金属。有色金属又可以分为五大类_____、_____、_____、_____、_____。

2. 金属有许多共同的物理性质,如_____、_____、_____,原因是金属具有_____。

3. 金属原子的价电子数比较_____,价电子与原子核的联系又比较_____,所以金属原子,容易_____电子,成为____离子,释放出的电子在整块金属内部的原子和离子间自由运动,称为_____。由于_____不停地运动,把_____联系在一起,这种化学键叫做金属键。由金属键形成的单质晶体叫_____。

4. 所谓合金就是_____熔合而成的具有金属特性的物质。它有_____、_____、_____的特性。

二、判断题（下列说法正确的在题后括号里画"√",不正确的画"×"）

1. 金属中的自由电子把原子和离子结合在一起,形成金属键。（   ）

2. 金属越活泼,其单质是越强的还原剂。（   ）

3. 金属越活泼,其相应的离子是越强的还原剂。（   ）

4. 金属越不活泼,其相应的离子是越弱的氧化剂。（   ）

5. 凡是离子晶体,其中一定含有阴、阳离子。（   ）

三、选择题

1. 下列叙述中,不属于金属键具有的性质是（   ）。

A. 使金属具有金属光泽

B. 使金属具有导电、导热性

C. 使金属具有延展性

D. 使金属分子具有极性

2. 在自然界中,能以单质存在的金属是（   ）。

A. 铝   B. 镁   C. 铁   D. 铂

四、问答题

1. 有四种晶体:钠、硅、干冰、氯化钠。问下列四项性质的叙述各适用于哪种物质?

(1) 由分子间力结合而成,熔点很低

(2) 电的良导体,熔点在 100℃左右

(3) 由共价键组成的网状晶体、熔点很高

（4）非导体，但熔融后可以导电

2. 对比下列各对单质失去电子的难易和各对离子获得电子的难易。

（1）Mg 与 Cu　　（2）Zn 与 Ca　　（3）Pb 与 Hg　　（4）Mg^{2+} 与 Cu^{2+}　　（5）Zn^{2+} 与 Ca^{2+}

3. 试举例说明离子晶体、分子晶体、原子晶体和金属晶体在结构上、性质上有什么不同？

第二节　镁、钙、铝及其化合物

一、填空题

1. 镁、铝是活泼金属，但在空气中很稳定，原因是＿＿＿＿＿＿＿＿＿＿＿＿＿＿＿

＿＿＿＿。

2. 暂时硬水与永久硬水都含有＿＿＿＿阳离子，如果这些阳离子对应的盐以＿＿＿＿＿＿形式存在，称为暂时硬水，如果这些阳离子对应的盐以＿＿＿＿＿＿＿＿＿＿＿＿形式存在，称为永久硬水。

3. 鉴别硬水和软水的最简便的方法是＿＿＿＿＿＿＿＿＿＿＿＿＿＿＿

4. 鉴别暂时硬水和永久硬水最简便的方法是＿＿＿＿＿＿＿＿＿＿＿＿＿＿＿＿＿。

5. 将一铝片浸入热水中，无变化，若再滴入烧碱溶液，则有气泡产生，铝片逐渐溶解。原因是_____。

二、判断题（下列说法正确的在题后括号里画"√"，不正确的画"×"）

1. 金属单质在所有的化学反应中都做还原剂。（   ）

2. 镁可以与稀酸等许多物质起化学反应，是一种比较活泼的金属，同时也是一种比较强的氧化剂。（   ）

3. 铝热法用来焊接钢轨，主要是金属铝在高温下可以置换出铁，并生成氧化铝，液态铁填加在钢轨的缝隙中。（   ）

4. 离子交换树脂可以软化水，主要是因为它溶于水后，与水中的 Ca^{2+}、Mg^{2+} 等的离子起化学反应。（   ）

三、选择题

1. 把铝、镁合金溶于稀盐酸，再加入过量的浓氢氧化钠溶液，最后结果是（   ）。

A. 合金不发生任何变化

B. 得到氯化镁、氯化铝溶液

C. 得到氢氧化镁沉淀，而合金中的铝形成偏铝酸钠存在于溶液中

D. 得到氢氧化镁、氢氧化铝沉淀

2. 下列四种浓度相同的溶液，酸性最强的是（   ），碱性最强的是（   ）。

A. $NaAlO_2$ B. $AlCl_3$ C. $CaCl_2$ D. NH_4Ac

四、计算与问答题

1. 完成下列箭头所示的化学方程式

(1) $Mg(HCO_3)_2 \xrightarrow{①} MgCO_3 \xrightarrow{②} MgO \xrightarrow{③} MgCl_2 \xrightarrow{④} Mg \xrightarrow{⑤} Mg(OH)_2$

(2) $CaCO_3 \underset{②}{\overset{①}{\rightleftharpoons}} CaO \xrightarrow{③} CaCl_2 \xrightarrow{④} Ca \xrightarrow{⑤} Ca(OH)_2 \xrightarrow{⑥} Ca(NO_3)_2$

(3) $Al_2O_3 \underset{②}{\overset{①}{\rightleftharpoons}} Al \xrightarrow{③} AlCl_3 \underset{⑤}{\overset{④}{\rightleftharpoons}} Al(OH)_3 \xrightarrow{⑥} NaAlO_2$

2. 煅烧 10t 含 $CaCO_3$ 90% 的石灰石，问能制得多少立方米二氧化碳？

3. 某种铝矾土，Al_2O_3 的质量分数为 51%，如果用 50000kg 这种铝矾土做原料，可炼得纯铝多少千克？

4. 有四种白色粉末，它们是碳酸钙、氢氧化钙、氯化钙和硫酸钙，试用化学方法鉴别。

5. 有一种白色固体粉末，已知它是氯化镁、氢氧化镁或碳酸镁三者中的一种。你准备做些什么实验，根据什么现象来判断它究竟是哪一种？

6. 以石灰纯碱软化水的方法为例，说明药剂软化水的化学原理是什么？写出有关的化学方程式。用这种方法软化水，为什么仍有一定的硬度？

第三节　铁及其化合物

一、填空题

1. 铁位于元素周期表中第_____周期、第_____族，是一种重要的_____元素。

2. 写出铁与下列物质起反应的化学方程式。

（1）氧气_____。

（2）稀硫酸_____。

（3）硫酸铜溶液_____。

（4）水蒸气_____。

3. 在 Fe^{2+} 盐溶液中，加入 NaOH 溶液，现象是_____，反应的离子方程式是_____，在空气中放置一段时间后，被空气里的氧所氧化，现象是_____，反应的化学方程式是_____。

二、判断题（下列说法正确的在题后括号里画"√"，不正确的画"×"）

1. 四氧化三铁可以看成是氧化亚铁与氧化铁组成的一种复杂化合物。　（　　）

2. 亚铁化合物遇强还原剂，会还原成铁的化合物。　（　　）

3. 铁在氧气中的灼烧，会生成一种红色的三氧化二铁。　（　　）

三、选择题

1. 在下列反应中，铁元素在生成的化合物中为 $+3$ 价的是（　　）。

A. 铁和氯气反应

B. 铁和硫反应

C. 铁和盐酸反应

D. 铁和稀硫酸反应

2. 下列材料制成的容器中，最不宜于贮存浓硫酸的是（　　）。

A. 铜　　B. 铁　　C. 铝　　D. 陶瓷

3. 保存 Fe^{2+} 盐溶液，正确的方法是（　　）。

A. 加铜　　B. 通入氯气　　C. 加铁屑　　D. 通入氧气

四、计算与问答题

1. 怎样使三价铁盐转化为二价铁盐？又怎样使二价铁盐转化为三价铁盐？各举一例。

2. 怎样鉴别溶液中的 Fe^{3+} 和 Fe^{2+}？

3. 在含杂质 30% 的磁铁矿（Fe_3O_4）和含杂质 20% 的赤铁矿（Fe_2O_3）里，铁的质量分数哪个高？

第四节 配 合 物

一、填空题

1. 配合物的结构很复杂，一般都有＿＿＿＿＿＿＿＿＿＿占据中心位置，在其周围结合着＿＿＿＿＿＿＿＿＿＿＿＿＿＿，配离子的电荷数等于＿＿＿＿＿＿＿＿＿＿＿。中心离子与配位体之间靠＿＿＿＿键结合，配离子与外界离子之间靠＿＿＿＿键相结合。

2. 硫酸铜溶液中滴加浓氨水，生成＿＿＿＿沉淀，反应的化学方程式为＿＿＿＿＿＿＿＿＿＿＿＿，当继续滴加浓氨水时，沉淀＿＿＿＿＿，反应的离子方程式为＿＿＿＿＿＿＿＿＿＿。

3. 配合物 $[Co(NH_3)_6]Cl_3$ 中的配离子是＿＿＿＿＿＿，电荷数是＿＿＿；中心离子是＿＿＿，电荷数是＿＿＿；配位体是＿＿＿＿，配位体个数是＿＿＿，配位体电荷数是＿＿＿。

4. 配合物 $K_2[Zn(OH)_4]$ 中的配离子是＿＿＿＿＿＿，电荷数是＿＿＿；中心离子是＿＿＿，电荷数是＿＿＿；配位体是＿＿＿，配位体个数是＿＿＿，配位体电荷总数是＿＿＿。

5. 硝酸银能从 $Pt(NH_3)_6Cl_4$ 溶液中将所有的氯沉淀为氯化银，但在 $Pt(NH_3)_4Cl_4$ 溶液中仅能沉淀出 1/2 的氯。试根据这个事实，写出这两种配合物按内界、外界结合方式的化学式＿＿＿＿＿＿、＿＿＿＿＿＿。

6. 命名下列配合物

(1) $[Cu(NH_3)_4]Cl_2$ ＿＿＿＿＿＿＿＿＿＿。

(2) $Na_2(SiF_6)$ ＿＿＿＿＿＿＿＿＿。

(3) $[Cr(NH_3)_6]Cl_3$ ＿＿＿＿＿＿＿＿。

(4) $K_4[Fe(CN)_6]$ ＿＿＿＿＿＿＿＿。

(5) $K_3[Fe(CN)_6]$ ＿＿＿＿＿＿＿。

7. 写出下列配合物（或配离子）的化学式

(1) 硫酸四氨合铜（Ⅱ）＿＿＿＿＿＿＿＿。

(2) 一氯·五水合铬（Ⅱ）离子＿＿＿＿＿＿＿＿。

(3) 六氯合铂（Ⅳ）酸钾＿＿＿＿＿＿＿。

(4) 四氯合汞（Ⅱ）酸钾＿＿＿＿＿＿＿。

二、判断题（下列说法正确的在题后括号里画"√"，不正确的画"×"）

1. 配合物中配离子是带电荷的，所以配离子中的中心离子或配位体一定也带有电荷。
（　　）

2. 凡是可做配合物的配位体的物质，叫做配合剂。　（　　）

三、选择题

1. 配合物 $[Pt(NH_3)_4(NO_2)Cl]CO_3$，正确的命名是（　　）。

A. 碳酸四氨·一硝基·一氯合铂（Ⅳ）

B. 碳酸四氨·一氯·一硝基合铂（Ⅳ）

C. 碳酸一氯·一硝基·四氨合铂（Ⅳ）

D. 碳酸一氯·四氨·一硝基合铂（Ⅳ）

2. 下列物质是配合物的是（　　）。

A. $CuSO_4 \cdot 5H_2O$　B. $KAl(SO_4)_2 \cdot 12H_2O$　C. Na_3AlF_6　D. $[Cu(NH_3)_4]SO_4$

四、问答题（选作）

根据配合物的稳定常数比较下列配离子的稳定性：

(1) $[Ni(NH_3)_6]^{2+}$　　　$K_稳 = 1.02 \times 10^8$

(2) $[Cd(NH_3)_6]^{2+}$　　　$K_稳 = 1.38 \times 10^5$

(3) $[Co(NH_3)_6]^{3+}$　　　$K_稳 = 2.29 \times 10^{34}$

自　测　题

一、填空（共 30 分）

1. 金属的活动性越____，越____失去电子，它的离子越____结合电子。金属原子在化学反应中容易____电子，变成____，从而发生了____反应，在化学反应里，金属多做____剂，非金属多做____剂。

2. 在工业上，硬度在____以下的水称为软水，硬度在____以上的水称为硬水。

3. 氯化铁溶液中投入铁钉，写出这一变化的化学方程式_____、离子方程式_____。

4. 已知三价铁离子的配位数为 6，则以 CN^- 为配位体的铁氰配离子为_____，它的钾盐的化学式为_____。

5. 黄血盐的中心离子是____价铁，学名叫_____，若往含 +3 价铁盐溶液中滴加黄血盐溶液，产生_____沉淀，其反应的离子方程式为_____。若往含 +2 价铁盐溶液中滴加赤血盐溶液，产生_____沉淀，其反应式为_____。若往含 +3 价铁盐溶液中滴加 KSCN 溶液，原溶液将呈现_____色，其反应的化学方程式为_____。

二、下列说法正确的在题后括号里画"√"，不正确的画"✗"。（共 12 分，每小题 2 分）

1. 碱性氧化物一定是金属氧化物。　（　　）

2. 金属氧化物一定是碱性氧化物。　（　　）

3. 镁在空气中很容易点燃、能强烈燃烧，所以用镁合金制造飞机、汽车是很危险的。（　　）

4. 硬度极大的刚玉是 C 和 Si 在高温高压下形成的特殊化合物。　　（　　　）

5. 铝是典型的两性金属。　　（　　　）

6. 失去软化能力的离子交换树脂，既不能软化水，也不能再生。　　（　　　）

三、选择题（共 8 分，每小题 2 分）

1. 金属中的自由电子（　　　）。

A. 只在某些特定的金属原子之间做有规则的运动

B. 可以被金属中的阳离子所捕获，使金属离子重新变成原子，自由电子不断在金属离子和原子之间进行交换

C. 只能在金属离子的空隙间移动，而不能在金属的离子与离子间进行交换

D. 只属于失去电子而成为金属离子的原子，并在其周围运动

2. 金属键与其他的化学键不同，其具有的特征是（　　　）。

A. 它可以形成带金属键特征的共用电子对，但共用电子对之间的结合力小于共价键的结合力

B. 金属键中的阳离子与自由电子是一对一的共同存在，且自由电子只在金属离子周围运动

C. 金属键中的金属原子或其离子沉浸在自由电子的海洋中

D. 金属键在组成上受化学量的限制，不同金属有不同数量的金属键

3. 某金属不溶于浓硫酸，而溶于稀硫酸，生成的溶液加入 NaOH 可产生白色沉淀，当继续向溶液中加入过量的 NaOH 时，白色沉淀又溶解，这种金属是（　　　）。

A. 锌　　　B. 镁　　　C. 铝　　　D. 铁

4. 硬水用石灰纯碱法软化后，得到白色沉淀，其主要成分是（　　　）。

A. $CaSO_4 \cdot MgCO_3$　　B. $CaCO_3 \cdot MgCO_3$　　C. $CaCO_3 \cdot MgCl_2$　　D. $CaCO_3 \cdot Mg(OH)_2$

四、鉴别与问答题（共 22 分）

1. 请用一种试剂鉴别下列五种溶液，并写出化学方程式，简述鉴别方法。这五种溶液是 $FeCl_2$、$AlCl_3$、$MgCl_2$、KCl、NH_4Cl。

2. 指出下列配合物的配离子、中心离子的电荷数及中心离子的配位数，并命名。

(1) $[Pt(NH_3)_5Cl]Cl_3$

（2）$K_2[Co(SCN)_4]$

五、计算题（共 28 分）

1. 镁、铝、铜的合金为 1g，与足量的盐酸反应后，残留固体为 0.25g，生成的氢气为 0.07g，求合金中镁、铝、铜的质量分数。

2. 1g 纯净的铁的氯化物与过量的硝酸银溶液反应，得到 2.26g 氯化银，问参加反应的是氯化铁还是氯化亚铁？

3. 把 13.35g $AlCl_3$ 放入 500mL 0.7mol/L 的 NaOH 溶液中，试计算最多可得到氢氧化铝多少克？

部分计算题参考答案

绪　　言

四、1. 58.5　　2. 249.5

第　一　章

第一节

四、1.（1）97.5g；　　（2）265g；　　（3）192g

　　2.（1）4.46mol；　　（2）1.5mol；　　（3）3mol

第二节

四、1. 4.48L　　2. 32；11.2L

第三节

四、1. 2mol/L；4g　　2. 2.7mL　　3. 4mol/L　　4. 3mol/L

第四节

四、1. 54×10^6 kJ

第　二　章

第一节

四、1. 1.25 倍　　2. 11.04L　　3. 1.79L　　4. 520g

第二节

四、1. $p = 4.92 \times 10^5$ Pa；$p_{N_2} = 1.23 \times 10^5$ Pa；$p_{H_2} = 3.69 \times 10^5$ Pa

　　2. $p_{N_2} = 76.954$ kPa；$p_{O_2} = 20.718$ kPa；$p_{Ar} = 0.987$ kPa

　　3. N_2 是 853.1g；H_2 是 101.56g；CO_2 是 893.7g

自测题

　　四、21.14mol　　五、44　　六、1. $x(CO) = 1/3$；$x(H_2) = 2/3$　　2. $p = 9.35 \times 10^5$ Pa；

3. $p_{CO} = 3.12 \times 10^5$ Pa；$p_{H_2} = 6.23 \times 10^5$ Pa

第　三　章

第一节

四、1. 60.25L　　2. 0.87g；4.56g

第二节

四、1. 1.825g；1.825g　　2. 1.21g

第三节

四、1. 200mol；13.6kg　　2. 2.65g；1.35L

第四节

四、22.4L；2.87mol/L

第五节

四、0.5mol/L

自测题

六、变红色　七、11.2L

第 四 章

第一节

四、1. 14.7％；4.3mol/L　　2. 9.2g；4.48L

第二节

四、1. 224L　　2. 20.84g

第三节

四、$NaHCO_3$ 是 61.3％，Na_2CO_3 是 38.7％

自测题

五、$NaHCO_3$ 是 23％，Na_2CO_3 是 77％

第 五 章

第一节　四、1. 24.32　　2. 1：4

第二节　四、24；镁

第三节　四、23；钠

第四节　四、1. 16；氧　　2. 39；钾

第五节　四、39；钾

第六节　四、14；氮

第七节　四、31；磷

自测题

六、$^{79}_{35}X$ 和 $^{81}_{35}X$；54.8％　　七、23；钠

第 六 章

第一节

四、1. 0.64g；0.68g　2. 80％　3. 4.48L　4. 63％　5. 200t　6. 264.6t；275.625t

第二节

四、1. 63.25L　　2. 2.24L；0.2mol/L　　3. 0.8mol；0.2mol；4.48L

4. 15.8mol/L；7.9mol/L　　5. 73.7％；26.3％　　6. 70.3t　　7. $(NH_4)_3PO_4$

第三节

四、1.28；硅　　2.42g；67.2L

自测题

五、1.2.24L　　2.54.42t

选作题

1. NO 是 9mL；NO_2 是 21mL　　2.65.46t

第　七　章

第一节

四、1.0.1mol/(L・min)　　2.0.6mol/(L・s)；0.3mol/(L・s)；0.6mol/(L・s)

第二节

四、1.$2.04×10^{-2}$　　2.0.56；3.5mol/L；6.5mol/L　　3.1620；90%

4.23.352kPa；27.311kPa；31.9

第三节

四、60%；75%

第四节

四、1.8.3%；52.8%；38.9%　2.$K_c=19.4$；$c(SO_2)=0.008mol/L$；$c(O_2)=0.824mol/L$；$c(SO_3)=0.032mol/L$

自测题

四、60%　　五、$c(PCl_5)=0.08mol/L$；$c(PCl_3)=c(Cl_2)=0.12mol/L$；$K_c=0.18$

六、$p=58.2kPa$；$p_{NO_2}=43.1kPa$；$K_p=31.9$

第　八　章

第一节

四、1.$c(H^+)=0.2mol/L$　　　　$c(SO_4^{2-})=0.1mol/L$

　　$c(Ca^{2+})=0.1mol/L$　　　$c(Cl^-)=0.2mol/L$

　　$c(Na^+)=0.05mol/L$　　　$c(OH^-)=0.05mol/L$

　　$c(H^+)=0.2mol/L$　　　　$c(Cl^-)=0.2mol/L$

第二节

四、1.$α=7.5%$

　　2.0.1mol/L 乙酸溶液含氢离子较多

　　3.$α=2.49×10^{-4}$

　　4.$K_a=1.8×10^{-5}$

　　5.$K_b=1.8×10^{-5}$

第三节

四、1.pH＝3.37

　　2.pH＝2.7

　　3.pH＝1

　　4.（1）$c(OH^-)=3.16×10^{-3}mol/L$

(2) $c(OH^-)=2.95\times10^{-2}$ mol/L

(3) $c(OH^-)=3.16\times10^{-5}$ mol/L

(4) $c(OH^-)=2.51\times10^{-12}$ mol/L

第七节

四、1. AgBr 的溶解度为 7.07×10^{-7} mol/L

2. PbI_2 的 $K_{sp}=1.4\times10^{-8}$

3. 无沉淀生成

4. 有沉淀生成

自测题

五、1. pH=10.98

2. HAc $\alpha=1.34\times10^{-2}$

HCN $\alpha=7.87\times10^{-5}$

3. (1) pH<7;　(2) pH>7;　(3) pH<7

4. 有沉淀生成

第 九 章

第二节

四、2. $E^{\ominus}=0.517$V

第三节

四、两电极上产生的气体各为 $7000m^3$

可制得 36.5% 的盐酸 62.5t

自测题

五、3. 5.6L

第 十 章

第二节

四、2. $2016m^3$

3. 13500kg

第三节

四、3. 赤铁矿高

自测题

五、1. Cu：25%　Mg：48%　Al：27%

2. 是 $FeCl_2$

3. 3.9g

ISBN 978-7-5025-5903-8

定价：39.00元